本教材获浙江师范大学行知学院教材建设基金立项资助
高等院校公共基础课系列教材

Office 2019 办公软件高级应用

马文静　主　编
吴建军　王　鸣　陈　萌　副主编
陈卫民　谢　楠　唐云廷　参　编

電子工業出版社
Publishing House of Electronics Industry
北京 • BEIJING

内 容 简 介

本书借鉴“CDIO”的相关理念，采用“做中学”“学中做”的教学方法，以学生为主、教师为辅，让学生在学习实践中自由掌握技术应用，而非教师“满堂灌”的强行灌输方式。本书按照单元和应用场景的方式来组织教学内容。全书由6个单元和在线资源组成。各单元分成若干个应用场景，设定了单元学习任务和学习目标，通过场景分析介绍了任务的具体要求，知识技能展示了实现目标的具体方法，操作步骤模块为自主学习提供了详细的过程。通过整个学习过程，在实现应用场景目标的实践过程中，学生可自然掌握办公软件文档的设计方法和相关技能。

本书基于新大纲的教学目标及相关要求，结合 Office 2019 新特性，围绕办公软件高级应用的技能目标，使读者掌握办公软件高级应用的方法。本书适合作为高校计算机公共课的办公软件高级应用教材，也可以作为自学教材或考试辅导教材。

图书在版编目（CIP）数据

Office 2019 办公软件高级应用 / 马文静主编. —北京：电子工业出版社，2020.9

ISBN 978-7-121-39566-6

Ⅰ. ①O… Ⅱ. ①马… Ⅲ. ①办公自动化—应用软件—高等学校—教材 Ⅳ. ①TP317.1

中国版本图书馆 CIP 数据核字（2020）第 173264 号

责任编辑：贺志洪
印　　刷：涿州市京南印刷厂
装　　订：涿州市京南印刷厂
出版发行：电子工业出版社
　　　　　北京市海淀区万寿路 173 信箱　邮编 100036
开　　本：787×1092　1/16　印张：20.75　字数：531.2 千字
版　　次：2020 年 9 月第 1 版
印　　次：2021 年 3 月第 4 次印刷
定　　价：58.00 元

凡所购买电子工业出版社图书有缺损问题，请向购买书店调换。若书店售缺，请与本社发行部联系，联系及邮购电话：（010）88254888，88258888。

质量投诉请发邮件至 zlts@phei.com.cn，盗版侵权举报请发邮件至 dbqq@phei.com.cn。

本书咨询联系方式：（010）88254609，hzh@phei.com.cn。

前 言

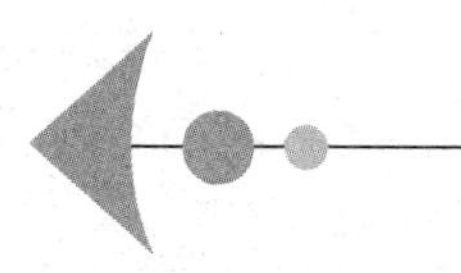

计算机技术的发展日新月异，办公软件应用作为重要的计算机应用技能，已融入我们的学习、工作和生活中。微软公司的 Office 系列软件在办公自动化软件中占据着重要地位，Office 2019 为用户提供了更强的功能、更广的应用领域。从 2020 年开始，浙江省高校计算机等级考试实施新大纲（2019 版），由原来的 Windows 7 + Office 2010 过渡到 Windows 10 + Office 2019。本书基于新大纲的教学目标及相关要求，结合 Office 2019 新特性，围绕办公软件高级应用的技能目标，使读者掌握办公软件高级应用的方法。本书适合作为高校计算机公共课的办公软件高级应用教材，也可以作为自学教材或考试辅导教材。

本书借鉴"CDIO"的相关理念，采用"做中学""学中做"的教学方法，以学生为主、教师为辅，让学生在学习实践中自由掌握技术应用，而非教师"满堂灌"的强行灌输方式。本书按照单元和应用场景的方式来组织教学内容。全书由 6 个单元和在线资源组成。各单元分成若干个应用场景，设定了单元学习任务和学习目标，通过场景分析介绍了任务的具体要求，知识技能展示了实现目标的具体方法，操作步骤模块为自主学习提供了详细的过程。通过整个学习过程，在实现应用场景目标的实践过程中，学生可自然掌握办公软件文档的设计方法和相关技能。

第 1 单元　Office 2019 新特性。本单元介绍了 Office 2019 的发展新概况，展示了 Office 2019 更好的用户体验，以及更高效的云共享应用。通过 Word、Excel、PowerPoint 三大组件的新技能介绍，结合功能操作，提供了更好的应用体验。

第 2 单元　Word 2019 高级应用。本单元通过 5 个应用场景分别介绍了 Word 2019 中各种对象的插入与编辑、长文档的设计与排版、邮件合并的使用、协同编辑文档及索引与书签等知识技能，分模块循序渐进地提高读者的 Word 高级应用的能力。

第 3 单元　Excel 2019 高级应用。本单元以 Excel 多个综合性的应用任务为线索，介绍了 Excel 各种数据的输入、公式与函数的应用、数据的筛选处理、外部数据的导入与导出、数据透视图表的设计与应用、图表的创建与使用等内容，层次分明，加强读者的表格处理能力。

第 4 单元　PowerPoint 2019 高级应用。本单元通过将 PowerPoint 的高级功能应用与演示文稿的设计理念相结合，以较为生动的应用任务为线索，介绍了幻灯片内容的导入、主题的设计与应用、多媒体素材的插入应用、动画效果、幻灯片切换、幻灯片放映输出等内容，实用和娱乐并重，提升读者的文稿演示能力。

第 5 单元　Office 2019 宏与组件公共技能。本单元首先介绍了 Office 宏的录制与应用；其次说明了 VBA 的基本语法、以 VBA 方式实现对宏的编辑应用，拓展了宏的应用功能；最后介绍了 Office 组件的常用技能应用，实现了文档的基本安全保护功能。

第 6 单元　AOAx 测评软件（Office 2019）。本单元首先介绍了软件的下载、使用环境和安装等基本事项，软件兼容 Office 2007～2019，为用户学习提供了更宽的使用范围；其次说明了测评软件的理论题相关内容操作及个人中心的应用；最后以 Word、Excel、PowerPoint 高级应用的学习测评过程为重点，讲述了整个软件的使用过程及注意事项。

本书提供了全面的在线资源（会不断更新），包括各单元的学习素材、拓展资源、电子教案，以及 AOAx 测评软件（Office 2019）。AOAx 测评软件实现了对全部试题的自动阅卷，通过测评软件的应用，与本书各单元的案例学习紧密配合，自我测评，培养自主学习的能力，全面提升办公软件高级应用的能力。在线资源的访问入口：http://office2019.ijsj.net/ 或 http://aoa.aoabc.com.cn/。注意：受云服务资源的限制，本书附带的 AOAx 测评软件的使用时长是有限制的，注册激活后，使用时长为 2000 分钟。时间用完后，需进行续时处理，详情请参见上述在线资源的相关说明。

本书由浙江师范大学行知学院计算机基础教研室统一策划、统一组织，编写成员为马文静、倪应华、吴建军、王丽侠、吕君可、于莉、王鸣、陈萌、陈卫民、谢楠、唐云廷等老师；教学评测软件由吴建军等老师设计研发。全书由浙江师范大学行知院马文静老师负责统稿并担任主编，浙江师范大学行知学院吴建军老师、浙江传媒学院王鸣和宁波工程学院陈萌担任副主编。另外，中国计量大学陈卫民、浙江水利水电学院谢楠和宁波理工学院唐云廷也参与了部分内容的编写。

本书在编写过程中得到了学院相关领导的大力支持和帮助，在此表示感谢。

由于作者水平有限，错误和纰漏在所难免，敬请各位同行和广大读者批评指正。主编邮箱：7781865@qq.com。

编　者

2020 年 8 月

目 录

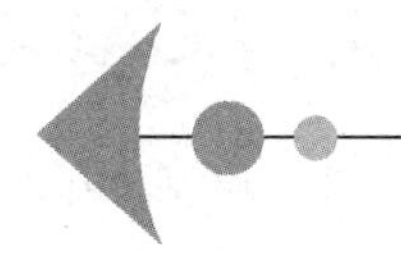

第1单元 Office 2019新特性

Microsoft Office 2019 是目前最新版的 Office 办公软件，与前代版本不同的是，目前的 Windows 桌面版 Microsoft Office 2019 官方支持的操作系统仅为 Windows 10、Windows Server 2019。其基本组件包含熟悉的 Word、Excel 和 PowerPoint。微软对产品应用环境进行了细分，用户可以按自身的需求选择不同的套装，如表 1-1 所示，可以相应获得 Outlook、Access、Publisher、OneDrive 等办公组件。Office 2019 对 Word、Excel、PowerPoint、OneNote 和 Outlook 五大组件均进行了不同程度的更新，新增了许多智能功能。

表 1-1 不同版本组件对照

组件	版本				
	家庭和学生版	小型企业版	标准版	专业版	专业增强版
Word	有	有	有	有	有
Excel	有	有	有	有	有
PowerPoint	有	有	有	有	有
Outlook	/	有	有	有	有
OneNote	/	有	有	有	有
Publisher	/	/	有	有	有
Access	/	/	/	有	有
OneDrive	有	有	有	有	有

1. 打破语言障碍

Office 2019 的 Word、Excel、PowerPoint 组件中都提供了微软的 Microsoft Translator 翻译工具，可以迅速地将文字翻译成另一种语言。单击“审阅”选项卡的“语言”组中可以找到“翻译”按钮，打开翻译工具，如图 1-1 所示，可以选择翻译整个文档，也可以翻译所选文字。目前翻译软件已支持 70 多种语言的翻译，能满足大家的需求。

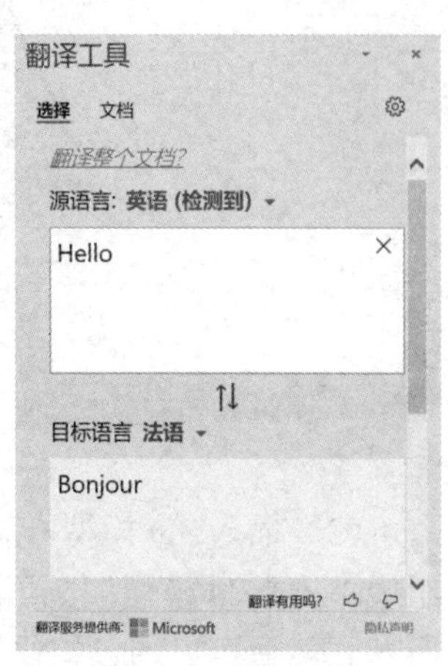

图 1-1 翻译工具

2. 添加视觉效果

Office 2019 中插入了筛选器的可缩放矢量图形（SVG），为文档、工作表、演示文稿和邮件增添了视觉趣味。

（1）插入图标。在“插入”选项卡的“插图”组中，可以插入各种各样的图标，用符号直观地传达信息，如图 1-2 所示。

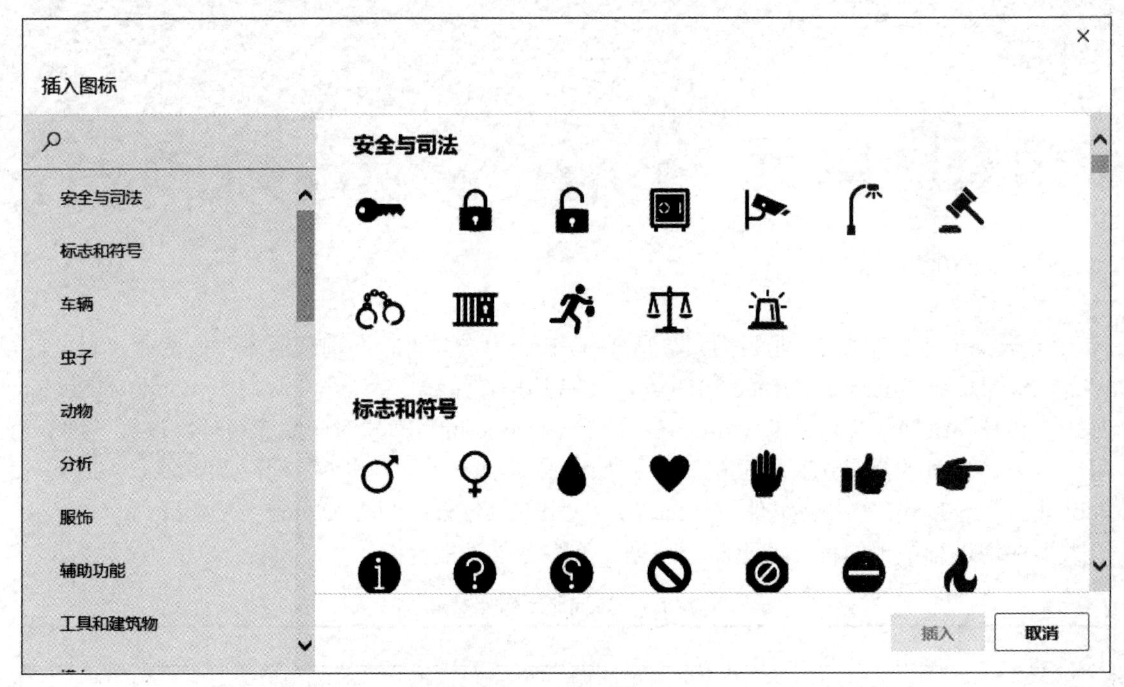

图 1-2　插入图标

（2）插入 SVG 文件。Office 应用（包括 Word、Excel、PowerPoint、Outlook）均支持插入和编辑 SVG 文件。SVG 意为可缩放矢量图形（Scalable Vector Graphics），这就意味着你可以旋转、着色、调整 SVG 文件大小，而不会损失图像的质量，如图 1-3 所示。已有的 SVG 文件可以被拖放到当前文档中。打开“图形工具—格式”功能区，可以对 SVG 对象进行翻转、缩放，重新进行图形填充、图形轮廓、效果等修改。

图 1-3　SVG 图形应用（水平翻转与放大）

（3）插入 3D 模型，观察各个角度。在 Office 2019 中，可以在“插入”选项卡的“插图”组中单击“3D 模型”按钮，轻松地将 3D 模型直接插入到文档、工作簿或演示文稿中，如图 1-4 所示。然后可以通过按住并拖动鼠标进行 360 度全方位旋转，也可以上下倾斜模型，以显示对象的具体特性，如图 1-5 所示。

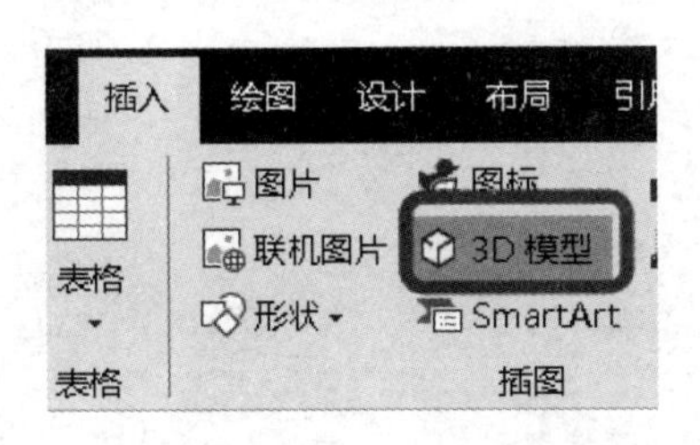

图 1-4　插入 3D 模型

图 1-5　对 3D 模型的操控

上述新特性是 Office 各组件的通用功能，其他更多的新功能，让我们通过下面的介绍来获得更多的了解。

应用场景 1　Word 新特性：更方便的阅读模式

Word 2019 最主要的新功能都是偏向阅读类的，主要有模式翻页、沉浸式阅读器、语音朗读等。

【知识技能】

1. 模式翻页

依次单击“视图”选项卡→“页面移动”→“翻页”按钮，可以开启模式翻页的功能，如图 1-6 所示。在触屏上，用手指左右滑动，可以模拟翻书的阅读体验，非常适合使用平板电脑的用户。当然，在没有触屏的场景，使用鼠标滚轮可以实现同样的效果。

2. 沉浸式阅读器

在计算机中启用模式翻页功能，垂直的排版会让版面缩小，如果文字本身较小，就会难以阅读。因此，在计算机中更适合的是采用“沉浸式阅读器”。依次单击“视图”选项卡→“沉浸式”→“沉浸式阅读器”按钮，可以开启“沉浸式阅读器”，如图 1-7 所示。

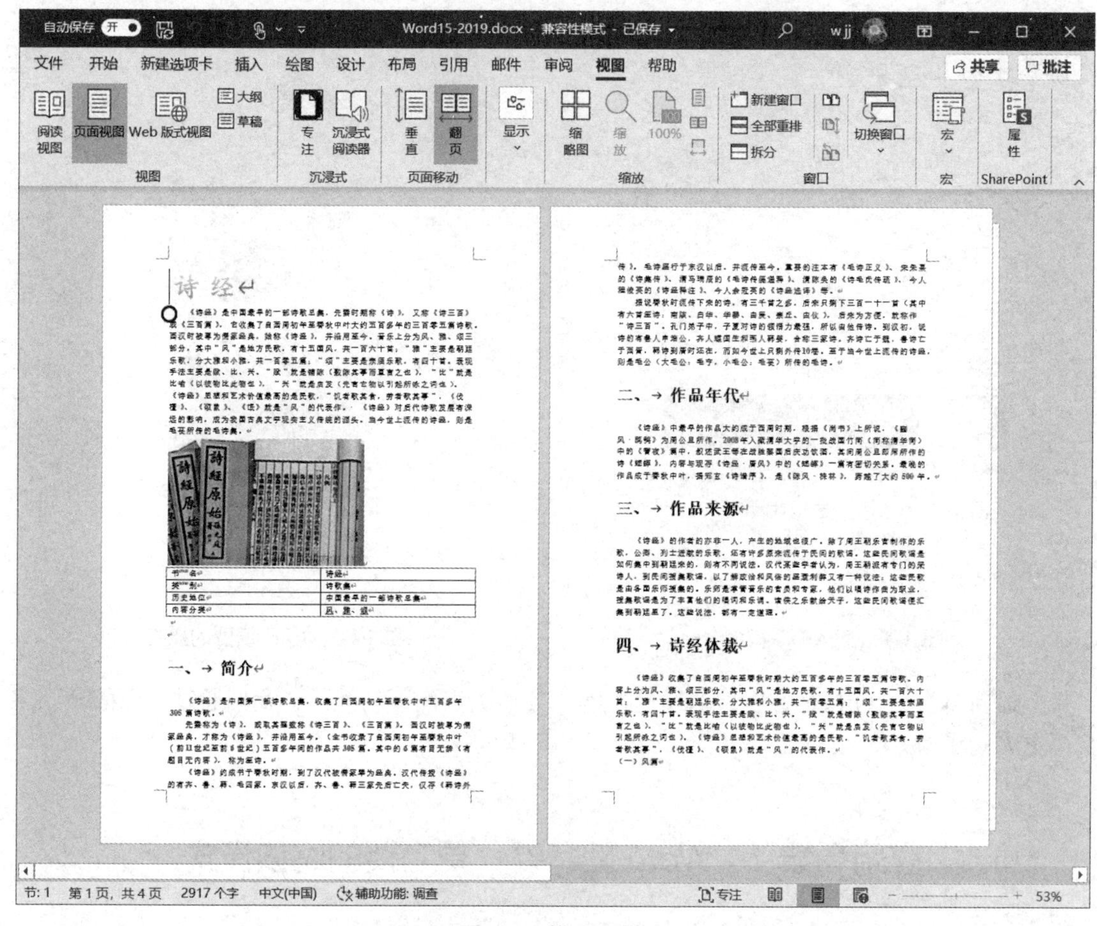

图 1-6　模式翻页

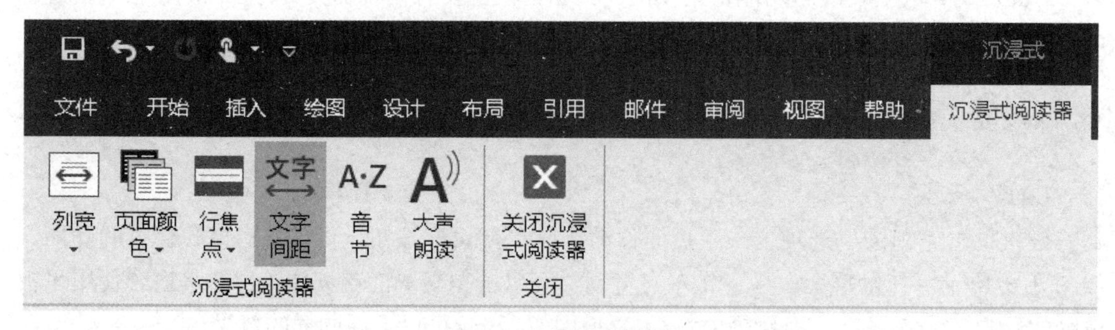

图 1-7　沉浸式阅读器

进入沉浸式阅读器模式后，可以调整列宽、页面颜色、文字间距、音节（在音节之间显示分隔符，只针对西文显示）和大声朗读。这些调整仅仅是为了方便阅读内容，并不会真正影响 Word 原本的内容格式，当单击“关闭沉浸式阅读器”按钮后，又能够回到文档原先的内容格式了。

3. 语音朗读

在“沉浸式阅读器”模式，可以将文字转为语音朗读，当然也可以直接依次单击“审阅”选项卡→“语音”→“大声朗读”按钮，开启“语音朗读”功能。

开启“语音朗读”后，画面右上角会出现一个工具栏，如图 1-8 所示。可以单击“播放”按钮，从鼠标所在位置的内容开始朗读；可以单击“上/下一个”来跳转上下一行朗读，也可以开启“设置”调整阅读速度或选择不同声音的语音。

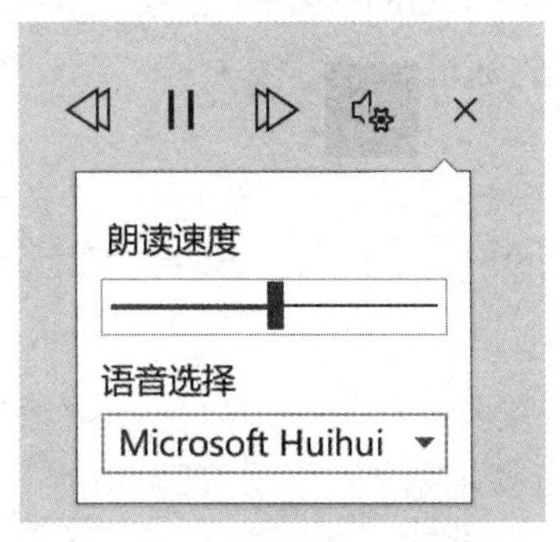

图 1-8　朗读控制工具栏

4. LaTeX 公式支持

Word 文档通过 MathType 来输入公式，但使用 MathType 输入公式也有很大的局限，例如，采用点击法输入速度不够快；当与他人共享含有 MathType 公式的 Word 文档时，别人必须也安装了 MathType 才能修改其中的公式。为此，Word 2019 新增支持使用 LaTeX 数学语法来创建和编辑数学公式。

Word 中可以以线性格式键入公式。线性格式就是在文档中用一行显示数学公式。Word 支持两种线性格式显示数学公式：

- Unicode 数学；
- LaTeX 数学。

可以根据自己的偏好，在 Word 中单击“插入”选项卡→“公式”按钮，打开“公式工具—设计”选项卡，可以选择以 Unicode 或 LaTeX 格式来创建公式，如图 1-9 所示。

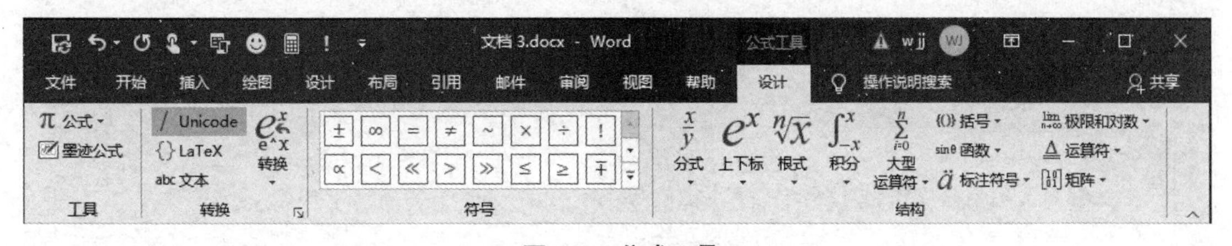

图 1-9　公式工具

例如，公式 $x=\frac{-b\pm\sqrt{b^2-4ac}}{2a}$，其 LaTeX 格式为 x = (−b \ pm \ sqrt(b ^ 2 − 4ac)) / 2a 。

在公式编辑框中输入 LaTeX 编码的公式，按回车键，就会显示公式了。

5. 墨迹书写

Word 2019 新增了“墨迹书写”功能，提供普通笔、荧光笔和铅笔三种类型的笔，可以通过它来绘制图形、批注文档，就像在 PDF 文档上操作一样方便。绘制出墨迹形状后，可以任意移动、复制、更改颜色或方向等。

【应用小结】

Word 2019 新功能体现了“用于更方便地阅读、更自然地写作的工具”，提高了信息沟通能力。如果需要编辑数学公式等应用，可以基于 LaTeX 数学语法更为高效地创建和编辑数学公式。在硬件设备支持触屏手写的环境中，可以利用绘图和手写方面的增强功能。

应用场景 2　Excel 新特性：更高效的新图标和新函数

Excel 2019 中，同样增加了许多新功能，用以更高效地处理数据表。除了如本单元开头所述的组件公共新特性，Excel 自身也增加了众多的新功能。其中包括新增函数，如引入 IFS 函数，解决复杂的 IF 函数嵌套；新增图表，如创建地图图表并按需要着色；以及数据透视图表增强功能、Power Pivot 更新等功能。

【知识技能】

1. 反向选择

Excel 2019 中新增的“反向选择”功能，如图 1-10 所示，它提供了更灵活的选择机制。操作时可以先选择一个区域，然后按住 Ctrl 键不放，用鼠标拖选不需要的区域即可。

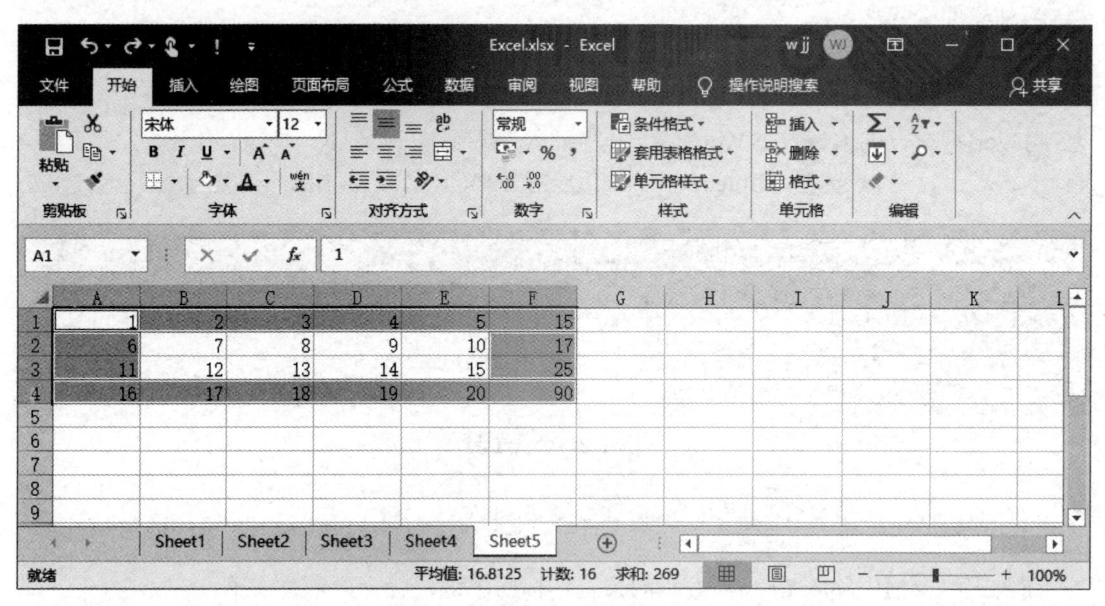

图 1-10　单元格“反向选择”

上述反向选择后，可以对阴影部分选中内容继续进行操作，例如，使用“条件格式→数据条→紫色数据条”命令，结果如图 1-11 所示。被选中的单元格，按条件格式的规则，对单元格内容按大小显示紫色数据条；而中部被反向选择的单元格，不受此条件格式规则的影响。

图 1-11　反向选择后进行的条件格式设置

2. 改进的自动完成功能

之前的版本中输入函数时只会提示以输入字符开头的函数，Excel 2019 中，则会提示包含输入字符的函数。例如，输入“day”，则会提示所有包含“day”的函数，如图 1-12 所示。

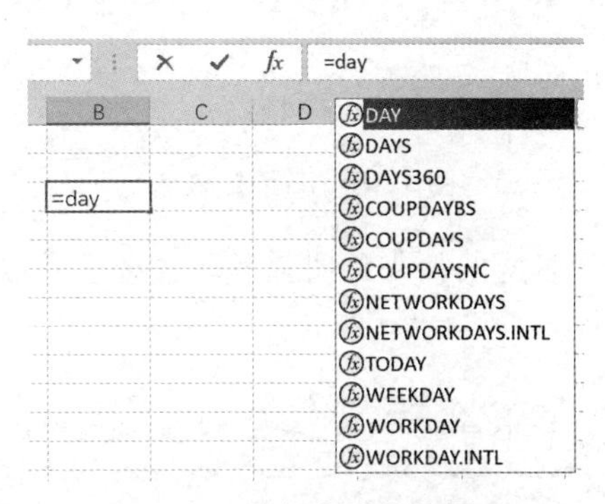

图 1-12　函数名称智能提示

3. 增加的函数

（1）CONCAT 函数。Excel 2016 等早期版本中有个 CONCATENATE 函数，用于文本字符串的连接，但它不能合并指定区域中的文本。另外，PHONETIC 函数可以实现单元格区域的文本合并，但不能合并区域中的数字，有一定的局限性。

Excel 2019 中新增的 CONCAT 函数可以合并指定单元格区域的数据（包括文本和数字），如图 1-13 所示。

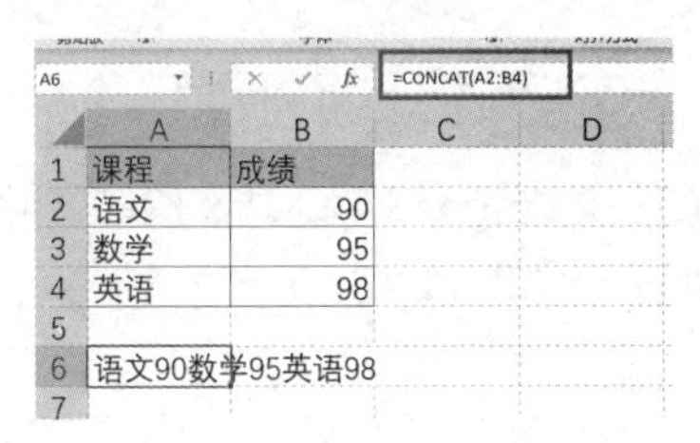

图 1-13　CONCAT 函数

（2）TEXTJOIN 函数。这个函数将多个区域字符串的文本组合起来，并包括在要组合的各文本值之间指定的分隔符。如果分隔符是空的文本字符串，则此函数将有效连接这些区域。如图 1-14 所示，函数中用逗号将各单元格的内容以文本格式进行了连接。

A6　=TEXTJOIN(",",TRUE,A2:B4)

	A	B	C	D	E	F
1	课程	成绩				
2	语文	90				
3	数学	95				
4	英语	98				
5						
6	语文,90,数学,95,英语,98					

图 1-14　TEXTJOIN 函数

（3）IFS 函数。在 Excel 各个函数中，IF 函数无疑是使用频率最高的函数之一。然而有时需要设定的条件过多，我们就需要对 IF 函数进行层层嵌套。例如，要判断学生成绩等级，需要进行 IF 一层一层地嵌套，如图 1-15 所示。

C2　=IF(B2<60,"不及格",IF(B2<80,"及格",IF(B2<90,"良好","优秀")))

	A	B	C	D	E	F	G	H	I	J
1	姓名	成绩	等级							
2	张三	92	优秀							
3	李四	87	良好							
4	王五	50	不及格							
5	赵六	67	及格							

图 1-15　IF 函数嵌套

如果使用 IFS 函数，进行多层条件判断时，就不需要函数嵌套了，直接使用一个函数即可，如图 1-16 所示。

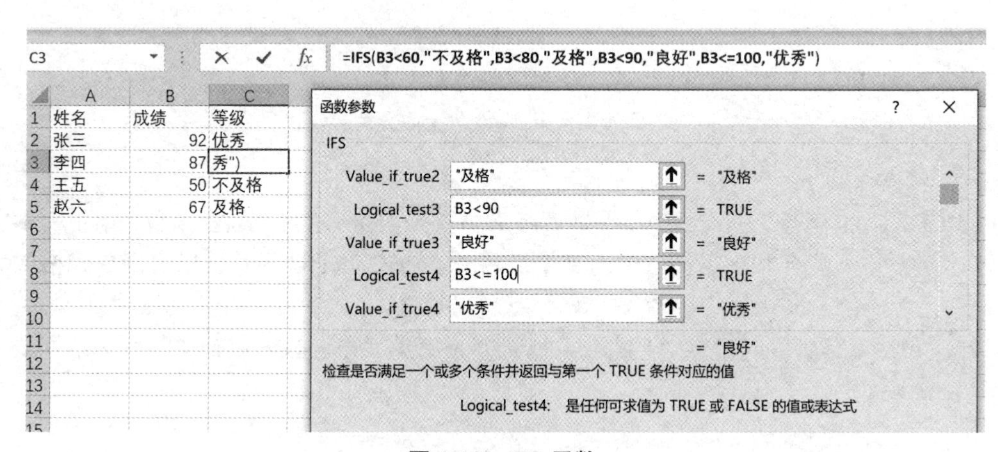

图 1-16　IFS 函数

与 IFS 函数比较类似的多条件函数还有 MAXIFS 函数（区域内满足所有条件的最大值）和 MINIFS 函数（区域内满足所有条件的最小值）。

4. 新增的图表

Excel 2019 在 Excel 2016 等版本的基础上，增加了图标类型。

（1）漏斗图，如图 1-17 所示。

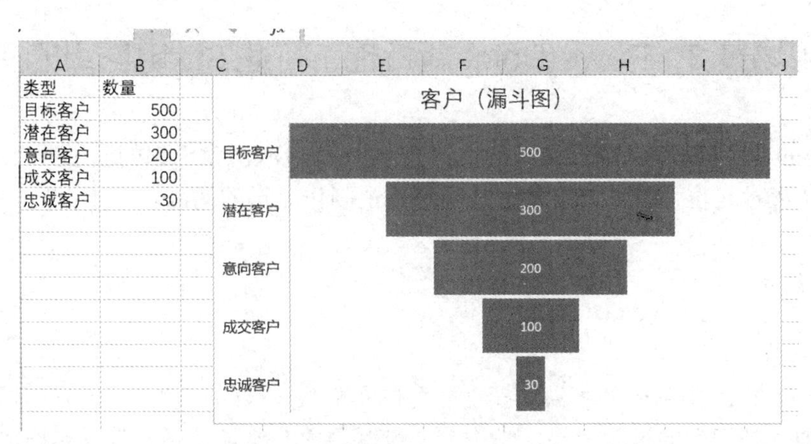

图 1-17　漏斗图

（2）着色地图。这是一个非常实用的图表类型，例如，在分析销售数据时，通常需要在地图上标以深浅不一的颜色来代表销售数。这时就可以单击“插入”选项卡→“图表”→“地图”按钮，插入地图，这样就能直观地展示各地区的数据情况了，如图 1-18 所示。

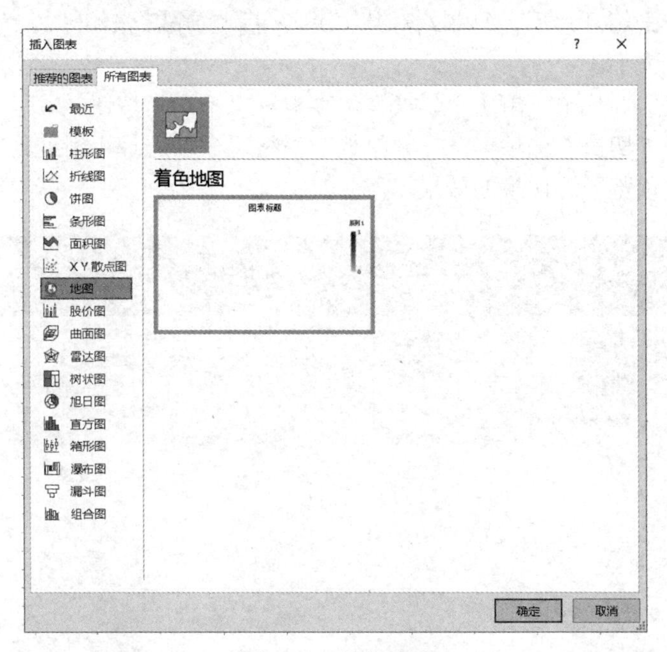

图 1-18　着色地图

另外，在 Excel 2019 中，还为数据透视表新增了功能，用户可以根据自己的偏好设置透视表的布局等。

【应用小结】

在 Excel 2019 中，通过对输入环节操作的改进，提高了操作效率；新增了函数并改进了相关函数功能，提升了 Excel 的核心工作能力；此外，图表的功能改进体现了更优的数据呈现等。

应用场景 3　PowerPoint 新特性：打造 3D 电影级的演示

PowerPoint 2019 同样新增了许多功能，主要是以打造冲击力更强的演示效果为目的的“平滑切换”和“缩放定位”功能，有助于在幻灯片上制作流畅的动画。

【知识技能】

1. 平滑切换

PowerPoint 2019 中附带的平滑切换功能可以实现从一张幻灯片到另一张幻灯片的平滑移动，具有类似“补间”的过渡效果。它不需要设置烦琐的路径动画，只需要摆放好对象的位置、调整好大小和角度，就能一键实现平滑动画，使幻灯片保持良好的阅读性。

如何设置平滑切换？

若要有效地使用平滑切换，两张幻灯片至少需要有一个共同的对象。如图 1-19 所示，操作方法可以如下：

（1）做好第一张幻灯片后，复制幻灯片，并将复制的第二张幻灯片上的对象移动一下位置，或者改变一下大小。

（2）在第二张幻灯片中，单击“切换”选项卡→“平滑”按钮。

（3）可以单击“切换”选项卡→“效果选项”按钮，以选择平滑切换的工作方式。

然后，就可以预览平滑切换的效果了。

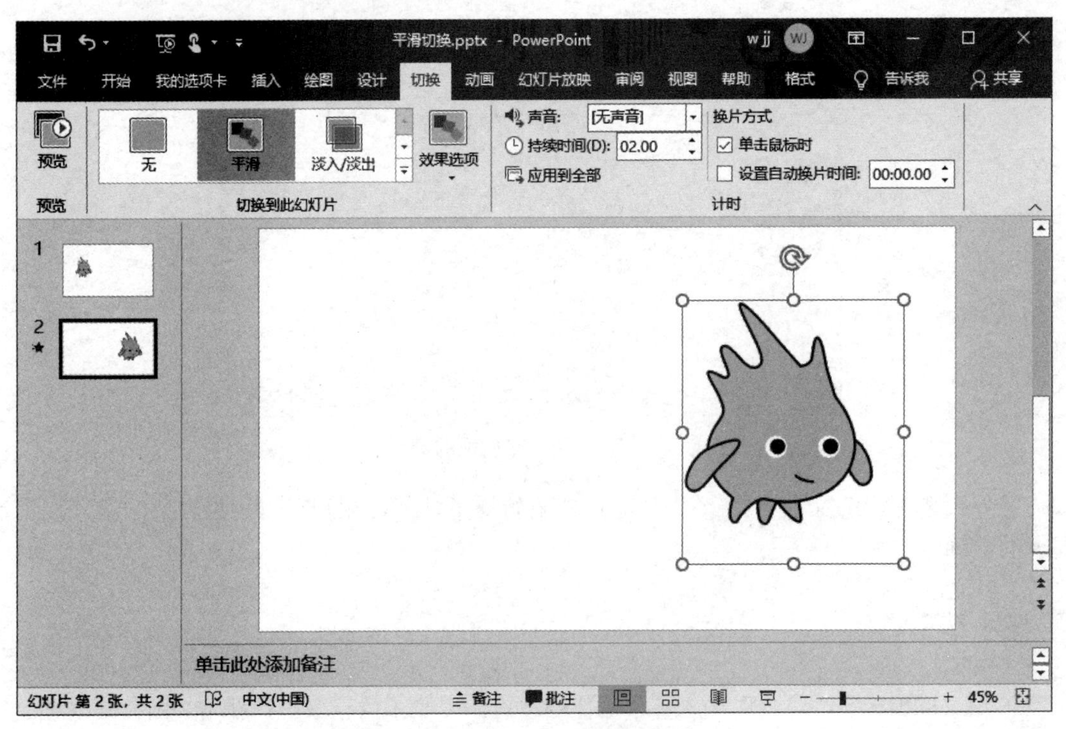

图 1-19　两张幻灯片的平滑切换

2. 缩放定位

一般来说，PPT 演示总是以线性形式（按照页码依次播放）演示每张幻灯片的，从封面到目录，到每个章节，最后到结尾。但是 PowerPoint 2019 新增的缩放定位功能却能完全转变演示的结构，使你的演示更加自由，想讲哪里就点哪里。这主要是吸收了 Prezi 软件中动态的缩放旋转来建立生动的演示文稿的理念，幻灯片的缩放定位可以帮助你用顺滑的动态效果，创建指向某张幻灯片或者指向某个小结的链接。

操作位置："插入"选项卡→"缩放定位"，如图 1-20 所示。

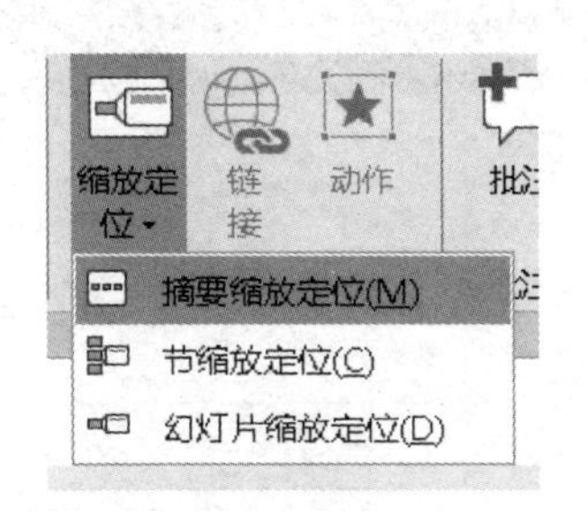

图 1-20 缩放定位的操作位置

例如：

（1）依次单击"插入"选项卡→"缩放定位"→"摘要缩放定位"，选择 4 张幻灯片后可以看到插入了一张摘要幻灯片（依次摆放着 4 张幻灯片缩略图），如图 1-21 所示。

（2）单击"预览"按钮，可以看到流畅炫彩的播放效果：可以通过单击，流畅地跳转并演示相应幻灯片，除作为目录或导览页来跳转外，也可以为幻灯片做点设计，搭配"缩放定位"让演示效果更加生动，提升演示的自由度和互动性。

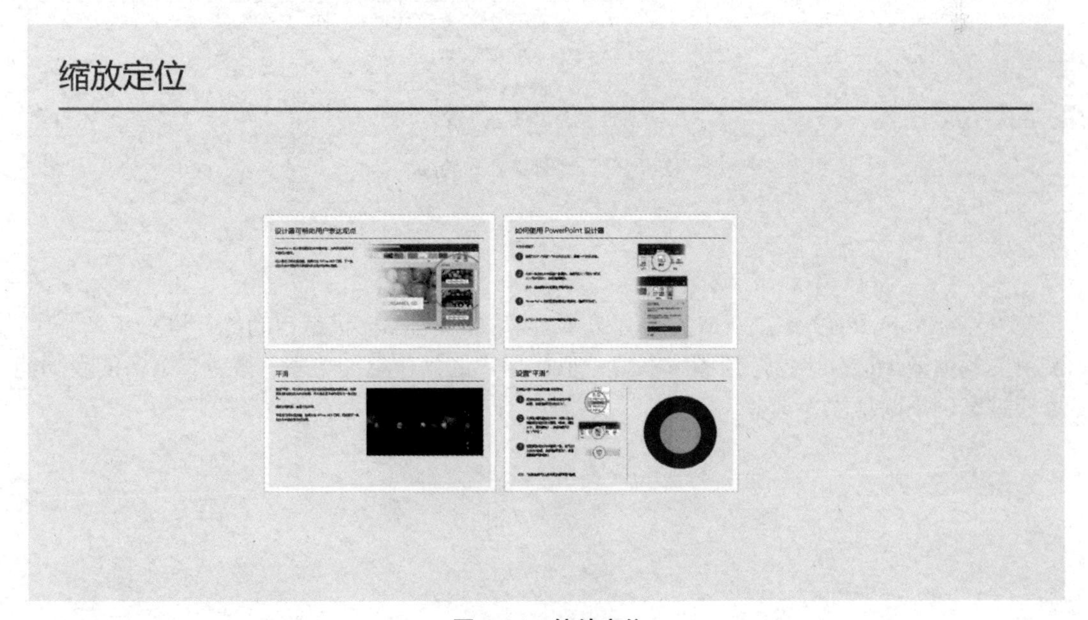

图 1-21 缩放定位

3. 数字墨迹绘图或书写

依次单击"绘图"选项卡→"工具"功能组→"绘图"按钮后，在"笔"功能组中，单击“添加笔”按钮，可以添加铅笔、荧光笔、笔三种不同类型笔，再选择笔样式下拉列表，可以继续选择笔的粗细、颜色、效果等。如图 1-22 所示，使用选定的笔进行绘图或书写，再配合橡皮擦和套索选择工具，绘制出相应的图形。

此外，还可以在“转换”功能组中单击“将墨迹转换为数学公式”按钮，在打开的“数学输入控件”对话框中，手绘数学公式并自动转换成对应的公式，单击“选择和更正”按钮，会自动弹出手写对象转换成公式的内容选择，确保转换的准确度更高。

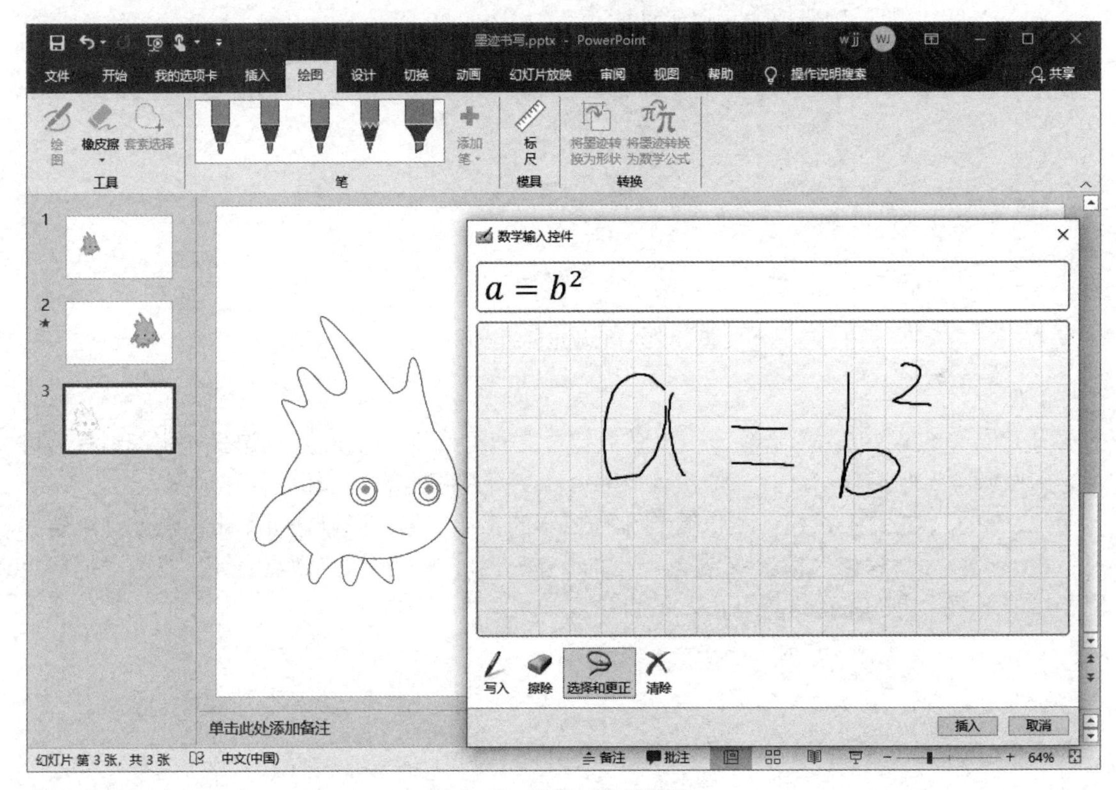

图 1-22　绘图与公式转换

【应用小结】

在 PowerPoint 2019 中，新增的平滑切换、缩放定位、3D 模型等功能，进一步增强了演示文稿的视觉效果；数字墨迹绘图或书写，也让用户的操作更加丰富、便捷。更多的新功能，可以通过案例不断地深入掌握。

第2单元 Word 2019高级应用

Word 2019 是 Office 2019 中的一个重要组件，是由 Microsoft 公司推出的一款优秀的文字处理与排版应用程序。Word 2019 采用了全新的界面，比之前的版本不管是 UI 上还是功能上都具有明显的提升。本单元主要结合学习工作中的实际案例，通过文字设置、对象设置、页面布局、篇章层次这几个方面来介绍 Word 2019 的各种操作，使读者能熟练应用各种知识技巧，提高学习工作中编辑文档的能力。

学完本单元我能做什么？

1. 长文档的排版
2. 批量文档的制作
3. 多人协同编辑文档
4. 提升阅读体验

应用场景1　宣传海报的制作

某高校为了使学生更好地进行职场定位和职业准备，提高就业能力，学工处将于 2020 年 4 月 29 日 19：00～21：00 在学校国际会议中心举办题为“领慧讲堂——大学生人生规划”就业讲座，特地邀请资深媒体人、著名艺术评论家赵覃先生担任演讲嘉宾。

现在，根据上面的描述，你能帮忙做一份宣传海报吗？

【场景分析】

要制作一份图文并茂的宣传海报，我们首先需要设置海报的大小，如果有两种页面版式，我们需要先进行分节。此外，还需要在 Word 中插入各种对象，例如图片、SmartArt 图形、文档对象、表格等，对象插入后，还需要对这些对象进行格式的多样化设置。

【最终效果】

如图 2-1 所示的是一份漂亮的宣传海报。

图 2-1　宣传海报

【操作流程】

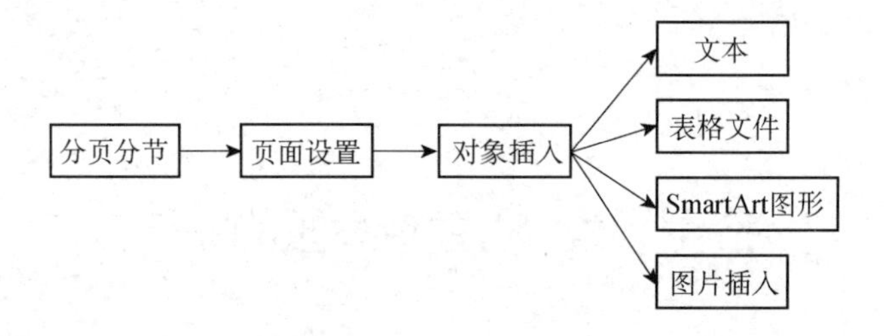

【知识技能】

1. 节的概念

“节（Section）”是一个文档版面设计的最小有效单位。默认情况下，Word 会将一个文档作为一个节，一个节不管有多少页，都只能应用一套页面设置（包括纸张、页边距、页眉、页脚、边框等）。而当我们对文档进行分节后，就能对同一个文档的不同节进行不同的页面设置。

节操作主要通过插入分节符来实现。

（1）插入分节符。单击“布局”选项卡的“分隔符”按钮，会出现下拉菜单，选择所需的分节符，便可在当前光标所在位置插入一个分节符（双虚线），将原来的文档分成两节。节主要有以下四种类型。

- 下一页：分节符后的文本从新的一页开始。
- 连续：新节和前面的一节同处于当前页中。
- 偶数页：插入分节符后新的节从偶数页开始。

- 奇数页：插入分节符后新的节从奇数页开始。

小贴士：如何看到分节符？

分节符默认是看不见的，如图 2-2 所示，我们可以单击“开始”选项卡中“段落”组的“显示/隐藏编辑标记”命令，就能看到双虚线的节标记了！

图 2-2　显示/隐藏编辑标记

（2）改变分节符类型。双击已插入的分节符，会出现“页面设置”对话框，如图 2-3 所示。在该对话框的“布局”选项卡中，可以更改分节符的类型。

在“布局”选项卡中，设置“节的起始位置”，即该节的开始页，下拉列表中的“新建页”表示设为下一页分节符，“接续本页”表示设为连续分节符，“偶数页”“奇数页”分别对应设置偶数页分节符和奇数页分节符。

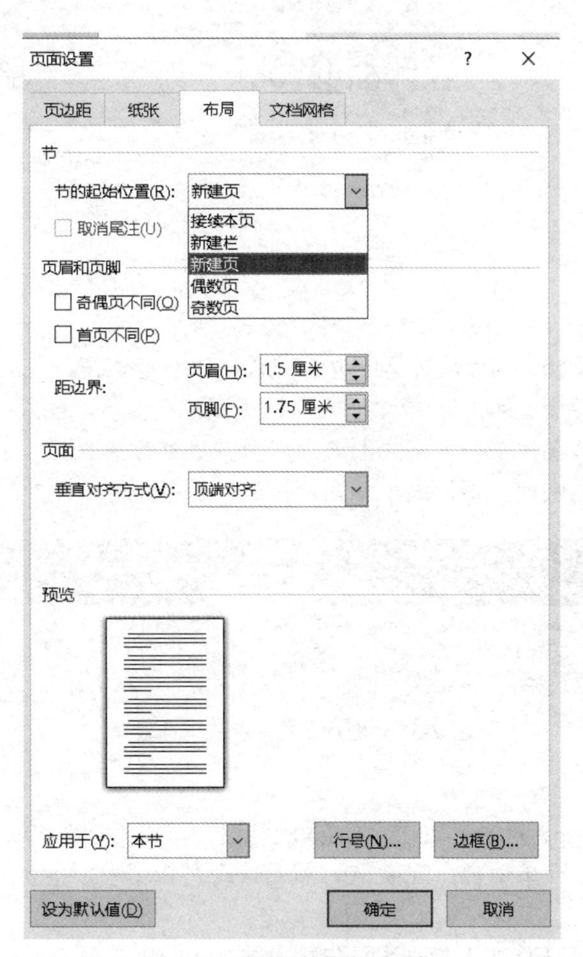

图 2-3　“页面设置”对话框

2. 页面背景

为页面添加背景可以增强文档的视觉效果。在 Word 中，有四种填充文档背景的方法，分别为颜色填充、图案填充、纹理填充、图片填充。单击“设计”选项卡下的“页面颜色”命令，如图 2-4 所示，就可以设置用纯色填充页面，也可以单击“填充效果…”命令，在打开的“填充效果”对话框中进行更具体的填充设置。

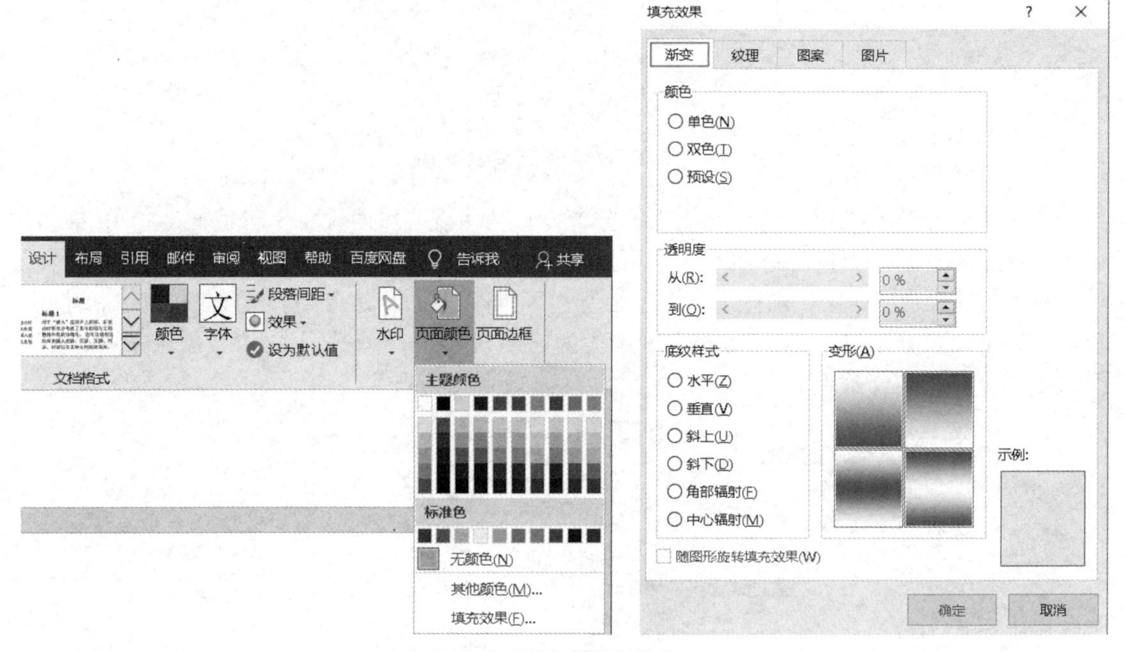

图 2-4 页面背景设计

3. 图片

一份图文并茂的文档，图片是必不可少的。Word 2019 支持插入 emf、wmf、jpg、tif、png、bmp 等多种格式的图片。当我们利用“插入”→“图片”命令，插入一张本地图片或者联机图片后，就可以通过“图片工具—格式”选项卡对图片进行修改了，如图 2-5 所示。主要的格式修改有图片样式、裁剪、图片大小、图片排列、颜色、艺术效果、删除背景等。

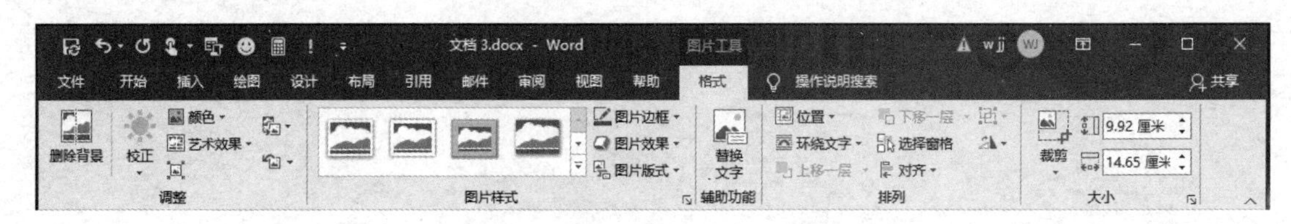

图 2-5 “图片工具—格式”选项卡

4. SmartArt 图形

SmartArt 是 Microsoft Office 2007 中加入的特性，可以用于在 Word、Excel、PowerPoint 中创建各种图形图表。简单地说，SmartArt 就是一个逻辑图表，主要用于表达文本之间的逻辑关系。

在 Word 2019 中可以通过从多种不同布局中进行选择来创建 SmartArt 图形，从而快速、轻松、有效地传达信息。

Word 2019 中预设了列表、流程、循环、层次结构、关系、矩阵、棱锥图、图片八种类型的 SmartArt 图形，每种类型都有各自的作用。如图 2-6 所示，选择了 SmartArt 图形的类别与布局后，即可自动插入相应的图形，并修改 SmartArt 的格式。

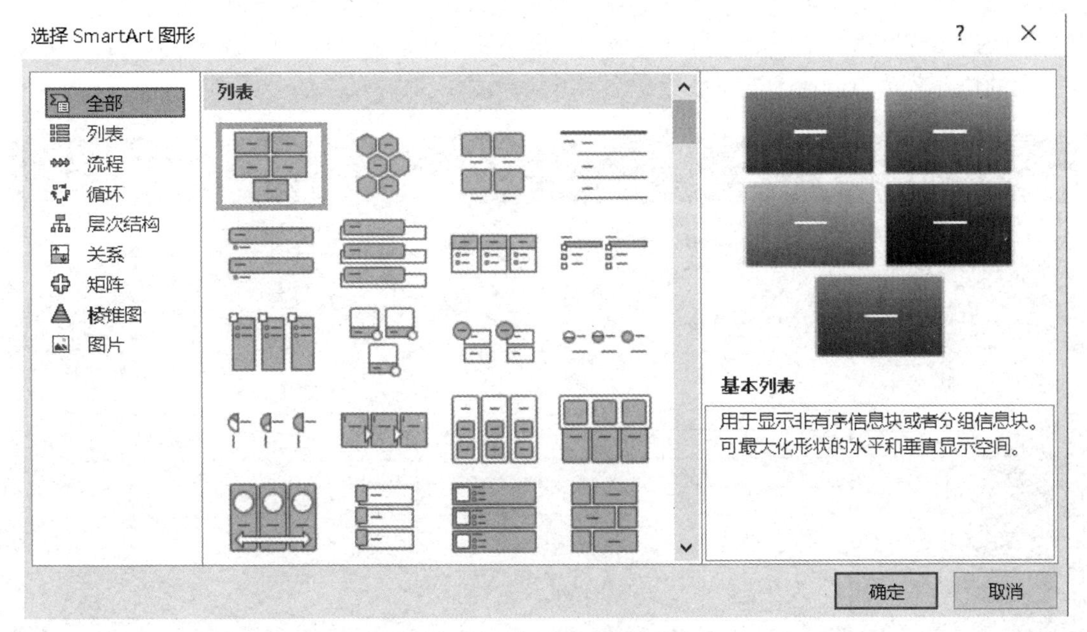

图 2-6　选择 SmartArt 图形

5. 表格

在 Word 2019 中可以利用“插入”→“表格”命令，快速插入一个几行几列的表格，也可以通过“绘制表格”命令插入表格。插入表格之后就可以在“表格工具”的“设计”和“布局”选项卡中设置表格的格式。其中“设计”选项卡主要对表格的样式、边框进行设置。Word 2019 中预设了很多表格的样式，可以直接应用预设的表格样式，快速美化表格。需要清除表格样式时，打开表格样式下拉列表，单击“清除”命令，即可将表格的边框、底纹等所有格式清除。“布局”选项卡可以对表格进行插入/删除行、列、单元格等操作，也可以进行单元格合并和拆分，以及设置表格的大小、文字对齐方式、表格和文字的转换等。

（1）文字和表格的转换。当用户已经使用在 Word 文档中记录下文本内容，却需要使用表格来表现时，可以直接将文本内容转换为表格。在转换的过程中，只要设置好文字分隔位置，就可以快速进行转换。

将文本转换为表格前，文本中必须要有文字分隔位置，如果文本中没有，可以在转换前手动添加，使用段落标记、逗号、空格、制表符都可以进行分隔。

当然，也可以通过“表格工具”→“布局”→“转换为文本”命令，又把表格转换成文本。

（2）表格数据的计算。当表格中的数据内容较多且需要对数据进行计算时，可直接在表格中进行运算。在 Word 的表格中可以进行 ABS、AND、AVERAGE、COUNT、DEFINED、FALSE、IF、INT、MAX、MIN、MOD、NOT、OR、PRODUCT、ROUND、SIGN、SUM、TRUE 十八种类型函数的运算。

将光标定位在要进行运算的单元格内，切换至“表格工具—布局”选项卡，单击“数据”组中的“*fx* 公式”按钮。如图 2-7 所示，在打开的“公式”对话框中，①删除“公式”文本框中的内容，输入“=”，②单击“粘贴函数”框右侧的下拉按钮，③在展开的列表中选择相应函数，例如计算总分的函数为“SUM”，在“公式”文本框的括号内输入数据的引用方向，例如“LEFT”，单击“确定”按钮。这样，相关的单元格就能实现使用公式的总分计算了。另外，我们还可以复制某个单元格已完成设计的公式，粘贴到其他单元格；之后，右击鼠标，在弹出的快捷菜单中选择“更新域”命令，就能完成新的内容计算。

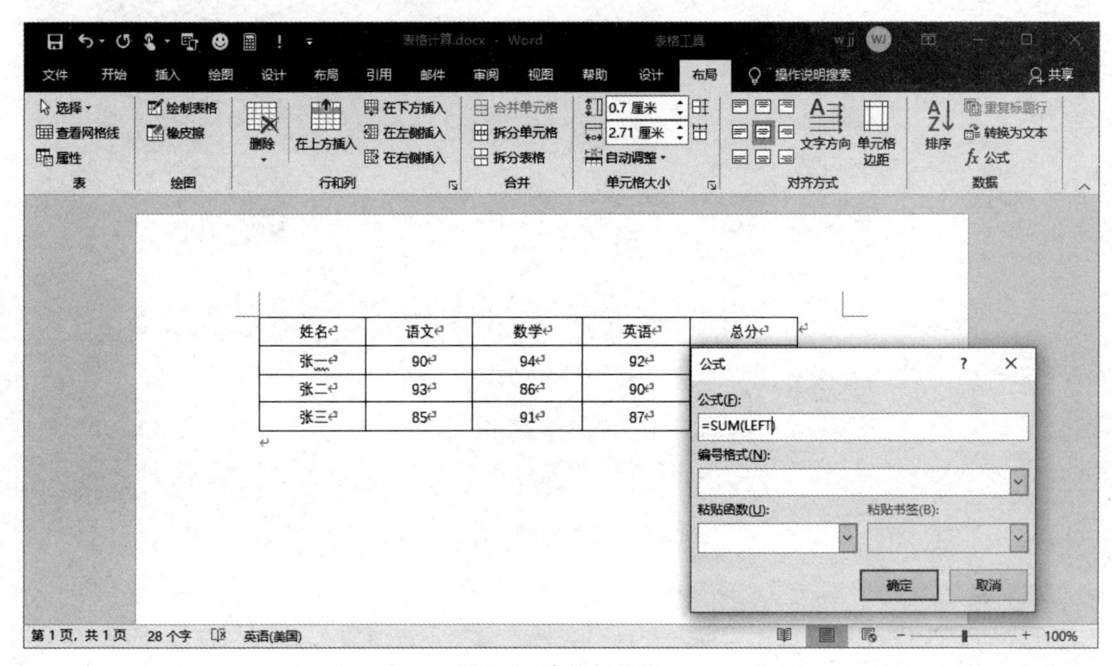

图 2-7　表格与公式

【操作步骤】

1. 分节

打开素材文档“宣传海报.docx”，光标定位到文字“‘领慧讲堂’就业讲座之大学生人生规划　活动细则”之前，在“布局”选项卡中单击“分隔符”下拉按钮，选择“下一页”分节符，如图 2-8 所示。这样，整个文档就被分成了两节，每节各占一页。接下来可以为每节分别设置版面布局。

2. 版面布局

（1）第一节。将光标定位到第一页，在“布局”选项卡下，单击“页面设置”组右下角的扩展按钮，如图 2-9 所示。在打开的“页面设置”对话框中，在“纸张”选项卡中输入自定义的页面高度 35 厘米，宽度 27 厘米；在“页边距”选项卡中输入上、下页边距为 5 厘米，左、右页边距为 3 厘米，在确认应用于“本节”后，单击“确定”按钮即可。

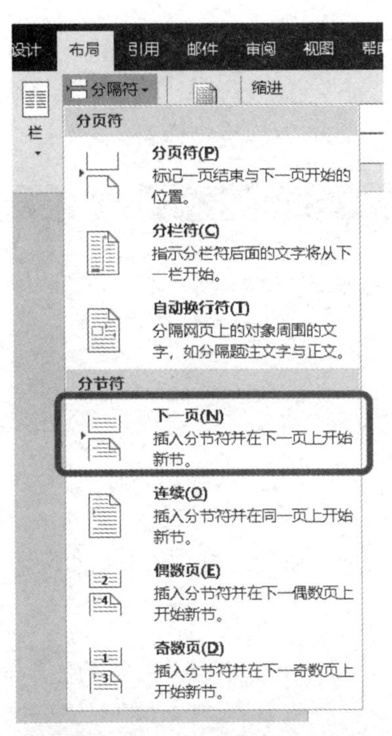

图 2-8　插入“下一页”分节符

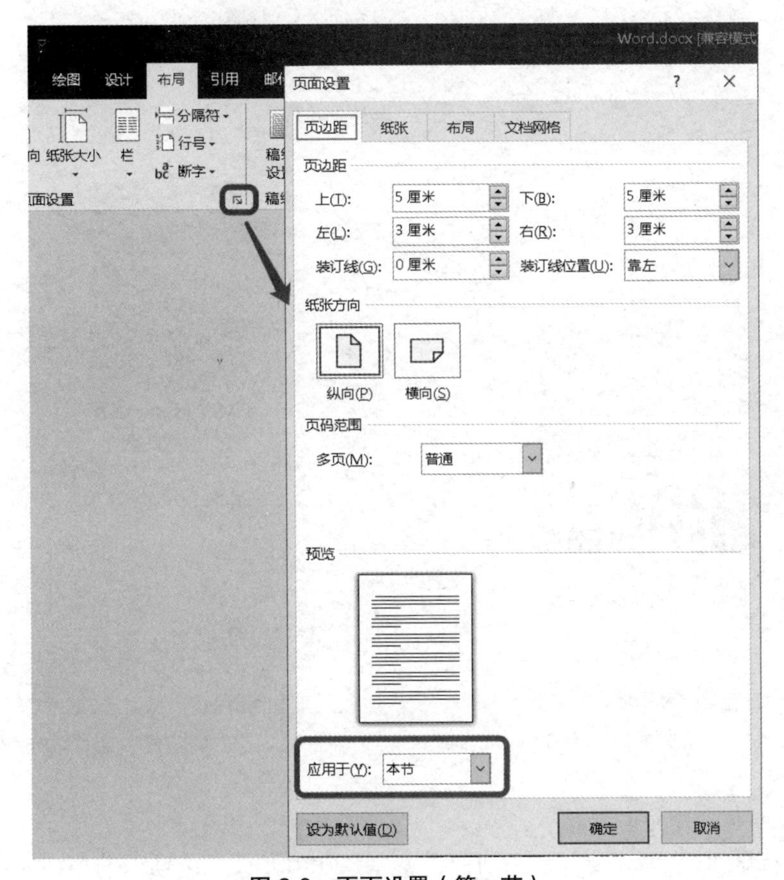

图 2-9　页面设置（第一节）

（2）第二节。将光标定位于第二页，同上操作，上下左右页边距数据如图 2-10 所示。然后在“布局”选项卡的“页面设置”组中设置纸张大小为 A4，纸张方向为“横向”，页边距为“常规页边距”，确认应用于“本节”后确定即可。

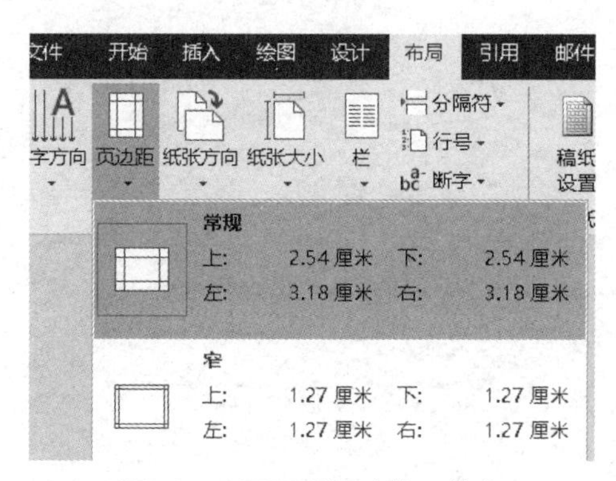

图 2-10　页面设置（第二节）

3. 页面背景

在“设计”选项卡的“页面背景”组中单击“页面颜色”→“填充效果”命令，如图 2-11 所示。

在打开的“填充效果”对话框中，单击“图片”选项卡下的“选择图片”按钮，找到要插入的背景图片“Word-海报背景图片.jpg”，选择插入，如图 2-12 所示。

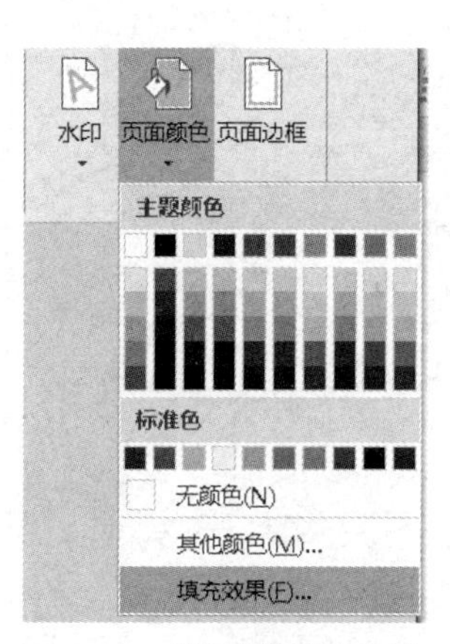

图 2-11　“填充效果”命令

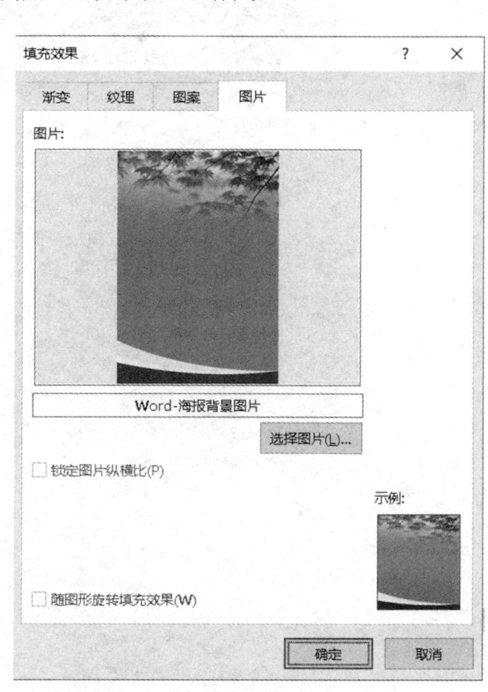

图 2-12　插入图片填充效果

4. 输入并调整文字格式

（1）选中标题“‘领慧讲堂’就业讲座”文字，在“开始”选项卡的“字体”组中单击其右下角的扩展按钮。在打开的“字体”对话框中设置其“中文字体”为“微软雅黑”，“字形”为“加粗”，“字体颜色”为红色，“字号”为“60”，如图 2-13 所示。

接下来设置它的段落格式。打开“段落”对话框的方法可以是“开始”选项卡→“段落”组右下角扩展按钮→“段落”对话框；也可以选中该标题段落后，单击鼠标右键，在弹出的快捷菜单中选择“段落”命令。在打开的“段落”对话框中可以设置段间距、行间距、缩进值。此处建议设置段前距为 0 行，段后距为 2 行，行间距为默认的单倍行距，无缩进，如图 2-14 所示。

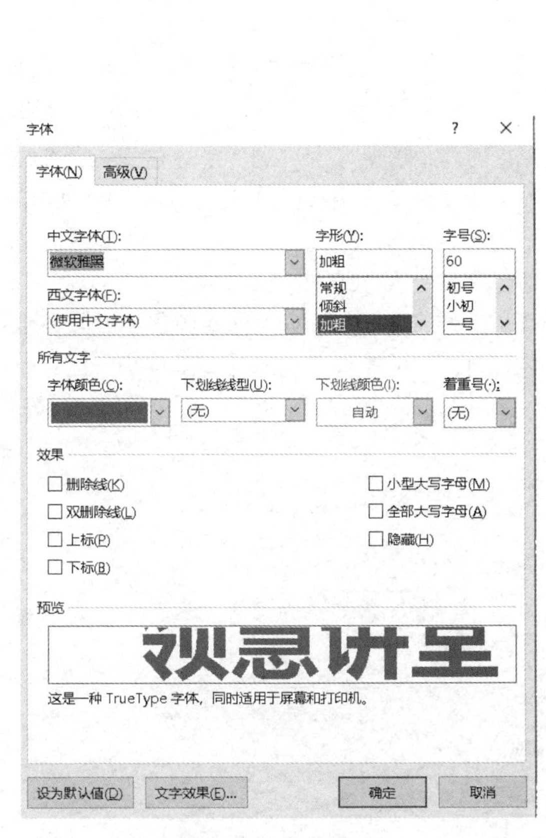

图 2-13　字体设置

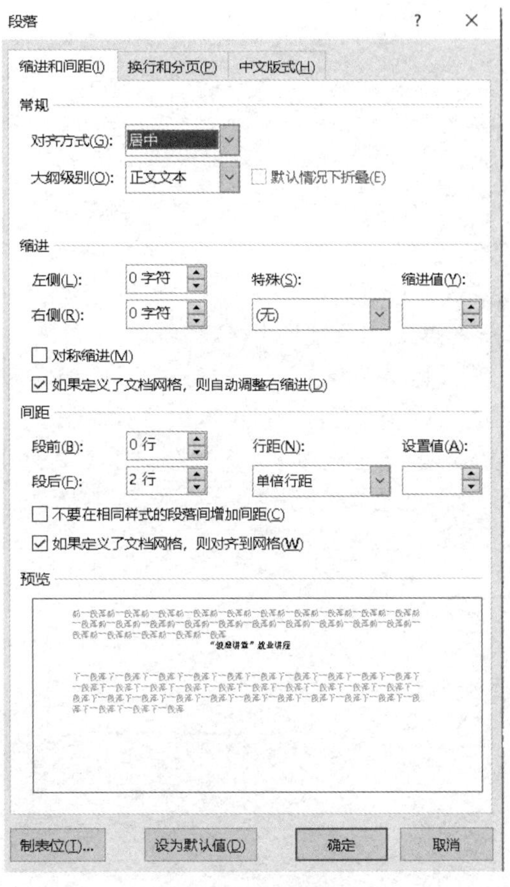

图 2-14　段落设置

（2）根据布局需要，调整海报内容中“报告题目”“报告人”“报告日期”“报告时间”“报告地点”的文字格式（同上，“字体”对话框设置）：深蓝色、微软雅黑、字号 28、加粗。每项后面的内容文字格式相同，但字体颜色为白色、不加粗。同时，还需要设置这几行的段落格式（建议：左缩进 2 个字符，段前段后距 0.5 行）。

（3）选中文字“欢迎大家踊跃参加！”，设置字体格式为：华文行楷，字号（60），颜色白色，并设置段落格式：段前距 2 行，其他默认。

（4）文字“主办”的格式同“报告题目”，因此可以使用格式刷工具（如图 2-15 所示）来实现：选中“报告题目：”，单击“开始”选项卡中的格式刷工具，此时光标变成刷子形状，然后拖选要刷格式的文字“主办：”即可。同样，用格式刷工具将“大学生人生规划”的格式复制到“校学工处”文字上。

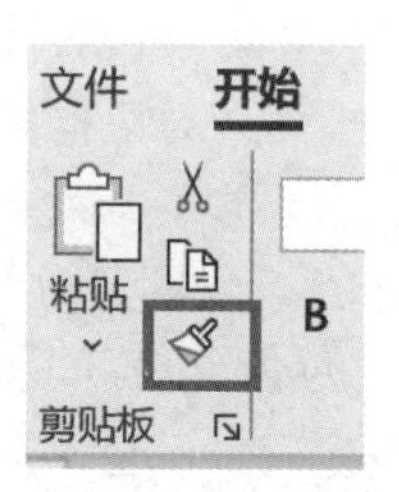

图 2-15　格式刷工具

小贴士：

格式刷工具就是格式的复制，单击格式刷工具只能进行一次格式复制，如果要把一个格式应用到多个地方，可以双击格式刷工具！

（5）设置第二页标题文字“‘领慧讲堂’就业讲座之大学生人生规划”字体格式为：微软雅黑，红色，字号 24；标题文字“活动细则”字体格式为：微软雅黑，红色，字号 28，加粗。

（6）设置第二页副标题“日程安排：”的文字格式为：微软雅黑，字号 15，深蓝色，加粗，并用格式刷工具把格式复制到“报名流程：”和“报告人介绍：”上。

（7）设置第二页中“赵先生是资深媒体人…”这一段文字的字体颜色为白色，并设置段落格式“首行缩进”2 字符。然后依次选择“插入”选项卡→“文本”组→“首字下沉”→“首字下沉选项”命令，在打开的“首字下沉”对话框中设置“位置”为“下沉”，“下沉行数”为 3 行，如图 2-16 所示。

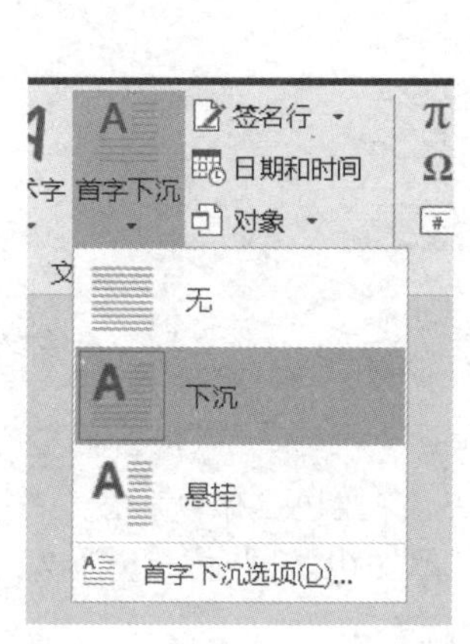

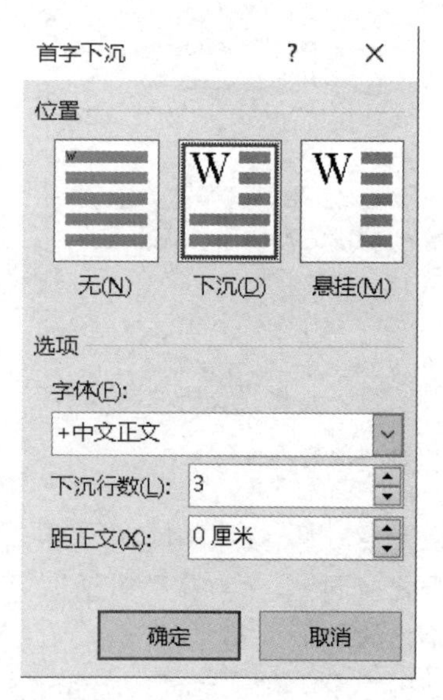

图 2-16　首字下沉

5. 插入 Excel 表格

素材文档中提供了“Word 活动日程安排.xlsx”文件，现在要求如果 Excel 表格内容发生变化，Word 文档中的日程安排信息也随之发生变化，也就是两个文件之间有链接的关系。操作方法如下：

方法一：依次选择“插入”选项卡→“对象”组→“对象…”命令，在打开的“对象”对话框中选择“由文件创建”选项卡，单击“浏览”按钮，选择 Excel 文件所在的路径和文件名后确认，结果如图 2-17 所示，注意，一定要勾选“链接到文件”选项，最后单击“确定”按钮。

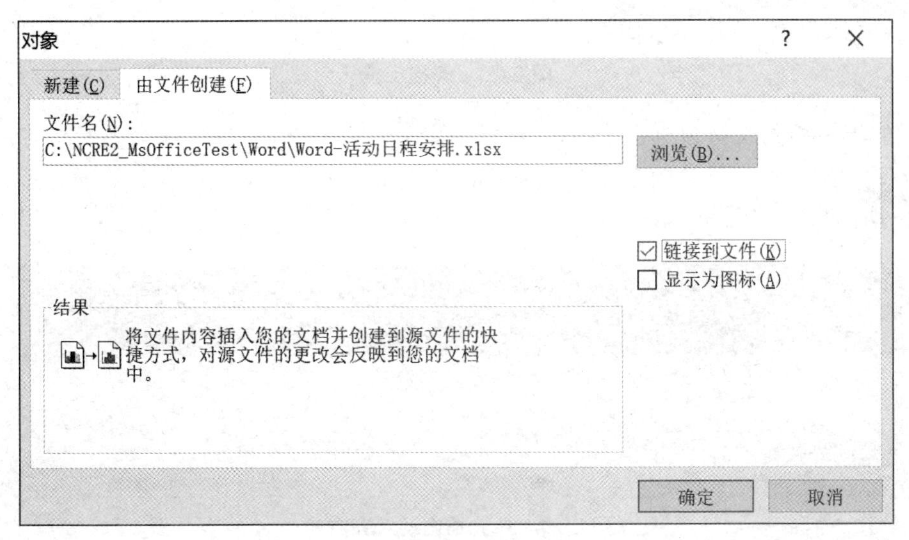

图 2-17　插入文件对象

但这种插入方式会把表格的标题也插进来了，而且表格样式在 Word 中不易修改，如图 2-18 所示，因此此处不建议采用这种方式。

“领慧讲堂”就业讲座之大学生人生规划 日程安排

时间	主题	报告人
18:30 - 19:00	签到	
19:00 - 19:20	大学生职场定位和职业准备	王老师
19:20 - 21:10	大学生人生规划	特约专家
21:10 - 21:30	现场提问	王老师

图 2-18　文件对象插入后的效果

方法二：打开 Excel 表格，选择 A2～C6 单元格，单击鼠标右键，在弹出的快捷菜单中选择“复制”命令，然后在 Word 中定位好光标，单击鼠标右键，在弹出的快捷菜单中选择“粘贴”→“链接与保留源格式”命令，如图 2-19 所示。

图 2-19　链接与保留源格式的粘贴

此时可直接在 Word 中修改表格样式：选中表格，工具栏上会出现“表格工具”，在其下的“设计”选项卡中选择表格样式为“网络表 5 深色—着色 3”，并去除“第一列”复选框的钩，如图 2-20 所示。

图 2-20　表格工具

可以将光标移到表格边框上拖拉，合理地调整表格的整体宽度和每个单元格的宽度。选中表内文字，在“表格工具—布局”选项卡的“对齐方式”组中单击“中部左对齐”按钮，如图 2-21 所示。

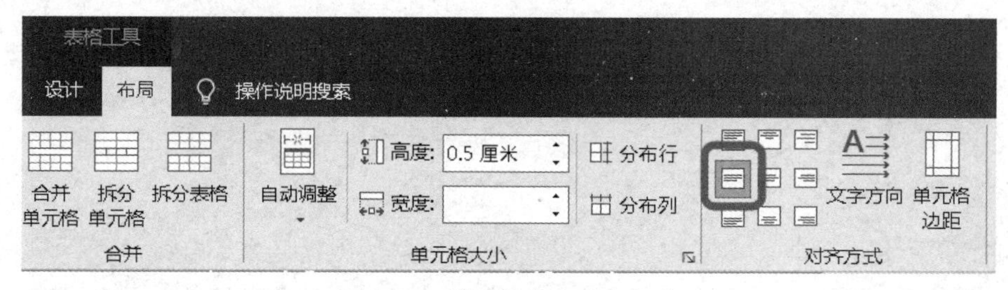

图 2-21　单元格内容对齐方式

6. 插入 SmartArt 图形

光标定位到“报名流程：”的下一行，单击“插入”选项卡下的“SmartArt”按钮，在打开的“选择 SmartArt 图形”对话框中选择“流程”类别的“基本流程”，然后单击“确定”按钮，如图 2-22 所示。

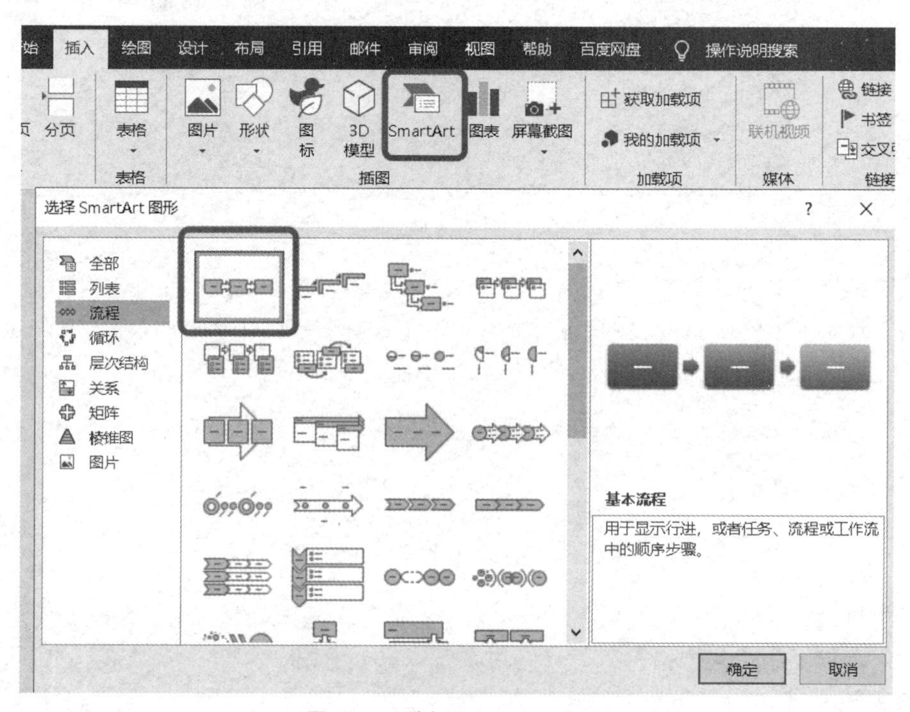

图 2-22　选择 SmartArt 图形

插入 SmartArt 后，在“在此处键入文字”窗格中输入文字“学工处报名”等，如图 2-23 所示。

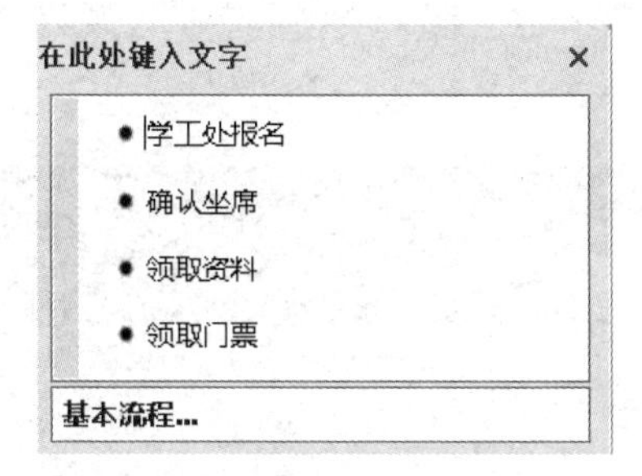

图 2-23　在 SmartArt 中插入文字

单击选中 SmartArt 图形，在“SmartArt 工具—设计”选项卡中单击“更改颜色”按钮，选择“彩色—个性色”，并在边上的“SmartArt 样式”组中选择“中等效果”，如图 2-24 所示，同时修改 SmartArt 图形内的文字字体为“微软雅黑”。

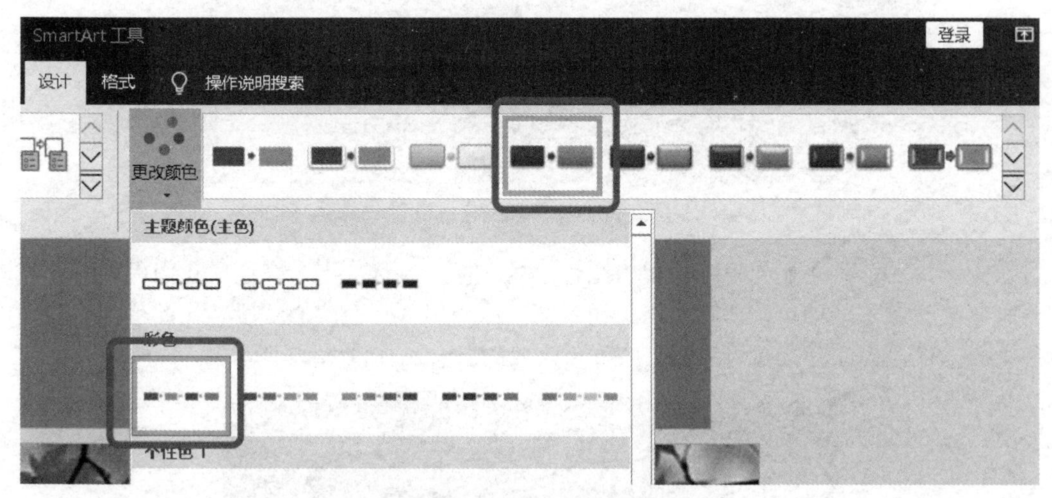

图 2-24　SmartArt 颜色效果

7. 插入图片

如图 2-25 所示，选择“插入”选项卡→“图片”→“此设备”命令，选择本机的图片插入；也可以选择“联机图片”命令，从网上选择一幅合适的人物图插入。

图 2-25　插入图片

选中图片，将光标移到图片边缘的圆形控制点，按住鼠标左键拖放缩小图片到合适大小（按住 Shift 键可以按比例缩小）。

在“图片工具—格式”选项卡中，将“环绕文字”设置为“四周型”，并将图片拖到文字右边，注意图片右边上边不能有文字，如图 2-26 所示。

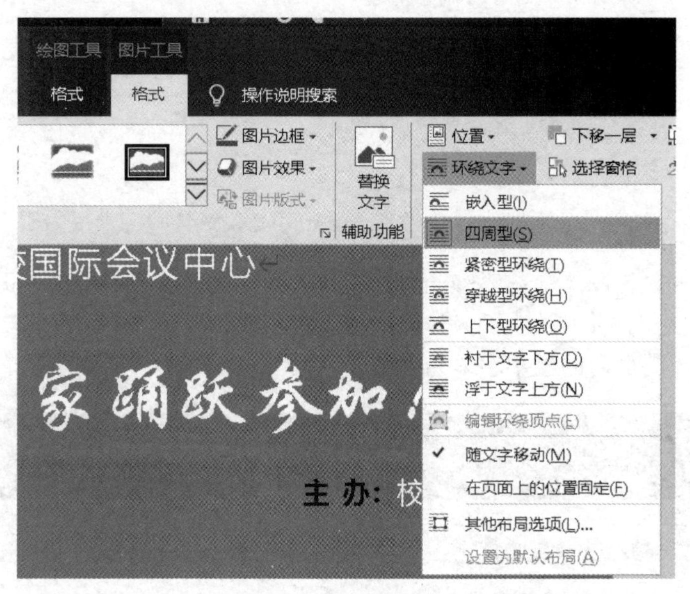

图 2-26　文字环绕格式设置

选中图片后，标题栏上自动出现“图片工具—格式”选项卡，在这里我们可以对图片进行各种修改设置。例如单击“裁剪”按钮，图片四周出现黑色实心线段，光标移到这些黑色线条上，按住鼠标左键拖拉可以裁去图片不需要的部分，如图 2-27 所示。

图 2-27　图片裁剪

还可以修改图片样式，例如改成“棱台矩形”；也可以修改图片的颜色与艺术效果等，如图 2-28 所示。

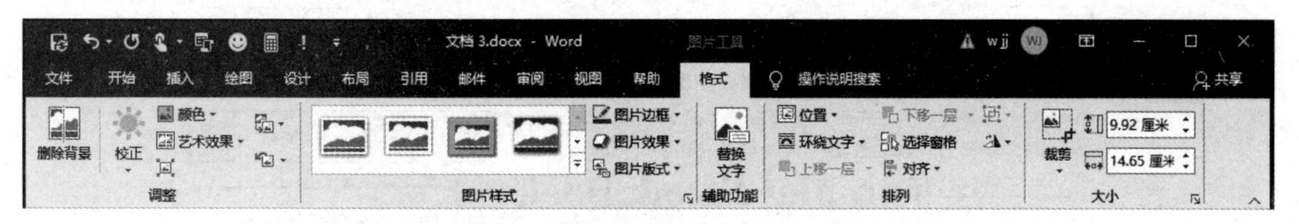

图 2-28　“图片工具—格式”选项卡

至此，宣传海报制作完成。

【应用小结】

通过本应用场景的学习，可以掌握 Word 文档的基本操作以及各种对象的插入和修改等操作。当然，Word 中可插入的元素有很多，如形状、图表、艺术字、3D 模型、图标等，不管是什么对象，插入后都可以对它们进行各种格式的修改。

应用场景 2　毕业论文的排版

一年一度的毕业论文季又要来了，小丁深陷毕业论文的水深火热之中。好不容易写好了几万字的文章，面对样式繁多的论文排版，却又无从下手了。事实上，你只要掌握了 Word 长文档的排版，自然就水到渠成了。现在让我们来帮小丁同学一起来进行论文的排版吧！

【场景分析】

毕业论文的主要内容包括封面、目录、图目录、表目录、引言、正文各章节、结论、参考文献以及致谢等。鉴于毕业论文对于文档一致性和规范性的严格规定，学院通常会下发格式模板，给出包括字体、段落、间距、页眉和页脚、页码等的明确要求，如图 2-29 所示。

章名采用样式标题 1，小节名采用样式标题 2，三级标题采用样式标题 3，正文用小四号宋体、首行缩进 2 个字符、行间距 1.5 倍、段前段后 0.5 行，文档中的注释用脚注或尾注，图和表的注释用题注。正文每章单独一节，奇数页页眉与章名相同，偶数页页眉与小节名相同，使用域在页面底端添加页码。在正文前插入目录、图目录和表目录等。

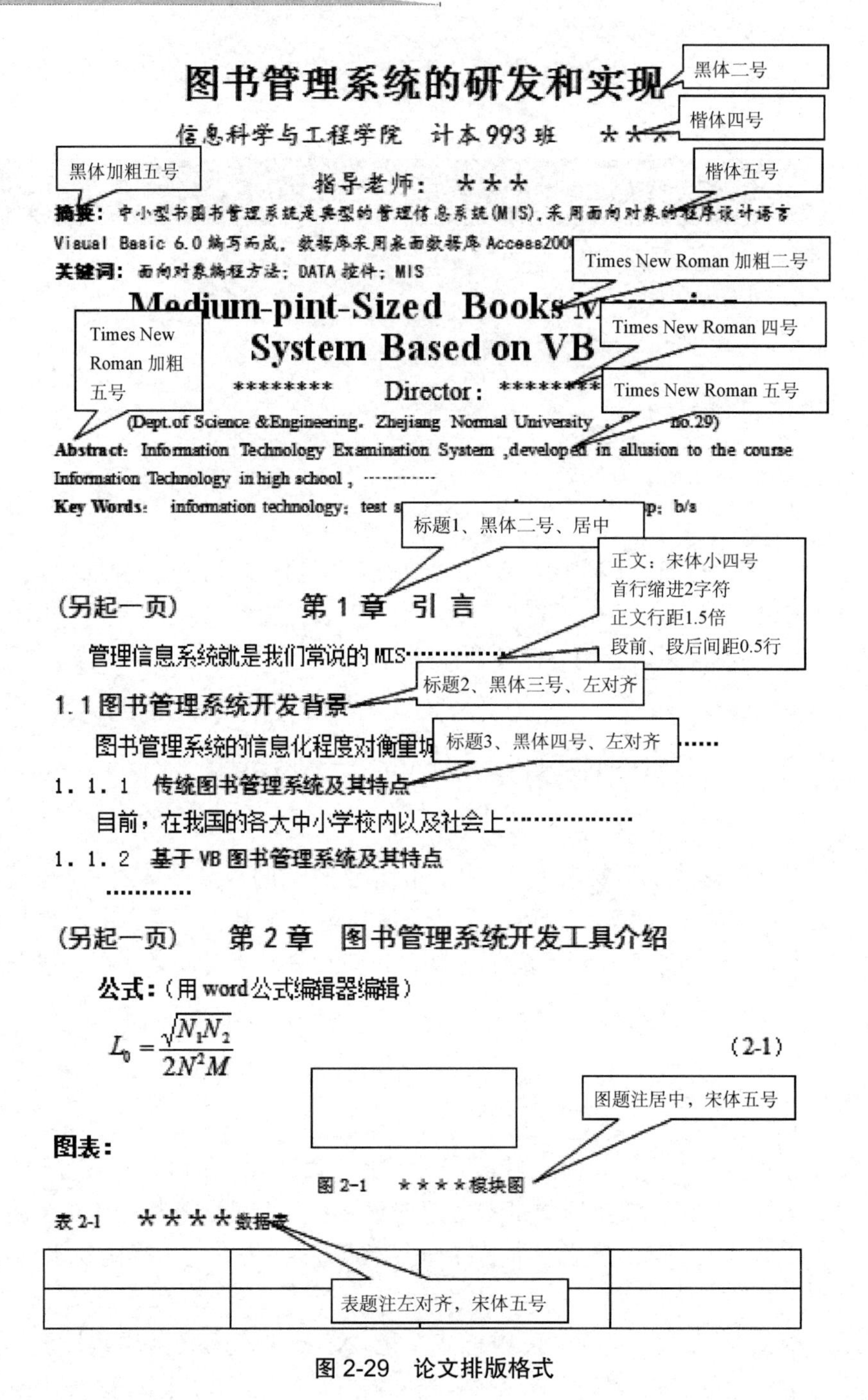

图书管理系统的研发和实现

信息科学与工程学院 计本993班 ＊＊＊

指导老师：＊＊＊

摘要：中小型书图书管理系统是典型的管理信息系统(MIS)，采用面向对象的程序设计语言Visual Basic 6.0编写而成，数据库采用桌面数据库Access200

关键词：面向对象编程方法；DATA控件；MIS

Medium-pint-Sized Books M

System Based on VB

******** Director：********

(Dept.of Science &Engineering，Zhejiang Normal University ， no.29)

Abstract: Information Technology Examination System ,developed in allusion to the course Information Technology in high school , -----------

Key Words: information technology; test s p; b/s

(另起一页) 第1章 引言

管理信息系统就是我们常说的MIS……

1.1 图书管理系统开发背景

图书管理系统的信息化程度对衡量城……

1.1.1 传统图书管理系统及其特点

目前，在我国的各大中小学校内以及社会上……

1.1.2 基于VB图书管理系统及其特点

……

(另起一页) 第2章 图书管理系统开发工具介绍

公式：(用word公式编辑器编辑)

$$L_0 = \frac{\sqrt{N_1 N_2}}{2N^2 M} \quad (2\text{-}1)$$

图表：

图2-1 ****模块图

表2-1 ****数据表

图 2-29 论文排版格式

【最终效果】

论文排版后前几页的效果如图 2-30 所示。

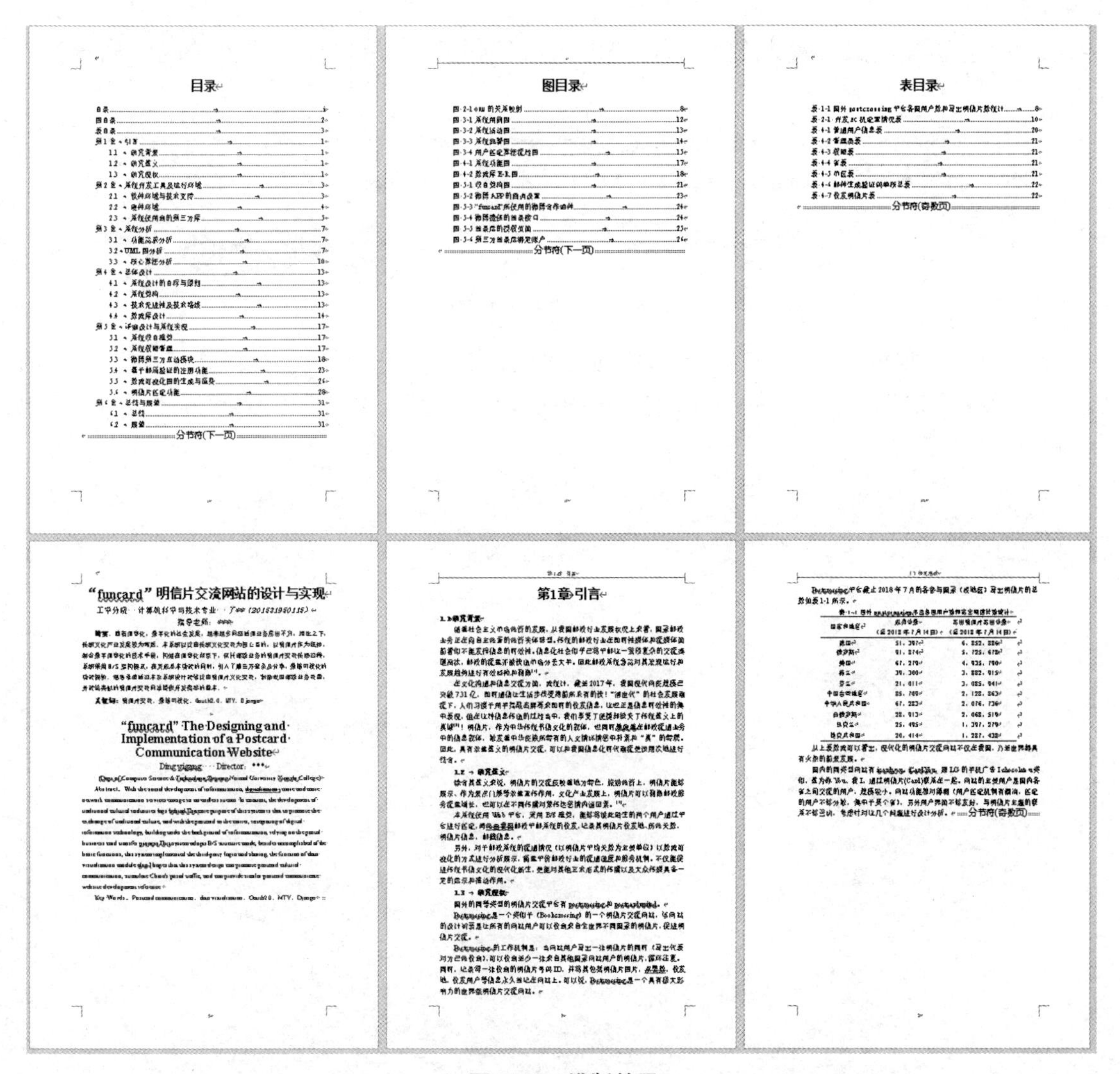

图 2-30　排版效果

【知识技能】

1. 样式

要对一个对象进行格式设置，可以先选中它，然后修改它。对于多个对象使用相同的格式，或许你会想到“格式刷工具”。但是假如现在有许多对象需要使用相同的格式，同时还要随时修改它们的格式，这时格式刷工具就无法满足要求了，必须使用强大的“样式”功能了。

样式是指一组已命名的格式的组合，也就是将一系列的格式设置打包形成一个“一键式快捷处理”操作。当需要使用这个格式包的时候，只需要直接为选中的对象应用该“样式”，这个对象就具有了样式定义的格式属性。

Office 早期版本即提供了文本的“样式”功能。文本的样式不仅包括了文字的字体、字号等属性，还包括了段落对齐、缩进、行间距甚至编号方法等。Word 2019 中提供了大量的预设样式，还提供了自定义样式的功能。

（1）样式库。Word 2019 中可在“开始”选项卡中找到快速样式库，它默认显示的是推荐样式。如果推荐样式无法满足需要，可以单击“样式”组右下角的“样式扩展”按钮，如图 2-31 所示，打开“样式”窗格。

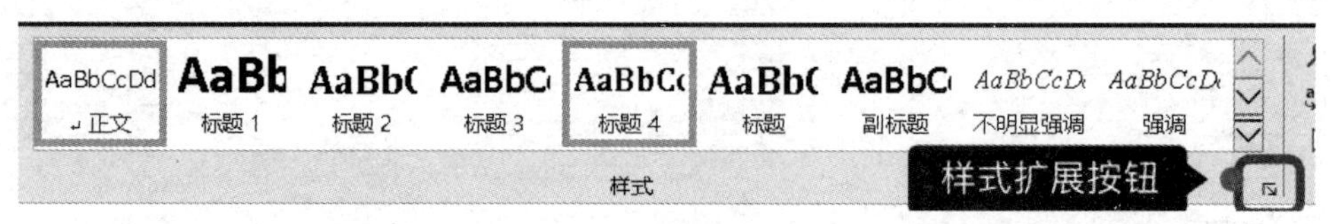

图 2-31　样式及扩展

在“样式”窗格中，单击下方的“选项”按钮，即可打开“样式窗格选项”对话框，如图 2-32 所示，在这里可以设置“选择要显示的样式”为“所有样式”，这样就能显示 Word 中所有的内置样式了。

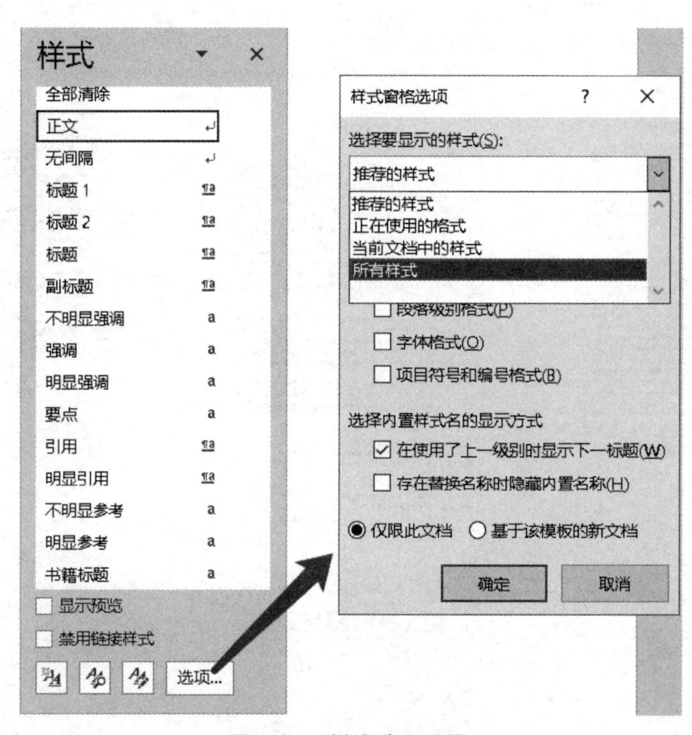

图 2-32　样式选项设置

常见的内置样式有：

① 正文。这是一个段落样式，会应用到整个段落。Word 文档中的文字默认的都是正文样式，因此如果需要修改所有文字的格式，只要修改正文样式的格式就可以了。

② 标题 1、标题 2、标题 3、……、标题 9：Word 中提供了 9 级标题样式，对应的文字大纲级别分别是 1、2、3、…、9。通常我们会将长文档的章标题设置为标题 1 样式，节标题设为标题 2 样式，往下类推，这样在之后创建目录等操作时就能根据标题的大纲级别非常迅速地实现了。

③ 题注：当插入表题注或图题注时，会自动套用题注样式。

④ 超链接：当为文字插入超链接时，会自动套用超链接样式。它是一个字符样式，应用于所选文字。

（2）样式的新建。当 Word 2019 中内置的样式无法满足需求时，用户可以自定义样式。

在“样式”窗格中，单击底部的“新建样式”按钮，打开“根据格式化创建新样式”对话框，在该对话框中设置需要的样式格式后确定即可，如图 2-33 所示。

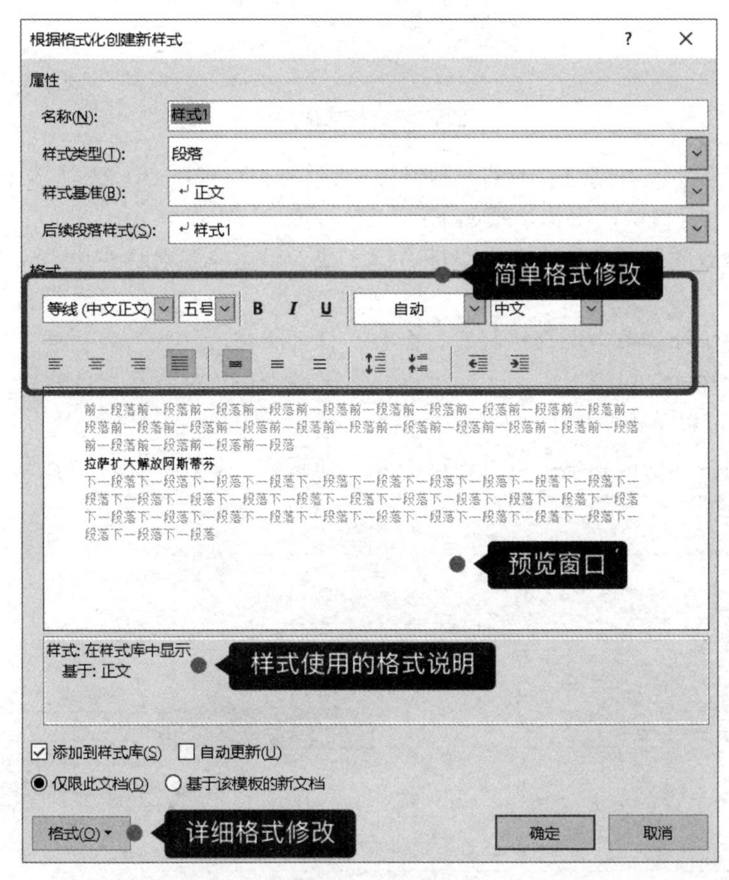

图 2-33　样式修改

- 名称：样式名称，可以包含空格，但字母区分大小写。
- 样式类型：可选择字符、段落、列表、表格、链接段落和字符。
- 样式基准：是指该新建样式是在哪个样式的基础上做的修改，也就是新建的样式延续了基准样式的格式。

如果希望新建的样式在使用过程中进行了修改，所有应用该样式的地方都自动更新成修改后的样式，则勾选“自动更新”复选框。勾选“添加到样式库”复选框后，“开始”选项卡的样式区域内便可查看到该样式，否则该样式仅在“样式”窗格的列表中存在。

（3）样式的应用。样式创建完成后，可以在快速样式库和“样式”窗格的列表中查看。如需应用样式，可选中相应文字段落或直接将光标置于文档中，然后在这两个样式库中选择应用。

也可以在图 2-31 中单击按钮后，在下拉列表中选择“应用样式”命令，打开“应用样式”窗格，在“样式名”框中输入样式名称，或在下拉列表中选择应用的样式，即可完成样式的套用，如图 2-34 所示。

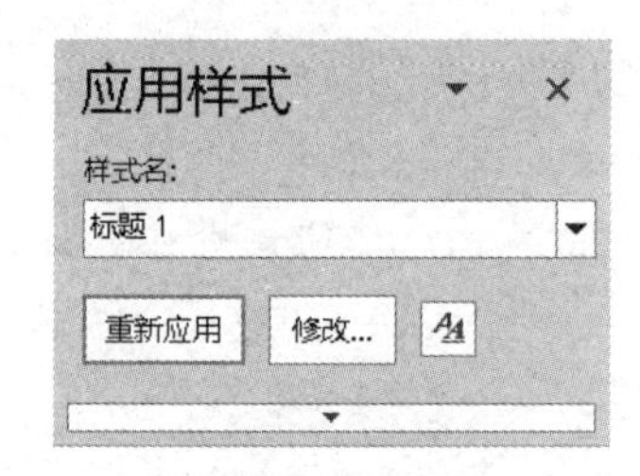

图 2-34　样式应用

（4）样式的修改。当我们应用某个预设样式或自定义样式，但又需要修改它的一些格式时，可以对样式进行修改，操作步骤如下：

① 在需要修改的样式名称上单击鼠标右键，或者单击样式名称右边的向下箭头按钮，弹出快捷菜单。

② 在弹出的快捷菜单中选择“修改”命令，打开“修改样式”对话框，如图 2-35 所示。

③ 在“修改样式”对话框中，可在“格式”区域中进行简单格式的修改，如果需要更详细地进行修改，可以单击下方的“格式”按钮

④ 在弹出的格式快捷菜单中可以根据需要选择修改“字体”格式、“段落”格式、“边框”格式、“编号”格式等。

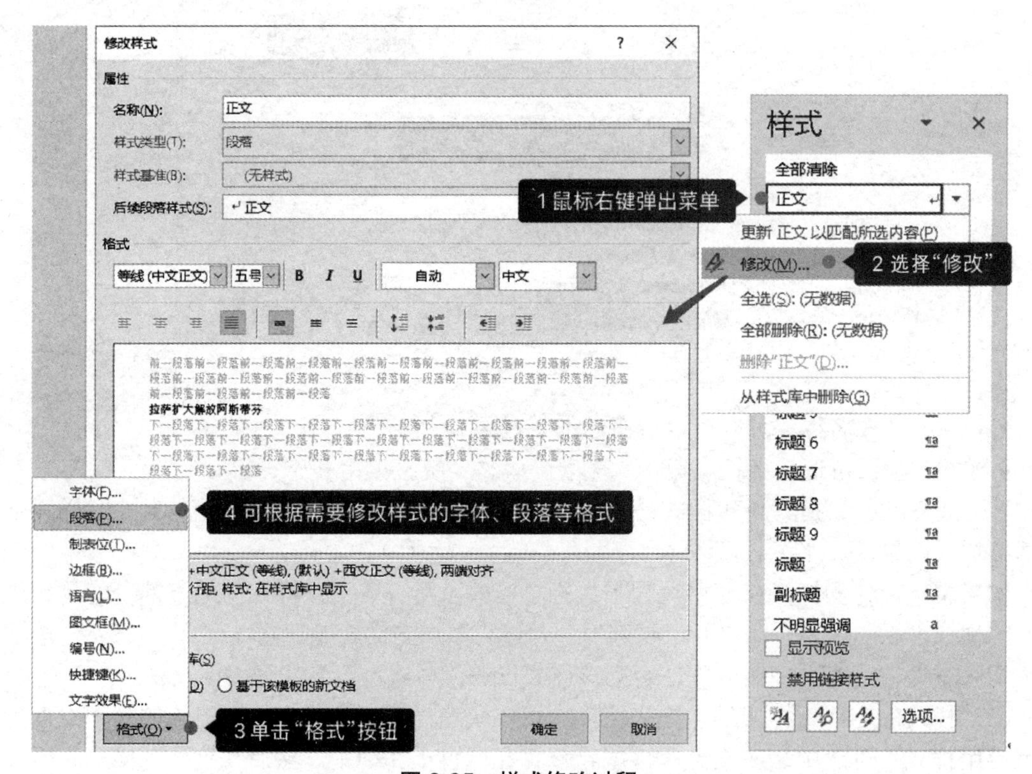

图 2-35　样式修改过程

（5）删除样式。当文档不需要某个自定义样式时，可以删除该样式，文档中原先由删除的样式所格式化的段落会重新变为“正文”样式。操作时只需要在想要删除的样式上单击鼠标右键，在弹出的快捷菜单中选择“删除‘我的样式’”命令即可，如图 2-36 所示。

注意：Word 2019 提供的内置样式不能被彻底删除。

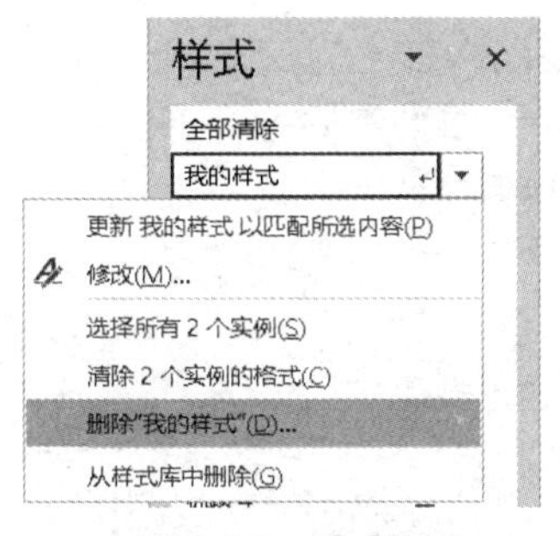

图 2-36　样式删除

（6）清除格式。清除格式是指在不删除样式的情况下，将文字的格式全部清除，回归正文样式，有以下三种方法：

- 选中该段文字，直接在样式库中套用正文样式。
- 选中该段文字，单击快速样式库右下角的“其他”按钮，在下拉列表中，选择“清除格式”命令。
- 选中该段文字，在“样式”窗格的样式列表中选择“全部清除”命令。

（7）利用样式管理器快速复制文档样式。

有时候需要将一个 Word 文档的样式移植到另一个文档中，这时可以使用样式管理器。

那么，如何打开样式管理器呢？

单击“样式”窗格中的“管理样式”按钮，会打开“管理样式”对话框，如图 2-37 所示。单击该对话框的下方的“导入/导出”按钮，就可以打开样式管理器了。

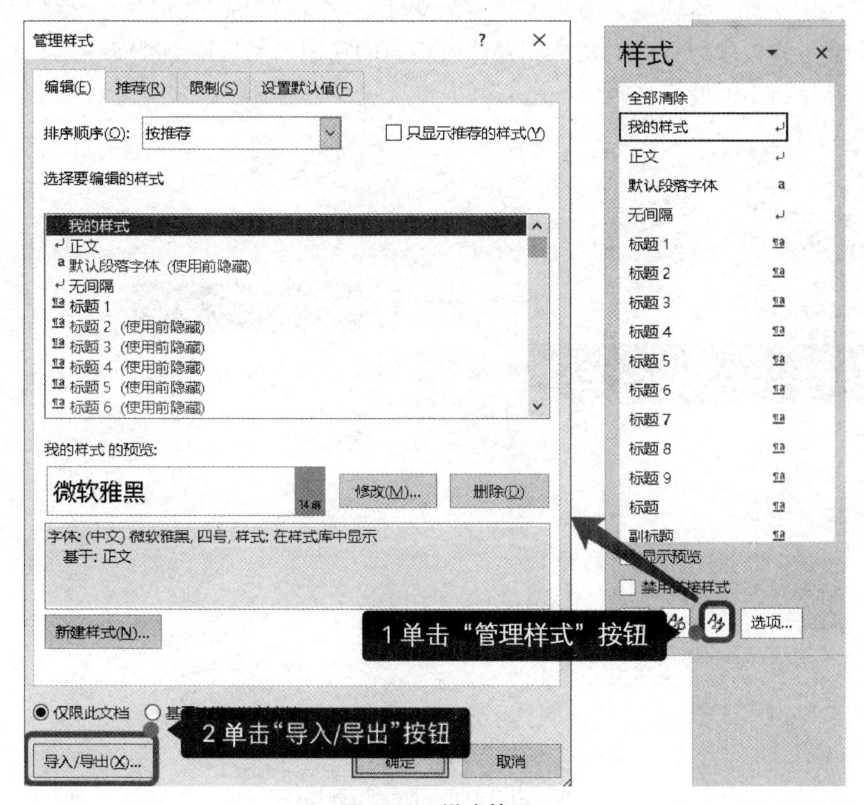

图 2-37　样式管理

样式管理器分为左右两边，默认左边是本文档，右边是 Normal.dotm，我们可以用下方的“关闭文件”按钮去掉左右两边文档（如果需要把外部文件样式复制到本文档，可以只单击右边的“关闭文件”按钮），如图 2-38 所示。

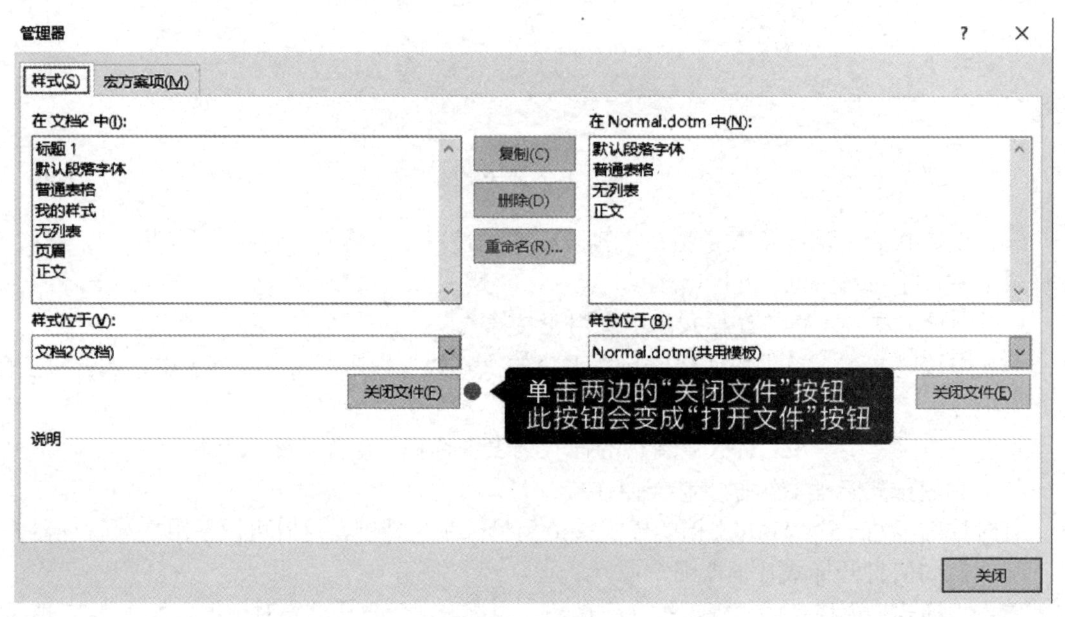

图 2-38　样式管理器

单击“关闭文件”按钮后，原先的“关闭文件”按钮就变成了“打开文件”按钮。可以单击它并分别选择要输出格式的文档和要接收格式的文档，然后选择要输出格式文档中要复制的样式，再单击中间的“复制”按钮，就能将样式复制到接收格式的文档中了，如图 2-39 所示。

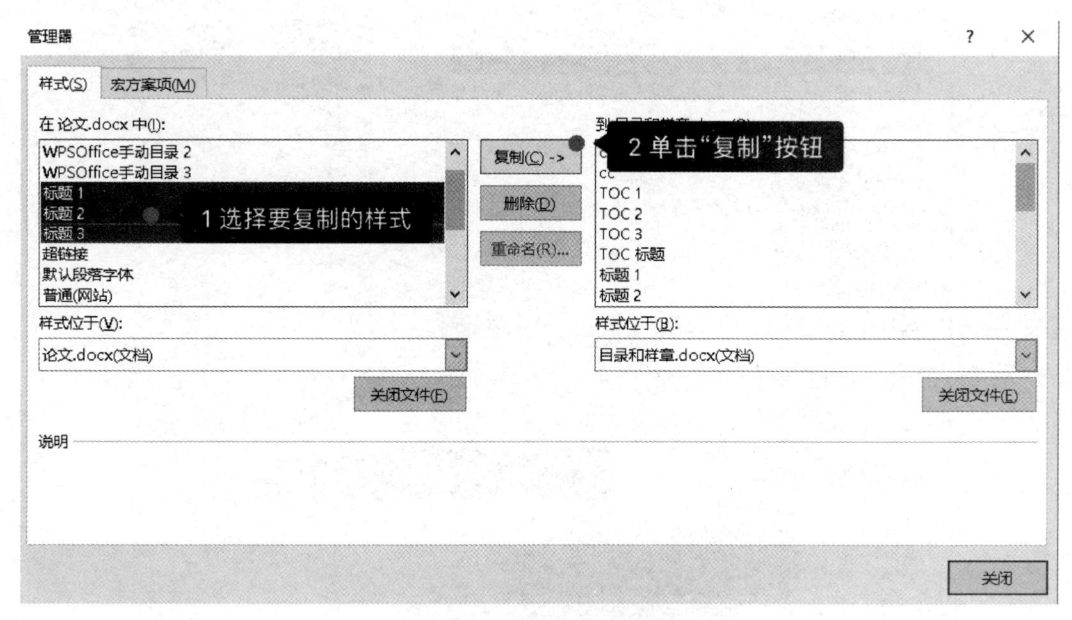

图 2-39　样式的导入/导出

我们所说的样式默认指的是字符和段落样式，当然 Word 中的图片、图形、表格等元素都可以设置它们自己的样式。例如图片，当选中图片时，可以在“图片工具—格式”选项卡中找到预设了边框、底纹、效果、色彩等内容的样式，只需在单击对象后，再单击所需的样式即可套用，如图 2-40 所示。

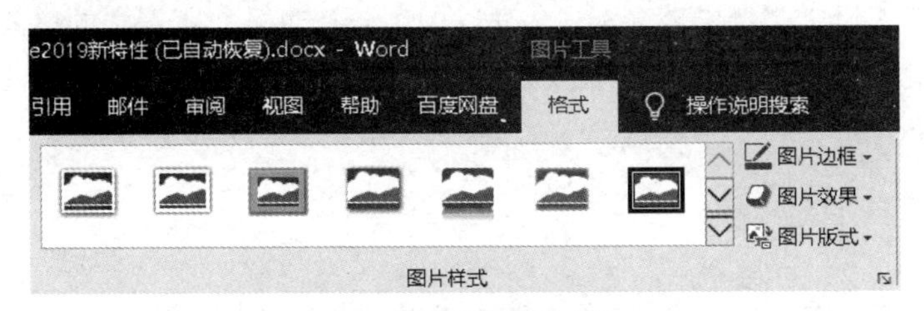

图 2-40　图片样式套用

2. 题注和交叉引用

题注是文档中图片、表格、公式等对象的标注，也就是我们通常所说的图表标题。题注由标签和编号组成，用户可在之后加入说明文字，如图 2-41 所示。

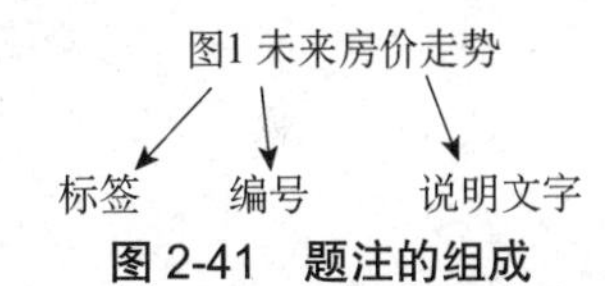

图 2-41　题注的组成

题注实际上是 Word 预设的一个域，因此，题注的优势有：第一，会自动顺序编号；第二，在文档某些段落被删除或者调整后，可以通过“更新域”来更新编号；第三，可以基于这个题注形成一个针对性的图片目录或表格目录。总之，我们可以通过题注使 Word 自动维护图片或公式等的编号，这对于编辑维护有大量图片或者表格的大型文档来说是非常实用的。

（1）题注的插入。将插入点置于要创建题注的位置，单击“引用”选项卡的“题注”组中的“插入题注”按钮，出现如图 2-42 所示的“题注”对话框。具体插入方法可见后面详细操作步骤。

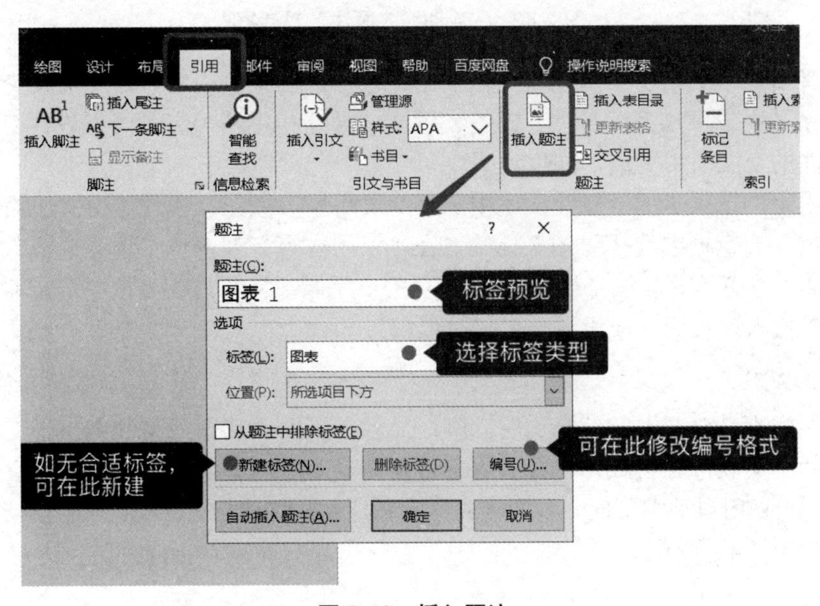

图 2-42　插入题注

（2）自动插入题注。设置自动插入题注之后，当每次在文档中插入某个项目或表格对象时，Word 2019 能自动加入含有标签及编号的题注。单击“题注”对话框中的“自动插入题注”按钮，出现“自动插入题注”对话框。在“插入时添加题注”列表中选择对象类型，然后通过单击“新建标签”和“编号”按钮，分别决定所选项目的标签、位置和编号方式。设置完成后，在文档中插入设定类型的对象时，Word 2019 会自动根据所设定的格式，为该对象加上题注。如果要中止自动插入题注，可在“自动插入题注”对话框中清除不想自动设定题注的项目，如图 2-43 所示。

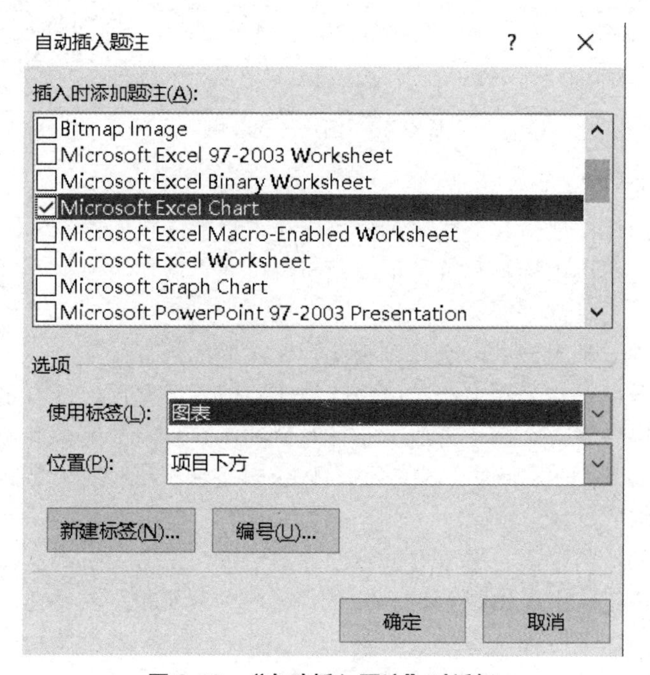

图 2-43 “自动插入题注”对话框

（3）交叉引用。交叉引用可以将文档插图、表格、公式等内容，与相关正文的说明内容建立对应关系，用户可以为编号项、书签、题注、脚注和尾注等多种类型进行交叉引用。下面以图的题注的交叉引用为例，加以说明。

单击“引用”选项卡的“题注”组中的“交叉引用”按钮，出现“交叉引用”对话框。在“引用类型”列表框中选择“图”标签，在“引用内容”列表框中选择要插入到文档中的有关项目，如“只有标签和编号”，再在“引用哪一个题注”项目列表框中选定要引用的指定项目，单击“插入”按钮完成设置。

3. 脚注和尾注

脚注和尾注都是对文本的补充说明。脚注显示在页面底端，而尾注则位于文档末尾。脚注和尾注由两个关联部分组成：注释引用标记及与其对应的文字内容。标记可自动编号，也可自定义标记。采用自动编号时，当增删或移动脚注与尾注时，Word 2019 会自动将对应标记重新编号，如图 2-44 所示。

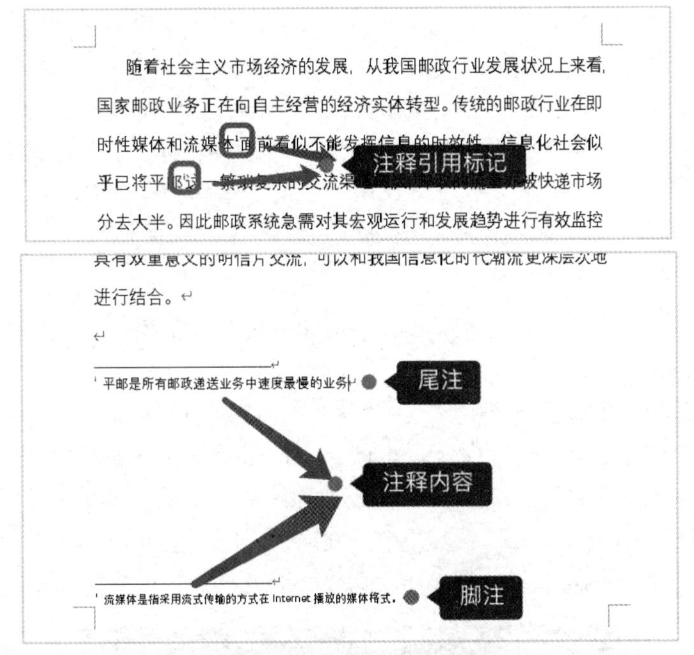

图 2-44　脚注和尾注的应用

（1）脚注和尾注的插入。将插入点置于要插入脚注或尾注标记的文本处，单击“引用”选项卡“脚注”组中的“插入脚注”或“插入尾注”按钮（见图 2-45），通常，会打开一个“脚注和尾注”对话框，此对话框分四部分：位置、脚注布局、格式和应用更改。

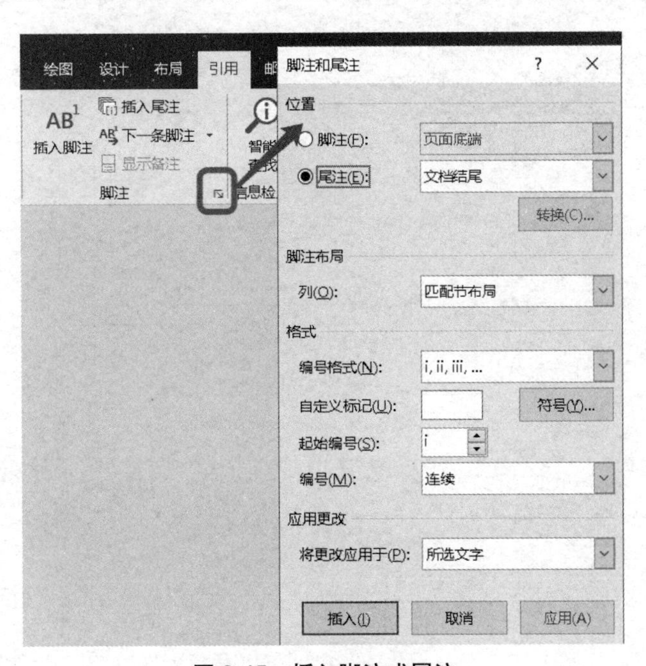

图 2-45　插入脚注或尾注

在“位置”区域，若选择“脚注”单选钮，可以在其后的下拉列表框中选择脚注的位置为页面底端或文字下方；若选择“尾注”单选钮，可以在其后的下拉列表框中选择尾注的位置为文档结尾或节的结尾。单击“转换”按钮可以完成脚注和尾注之间的相互转换。

“格式”区域可设置编号的格式及起始编号等。要自定义注释引用的标记，可以在“自定义标记”文本框中键入字符，作为注释引用的标记。也可以单击“符号”按钮，在出现的“符号”对话框中选择作为注释引用标记的符号。与页码设置一样，脚注和尾注也支持节操作，可以“编号”下拉列表框中，选取编号的方式为连续、每节重新开始编号、每页重新编号等。

“应用更改”区域可设置应用范围为所选文字、本节、整篇文档。

4. 目录

手动进行大型文档目录的编排和修改是一项非常烦琐的工作。Word 提供了快速插入文档目录的工具，能让我们一键生成目录！

（1）插入目录。目录就是文档中各章节的列表。快速插入目录有一个前提：文档章节的标题合理地配置了大纲级别或标题样式。也就是说，目录的生成主要是基于文字的标题样式或者文字的大纲级别。当然，默认情况下，标题 1 样式对应 1 级，标题 2 对应 2 级，以此类推。

插入目录的方法：选择“引用”选项卡→“目录”，如图 2-46 所示，可以选择某种内置目录样式插入，也可以选择“自定义目录”命令，在打开的“目录”对话框中进行目录参数的设置。

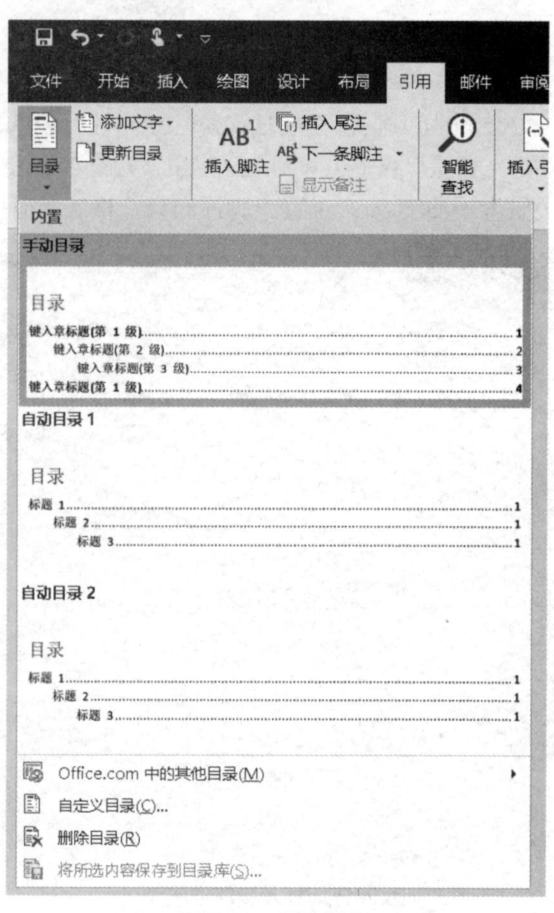

图 2-46 插入目录

在“目录”对话框中可以看到默认选项的“页码”和“页码位置”等显示效果，如图 2-47 所示。

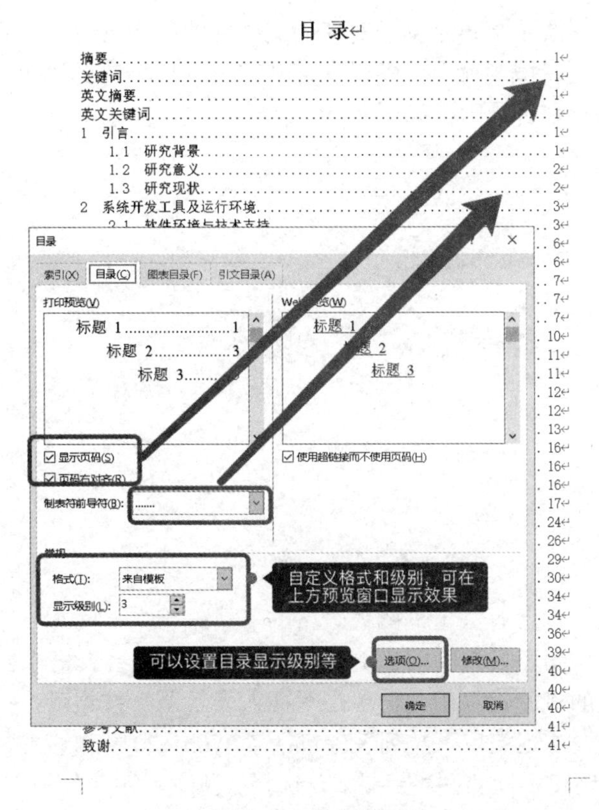

图 2-47　文档的目录

在“目录”对话框中单击“选项”按钮时，可以自定义设置你想要显示的级别，如图 2-48 所示。可以勾选目录基于“样式”创建，也可以勾选目录基于“大纲级别”创建，还可以自由选择基于哪些样式。例如在图 2-48 中，设置了只显示样式标题 1 和标题 3 的目录。

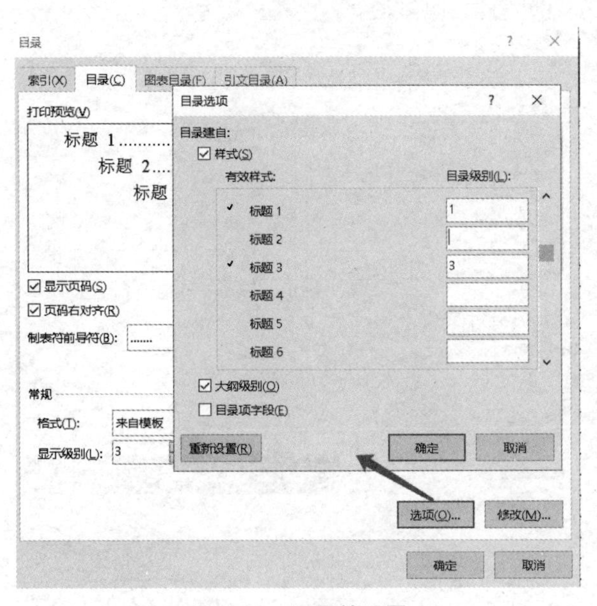

图 2-48　目录的设置

创建目录后，如果修改了与目录标题对应的文档内的标题内容时，只需右击目录，在弹出的快捷菜单中选择“更新域”命令，然后在打开的对话框中选择“更新整个目录”单选按钮，即可将修改结果更新到目录中，如图 2-49 所示。

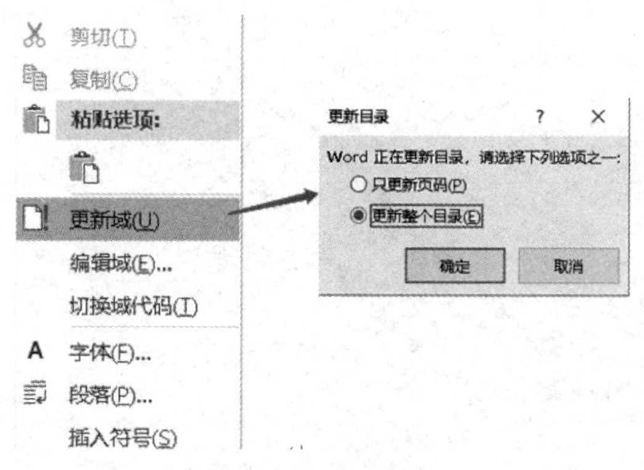

图 2-49　更新目录

（2）图表目录。对于包含有大量插图或表格的书籍或论文，附加一个插图或表格目录，会给用户带来很大方便。图表目录的创建主要依据文中为图片或表格添加的题注。

在“引用”选项卡的“题注”组中，单击“插入表目录”按钮后，打开“图表目录”对话框。在该对话框的“题注标签”下拉列表中包括了 Word 2019 自带的标签以及用户自建的标签，可根据不同标签创建不同的图表目录。若选择“题注标签”为“图”，则可创建图目录；若选择为“表”，则可以生成表目录，如图 2-50 所示。

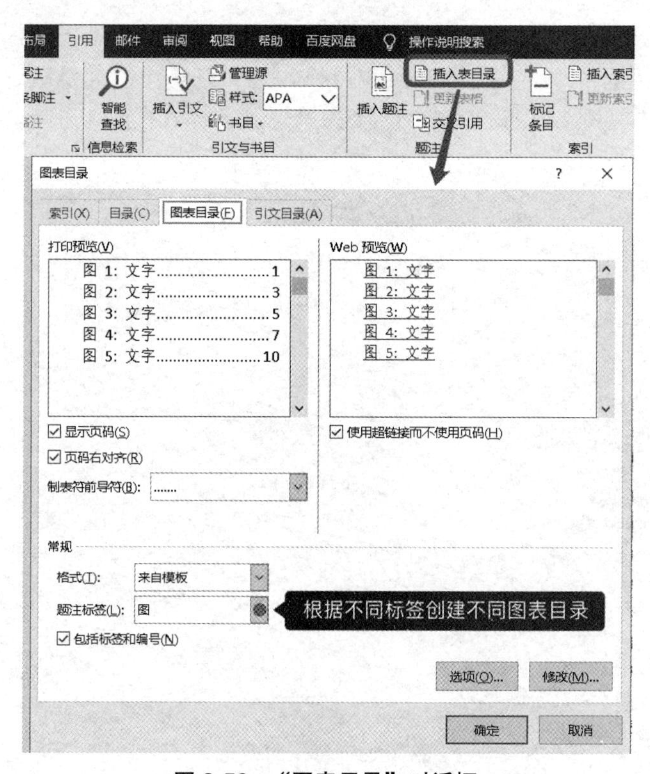

图 2-50　“图表目录”对话框

图目录和表目录的更新和正文目录一样。

5. 文档部件和域

Word 中“文档部件”的概念较为广泛，可以是“自动图文集”，也可以是“文档属性”，还可以是“域”。

Word 中的“域”指的是文档中可能会更改的数据，事实上，目录、页码、章节编号、题注等都可以看成是特殊的“域”。

依次单击“插入”选项卡→“文档部件”→“域”按钮，打开“域”对话框，如图 2-51 所示。该对话框由三部分组成，左侧列出了九大类别的所有域名，中间可以根据不同的域设置其不同的属性，右侧则是进行一些域选项的设置。

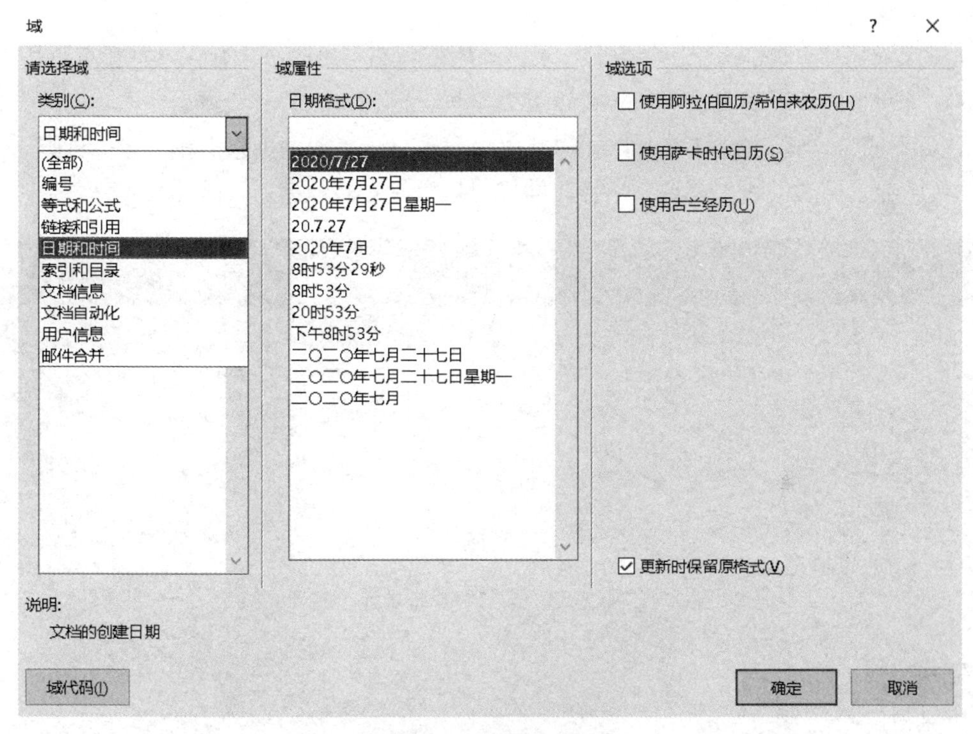

图 2-51　“域”对话框

Word 中的域通常分为域代码和域结果。在文档中插入域后，显示的是域结果，但是域本质上是一段代码。例如，当插入当前时间后，按 Shift+F9 组合键或者在时间上右击，在弹出的快捷菜单中选择“切换域代码”命令，这时，时间就变成域代码了，如图 2-52 所示。可以在域结果和域代码之间来回切换。

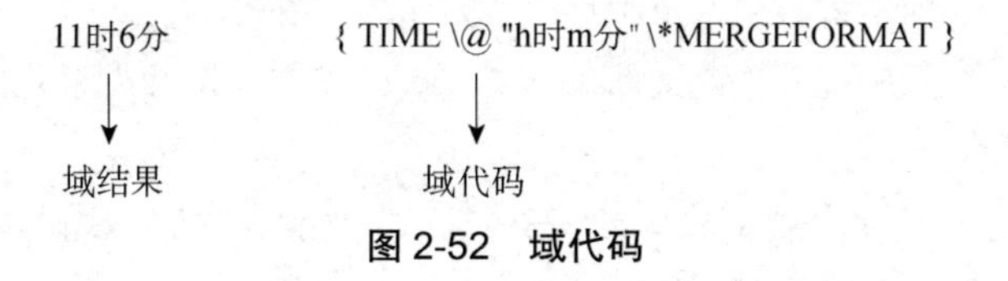

图 2-52　域代码

6. 页眉、页脚和页码

通常每个页面的顶部区域都为页眉，是页面最上面的部分，页脚是页面最下方的部分，比如页码就属于页脚的一部分。

一般情况下，一个文档在没有分节的时候，它的页眉和页脚是统一的。但是如果进行了分节，我们就可以为不同节设置不同的页眉和页脚了，而在同一节中，我们也可以进行页眉和页脚奇偶页不同、首页不同等设置。

在“插入”选项卡下可以单击“页眉”或“页脚”按钮进入到页眉和页脚编辑界面，同时工具栏区域出现“页眉和页脚工具”选项卡，如图 2-53 所示。

“链接到前一节”：当文档被分成多节时，该按钮用于取消或建立本节与前一节页眉/页脚的链接关系。也就是说，如果“链接到前一节”处于选中状态，那么我们对前一节页眉和页脚做的修改也会显示到本节，同样，我们对本节页眉和页脚做的修改同时也会改变前一节的页眉和页脚。

“奇偶页不同”：当此选项被勾选时，文档中的页眉和页脚将分别显示“奇数页页眉”、“奇数页页脚”和“偶数页页眉”、“偶数页页脚”字样，因此可以分别设置。

“首页不同”：当勾选此选项时，文档首页页眉会显示“首页页眉”和“首页页脚”字样，其他页则显示“页眉”和“页脚”字样，同样可以分别进行设置。

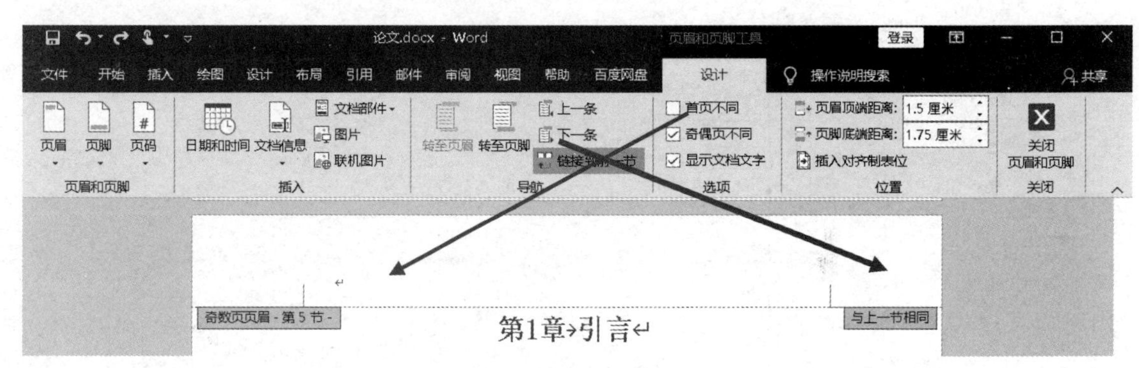

图 2-53　页眉和页脚设计

【操作步骤】

1. 设置章节标题格式

对论文中的标题套用标题样式，并进行自动编号。将章的编号格式设置为第 X 章（X 为自动序号，阿拉伯数字），对应级别 1，黑体二号居中，小节名编号格式设置为 X.Y（X 为章的序号，Y 为节的序号，如 1.1），对应级别 2，黑体三号左对齐显示，如图 2-54 所示。

（1）设置“多级列表”。

① 单击“开始”选项卡“段落”组的“多级列表”按钮。

② 在出现的下拉列表中选择“定义新的多级列表”命令，打开“定义新多级列表”对话框。

③ 先设定第 1 级编号。

④ 选择编号样式为阿拉伯数字“1，2，3……”，然后在“输入编号的格式”框中的自动编号“1”的左右分别输入“第”和“章”。

⑤ 单击“更多”按钮。

⑥ 在“将级别链接到样式”框中选择“标题 1”，这样就能将 1 级文本的列表样式应用到标题 1 上。

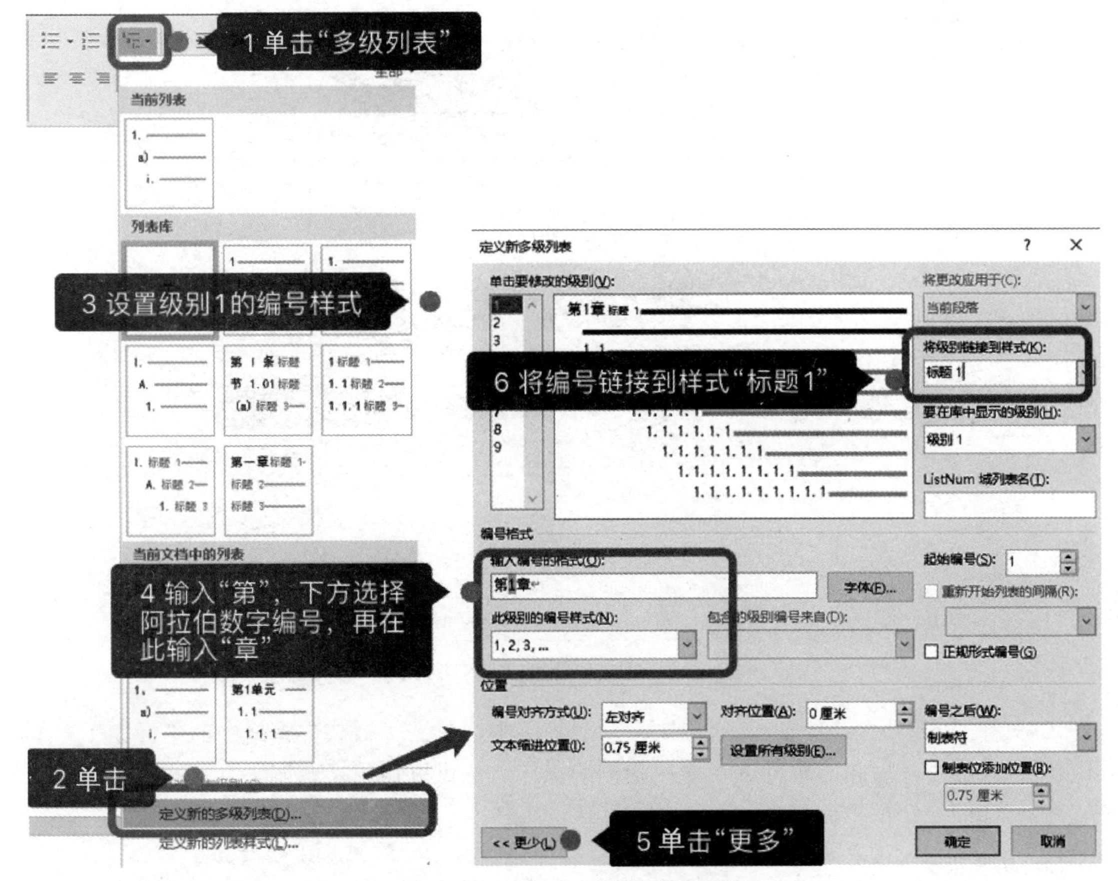

图 2-54 定义“级别 1”多级列表

⑦ 接着单击“级别 2”，设置级别 2 的编号样式，如图 2-55 所示。

⑧ 默认级别 2 的编号为 1.1（注意第 1 个 1 表示第 1 章，第 2 个 1 表示第 1 节，它们都是域字段，不是直接输入数字“1”实现的），如果默认的不是 1.1，可以先在“包含的级别编号来自”下拉框中选择“级别 1”，此时“输入的编号格式”框中出现第一个“1”，在它后面输入“.”，然后在“此级别的编号样式”框中选择编号样式为阿拉伯数字，此时，“输入的编号格式”框中的第 2 个“1”出现。

⑨ 同样在右边的“将级别链接到样式”框中选择“标题 2”，表示 2 级编号链接到样式标题 2，确定。这样，两级列表的编号样式实现完毕。

（2）修改标题样式的格式。

① 在“样式”窗格中右击“标题 1”，在下拉菜单中选择“修改”命令，在打开的“修改样式”对话框中，选择黑体二号居中。

② 右击“标题 2”，用同样方法修改标题 2 样式为黑体三号左对齐。

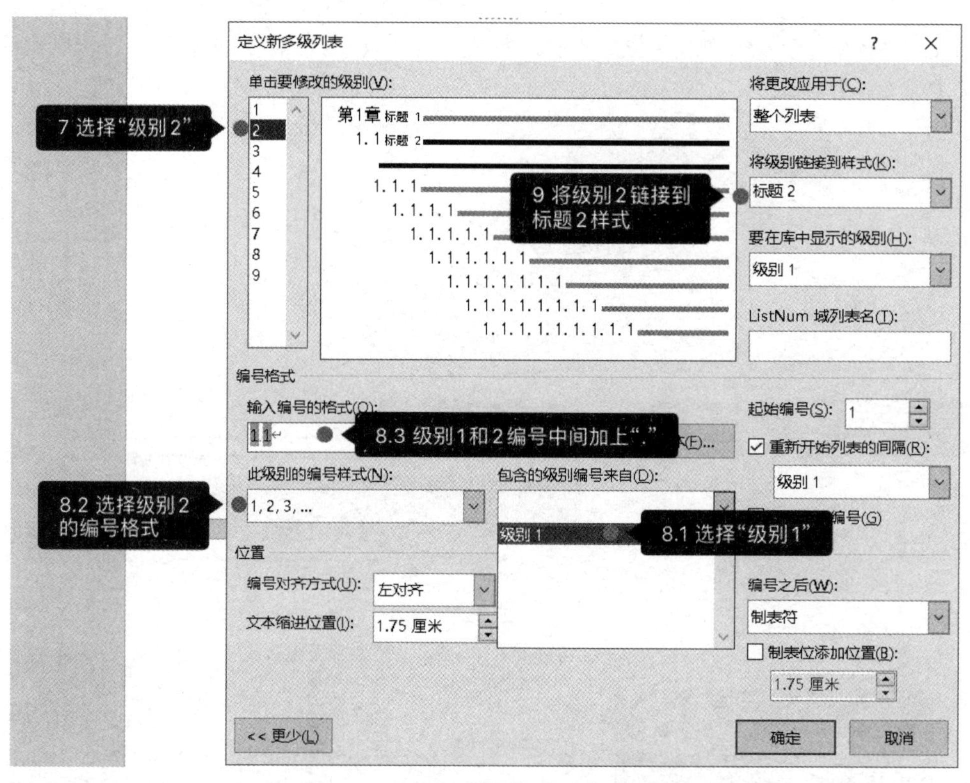

图 2-55　定义“级别 2”多级列表

（3）样式的应用。将光标置于第 1 章标题段落中，单击“样式”窗格中的“标题 1”，即可实现样式应用。后面的章标题也采用相同的操作，也可以使用格式刷工具。

用同样的方法把“标题 2”样式应用到节标题中。

2. 设置论文正文格式

【要求】

使用样式，设置论文正文格式。其中，中文字体为“宋体”，西文字体为“Times New Roman”，字号小四，首行缩进 2 字符，段前段后间距为 0.5 行，行距 1.5 倍。

【步骤】

具体操作如图 2-56 所示。

① 光标置于论文正文中，单击“样式”窗格中的“新建样式”按钮。

② 在打开的“根据格式化创建新样式”对话框中，输入样式“名称”，如“样式 1234”，“样式类型”选择“段落”，“样式基准”设置为“正文”。

③ 单击“格式”按钮，在弹出的快捷菜单中选择“字体”命令。在打开的“字体”对话框中设置中文字体为“宋体”，字号小四，西文字体为“Times New Roman”，字号小四；再单击“格式”按钮，选择“段落”命令，在打开的“段落”对话框中设置首行缩进 2 字符，段前段后间距分别为 0.5 行，行间距 1.5 倍，确定。

④ 将新建的“样式 1234”应用到全文无编号的论文正文中，不包括章名、小节名、表的文字、题注、脚注和尾注。

小贴士：

如何快速将新建样式应用到论文正文中？

在样式窗口中的“正文”样式上单击鼠标右键，在弹出的快捷菜单中选择“选择所有实例”命令，就能将所有应用正文样式的文字全部选中，此时再单击“样式 1234”应用即可。表格内的文字可以在后续中选中修改回正文样式。

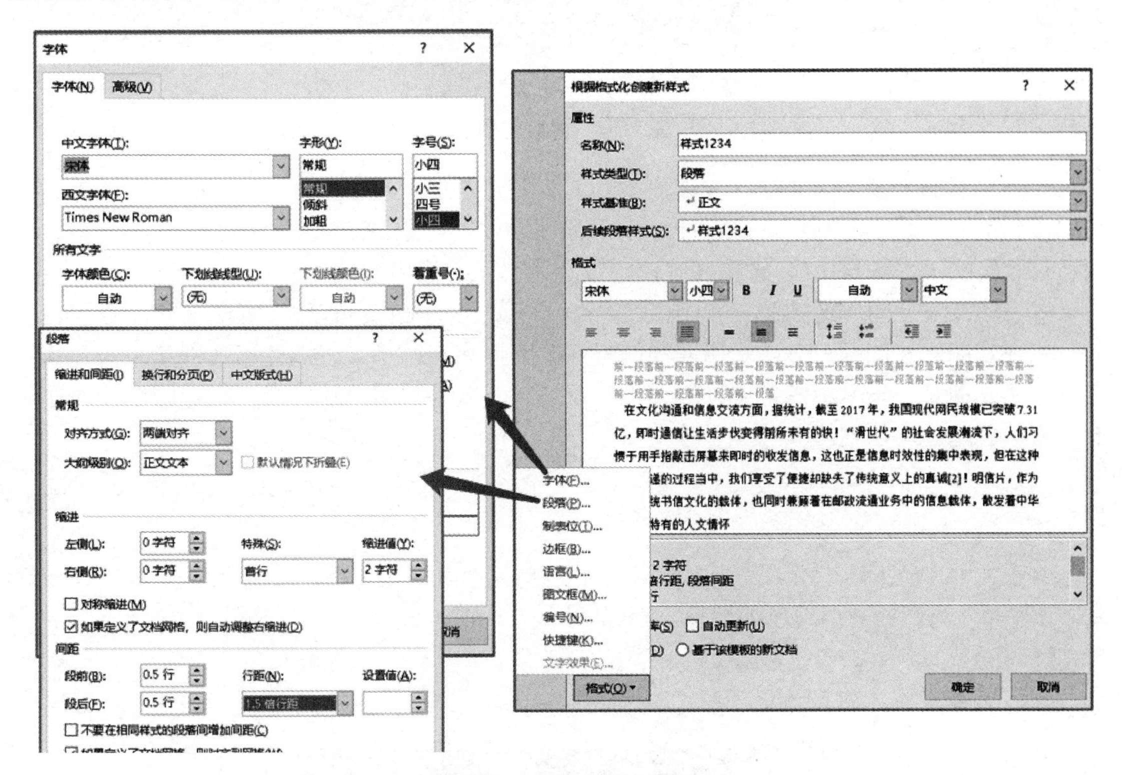

图 2-56　自定义正文样式

3. 为图表建立题注

【要求】

对正文中的图添加题注“图 X-Y”，位于图下方，居中。其中，X 为章的序号，Y 为图在章中的序号（如第 1 章中的第 2 幅图，题注编号为 1-2），图的说明使用图下一行的文字，图居中；表的说明使用图上一行的文字，左对齐。

【步骤】

具体操作如图 2-57 所示。

① 将光标置于要插入题注的位置（图说明文字的左边）。

② 单击“引用”选项卡中的“插入题注”按钮。

③ 在打开的“题注”对话框中，单击“新建标签”按钮，输入“图”字，新建“图”的标签（假设无“图”标签）。

④ 单击“编号”按钮，在打开的“题注编号”对话框中，勾选“包含章节号”复选框，确定后回到“题注”对话框。

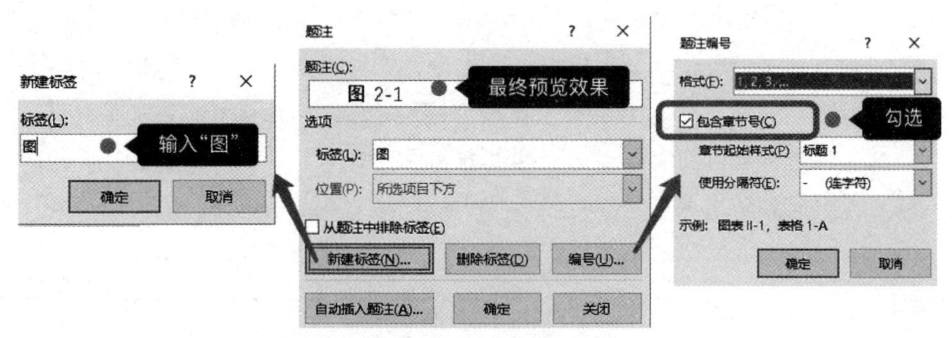

图 2-57　图表的题注

⑤ 在“题注”对话框的上方文本框内可见题注的效果“图 2-1”，单击“确定”按钮后，可以看到诸如“图 2-1　ORM 的关系映射”的图题注，它会自动应用“题注”样式。将该图题注设置格式“水平居中”，选中图片，也设置为“水平居中”。

⑥ 为文中其他图片建立题注时，因标签和编号格式已经确定，可以直接插入题注，确定即可。

以上是图题注的插入方法。用同样的方法，为所有表格插入表题注。区别在于新建标签的时候建立的是“表”标签，同样编号也需要包含章节号。习惯上，我们会把图题注放在图的下方，表题注放在表的上方。

4. 交叉引用图和表的题注

【要求】

将正文中“如下图”所示改为“如图 X-Y”所示，“如下表”所示改为“如表 X-Y”所示。其中“X-Y”为图或表的题注的编号。

【步骤】

具体操作如图 2-58 所示。

图 2-58　“交叉引用”对话框

① 选中“下图”两字，单击“引用”选项卡中的“交叉引用”按钮，在打开的“交叉引用”对话框中选择“引用类型”为“图”，“引用内容”设置为“仅有标签和编号”。

② 在“引用哪一个题注”列表中选择需要引用的题注后，单击“插入”按钮即可。

表题注的交叉引用和图题注的交叉引用一样，只需要将“引用类型”中的“图”改为“表”即可。

5. 添加脚注

【要求】

在正文中首次出现“流媒体”的地方插入脚注“流媒体是指采用流式传输的方式在 Internet 播放的媒体格式。”置于本页结尾。

【步骤】

① 单击“引用”选项卡的“插入脚注”按钮，在本页底端自动产生阿拉伯数字编号。

② 在脚注位置输入脚注的内容。

如需删除脚注，则只需删除文档中的脚注标记即可。

6. 论文分节

【要求】

在正文前按序插入两个分节符，每节另起一页，用于插入目录、图目录、表目录。将正文的各章单独分成节，每节从奇数页开始。

【步骤】

① 将光标定位于正文的最前面，单击“布局”选项卡中的“分隔符”按钮，在下拉菜单中选择“下一页”分节符，这样就在前面插入一个“下一页”分节符。

② 同样的方法再次插入一个“下一页”分节符，这样便已在正文前插入两个“下一页”的分节符。

③ 将光标放在论文正文中的“第 1 章”处，用同样方法插入分节符，此时节的类型选择“奇数页”，实现每章页码能从奇数页开始。

④ “第 2 章”“第 3 章”等，每章前面都插入一个奇数页分节符。完成全文分节操作。

小贴士：插入分隔符后，如何显示插入的分隔符标记呢？

单击“开始”选项卡“段落”组中的“显示/隐藏编辑标记”按钮（见图 2-59）就能看到了！

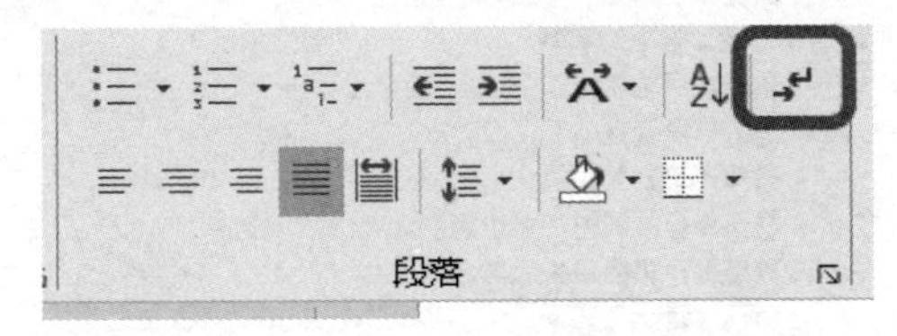

图 2-59　“显示/隐藏编辑标记”按钮

7. 生成章节目录和图表目录

【要求】

利用 Word 提供的目录功能，自动生成总目录、图目录和表目录，分别放在前三页中，标题使用标题 1 样式，居中。

【步骤】

① 将光标置于第一节中，输入标题“目录”，居中，若出现“第 1 章”等字样，选中，将其删除便可。然后单击“引用”选项卡中的“目录”按钮，在下拉菜单中选择“插入目录”命令，便可在当前光标位置生成文档总目录。

② 将光标移至第二节，输入标题“图目录”，居中，然后单击“引用”选项卡中的“插入表目录”按钮，在打开的“图表目录”对话框中选择“图”标签，确定，便可完成图目录的插入。

③ 将光标移至第三节，输入标题“表目录”，居中，然后单击“引用”选项卡中的“插入表目录”按钮，在打开的“图表目录”对话框中选择“表”标签，确定，便可完成表目录的插入。

④ 在目录中右击，在弹出的快捷菜单中选择“更新域”→“更新整个目录”命令，即可在目录中显示后面插入的图目录和表目录页码信息。

以上操作完成文档总目录、图目录和表目录的插入，效果如图 2-60 所示。

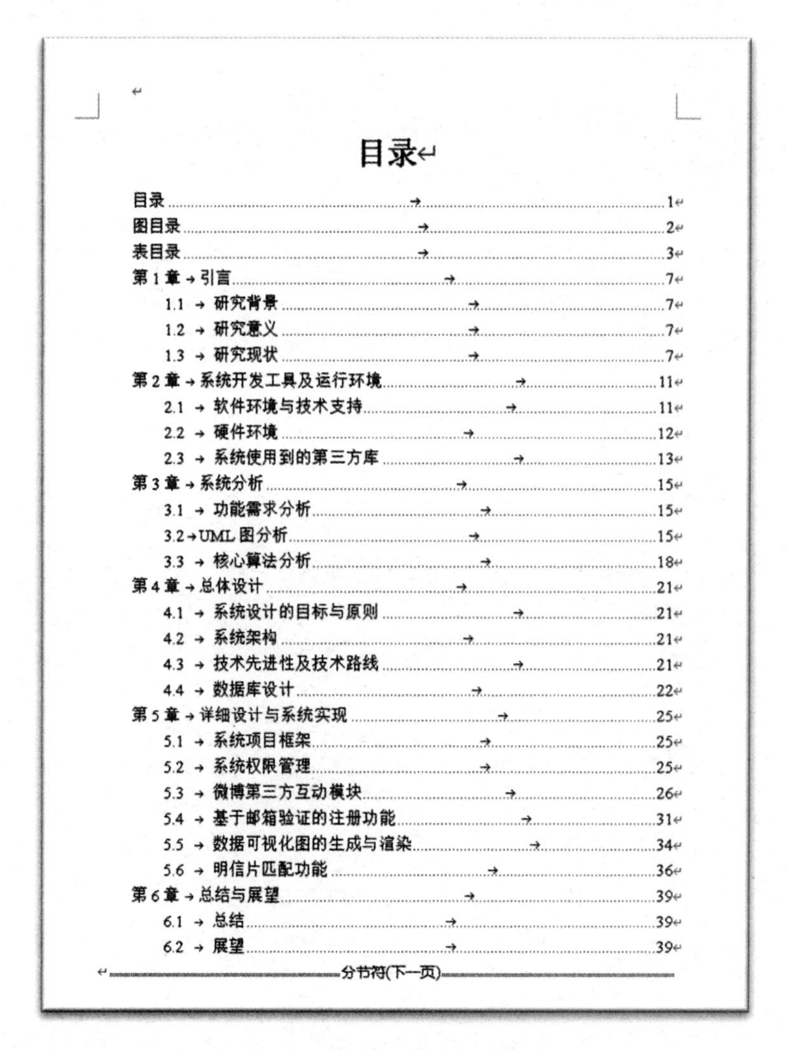

目录

分节符(下一页)

图 2-60　总目录、图目录、表目录

图目录

分节符(下一页)

表目录

分节符(奇数页)

图 2-60 总目录、图目录、表目录（续）

8. 添加页眉

【要求】

使用域，为正文添加页眉，奇数页页眉为“章序号”+“章名”，偶数页页眉为“节的序号”+“节名”，居中显示。

【步骤】

① 将光标置于正文的第一节中，单击“插入”选项卡中的“页眉”按钮，在出现的下拉

菜单中选择“编辑页眉”命令，进入页眉区，如图 2-61 所示。

图 2-61　编辑页眉

② 单击“页眉和页脚工具—设计”选项卡中的“链接到前一节”选项，脱离本节与上一节的关联；再勾选“奇偶页不同”复选框，以设置不同的奇偶页页眉，如图 2-62 所示。

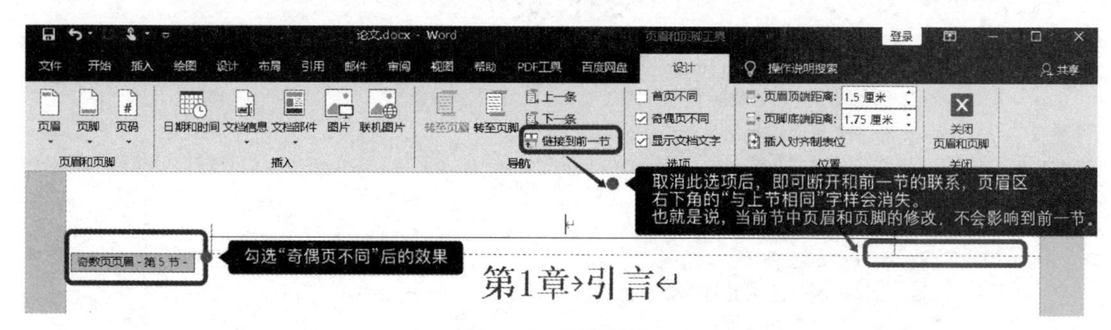

图 2-62　页眉设计

③ 将光标置于“奇数页页眉”区。

④ 单击“页眉和页脚工具—设计”选项卡中的“文档部件”按钮，在出现的下拉菜单中选择“域”命令。在打开的“域”对话框中，设置域的“类别”为“链接和引用”，“域名”为“StyleRef”，“样式名”为“标题 1”，并勾选“插入段落编号”复选框，如图 2-63 所示。

注：StyleRef 指的是插入具有类似样式的段落中的文本。域属性中如果“样式名”选择“标题 1”，则表示插入使用“标题 1”样式的段落的内容，也就是论文中章的内容。

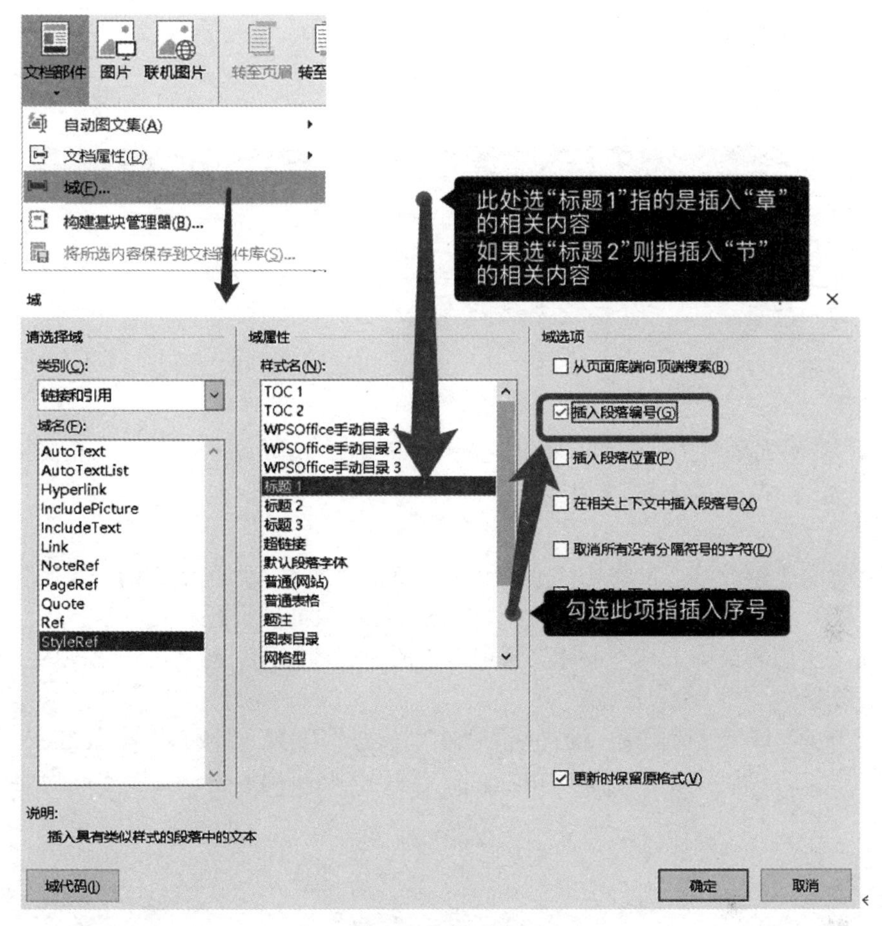

图 2-63 样式引用

⑤ 将上一步操作重复一遍，但取消“插入段落编号”复选框，只插入标题 1。

注：不勾选“插入段落编号”复选框指的是插入的是使用“标题 1”样式的文本内容，而不是序号。

经过以上操作，即可以在奇数页页眉区插入标题 1 编号和内容，如“第 1 章　引言”字样，如图 2-64 所示。

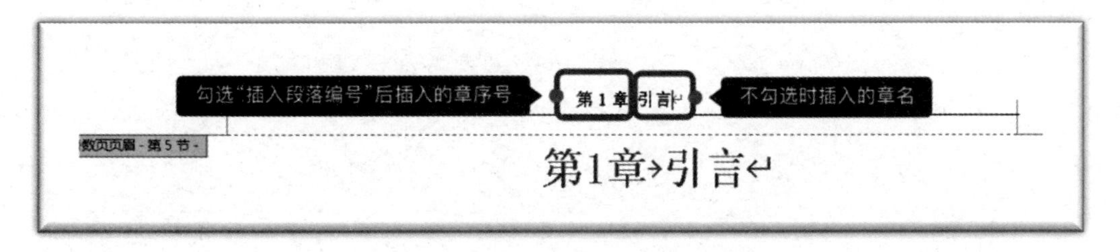

图 2-64 标题 1 引用

⑥ 将光标置于“偶数页页眉”区，单击“链接到前一节”按钮，取消与上一节的关联，然后，重复以上④、⑤，但需把其中“标题 1”改为“标题 2”，即可以在偶数页页眉区插入标题 2 编号和内容，也就是节序号和节名。单击“关闭页眉和页脚”按钮，退出页眉和页脚

的编辑，如图 2-65 所示。

图 2-65　标题 2 引用

9. 添加页脚

【要求】

使用域，在页面底端插入页码，正文前的节采用“i，ii，iii，…”格式，正文中的节采用“1，2，3，…”格式，页码连续居中显示。

【步骤】

① 将光标置于第一节（也就是目录页）中，单击“插入”选项卡中的“页脚”按钮，在出现的下拉菜单中选择“编辑页脚”命令，光标到达奇数页页脚区。

② 单击“页眉和页脚工具—设计”选项卡中的“文档部件”按钮，在出现的下拉菜单中选择“域”命令。

③ 在打开的“域”对话框中，设置域的“类别”为“编号”，“域名”为“Page”，页码“格式”选择罗马字符，即可以在当前光标位置插入页码，将页码居中，如图 2-66 所示。

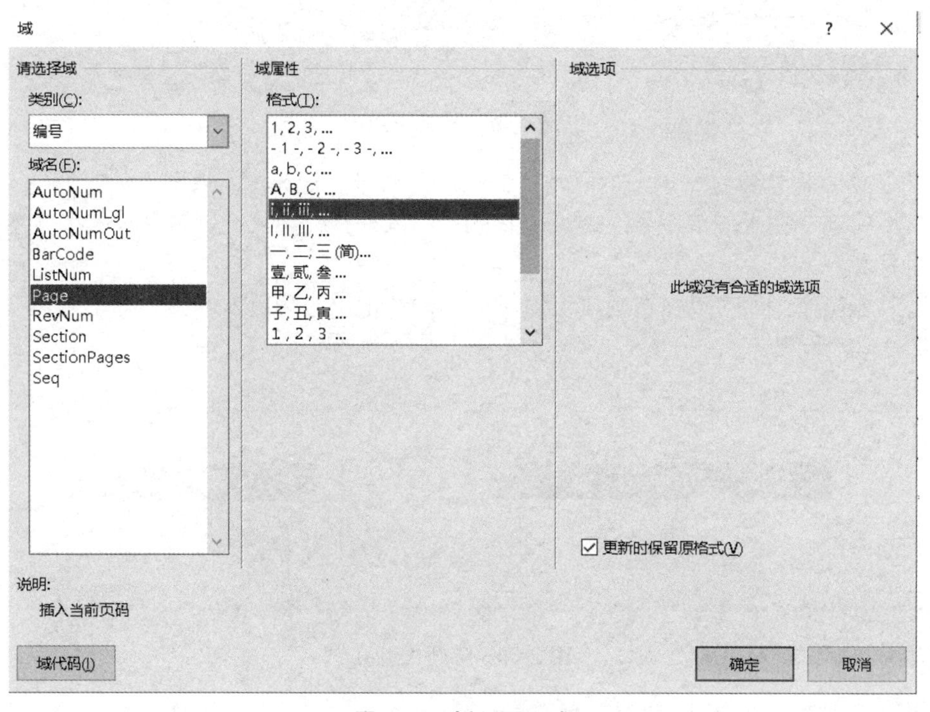

图 2-66　插入页码域

注意：此时，插入的 i 只会显示在页面的页脚区，但在目录中，如果我们更新一下目录，会发现目录中的页码形式依旧是阿拉伯数字 1。

如何修正？在页码上右击，在弹出的快捷菜单中选择“设置页码格式”命令，在打开的“页码格式”对话框中，选择“编号格式”为罗马字符格式，如图 2-67 所示。

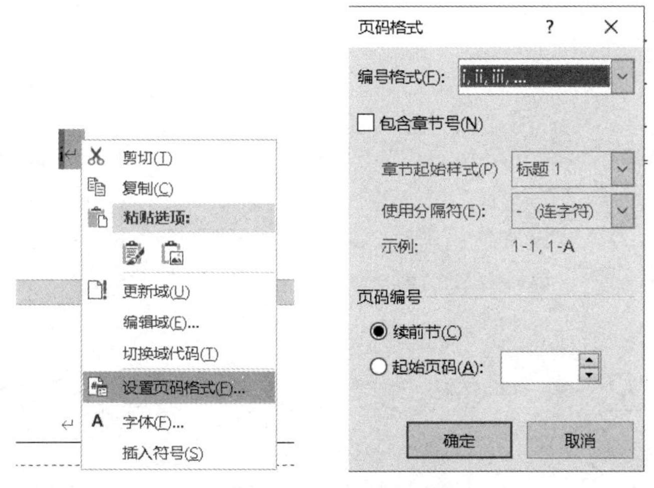

图 2-67　页码格式设置

此时如果刷新目录页，就会发现目录中第一节的页码已经变成“i”了。

④ 第二节的页码因为是偶数页，所以需要采用和第一节同样的步骤插入；第三节的页码因为是“续前节”的，也就是续第一节的内容，因此已经存在，但同样需要设置页码格式的编号格式为“i，ii，iii，…”。

⑤ 设置正文中的页码时，因为设置了页眉和页脚“奇偶页不同”，所以插入页码的时候需要奇数页和偶数页分开插入。

奇数页：需要将光标定位于正文的第一章的第一页中，在进入页脚编辑区后，先单击“页眉和页脚工具—设计”选项卡中的“链接到前一节”，取消与上一节的关联，再删除因为续前节而存在的页脚，使用域插入页码，其中域属性的格式选择阿拉伯数字。

注意：因为要求第一章的第一页从 1 开始，因此还需要在第一章第一页的页码上“修改页码格式”，修改页码编号的“起始页码”为 1，如图 2-68 所示。

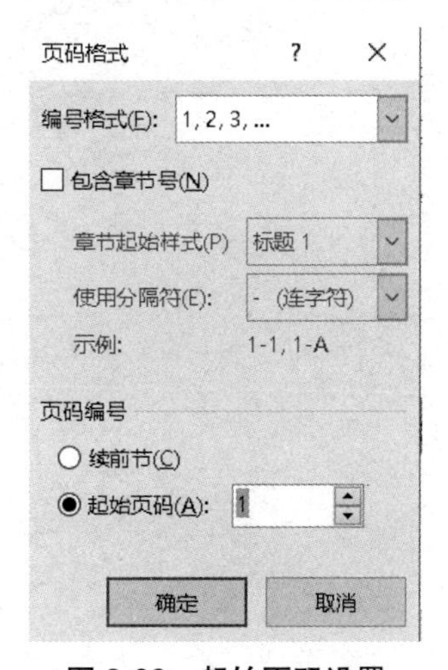

图 2-68　起始页码设置

用同样的方法插入偶数页的页脚。

最后，更新一下目录页、图索引和表索引页面的页码信息。整篇毕业论文的格式就修改完毕了！

【应用小结】

通过本应用场景的学习，可以掌握 Word 长文档的操作，例如，样式的使用、分节的用途、页眉和页脚的插入等。长文档编辑是 Word 中最常用的应用之一，操作细节较多，步骤有一定的连贯性，例如，如果样式没有应用准确，就会影响到图表题注、目录、图表目录等，因此操作的时候必须严谨细致。具体操作过程可以扫码观看视频。

应用场景 3　一键生成邀请函——神奇的邮件合并

时值年末，小李公司决定召开客户答谢会，需要向所有客户发送邀请函，并通过邮件的形式传达。公司的客户信息已经存放在 Excel 表格中，包含姓名、性别、邮件地址等信息，需要快速准确地将邮件发给相应的客户，并且根据客户的性别，分别加上“先生”或“女士”的称呼。

由于客户众多，手工输入的方式明显太慢了，是否有快捷的方式在最短的时间内准备好所有邀请函并发送出去呢？

【场景分析】

所有邀请函的格式和内容大致都是一样的，有区别的是客户姓名、称呼等信息，我们可以用“邮件合并”功能批量生成文档，并结合 Outlook、Excel 群发邮件。

【最终效果】

邀请函制作效果如图 2-69 所示。

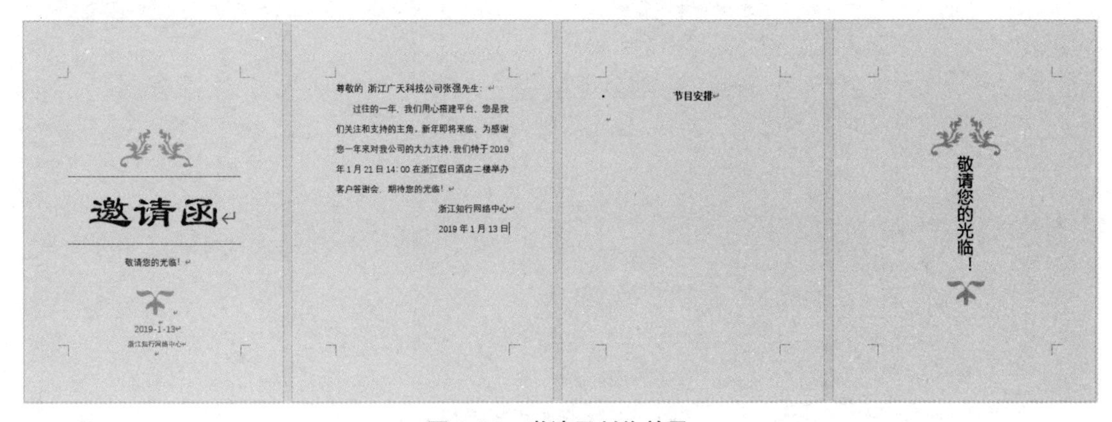

图 2-69　邀请函制作效果

【知识技能】

1. 邮件合并

“邮件合并”功能就是用固定模板来批量生成动态内容，它是 Office 办公系统中用来对大量数据进行批处理的有效途径。除可以批量处理信函、信封等与邮件相关的文档外，还可以轻松地批量制作标签、工资条、成绩单等。

邮件合并需要两个文档：

一个是 Word 主文档，用来制作固定模板。这些批量定制的文档中，有部分内容是不变化的，例如，邮件行文中的通用部分，又如文档中固定不变的格式（文字颜色、背景图片）等，这些内容放在这个固定模板的 Word 文档中。

另一个是用于存放变化信息的数据源，可以是 Excel 表或者 Access 数据表等。

邮件合并就是在 Word 主文档中插入来自 Excel 表的变化信息，两者合并批量生成我们所需要的文档，一般我们会保存为 Word 文档，然后可以将合并生成的文档打印出来，也可以以邮件形式发送出去。

“邮件”选项卡如图 2-70 所示。

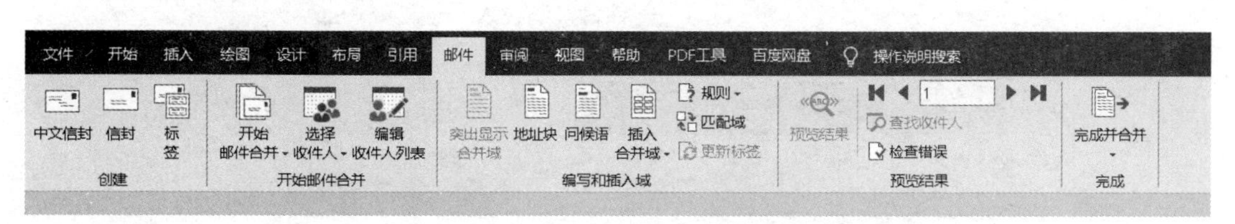

图 2-70　“邮件”选项卡

（1）创建：用来创建信封和标签，单击“中文信封”或“信封”按钮会启动信封制作向导。

（2）开始邮件合并：启动邮件合并，创建一个要多次打印或通过电子邮件发送，并且要发送给不同收件人的套用信函。

① 选择收件人：用来选择数据源，选取收件人后，“编写和插入域”选项激活，用于添加收件人列表中的域，完成邮件合并后，Word 会将这些域替换为收件人列表中的实际信息。

② 编辑收件人列表：单击此按钮，可以打开“邮件合并收件人”对话框，如图 2-71 所示。在该对话框中，可以自由勾选要进行合并的收件人，也可以对收件人列表进行排序、筛选等操作，比如筛选出所有的女性客户等。

（3）编写和插入域：用于在文档中插入一些可变部分，例如，地址块、问候语、插入合并域等，当然也可以自定义插入域的规则，如图 2-72 所示。

① 插入合并域：当单击“插入合并域”按钮时，会出现下拉菜单，显示的都是来自数据源 Excel 表的每个列标题，单击其中的某项就可以在光标处插入该字段信息。

② 规则：单击“规则”按钮，可以自定义显示规则，例如，“询问”“填充”“如果…那么…否则”等。

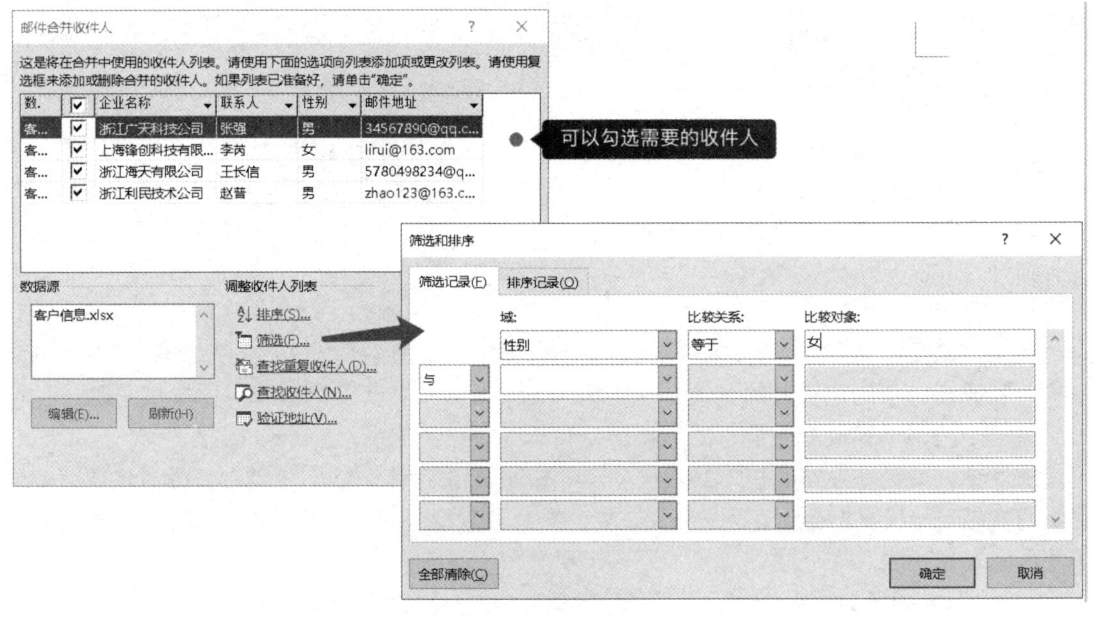

图 2-71　邮件合并收件人

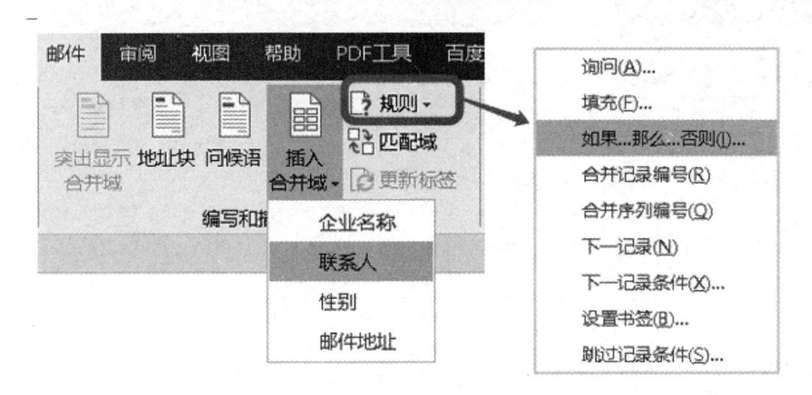

图 2-72　插入合并域的规则

（4）预览结果：在这里可以通过左右箭头显示合并生成后的一个个批量信息。

（5）完成并合并：完成邮件合并。可以为每份信函单独创建文档，并将所有文档直接发送到打印机，或通过电子邮件形式进行发送。

2. 封面

Word 2019 中提供了多种封面，可以让文档更加生动形象，也使得封面设计更为简单方便。依次单击“插入”选项卡下“页面”组中的“封面”按钮，可以看到 Word 2019 中内置的 16 种封面，我们可以选择一种插入，如图 2-73 所示。

如果新插入的封面效果不合适，可以选择“删除当前封面”命令，重新在内置库或者 Office.com 中找一个合适的封面，当然也可以将自行设计的封面保存到封面库中。

图 2-73　插入封面

每个封面中会自带几个文档属性，例如，封面中自带“摘要”“标题”“副标题”“作者”这四个文档属性，单击某属性框就可以在里面输入文字，如图 2-74 所示。

图 2-74　封面设计

但有时候自带的文档属性仍不能满足我们的需求，这时需要自己插入这些文档属性：

（1）首先插入一个文本框，例如，“横排文本框”，选中该文本框，去掉它的形状轮廓。

（2）在“插入”选项卡→“文档部件”→“文档属性”中选择要插入的属性，例如，可以选择“单位”命令，此时文本框中就插入了单位属性，如图 2-75 所示。

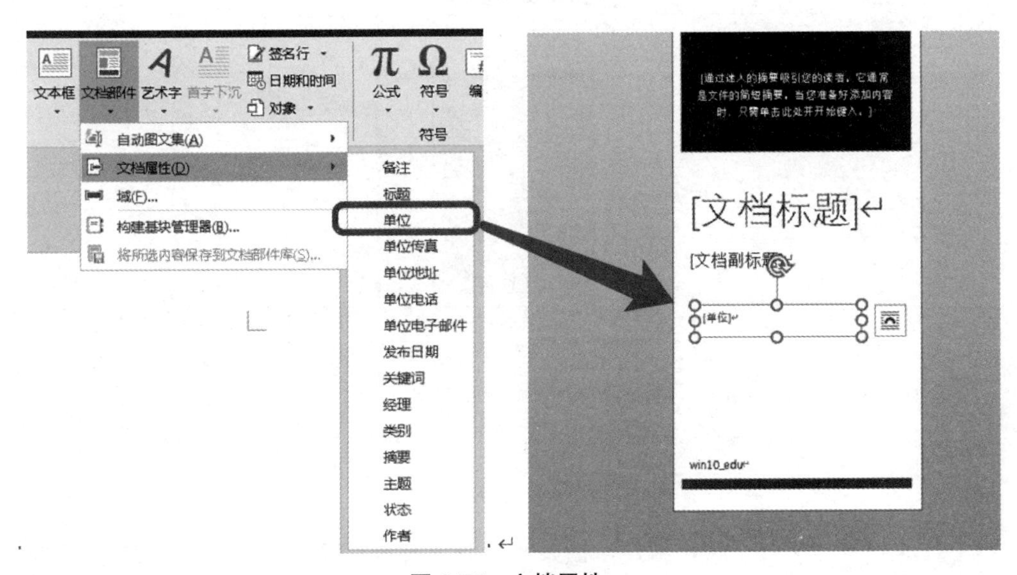

图 2-75　文档属性

3. 书籍折页和拼页

在 Word 2019 的“页面设置”对话框中，“页边距”选项卡下有一个“页码范围”→“多页”选项，它主要用于用户文档多页打印的格式设置，如图 2-76 所示。

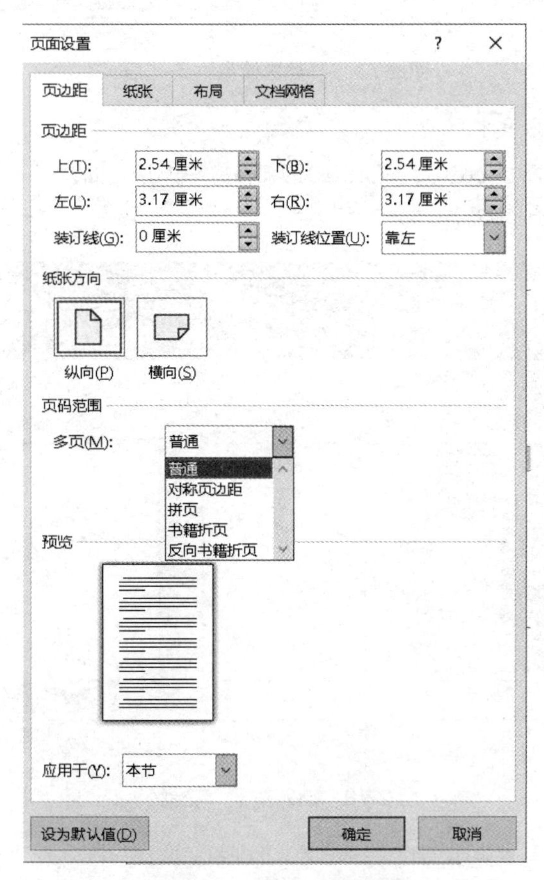

图 2-76　书籍折页和拼页

在使用 Word 2019 编辑和排版文档时，有时需要将 Word 文档打印装订成书籍形式的小册子，这时就可以使用书籍折页或者反向书籍折页功能。

（1）书籍折页：是将一张纸分成四个页面，纸张的正反两面各包括两个页面。书籍折页一般与双面打印结合使用，打印时可将整本书视为一本小册子，也可分成几个小册子，每册中的页数必须为四的整数倍。

（2）反向书籍折页：与书籍折页基本类似，唯一不同的是它是反向折页的。反向书籍折页可用于创建从右向左折页的小册子，如使用竖排方式编辑的小册子。

（3）拼页：除了书籍折页，拼页同样也可以制作小册子。所谓拼页就是把任意不同的两页拼在一张纸上打印。它使用起来更加自由，可以将连续或不连续的页随意拼打在一起。

【操作步骤】

1. 准备数据源

打开“客户信息.xlsx”文件，确认数据清单的准确性，如图 2-77 所示，关闭待用。

	A	B	C	D
1	企业名称	联系人	性别	邮件地址
2	浙江广天科技公司	张强	男	34567890@qq.com
3	上海锋创科技有限公司	李芮	女	lirui@163.com
4	浙江海天有限公司	王长信	男	5780498234@qq.com
5	浙江利民技术公司	赵普	男	zhao123@163.com

图 2-77 “客户信息”工作表

2. 建立邀请函的范本文件

（1）添加封面。启动 Microsoft Word 2019 软件，单击“插入”选项卡→“封面”按钮，选择“花丝”封面，如图 2-78 所示。

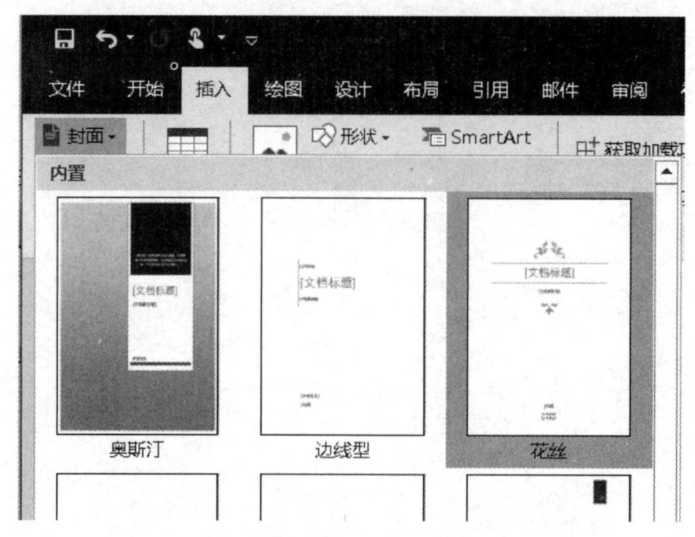

图 2-78 插入封面“花丝”

在“标题”框中输入“邀请函”三个字，“副标题”框中输入“敬请您的光临！”。在下方的“日期”框中可单击右边向下箭头，在弹出的日期选择窗口中选择日期，如图 2-79 所示。

图 2-79 插入日期

同样，在“公司”框中输入公司名字“浙江知行网络中心”。单击下方的“地址”框，按删除键删除，如图 2-80 所示。

图 2-80 封面编辑

（2）第二页。在第二页中输入文字，并设置字体格式，如图 2-81 所示。

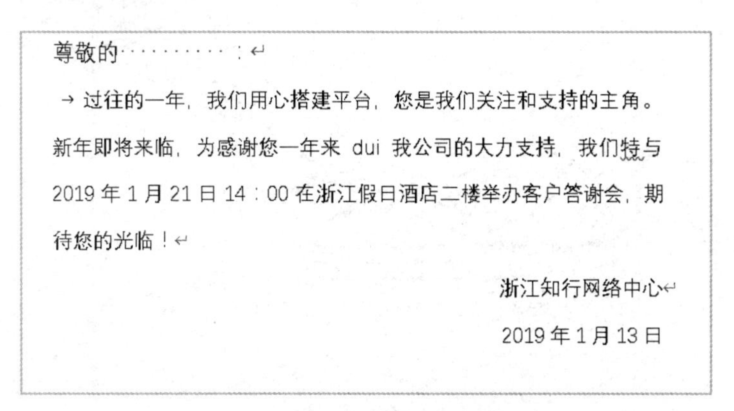

尊敬的··········：

→ 过往的一年，我们用心搭建平台，您是我们关注和支持的主角。

新年即将来临，为感谢您一年来 dui 我公司的大力支持，我们特与

2019 年 1 月 21 日 14：00 在浙江假日酒店二楼举办客户答谢会，期

待您的光临！

浙江知行网络中心

2019 年 1 月 13 日

图 2-81 邀请函正文内容

（3）第三页。插入“分页符”或“下一页”分节符，产生第三页，输入文字“节目安排”，水平居中。

（4）第四页。插入“下一页”分节符，产生第四页，输入文字“敬请您的光临！”，设置恰当的字体格式。然后将“布局”选项卡的“文字方向”设为“垂直”，如图 2-82 所示。此时这张纸变横向显示，文字页成了竖排文本。

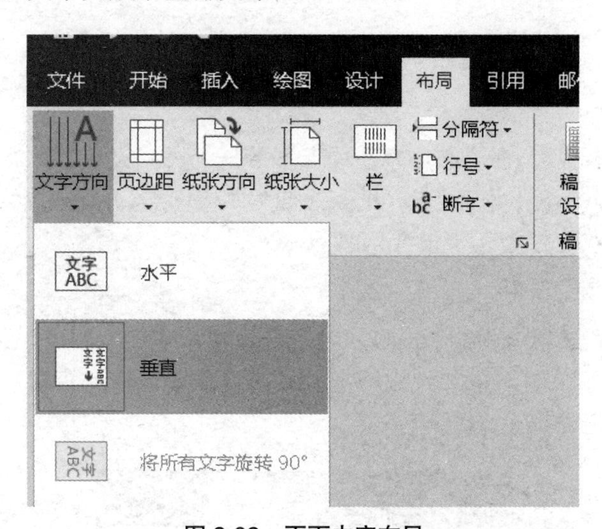

图 2-82 页面内容布局

在当前页单击“布局”选项卡→“页面设置”扩展按钮。在打开的“页面设置”对话框中设置页面“垂直对齐方式”为“居中”，如图 2-83 所示。

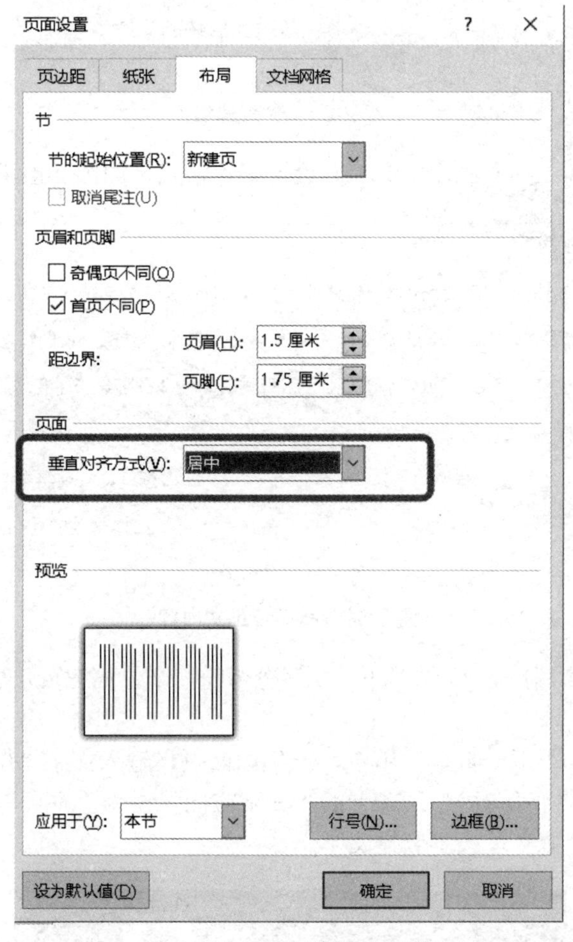

图 2-83　页面垂直居中设置

（5）设置“书籍折页”。在“布局”选项卡下单击“页面设置”扩展按钮，在打开的“页面设置”对话框中，设置纸张为 A4 纸，纸张方向为“横向”，页码范围为“书籍折页”。至此，可实现将“邀请函”双面打印在一张 A4 纸上。

3. 将数据源合并到主文档

（1）单击“邮件”选项卡中的“选择收件人”按钮，在下拉列表中选择“使用现有列表”命令，如图 2-84 所示。在打开的“选取数据源”对话框中，选择“客户信息.xlsx”文件，选取 Sheet1，单击“确定”按钮。

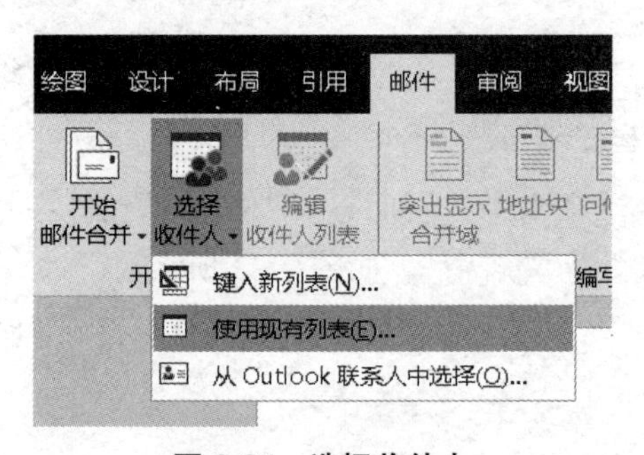

图 2-84　选择收件人

（2）光标定位于“尊敬的”之后，单击“邮件”选项卡中的“插入合并域”按钮，选择“企业名称”，再选择“联系人”。

（3）根据联系人的性别自动设置“先生”“女士”的称呼。将光标定位到“联系人”域之后，选择“邮件”选项卡→“规则”→“如果…那么…否则”命令。在打开的“插入 Word 域：如果”对话框中，在“域名”下拉列表中选择“性别”，在“比较对象”文本框中输入“男”，在“则插入此文字”文本框中输入“先生”，在“否则插入此文字”文本框中输入“女士”，单击“确定”按钮，如图 2-85 所示。

插入 Word 域: 如果
如果
域名(F): 性别
比较条件(C): 等于
比较对象(T): 男
则插入此文字(I): 先生
否则插入此文字(O): 女士
确定　取消

图 2-85　设计 Word 域

设置完毕后，文档内容如图 2-86 所示，为了让设置的称呼与文档主题字体、字号一致，需要设置“先生”的字体、字号。

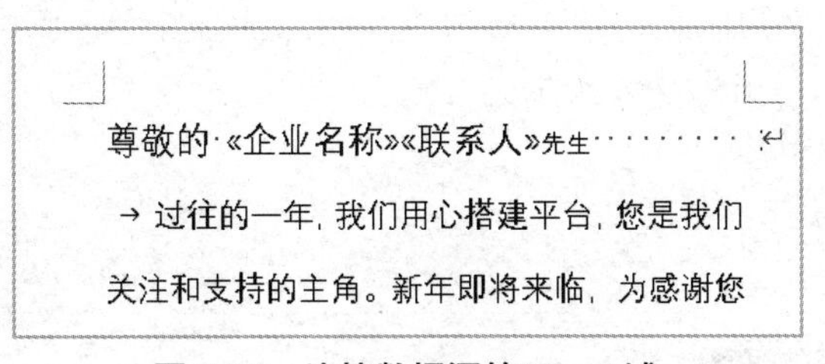

图 2-86　连接数据源的 Word 域

（4）为美化效果，可为文档添加页面背景：单击“设计”选项卡→“页面颜色”按钮，设置填充颜色为“蓝，灰，文字 2，深色 50%”，修改一些文字颜色及字体。将封面中的图形复制到第四页中，调节位置。

（5）在“邮件”选项卡的“完成”选项组中，单击“完成并合并”下三角按钮，在随即打开的下拉列表中选择“编辑单个文件”、“打印文档”或“发送电子邮件”命令。

① 将合并的文档保存为单个文件。图 2-87 为选择“编辑单个文件”命令后产生的效果图（注：考虑到印刷原因，已将文档的页面颜色临时改为浅色）。将此文档保存为“邀请函.docx”。

小贴士

默认情况下，邮件合并后，页面背景会无法正常显示，单击“页面颜色”按钮可以看到背景颜色已选取，但无法显示，此时可以重新设置背景颜色。

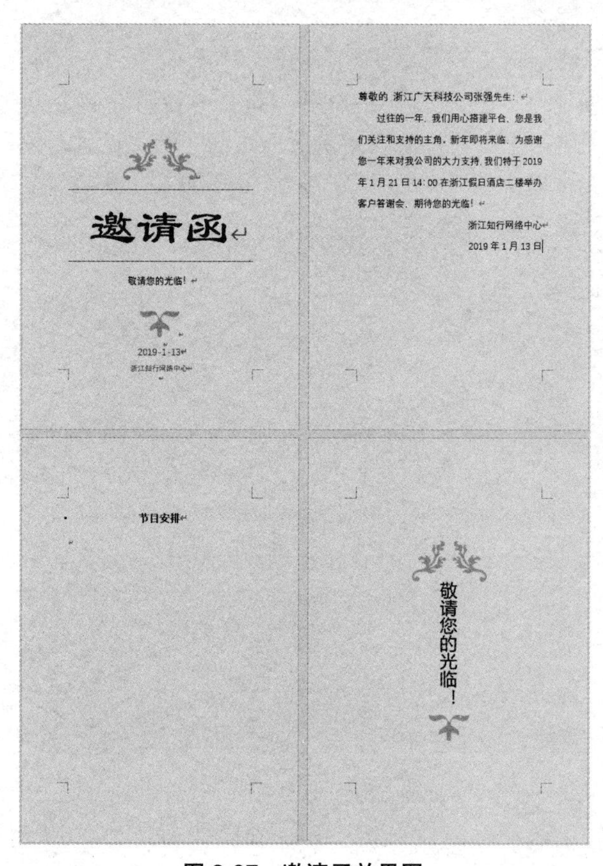

图 2-87　邀请函效果图

② 如果需要发送到客户邮箱，可以单击“开始邮件合并”→“电子邮件”命令，即可看到将要发送的邮件内容，如图 2-88 所示。

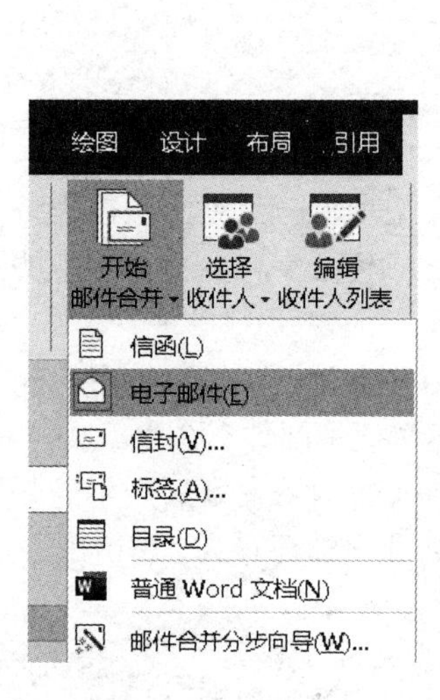

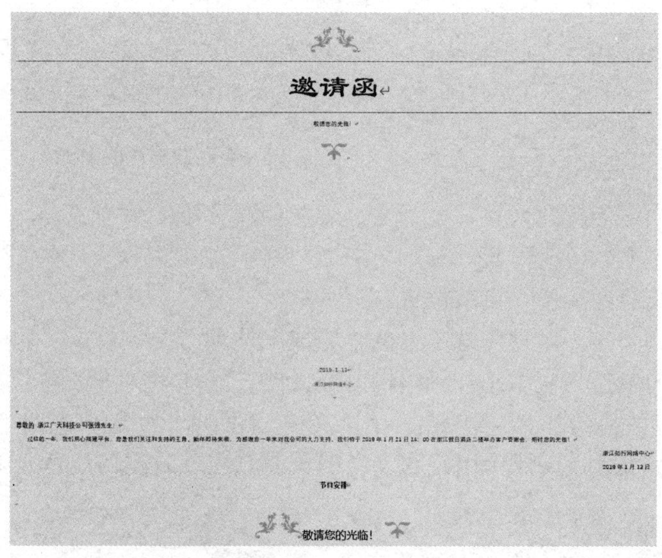

图 2-88　邀请函的邮件合并

可以单击“预览结果”组中的“上一记录”或“下一记录”按钮查看每个信函正文的信息，如图 2-89 所示。

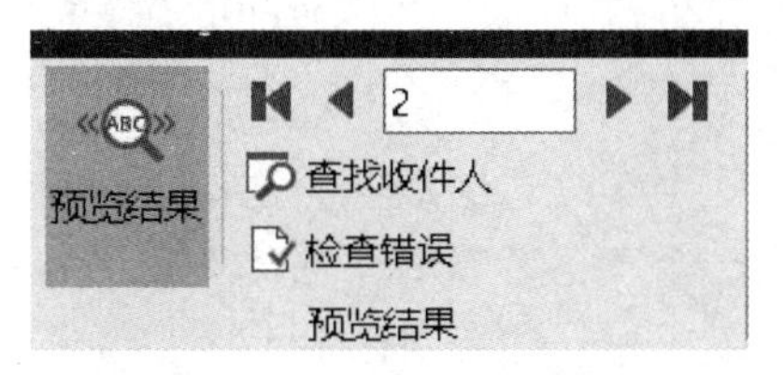

图 2-89　邮件预览操作

最后选择“完成并合并”→“发送电子邮件”命令。在打开的“合并到电子邮件”对话框中，“收件人”框选择“客户信息.xlsx”表中的“邮件地址”列；“主题行”框中输入邮件的主题“邀请函”；“邮件格式”框中，选择“HTML”或“纯文本”，将文档作为电子邮件的正文发送。最后单击“确定”按钮进行合并，如图 2-90 所示。

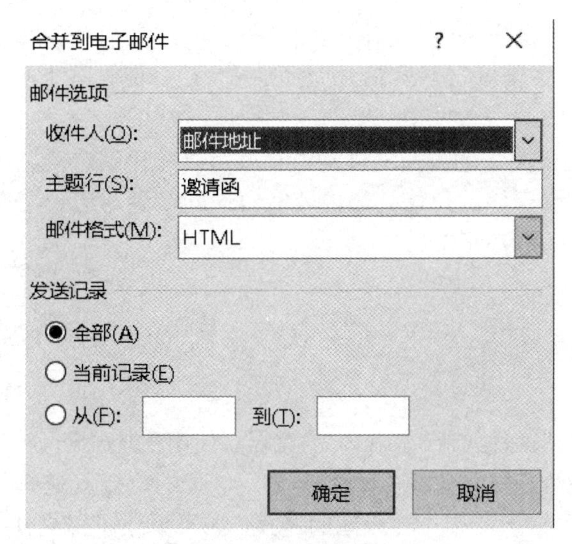

图 2-90　合并到电子邮件

Word 将向每个电子邮件地址发送单独的邮件，但无法抄送或密送其他收件人，电子邮件中可以包含链接，但是无法向电子邮件添加附件。

小贴士：

第一次使用 Outlook 客户端收发邮件，需要进行客户端设置。

【应用小结】

邮件合并是我们日常工作生活中经常会用到的功能，它可以解决批量分发文件时大量重复性的工作。邮件合并后的文件用户既可以保存为 Word 文档，也可以打印出来，还可以通过邮件群发的方式，将邮件发送给特定的人，大大提高了工作效率。

应用场景 4　多人协同编辑文档

年终了，某企业需要完成一个年终总结报告。这份报告涉及多个部门，并且篇幅也比较长，按以往每个部门各自写好一个风格各异的文档，王秘书再将它们汇总到一起，汇总的时候格式的统一、文档的反复修改成为一件特别让人头疼的事。

如何让多人协作编辑变得轻松？主控文档是一个非常好的选择！

【场景分析】

协同工作是一个相当复杂的过程，我们需要有一个可以轻松搞定重复拆分、合并主文档的技巧。

以创建一个工作总结报告为例，工作总结报告由开头总述（汇总人）、销售业绩（销售部）、技术发展（技术部）、财务情况（财务部）、人员管理（人事部）、总结（汇总人）6 个部分组成，多人完成，汇总复杂。

Word 2019 在大纲视图下的主控文档功能正好可以解决这个难题。之所以要使用主控文档，主要在于主文档中进行修改、修订等内容能自动同步到对应子文档中，这一点在需要重复修改、拆分、合并时显得特别重要。

【知识技能】

1. 主控文档

主控文档是一组单独文件（或子文档）的容器。使用主控文档可以创建并管理多个文档，主控文档中包含与一系列相关子文档关联的链接。这里的链接就是将某个程序创建的信息副本插入 Word 文档中，并维护两个文件之间的链接，如果更改了源文件中的信息，那么目标文档也相应做更改。

因此我们可以用主控文档将长文档分成较小的、更易于管理的几个独立的子文档，可以用主控文档控制整本书，而把书的各个章节作为主控文档的子文档。这样，在主控文档中，所有的子文档可以当作一个整体，对其进行查看、重新组织、设置格式、校对、打印和创建目录等操作。对于每一个子文档，我们又可以对其进行独立的操作。

在工作组中，可以将主控文档保存在网络上，并将文档划分为独立的子文档，从而共享文档的所有权。

（1）文档的拆分。自动拆分以设置了标题、标题 1 样式的标题文字作为拆分点，并默认以首行标题作为子文档名称。若想自定义子文档名，可在第一次保存主文档前，双击框线左上角的图标打开子文档，在打开的 Word 窗口中单击“保存”按钮即可自由命名并保存子文档。在保存主文档后子文档就不能再进行改名或移动操作了，否则主文档会因找不到子文档而无法显示。

（2）文档的转化。主文档打开时不会自动显示内容且必须附上所有子文档，因此还需要把编辑好的主文档转成一个普通文档再统一进行排版。

2. 批注与修订

（1）批注。批注是为了帮助阅读者能更好地理解文档内容以及跟踪文档的修改状况，适用于多人协作完成一篇文档的情况。Word 2019 的批注信息前面会自动加上“批注”两字以及作者和批注的编号。

- 添加批注：选中要添加批注的部分，单击“审阅”选项卡中的“新建批注”按钮，如图 2-91 所示，即可添加批注框，然后在批注框中输入要批注的内容即可。
- 删除批注：用鼠标右键单击批注框或者批注原始文字方框位置，在弹出的快捷菜单中选择“删除批注”命令即可。
- 批量删除批注：选择“审阅”选项卡，在“批注”选项组中单击“删除”下边的下拉箭头，在弹出的下拉列表中选择“删除文档中所有批注”命令。

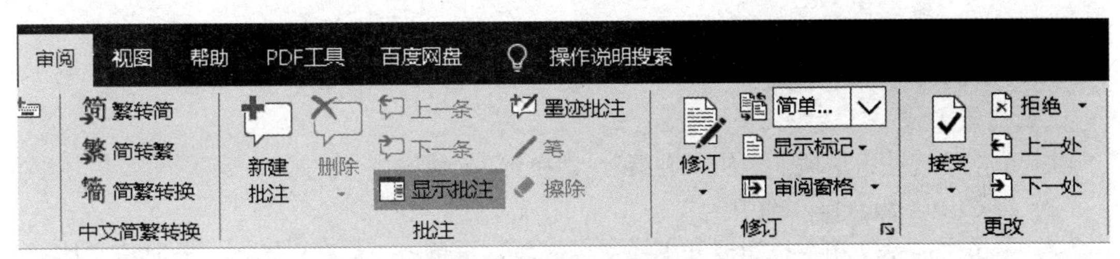

图 2-91　批注建立与删除

批注不是文档的一部分，批注的建议和意见只能作为参考。如果要将批注框内的内容直接用于文档中，要通过复制、粘贴的方法进行。

（2）修订。修订是指显示文档中所做的诸如删除、插入或其他编辑更改的位置的标记。在修订功能打开的情况下，可以查看在文档中所做的所有更改。当关闭修订功能时，可以对文档进行任何更改，而不会对更改的内容做出标记。

在状态栏中添加修订指示器：右击该状态栏，在弹出的快捷菜单中选择“修订”命令即可。单击状态栏上的“修订”指示器可以打开或关闭修订。

注意：如果“修订”按钮不可用，则必须关闭文档保护。在“审阅”选项卡的“保护”组中，单击“限制编辑”按钮，然后单击“保护文档”窗格底部的“停止保护”按钮。

- 接受：单击“接受”下拉箭头，选择相应命令，用于接受修订。当接受修订时，它将从修订转为常规文字或是将格式应用于最终文本。接受修订后，修订标记自动被删除。
- 拒绝：单击“拒绝”下拉箭头，选择相应命令，用于拒绝修订。拒绝接受修订后，修订标记自动被删除。

【操作步骤】

1. 创建提纲

汇总人在 Word 2019 中，以“2019 年度企业总结报告”为标题，建立报告的目录，如图 2-92 所示。

在样式框中，设置标题“2019 年度企业总结报告”的样式为“标题”，其余为“标题 1”样式，可以适当修改样式的字体格式。

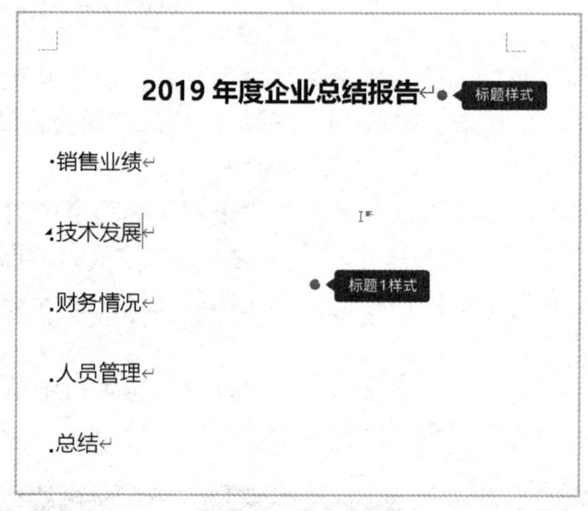

图 2-92　文档提纲

2. 创建子文档

（1）单击“视图”选项卡中的“大纲”，切换到大纲视图模式。

（2）按 Ctrl+A 组合键，选中全文。

（3）单击“显示文档”按钮展开主控文档区域，再单击“创建”按钮，此时将文档拆分成 6 个子文档，出现如图 2-93 所示效果，每一个标题均由一条框线框住。

图 2-93　创建子文档界面

3. 保存与编辑

（1）单击“另存为”按钮，保存到一个单独的文件夹中，如：桌面:\2019 年度工作总结，文件名为“2019 年度工作总结.docx”。

（2）在该文件夹中会同时创建“2019 年度工作总结”这一个主文档以及“2019 年度企业总结报告”“销售业绩”“技术发展”“财务情况”“人员管理”“总结”6 个子文档，如图 2-94 所示。

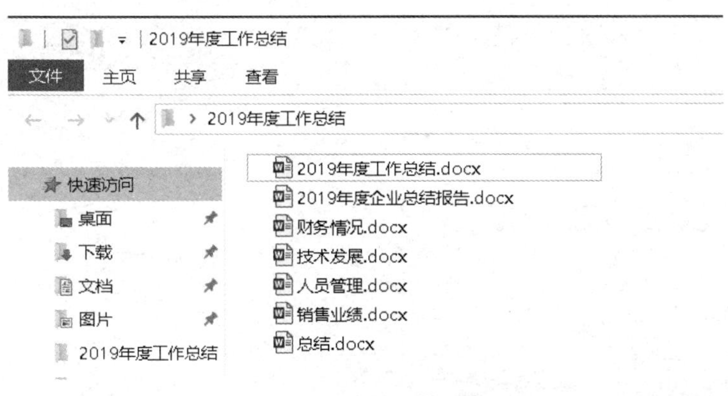

图 2-94 主控文档保存

（3）把这 6 个子文档按分工发给 6 个人进行编辑。注意：一定不要更改文件名!!

4. 汇总与修订

（1）将大家编辑好的 6 个子文档回收，复制粘贴至“桌面/2019 年度工作总结”文件夹下覆盖同名文件，就可以完成汇总操作。

（2）打开主文档“2019 年度工作总结.docx”，文档中显示子文档的地址链接，如图 2-95 所示。

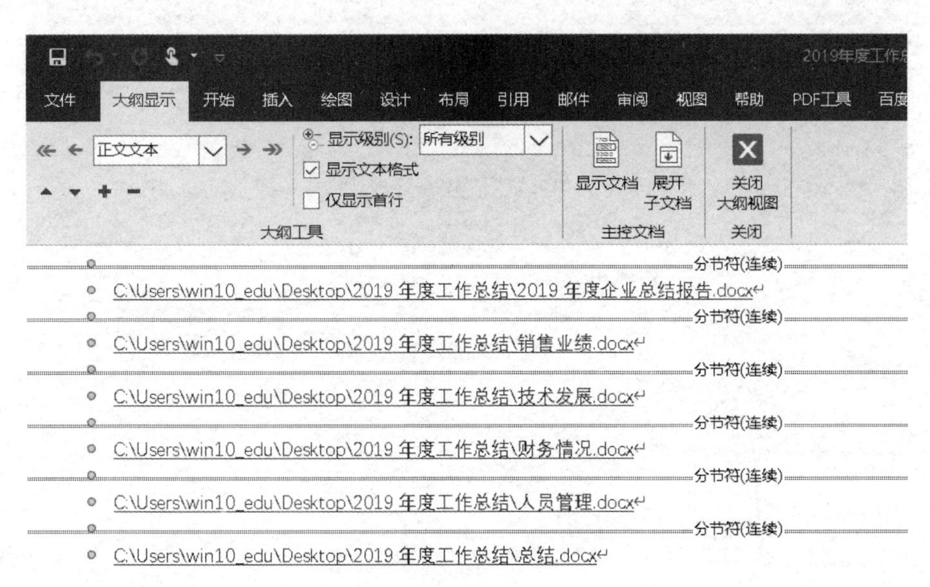

图 2-95 文档汇总与修订

（3）切换到大纲视图，在“大纲”选项卡中单击“展开子文档”，即可查看对应的各子文档内容。此时，可以直接在文档中进行修改、批注，修改的内容、修订记录和批注都会相应在子文档中更新。

① 单击“审阅”选项卡→“修订”按钮，让文档处于修订状态，修改子文档中的错别字等错误内容，同时子文档中也能展现要修订的内容，可以发回给相关人员进行修改后再送回，实现协作修改的目的，如图 2-96 所示。

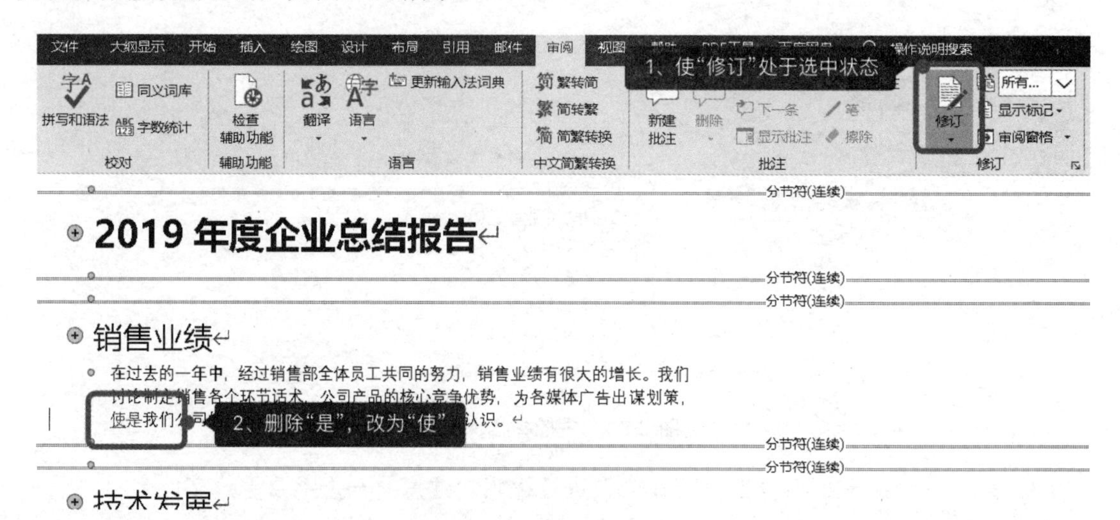

图 2-96　文档修订

② 选中“很大的增长”文字，单击“审阅”选项卡→“新建批注”按钮，再在左边的“修订”窗格中输入批注文字“增长多少？请列出数据！”，如图 2-97 所示。

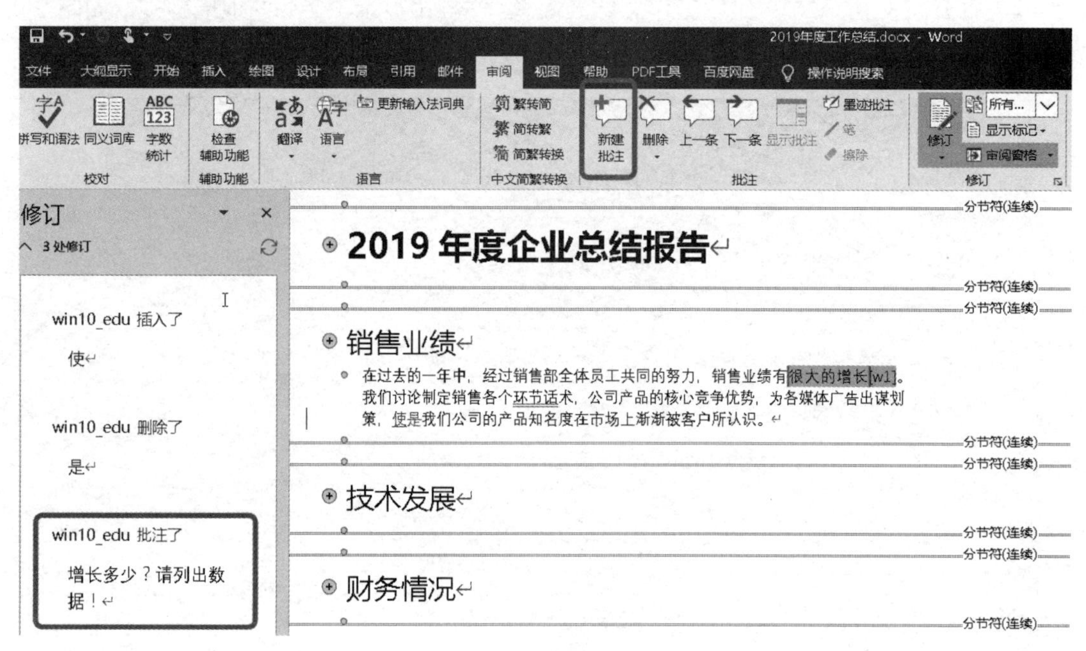

图 2-97　文档批注

③ 打开子文档“销售业绩.docx”，可以看到要求修订和批注的文字，如图 2-98 所示。

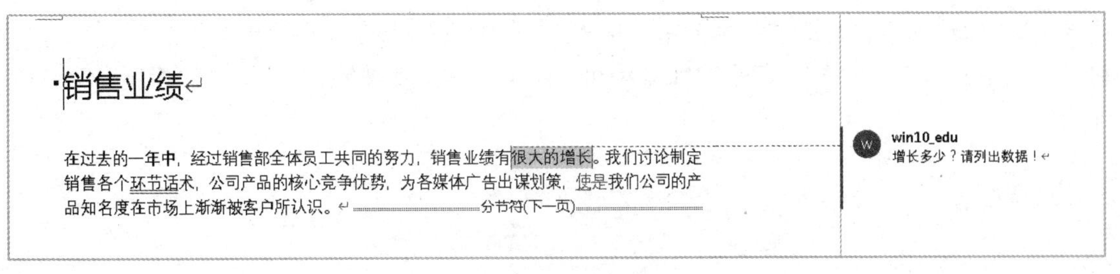

图 2-98　子文档内容

编辑人员可以选择“接受”或“拒绝”选项来决定是否接受修订内容。

5. 转成普通文档

主文档打开时不会自动显示内容，因此最终需要将其转换成普通文档。

（1）打开主文档“2019 年度工作总结”，在大纲视图下单击“大纲”选项卡中的“展开子文档”按钮以完整显示所有子文档内容。单击“显示文档”展开“主控文档”区，单击“取消链接”按钮，如图 2-99 所示。

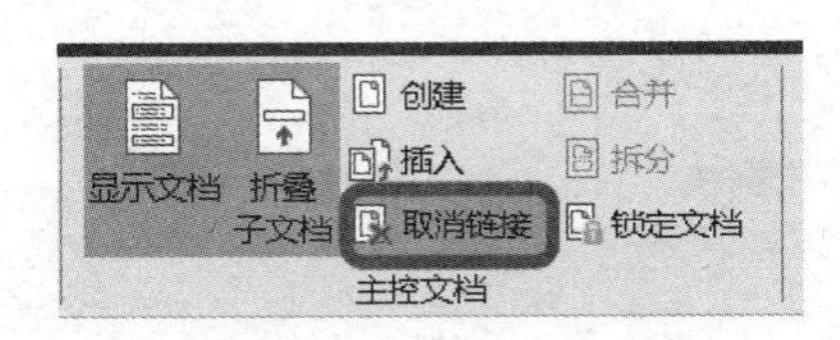

图 2-99　转为普通文档

（2）切换回普通视图，选择“文件”选项卡→“另存为”命令，在打开的对话框中命名另存即可得到合并后的一般文档。

注意：最好不要直接保存，以备主文档以后还需再次编辑。

【应用小结】

利用主控文档可以实现协同办公，事实上，在 Word 中单击“插入”选项卡中的“对象”按钮，在弹出的下拉列表中选择“文件中的文字”命令也可以快速合并多人分写的文档，操作还要简单得多。但主控文档可以将修改、修订等内容自动同步到对应子文档中。读者在应用时，可有选择地使用。

应用场景 5　阅读提升——索引和书签

在一篇长文档或书籍中，经常会出现一些重要的关键词等信息，如何查阅这些信息所在的位置？在阅读过程中，如果分几次阅读，在后续过程中，如何快速定位到中断的阅读点？

【场景分析】

索引是图书中重要内容的地址标记和查阅指南。设计科学编辑合理的索引不但可以使阅读者倍感方便，而且也是图书质量的重要标志之一。Word 就提供了图书编辑排版的索引功能，对于文档中一些重要的关键信息，Word 中可利用索引进行快速检索；而书签可实现文本的快速定位。

【知识技能】

1. 索引

索引是根据一定需要，把书刊中的主要概念或各种题名摘录下来，标明出处、页码，按一定次序分条排列，以供人查阅的资料。索引常见于一些书籍和大型文档中，主要有两种形式。

（1）标记索引项。这种形式适用于添加少量索引项。单击“引用”选项卡下“索引”组中的“标记条目”按钮，打开如图 2-100 所示的“标记索引项”对话框。

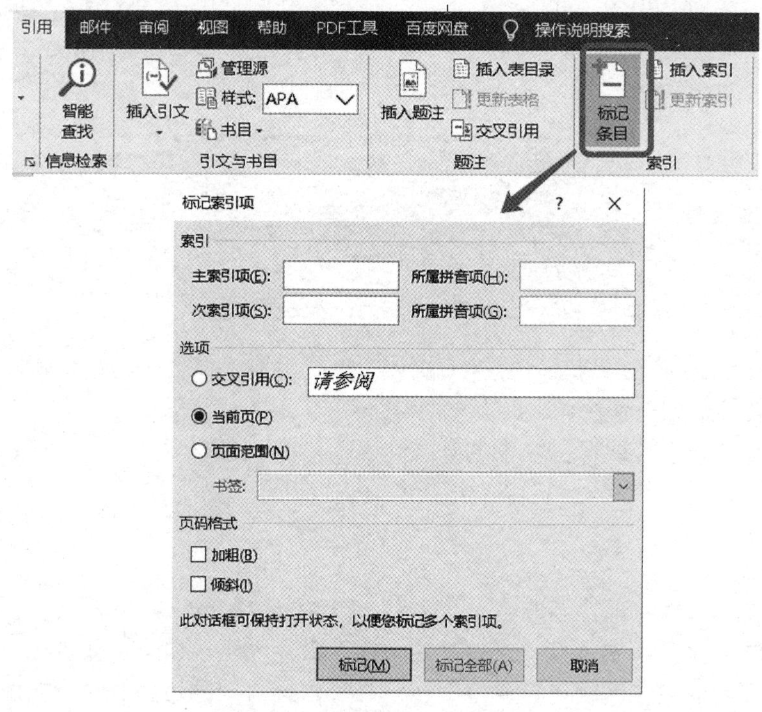

图 2-100　“标记索引项”对话框

索引项实质上是标记索引中特定文字的域代码，将文字标记为索引项时，Word 将插入一个具有隐藏文字格式的域。设定好某个索引项后，单击“标记”按钮，可完成某个索引项的标记；单击“标记全部”按钮，则文档中每次出现此文字时都会被标记。标记索引项后，Word 会在标记的文字旁插入一个{XE}域。

（2）自动索引。如果在一篇文档中有大量关键词需要创建索引，Word 允许将所有索引项存放在一张双列的表格中，再由“自动索引”命令导入，实现批量化索引项标记。

这个含表格的 Word 文档称为索引自动标记文件。这是一个双列表格，其中第一列中输入要搜索并标记为索引项的文字，第二列中输入第一列中文字的索引项。如果要创建次索引项，则需在主索引项后输入冒号再输入次索引项。Word 在搜索整篇文档以找到和索引文件第一列中的文本精确匹配的位置，并使用第二列中的文本作为索引项。如表 2-1 所示为索引自动标记文件。

表 2-1　索引自动标记文件

标记为索引项的文字 1	主索引项 1：次索引项 1
标记为索引项的文字 2	主索引项 2：次索引项 2
……	……

2. 书签

书签主要用于帮助用户在 Word 长文档中快速定位至特定位置，或者引用同一文档（也可以是不同文档）中的特定文字。在 Word 2019 文档中，文本、段落、图片、标题等都可以添加书签。

（1）创建书签。如何创建书签呢？

打开 Word 2019 文档窗口，选中需要添加书签的文本、标题、段落等内容，切换到“插入”选项卡，在“链接”组中单击“书签”按钮，打开“书签”对话框。在“书签名”文本框中输入书签名称，单击“添加”按钮即可，如图 2-101 所示。

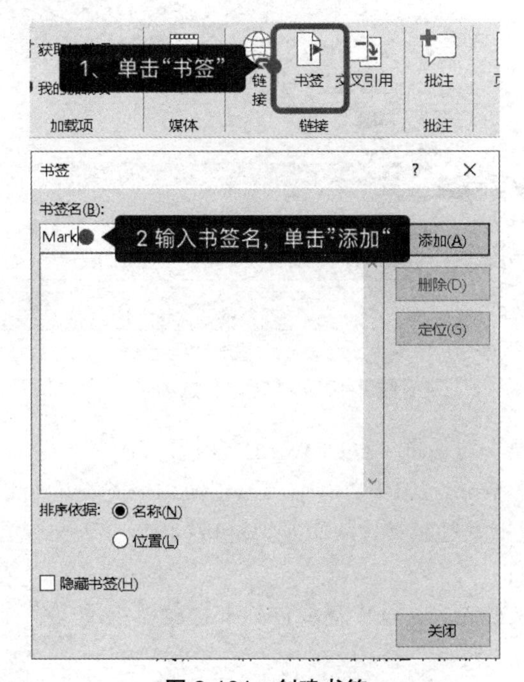

图 2-101　创建书签

（2）定位书签。书签建立之后，可以利用书签进行快速定位，主要有以下两种方法。

方法一：在“书签”对话框中定位书签。

打开添加了书签的 Word 2019 文档窗口，在“插入”选项卡的“链接”组中单击“书签”按钮，打开“书签”对话框。在书签列表中选中合适的书签，并单击“定位”按钮，返回 Word 2019 文档窗口，书签指向的文字将反色显示。

方法二：在“查找和替换”对话框中定位书签。

① 打开添加了书签的 Word 文档窗口，在“开始”选项卡下“编辑”组中单击“查找”下拉三角按钮，并在打开的下拉菜单中选择“高级查找”命令，如图 2-102 所示。

小贴士：

书签名必须以字母或者汉字开头，首字不能为数字，不能有空格，可以利用下画线字符来分隔文字。

图 2-102　选择“高级查找”命令

② 在打开的“查找和替换”对话框中切换到“定位”选项卡，在“定位目标”列表中选择“书签”选项，然后在“请输入书签名称”下拉列表中选择合适的书签名称，并单击“定位”按钮，如图 2-103 所示。

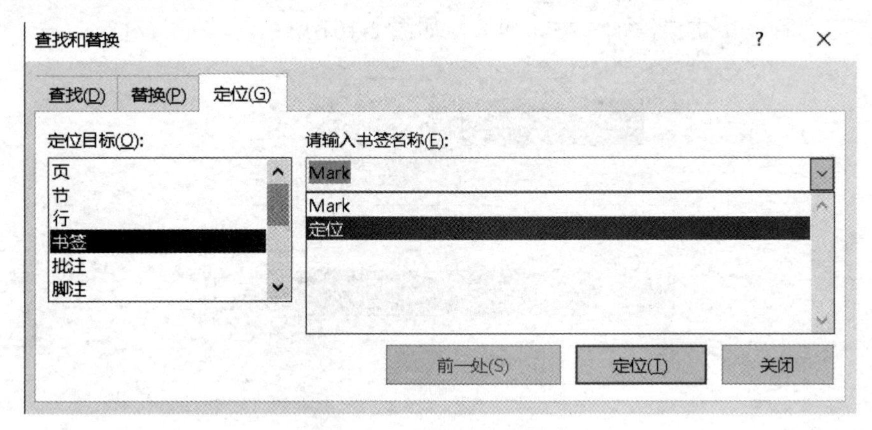

图 2-103　“定位”选项卡

③ 关闭“查找和替换”对话框，返回 Word 文档窗口，书签指向的文本内容将反色显示。

（3）书签超链接。在 Word 2019 文档中，通过使用书签功能可以快速定位到本文档中的特定位置。用户可以创建书签超链接，从而实现链接到同一 Word 文档中特定位置的目的，如图 2-104 所示，方法如下：

① 打开 Word 2019 文档窗口，选中需要创建书签超链接的文字。切换到“插入”选项卡，在“链接”选项组中单击“链接”按钮。

② 打开“插入超链接”对话框，在“链接到”区域中选中“本文档中的位置”选项。然后单击“书签”按钮，在打开的对话框的“请选择文档中原有的位置”列表中选中合适的书签，最后单击“确定”按钮即可。

此外，我们在使用交叉引用命令为题注创建交叉引用时，Word 会自动给创建的题注添加书签，并通过书签的定位作用，使用超链接连接书签所在的题注位置。

这一系列的动作，都是通过域实现的。题注、引用的脚注和尾注、编号项等，其实都是按照交叉引用到书签的模式，创建超链接而成的。

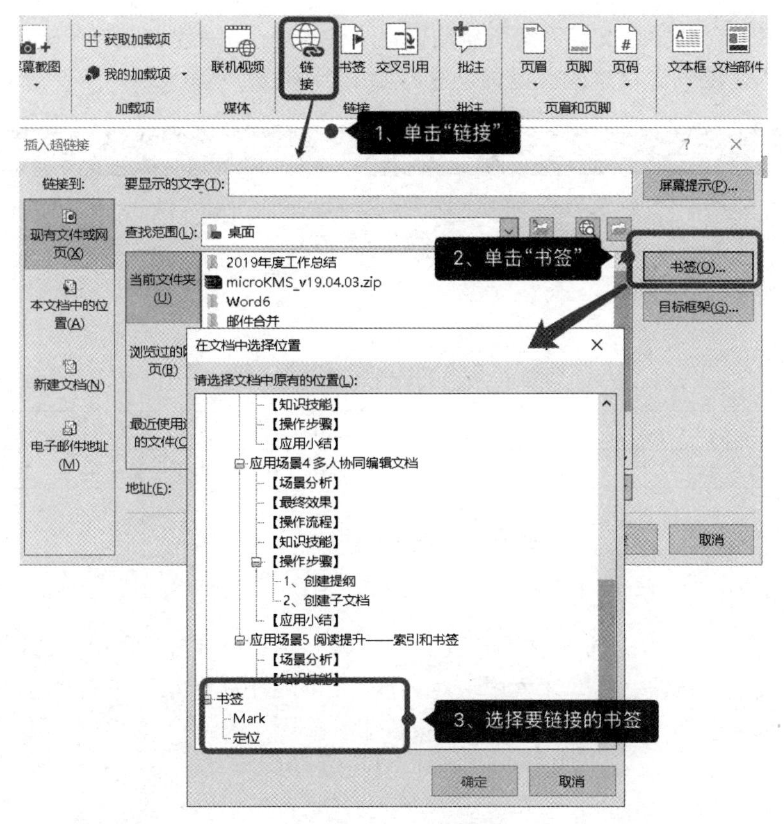

图 2-104　书签超链接

【操作步骤】

1. 创建索引

（1）打开长文档“数据库开发环境.docx”，内容如图 2-105 所示。

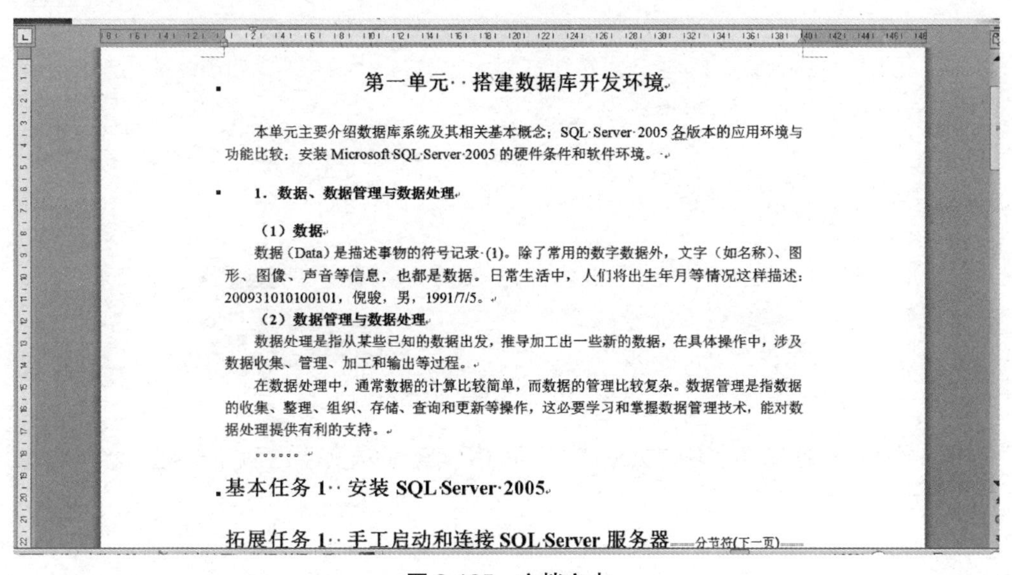

第一单元　搭建数据库开发环境

本单元主要介绍数据库系统及其相关基本概念；SQL Server 2005 各版本的应用环境与功能比较；安装 Microsoft SQL Server 2005 的硬件条件和软件环境。

1. 数据、数据管理与数据处理

（1）数据

数据（Data）是描述事物的符号记录 (1)。除了常用的数字数据外，文字（如名称）、图形、图像、声音等信息，也都是数据。日常生活中，人们将出生年月等情况这样描述：200931010100101，倪骏，男，1991/7/5。

（2）数据管理与数据处理

数据处理是指从某些已知的数据出发，推导加工出一些新的数据，在具体操作中，涉及数据收集、管理、加工和输出等过程。

在数据处理中，通常数据的计算比较简单，而数据的管理比较复杂。数据管理是指数据的收集、整理、组织、存储、查询和更新等操作，这必要学习和掌握数据管理技术，能对数据处理提供有利的支持。

……

基本任务 1　安装 SQL Server 2005

拓展任务 1　手工启动和连接 SQL Server 服务器

图 2-105　文档文本

（2）创建索引自动标记文件“索引自动标记文件.docx”。新建文档，在新文档中建立一个双列表格，输入需要列出目录的关键词，内容如图 2-106 所示。

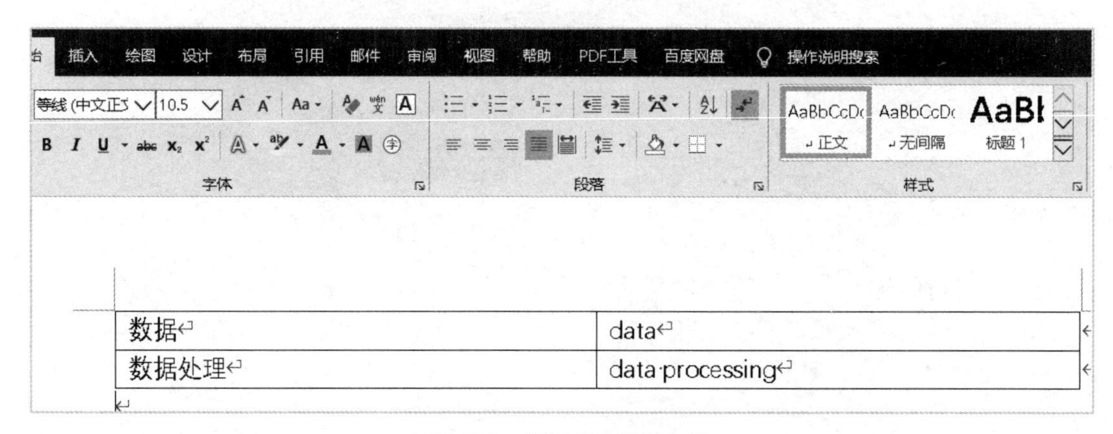

图 2-106　索引自动标记文件

（3）标记索引。

① 将光标定位在“数据库开发环境.docx”的第二页上，单击“引用”选项卡下“索引”组中的“插入索引”按钮，打开“索引”对话框，如图 2-107 所示。单击“自动标记”按钮，在打开的对话框中选择“索引自动标记文件.docx”。

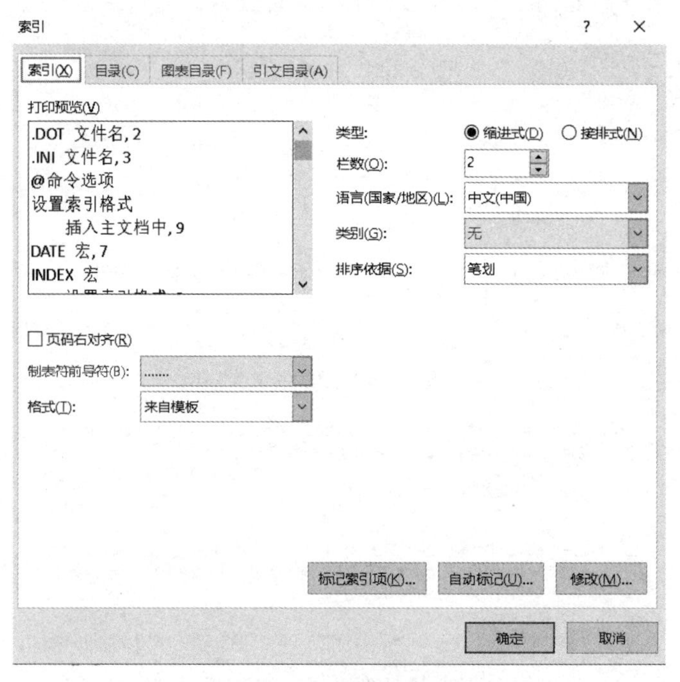

图 2-107　“索引”对话框

此时，会在“数据库开发环境.docx”文档的所有索引项文字的后面出现一个{XE}域，如图 2-108 所示。

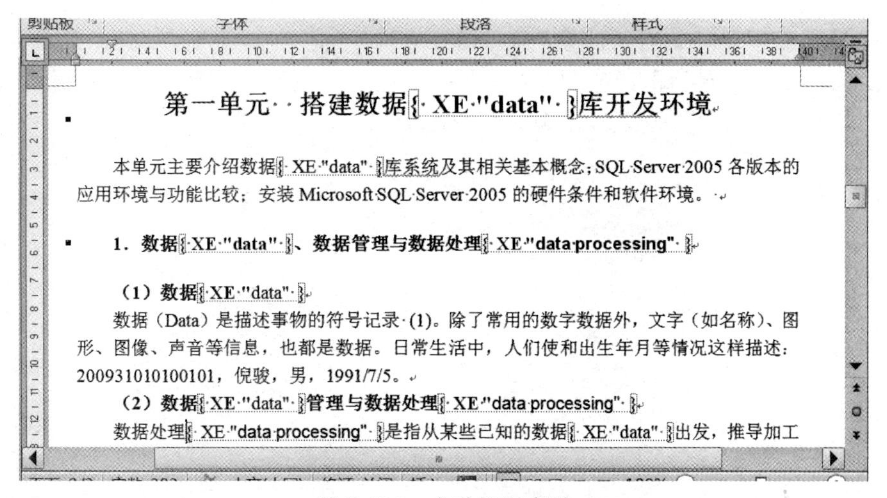

图 2-108　自动标记索引

② 再次打开“索引”对话框，单击“确定”按钮，完成自动索引操作。

如图 2-109 所示为自动标记索引项显示结果，如果被索引文本在一个段落中重复出现多次，Word 只对其在此段落中的首个匹配项做标记。

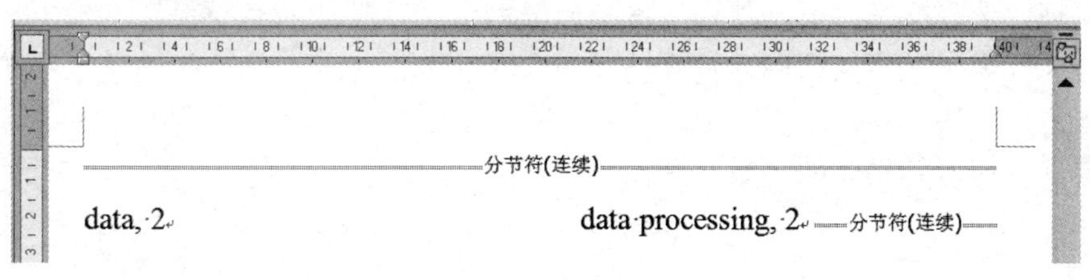

图 2-109　索引结果

2. 创建专有名词目录

（1）如图 2-110 所示，选择文字“数据”，单击“引用”选项卡中的“标记引文”按钮，打开“标记引文”对话框。单击“类别”按钮，打开“编辑类别”对话框。

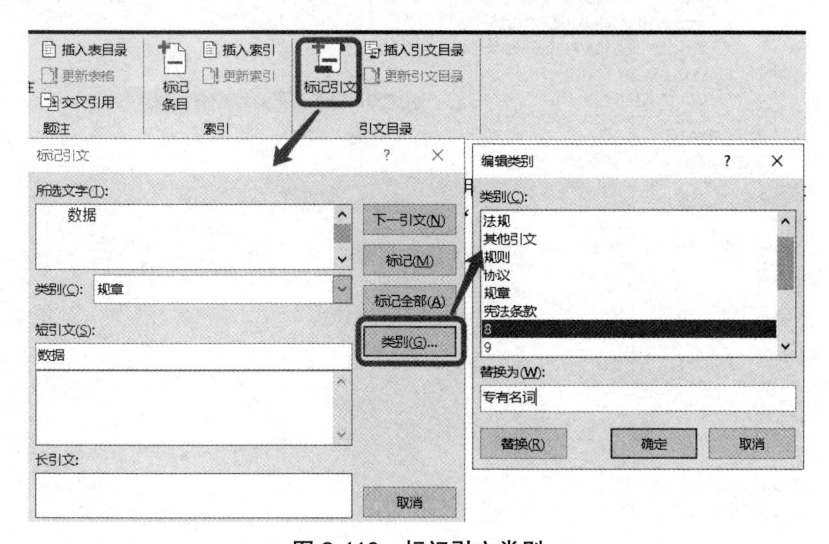

图 2-110　标记引文类别

（2）在图 2-110 中，设置“类别”为“8”，“替换为”为“专有名词”，单击“确定”按钮，返回“标记引文”对话框，如图 2-111 所示。在“类别”中选择“专有名词”，单击“标记”按钮，此时，会在“数据”后出现一个{TA}域。

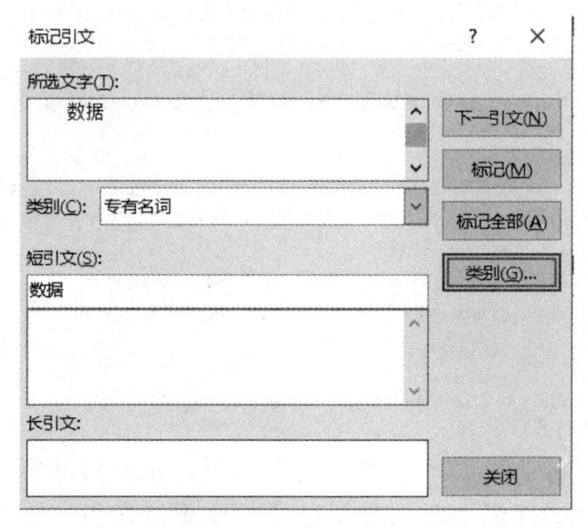

图 2-111　标记引文

（3）同理，选择文字“数据处理”将其标记为引文，类别为“专有名词”。

（4）将光标定位在“数据库开发环境.docx”的最后，单击“引用”选项卡中的“插入引文目录”按钮，打开“引文目录”对话框，如图 2-112 所示。选择“类别”中的“专有名词”，单击“确定”按钮。结果如图 2-113 所示。

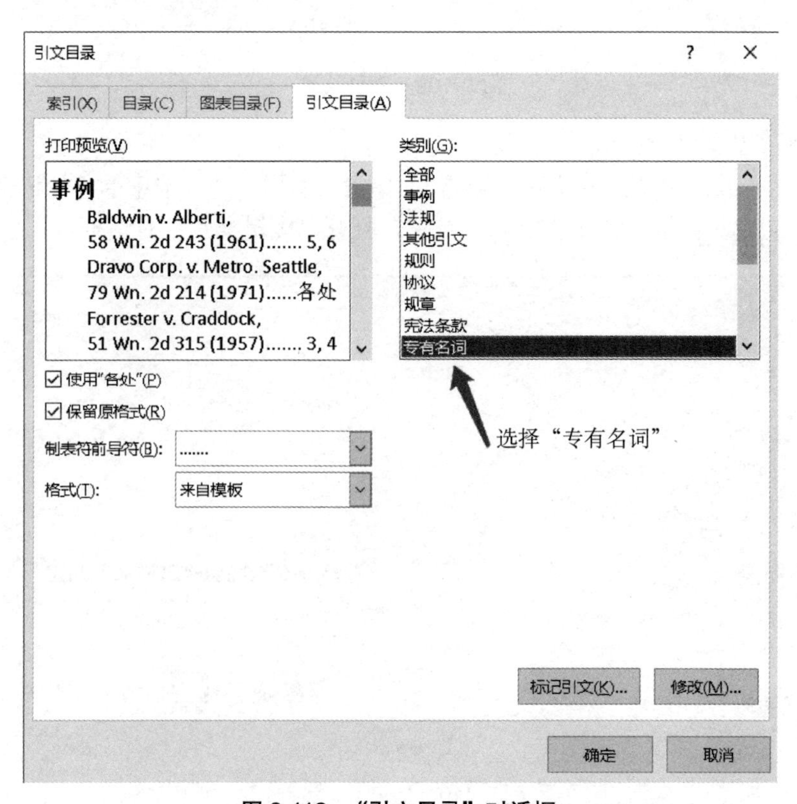

图 2-112　“引文目录”对话框

分节符(连续)

data，2　　　　data processing，2　分节符(连续)

专有名词

数据 2

数据处理 2

图 2-113　标记引文结果

3．书签

（1）标记/显示书签。如图 2-114 所示，选择文本“拓展任务 1”，单击“插入”选项卡下“链接”组中的“书签”按钮，打开“书签”对话框。在图 2-115 中，输入“书签名”为“拓展任务 1”，单击“添加”按钮。

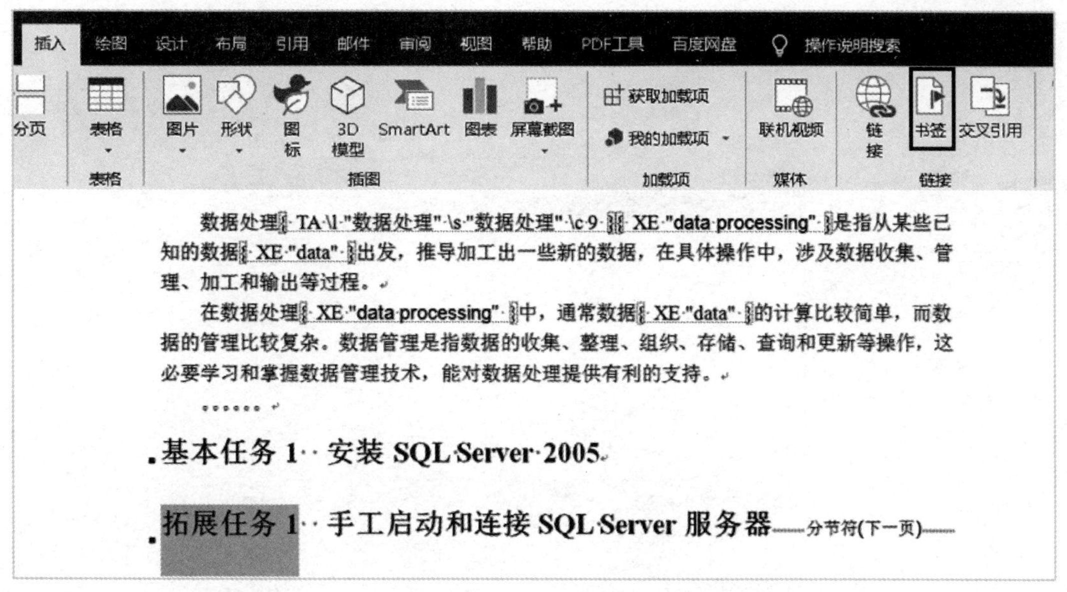

图 2-114　“书签”按钮

小贴士：

如果需要为大段文字添加书签，也可以不选中文字，只需将光标定位到目标文字的开始位置。

（2）书签定位。单击“插入”选项卡下“链接”组中的“书签”按钮，打开“书签”对话框。在图 2-116 中，选择“拓展任务 1”书签，单击“定位”按钮，快速定位到本文档中书签指定的位置。

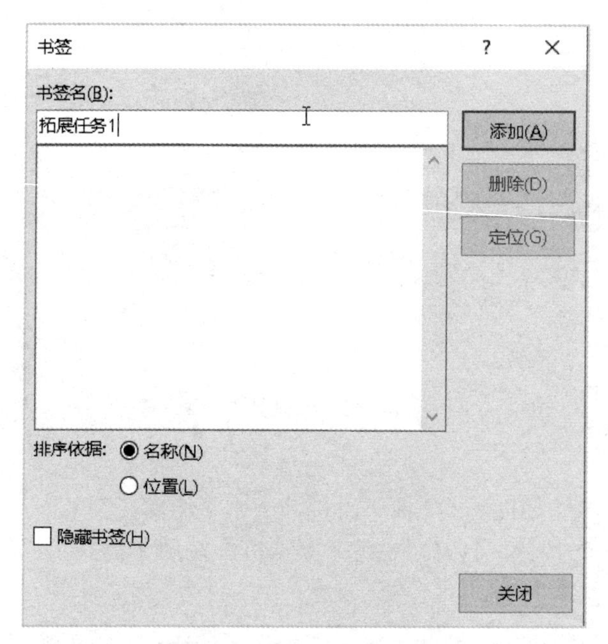

图 2-115 “书签”对话框

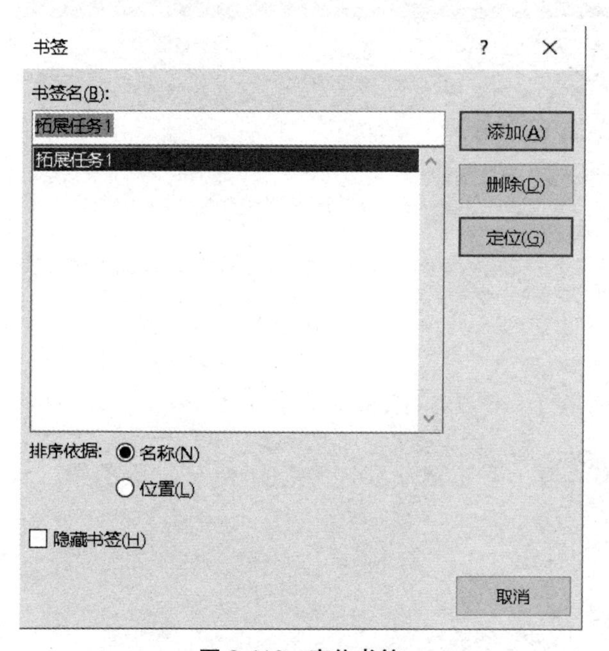

图 2-116 定位书签

（3）显示书签文本。将光标定位到文章末尾，单击“插入”选项卡下“文档部件”组中的“域”按钮。在打开的“域”对话框中，如图 2-117 所示，选择“链接和引用”类别中的“Ref”，域属性选择“书签名称”为“拓展任务 1”，确定，此时在光标处就出现了书签文本“拓展任务 1”。

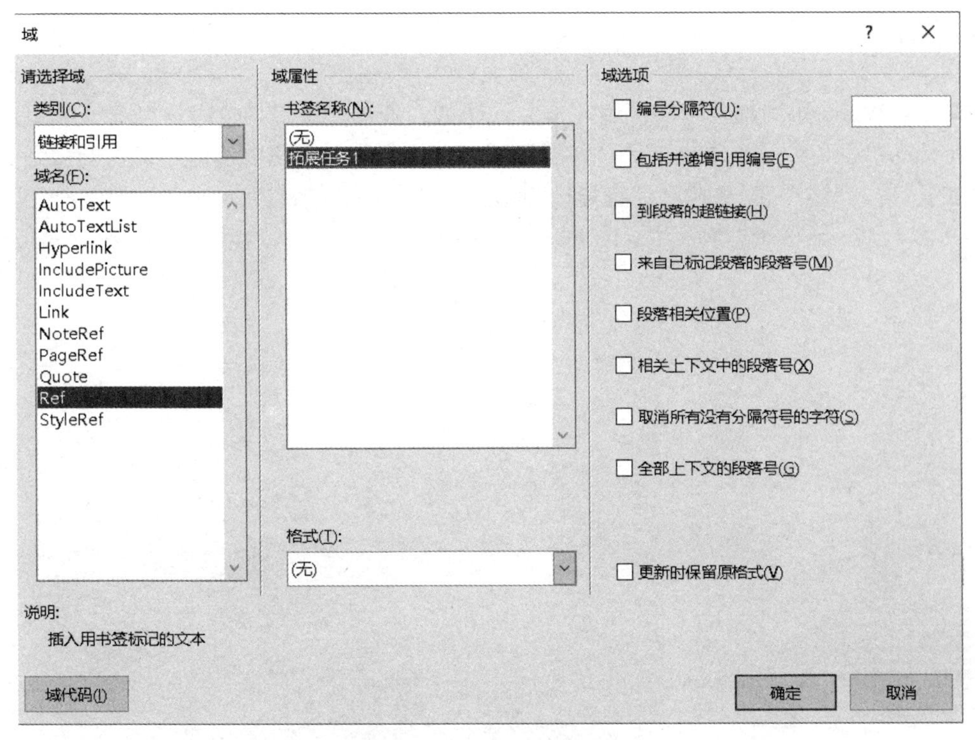

图 2-117　使用域引用书签

（4）书签引用。选择前面插入的书签文本“拓展任务 1”，单击“插入”选项卡下“链接”组中的“链接”按钮，打开“插入超链接”对话框。如图 2-118 所示，在“链接到”区域中选择“本文档中的位置”，然后在“请选择文档中的位置”列表中选择“拓展任务 1”书签，单击“确定”按钮。

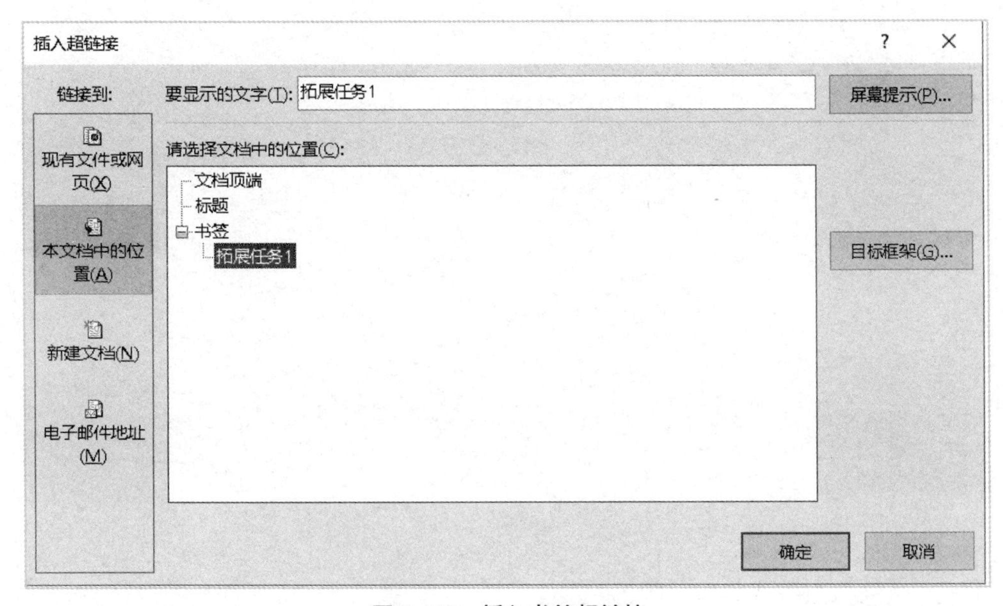

图 2-118　插入书签超链接

【任务总结】

书签在 Word 引用部分起的作用非常大。比如，使用交叉引用为题注创建交叉引用时，Word 会自动给创建的题注添加书签，并通过书签的定位作用，使用超链接将它链接到书签所在题注的位置。此外，脚注和尾注也是按照这种模式，创建超链接而成的。

第3单元 Excel 2019高级应用

Excel 2019 作为微软的 Office 2019 套装办公软件的一个重要组件，主要用于电子表格处理，其功能非常强大，可以进行各种数据的处理、统计分析和辅助决策操作，广泛地应用于管理、统计、财经、金融等众多领域。此外，Excel 2019 提供了更多的方式来分析、管理和共享信息，从而使用户做出更明智的决策。

本单元的内容主要有：

应用场景 1　应聘人员登记表的创建

应用场景 2　公司薪酬计算管理

应用场景 3　便民超市休闲食品销售情况统计

应用场景 4　蔡先生个人理财管理

学完本单元我能做什么？

1. Excel 中各种数据的输入及验证
2. 使用条件格式等实现工作表的美化
3. 简单公式和数组公式的使用
4. 各种函数的插入和修改
5. 使用数据筛选等分类数据
6. 使用图表、数据透视表（图）分析数据

应用场景 1　应聘人员登记表的创建

小王是单位里的 HR，最近企业需要招聘一些人员，来应聘的人比较多，为了更好地了解每一个应聘人员的信息，需要制作一张表格对这些信息进行登记。那么如何利用 Excel 来制作应聘人员登记表呢？

【场景分析】

应聘人员登记表中，需要输入各种各样的信息，例如，姓名、电话号码、身份证号码、出生日期、学历等，还需要记录下应聘人员的笔试分和面试分，并且进行总分的计算，最后

根据总分进行排名，便于 HR 更准确地招聘到需要的人才。

【最终效果】

应聘人员登记表制作效果如图 3-1 所示。

应聘人员登记表

序号	姓名	性别	出生日期	学历	应聘岗位	身份证号码	联系电话	期望薪资	笔试分	面试分	总分	排名
01	黄振华	男	1995-01-20	大学本科	销售员	230185199501204089	13512341234	¥7,000	87	90	88.8	7
02	尹洪群	男	1988-12-16	大专	销售员	371428198812160000	13512341235	¥6,000	89	88	88.4	8
03	扬灵	男	1991-04-03	硕士研究生	行政岗位	230403199104037000	13512341236	¥10,000	84	79	81	19
04	沈宁	女	1985-03-31	博士研究生	行政岗位	13022419850331136X	13512341237	¥12,000	94	90	91.6	4
05	赵文	女	1993-11-30	大学本科	销售员	330902199311301282	13512341238	¥10,000	93	91	91.8	2
06	胡方	男	1990-06-10	硕士研究生	业务员	361124199006104923	13512341239	¥10,000	91	79	83.8	14
07	郭新	女	1995-02-27	硕士研究生	业务员	350430199502278160	13512341240	¥10,000	79	83	81.4	18
08	周晓明	女	1990-03-27	大学本科	销售员	371102199003277528	13512341241	¥8,000	87	89	88.2	9
09	张淑纺	女	1993-05-23	大学本科	销售员	150523199305232044	13512341242	¥8,000	90	93	91.8	3
10	李忠旗	男	1997-07-24	大学本科	行政岗位	320982199707246742	13512341243	¥8,000	84	90	87.6	10
11	焦戈	女	1996-01-15	硕士研究生	销售员	320508199601150581	13512341244	¥10,000	90	92	91.2	5
12	张进明	男	1997-05-11	硕士研究生	业务员	350430199705110000	13512341245	¥10,000	93	79	84.6	13
13	傅华	女	1992-05-06	博士研究生	行政岗位	350230199205061234	13512341246	¥20,000	90	90	90	6
14	杨阳	男	1990-09-07	大学本科	销售员	350230199009071222	13512341247	¥10,000	85	81	82.6	16
15	任萍	女	1992-11-06	大学本科	销售员	350230199211062026	13512341248	¥10,000	76	88	83.2	15
16	郭永红	女	1993-09-11	硕士研究生	业务员	350230199309111351	13512341249	¥10,000	77	82	80	20
17	李龙吟	男	1992-12-23	硕士研究生	销售员	350230199212231234	13512341250	¥10,000	94	83	87.4	11
18	张玉丹	女	1995-05-27	博士研究生	行政岗位	120430199505272160	13512341251	¥10,000	95	93	93.8	1
19	周金馨	女	1989-09-31	大学本科	业务员	13022419890931136X	13512341252	¥10,000	89	77	81.8	17
20	周新联	男	1991-10-06	大专	业务员	134230199110061234	13512341253	¥7,000	80	92	87.2	12
21	张玫	女	1992-05-15	硕士研究生	销售员	310230199205152234	13512341254	¥10,000	86	75	79.4	21

图 3-1　应聘人员登记表制作效果

【知识技能】

1. 工作簿、工作表和单元格

工作簿是一个 Excel 文件，它的扩展名是.xlsx，主要用于存储与处理数据。

如图 3-2 所示，工作表是 Excel 的主要操作对象，它由 1048576 行和 16384 列构成。其中，列标以“A，B，C，…，AA，AB，…”字母表示，其范围是 A～XFD。行号以“1，2，3，…”数字表示，其范围是 1～1048576。

在默认情况下，新建工作簿时，Excel 2019 会给我们创建 1 个工作表：Sheet1。根据需要我们可以单击右边的“+”按钮添加工作表，也可以在工作表标签上右击，在弹出的快捷菜单中可以找到删除、重命名、移动或复制等命令。

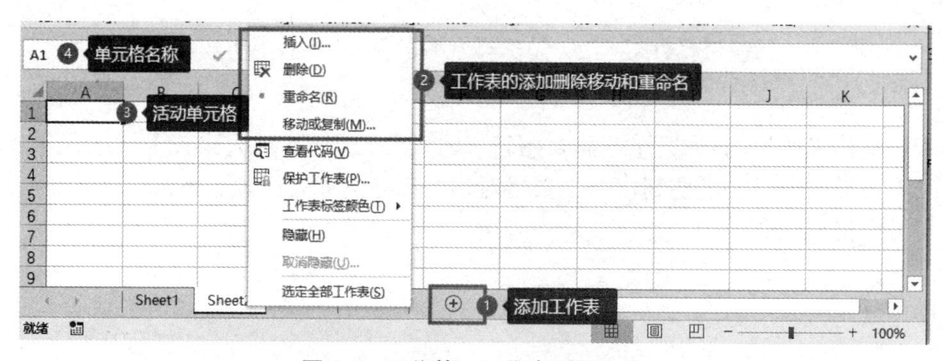

图 3-2　工作簿、工作表和单元格

工作表则由一个个单元格组成，单元格是存储数据的基本单元。单元格一般用“列表+

行号”的形式来表示，例如，B5 表示工作表中第 2 列第 5 行的单元格。

单元格区域则用冒号“:”将两个单元格地址链接起来表示。例如，B5：D20 表示以 B5 单元格为左上角，以 D20 单元格为右下角形成的矩形区域。

2. 数据的输入

在 Excel 工作表中可以输入和保存的单元格格式常用的有 4 种。

（1）文本型。文本是指一些非数值型的文字、符号等，通常由字母、汉字、数字及其他字符组成。例如，“姓名”“A2”“0571”等都是文本型数据。

在 Excel 工作表输入文本数据时，系统默认左对齐。

在实际应用中，有一些特殊的文本——用数值表示的文本。例如，电话号码“057982880123”，学号“20191234”等，这时需要将数据强制转换为文本，方法有：

- 使用前导符“'”。在输入数据前先输入一个单引号“'”，再输入数据。
- 设置文本格式。在输入数据之前，先将单元格设置为文本格式（单元格上右击，在弹出的快捷菜单中选择“设置单元格格式”命令，然后进行设置），再输入数据。

（2）数值型。进行数值运算是 Excel 最基本的功能。Excel 中数值型数据包括以下几种。

① 普通的数字：例如，234，−34，可以直接输入。

② 小数型：例如，3.14，−5.78，可以直接输入，也可以先在单元格上右击，在弹出的快捷菜单中选择“设置单元格格式”命令，在打开的对话框中设置数值型的小数位数及格式，再输入。

③ 货币型：例如，￥120，$23。货币型数据是特殊的数值数据，需要先设置单元格格式再输入，如图 3-3 所示。

- 使用“会计专用”格式。
- 使用“货币”格式。

两种格式都可以选择货币类型，但“会计专用”格式会让数据的小数点对齐。

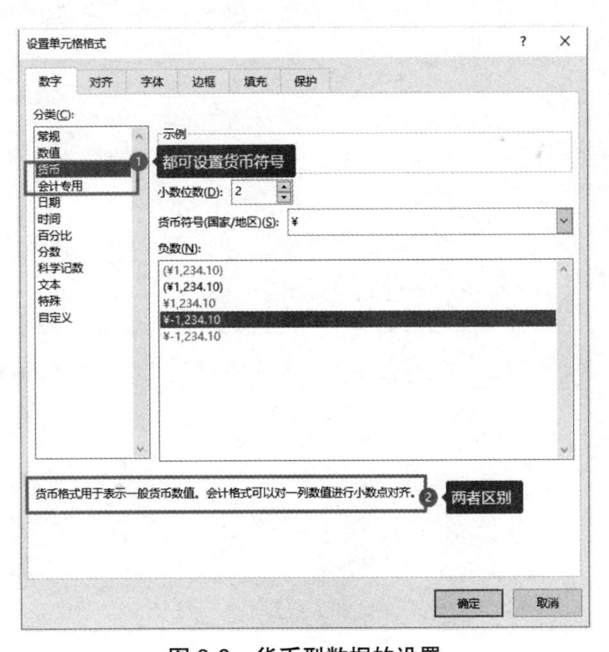

图 3-3　货币型数据的设置

④ 分数型：如果按照我们以往的习惯输入 1/3，系统会默认显示为“1 月 3 日”，所以分数的输入比较特殊，格式是：整数→空格→分子→/→分母。例如，要输入二又三分之一，则在选定单元格中输入“2 1/3”，如果要输入四分之一，则输入“0 1/4”。

⑤ 百分数型：例如，45%，可以直接输入，也可以设置单元格格式为百分比类型再输入。注意：当以第二种方式输入百分比数据时，系统会自动将输入的数据乘以 100。

小贴士：

输入数值后，如果单元格中的数据显示为一串“#”，说明单元格宽度不够，通过增加单元格的宽度，可以将数据完整地显示出来。

（3）日期和时间型数据。在 Excel 中，日期是以一种特殊的数值形式存储的，这种数值被称为“序列值”。该序列值是数值范围为 1～2958465 的整数，分别对应 1900 年 1 月 1 日到 9999 年 12 月 31 日。由于日期存储为数值的形式，所以它继承了数值的运算功能。

例如，2019 年 8 月 8 日上午 9 点对应的数值是：43685.375，如图 3-4 所示。

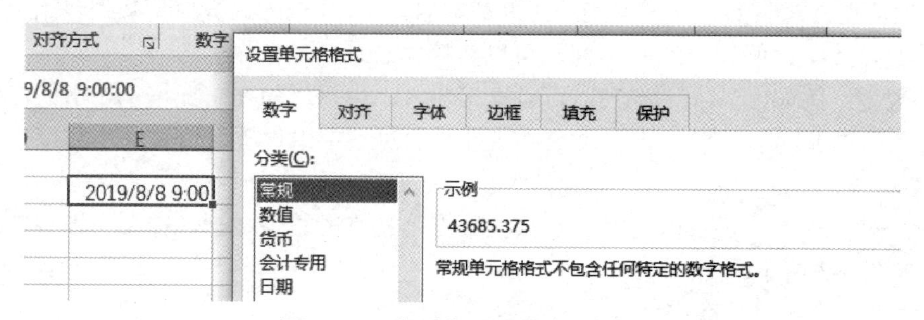

图 3-4　日期时间型和数值的对应

输入日期时，用“/”或“-”来做间隔，时间则以“:”做间隔。

（4）常规。常规单元格格式不包含任何特定的数字格式，一般在引用函数时，单元格格式设为常规。

3. 填充柄的使用

在 Excel 中，很多时候需要输入一些相同的或者有规律的数据，包括公式函数的序列填充，都可以使用强大的填充柄。

填充柄：就是选定单元格右下角的黑色小方块，光标移至填充柄，指针会变成十字形状，此时按住鼠标左键不放拖曳至所需单元格后放开就能实现数据的复制或序列填充。如果是右键拖曳，则会弹出一个快捷菜单，可以选择以何种方式填充，如图 3-5 所示。

复制单元格(C)
填充序列(S)
仅填充格式(F)
不带格式填充(O)
以天数填充(D)
填充工作日(W)
以月填充(M)
以年填充(Y)
等差序列(L)
等比序列(G)
快速填充(F)
序列(E)...

图 3-5　右键填充的快捷菜单

小贴士：

采用填充柄序列填充时更快捷的方式是双击填充柄。双击填充柄时，数据填充的最后一个单元格的位置取决于相邻一列中最后一个空单元格的位置。

4. 数据验证及其设置

“数据验证”是一种 Excel 功能，用于定义可以在单元格中输入或应该在单元格中输入哪些数据。可以配置数据有效性以防止用户输入无效数据，还可以允许用户输入无效数据，但当用户尝试在单元格中输入无效数据时会向其发出警告。此外，该功能还可以提供一些消息，以定义用户期望在单元格中输入的内容，以及帮助用户更正错误的说明。

“数据有效性”选项位于“数据”选项卡的“数据工具”功能组中，单击“数据验证”的下拉箭头，会弹出一个下拉菜单，在其中选择“数据验证”命令，如图 3-6 所示。

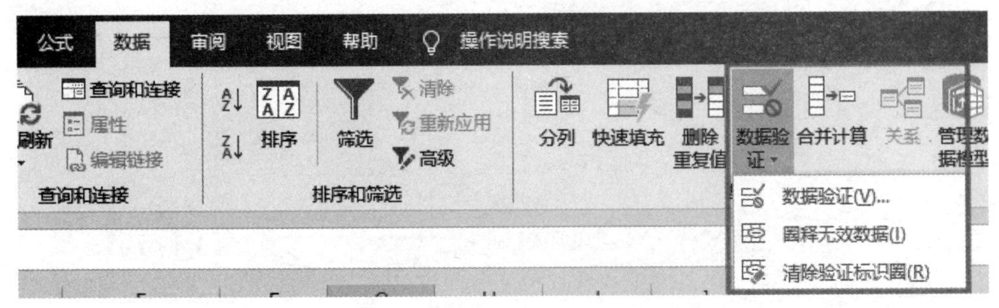

图 3-6　“数据”选项卡中的“数据验证”命令

选定要验证数据的单元格，选择“数据验证”命令后，会打开“数据验证”对话框。所有设置都在该对话框中完成，如图 3-7 所示。

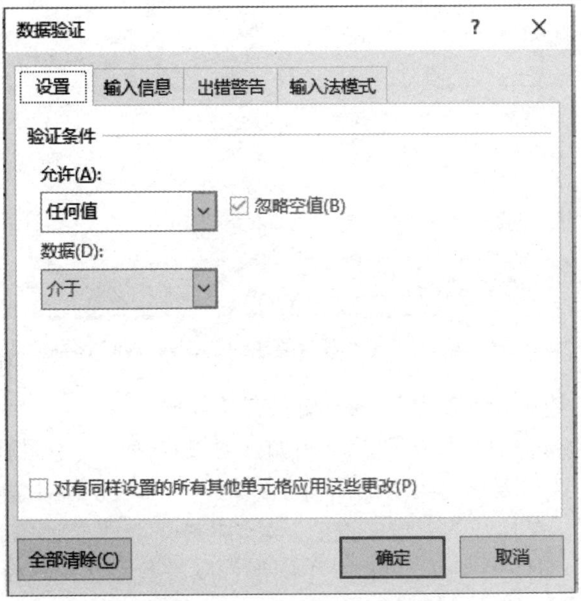

图 3-7　“数据验证”对话框

若数据输入错误，则会有“出错警告”，该警告信息的设置在“数据验证”对话框的“出错警告”选项卡中，在此可以设置警告“样式”，可选择“停止”、“警告”和“信息”选项；还可以设置错误提示对话框的“标题”和“错误信息”，如图 3-8 所示。

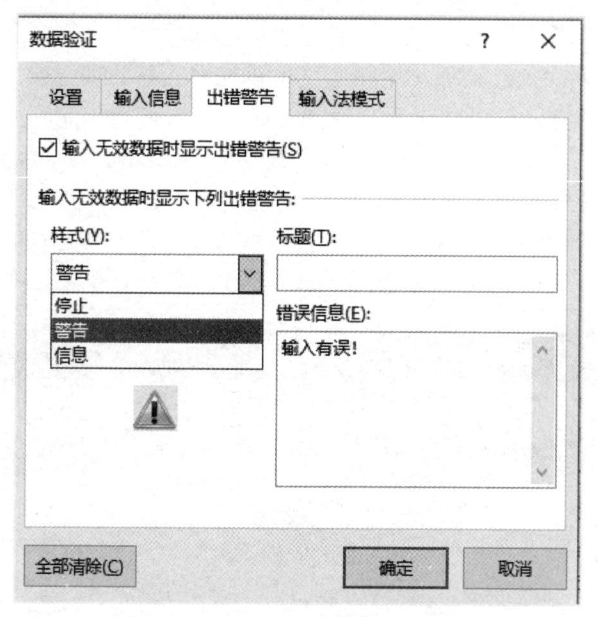

图 3-8 “数据验证”对话框的“出错警告”选项卡

“输入信息”选项卡是用来设置用户提示的，“输入法模式”选项卡用来设定是否打开中文输入法。

当数据验证设置结束后，单元格内的内容就需按要求输入，否则，Excel 会弹出一个错误提示对话框，如图 3-9 所示。

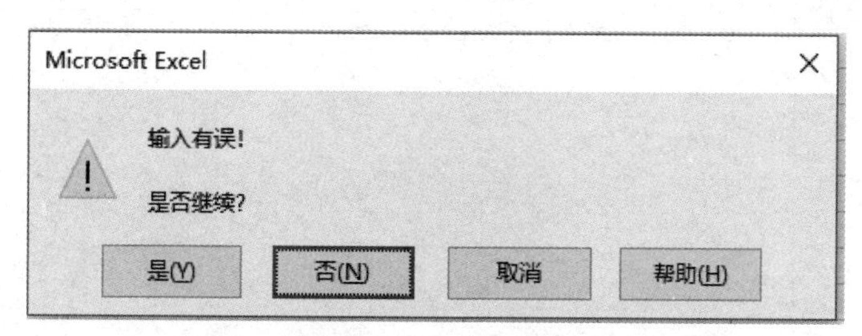

图 3-9 输入数据不符合要求时的错误提示对话框

用户只能在应用了数据验证的单元格中输入有效数据。

（1）将数据限制为列表中的预定义项。例如，可以将部门类型限制为销售、财务、研发和 IT。具体操作如下：选择要填写类型的所有单元格，单击“数据”选项卡下“数据工具”组中的“数据验证”按钮，在打开的“数据验证”对话框中，设置验证条件“允许”为“序列”，数据“来源”为“销售，财务，研发，IT”（中间的间隔符是英文标点符号），如图 3-10 所示。确定后，单击该列单元格，会在右边添加一个下拉箭头▾，单击该箭头，会出现一个下拉列表，可以在该列表中选择数据进行单元格内容的输入。

自定义序列的数据来源还可以来自工作表中的其他位置，只要先将列表内容输入到表格中，然后在“数据验证”对话框中设置数据“来源”时要引用该列表所在的单元格区域，如图 3-11 所示。

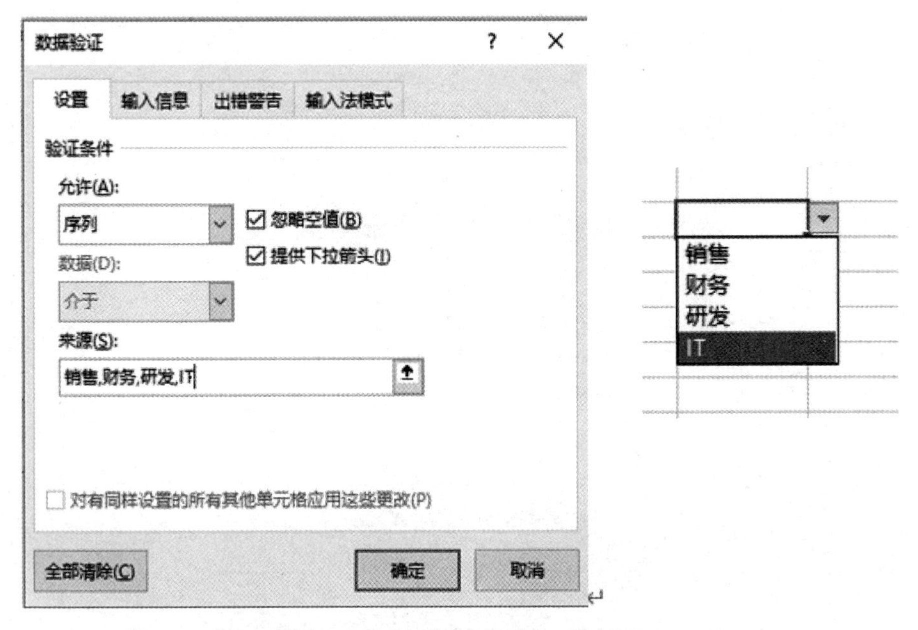

图 3-10　自定义“序列”的验证设置对话框和效果

图 3-11　引用已有数据列表方式设置自定义序列的数据有效性设置

（2）将数字限制在指定范围之外。例如，可以将扣除额的最小限制指定为特定单元格中“小孩数量”的两倍，如图 3-12 所示。

（3）将日期限制在某一时间范围之外。例如，可以指定一个介于当前日期和当前日期之后 3 天之间的时间范围，如图 3-13 所示。

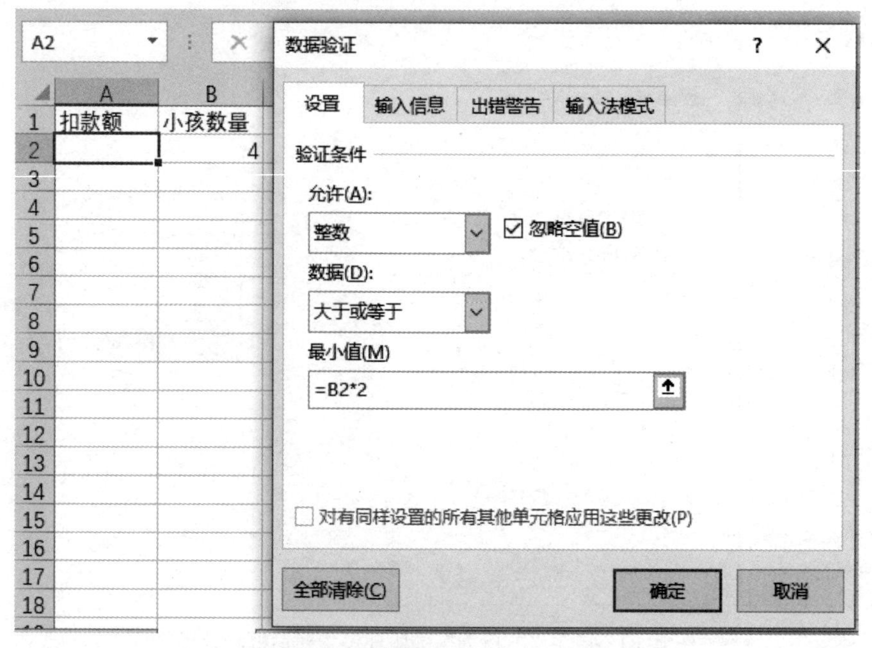

图 3-12　限定数据范围的验证设置

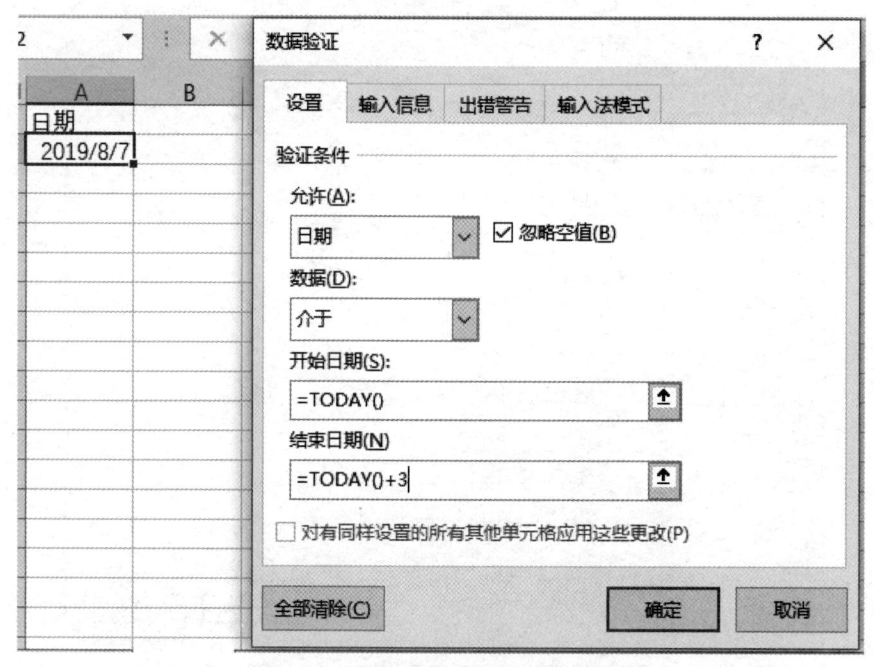

图 3-13　限定日期范围的验证设置

（4）限制文本字符数。例如，可以将单元格中允许的文本限制为 10 个或更少的字符，如图 3-14 所示。

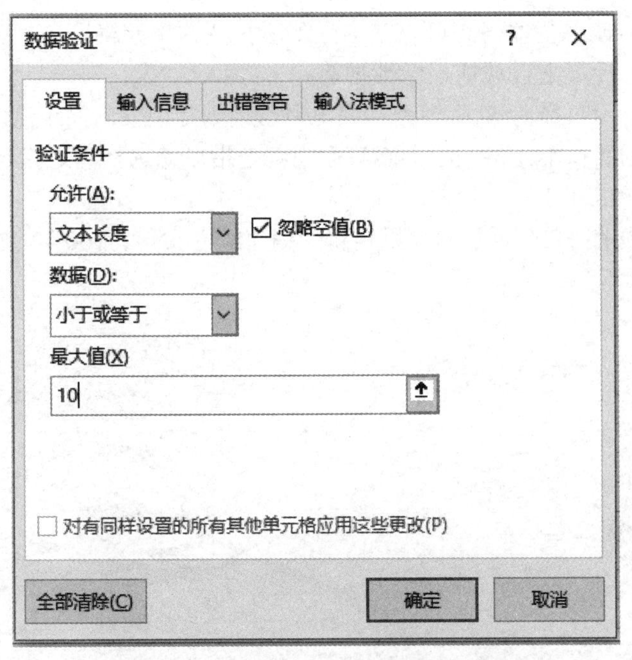

图 3-14　限定文本长度的数据验证设置

（5）还可以利用“数据验证”来进行数据检查，将无效数据圈释。例如，已有的“电话号码”列中，长度不等于 12 的电话号码为无效数据，则只要选中所有电话号码，打开“数据验证”对话框，将其“文本长度”设置“等于”12。

然后依次选择“数据”选项卡→“数据工具”→“数据验证”→“圈释无效数据”命令。设置好后，不符合要求的数据显示效果，如图 3-15 所示。如果要取消数据圈释，则选中“数据验证”中的“清除验证标识圈”命令。

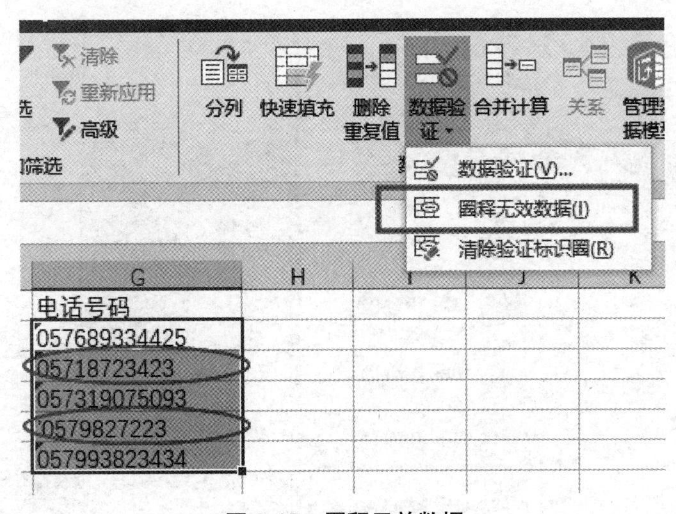

图 3-15　圈释无效数据

5. 条件格式

条件格式，从字面上可以理解为基于条件更改单元格区域的外观。使用条件格式可以直观地查看和分析数据，发现关键问题及数据的变化趋势等。在 Excel 2019 中，条件格式的功能得到进一步加强，使用条件格式可以突出显示所关注的单元格区域、强调异常值，使用数据条、颜色刻度和图标集来直观地显示数据等。

（1）使用突出显示与最前/最后规则。突出显示规则是指突出显示满足大于、小于、介于和等于指定值的数据所在单元格，而最前/最后规则是指自动选择满足指定百分比或高/低于平均值的数据所在单元格。

① 突出显示。如图 3-16 所示的效果是将“销售额”大于“100”的数据设置“绿填充色深绿色文本”的格式。

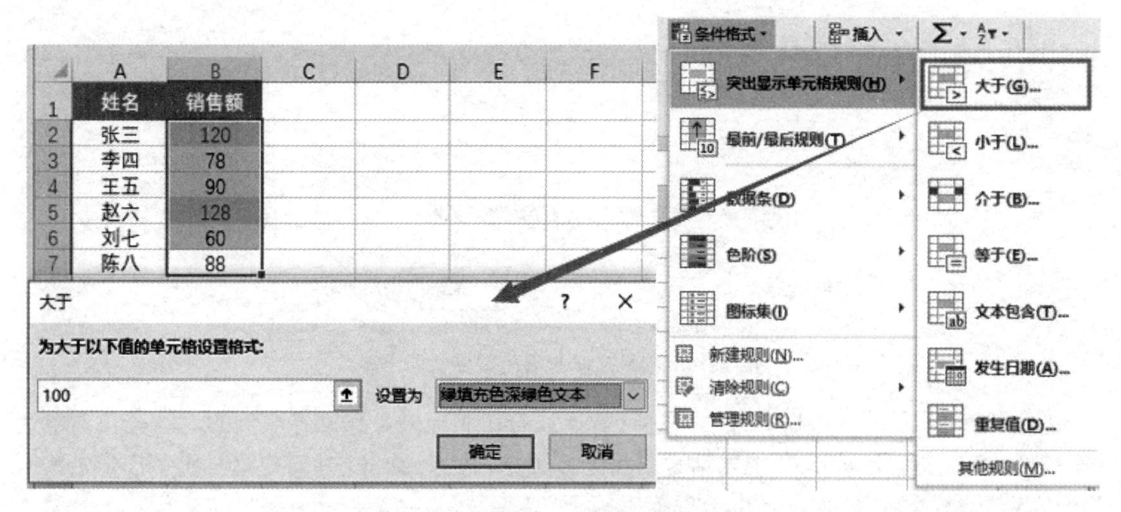

图 3-16　设置大于 100 的条件格式

② 最前/最后规则。如图 3-17 所示的是将“低于平均值”的数据设置成“浅红填充色深红色文本”的格式。

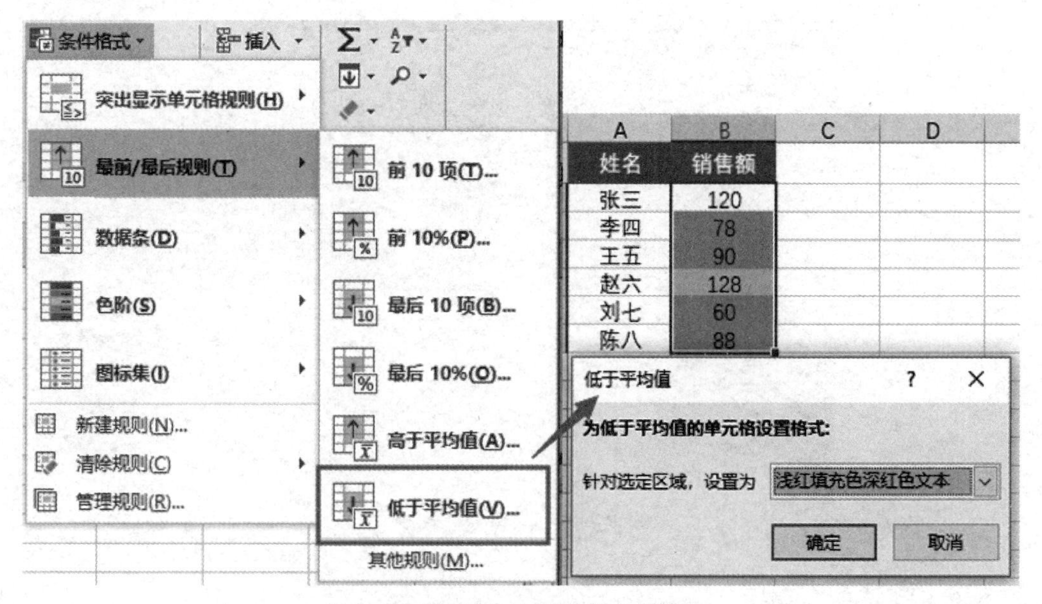

图 3-17　设置低于平均值的条件格式

（2）使用数据条、色阶与图标集分析。数据条以长度代表单元格中数值的大小，数据条越长，表示值越大，数据条越短，表示值越小；色阶则用颜色刻度来直观表示数据分布和数据变化，它分为双色和三色色阶；图标集根据确定的阈值对不同类别的数据显示不同的图标。效果分别如图 3-18、图 3-19、图 3-20 所示。

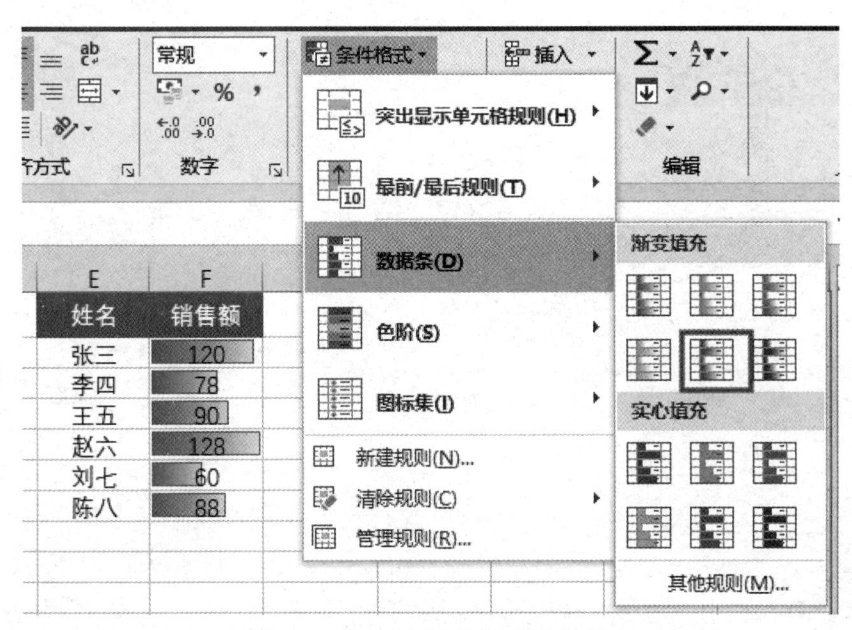

图 3-18　为数据设置浅蓝色数据条效果

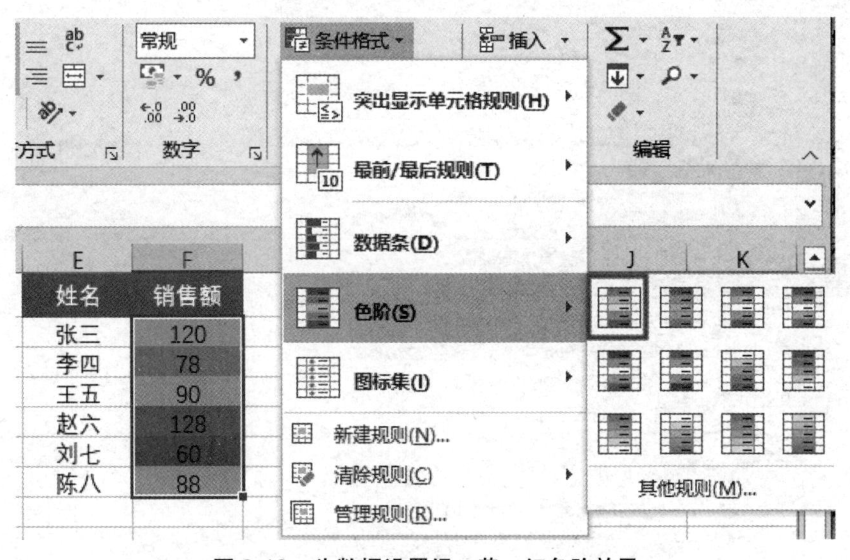

图 3-19　为数据设置绿—黄—红色阶效果

（3）自定义规则。用户除了可以使用 Excel 2019 系统提供的条件格式来分析数据，还可使用自定义规则来分析数据，即通过公式自行编辑条件格式规则，能让条件格式的运用更为灵活。

选择“条件格式”→“新建规则”命令，打开“新建格式规则”对话框，设置好“选择规则类型”“编辑规则说明”等选项，即可实现按条件显示数据，如图 3-21 所示。

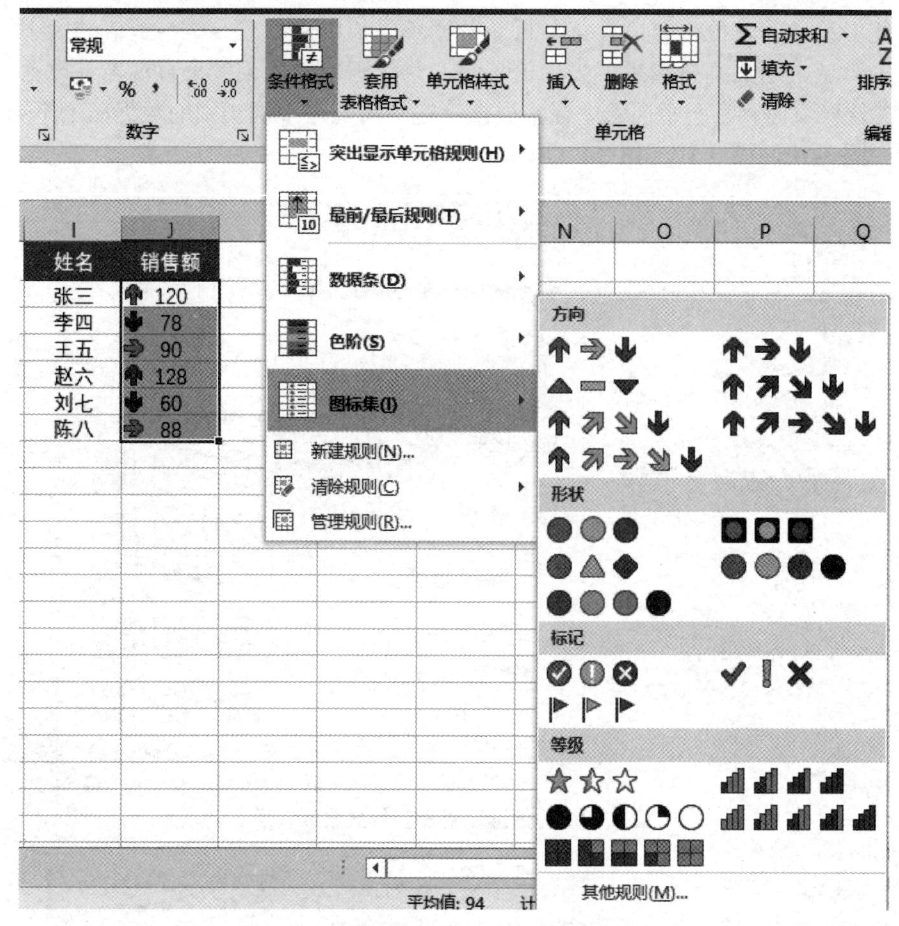

图 3-20　为数据设置三角箭头图标集效果

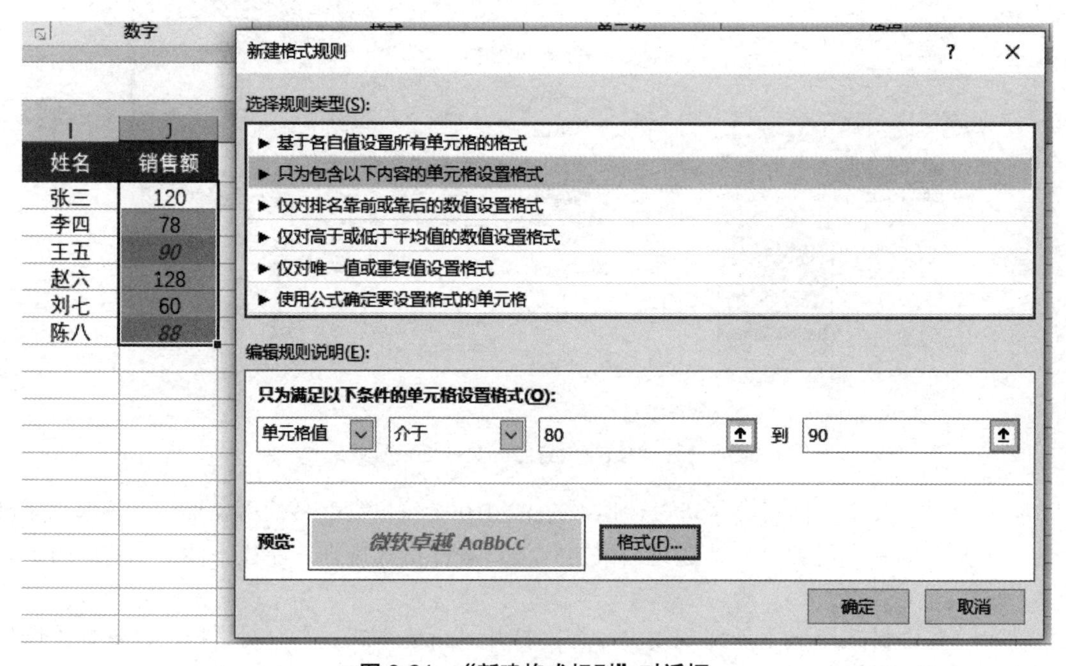

图 3-21　“新建格式规则”对话框

6. 公式

Excel 中的公式是以等号“=”开头的，通过使用运算符将数据和函数等元素按一定顺序连接在一起的表达式。

例如，如图 3-22 所示，公式 1：=B2*C2*0.9。

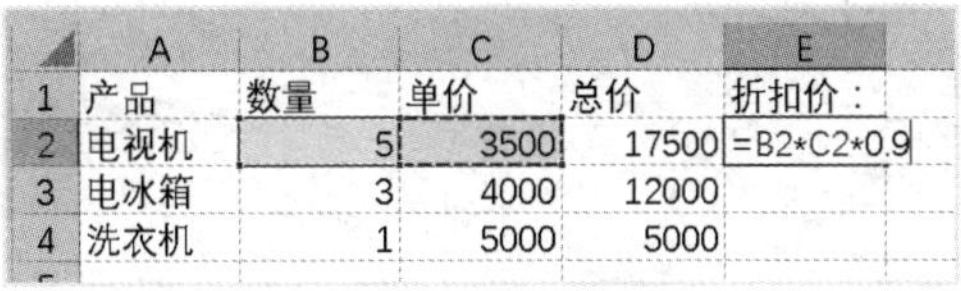

	A	B	C	D	E
1	产品	数量	单价	总价	折扣价：
2	电视机	5	3500	17500	=B2*C2*0.9
3	电冰箱	3	4000	12000	
4	洗衣机	1	5000	5000	

图 3-22　公式 1（乘法）

例如，如图 3-23 所示，公式 2：=TEXT(MID(A8,7,8),"0000-00-00")。

7	身份证号码	出生日期
8	361124199006104923	=TEXT(MID(A8,7,8),"0000-00-00")
9		TEXT(value, format_text)

图 3-23　公式 2（函数应用）

公式由以下几种基本元素组成。

（1）等号“=”：公式必须以“=”开头。

（2）常量数据：包括数值型常量和字符型常量。例如，0.9、7、8 就是数值型常量，“0000-00-00”是字符型常量。

（3）单元格的引用：单元格引用是指以单元格地址或者名称来代表单元格的数据进行计算。例如，公式 1 中的 B2，C2，公式 2 中的 A8。

（4）函数：对于一些特殊的、复杂的运算，可以使用函数来解决。例如，公式 2 中的 TEXT()和 MID()都是函数。每个函数后面都会跟着一对括号，用于参数设置。

（5）运算符：Excel 公式中的运算符包括算术运算符（+、-、*、/等）、引用运算符、文本运算符、比较运算符等。

7. 单元格的引用

使用 Excel 处理数据时，几乎所有的公式都要引用单元格或者单元格区域。引用相当于链接，用于指明公式中数据的位置。

Excel 单元格的引用包括相对引用、绝对引用和混合引用。

（1）相对引用。相对引用就是在公式中用列表和行号直接表示单元格，例如，A4，B8 等。如果公式所在单元格的位置发生了变化，那么公式中引用的单元格的位置也将随之改变，但它引用的单元格地址之间的相对位置间距保持不变。例如，在单元格 D2 中输入公式“=B2*C2”，当把单元格 D2 中的公式使用填充柄复制到单元格 D3 时，公式就变成了“=B3*C3”，如图 3-24 所示。

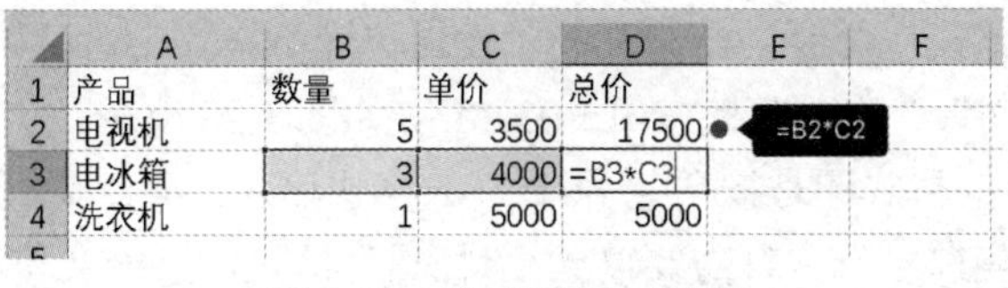

	A	B	C	D	E	F
1	产品	数量	单价	总价		
2	电视机	5	3500	17500	=B2*C2	
3	电冰箱	3	4000	=B3*C3		
4	洗衣机	1	5000	5000		

图 3-24　公式的相对引用

（2）绝对引用。绝对引用就是在表示单元格的列表和行号前面加上“$”符号，例如，$F$2表示对单元格F2的绝对引用，此时无论将使用$F$2的公式复制到什么位置，它都不会发生改变。

如图3-25所示，如果单元格D2中的公式是“=$B$2*$C$2”，那么将公式复制到单元格D3时，依旧是“=$B$2*$C$2”，没有发生任何改变。

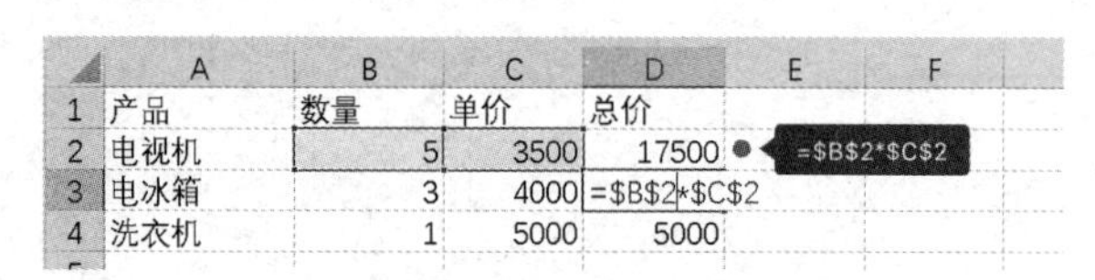

	A	B	C	D	E	F
1	产品	数量	单价	总价		
2	电视机	5	3500	17500	=$B$2*$C$2	
3	电冰箱	3	4000	=$B$2*$C$2		
4	洗衣机	1	5000	5000		

图3-25　公式的绝对引用

（3）混合引用。有时候希望公式中使用单元格引用的一部分固定不变，而另一部分自动改变。例如，行号变化，列表不变，或者列表变化，行号不变，这时可以采用混合引用。例如：$B2表示列标B不变，行号可以改变；A$4表示列表A可以变化，而行号4不变。

【操作步骤】

1. 新建工作簿

启动Excel 2019，系统自动打开一个新的工作簿，名为“工作簿1”，选择“文件”选项卡→“保存”命令，将文件存为“应聘人员登记表.xlsx”。

在工作表标签上右击，在弹出的快捷菜单中选择“重命名”命令，输入新的工作表标签“2020招聘信息”。

2. 输入数据

（1）输入表头。在第一行，从A1开始，依次输入“序号”“姓名”“性别”“出生日期”“学历”“应聘岗位”“身份证号码”“联系电话”“期望薪资”“笔试分”“面试分”“总分”“排名”，如图3-26所示。

	A	B	C	D	E	F	G	H	I	J	K	L	M
1	序号	姓名	性别	出生日期	学历	应聘岗位	身份证号码	联系电话	期望薪资	笔试分	面试分	总分	排名
2													

图3-26　输入表头数据

（2）输入序号。在单元格A2中输入“'01”，注意单引号为英文状态下的单引号，表示该数据是文本。将鼠标指针移至单元格A2的填充柄处，然后拖曳到单元格A22，实现所有序号的输入。效果如图3-27所示。

	A	
1	序号	姓名
2	01	
3	02	
4	03	
5	04	
6	05	
7	06	
8	07	

图3-27　输入工号

（3）输入姓名、出生日期、身份证号码、联系电话、期望薪资等。

姓名：是普通文本，需要手工一一输入。

出生日期：先单击列标D选中整列，右击，在弹出的快捷菜单中选择“设置单元格格式”命令。在打开的“设置单元格格式”对话框中，设置数字“分类”为“日期”，“类型”为“2012-03-14”，如图3-28所示。之后的日期不论是按“年-月-日”的格式还是按“年/月/日”的格式输入，都会显示为“年-月-日”的形式。如果是当前年份，只需要输入“月-日”即可，系统会自动加上当前的年份。

图 3-28　出生日期格式设置

身份证号码的输入：由于身份证号码数字较多，容易出错，此时可以用数据验证来限定其长度。打开“数据验证”对话框，其设置如图 3-29 所示。接着选定 G2:G22 单元格区域，右击，在弹出的快捷菜单中选择“设置单元格格式”命令，在打开的对话框中，设置“分类”为“文本”，确定。然后在本区域中依次输入员工的身份证号码。

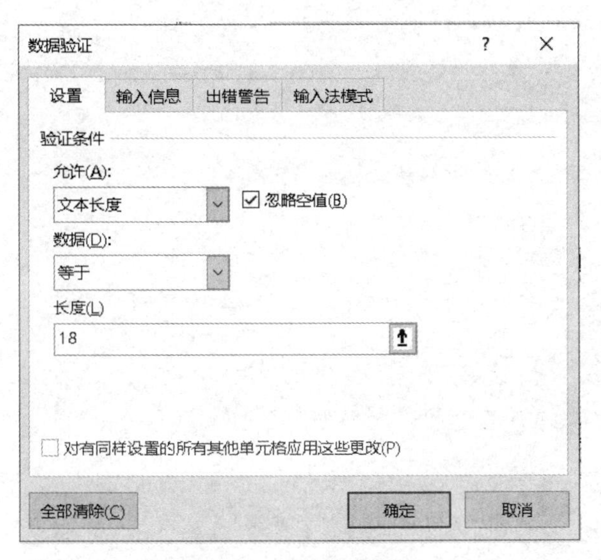

图 3-29　限定文本长度

可以用相同的方法，输入“联系电话”列的信息。

期望薪资的输入：选定 I2:I22 单元格区域，采用同样的方法设置单元格格式“分类”为“货币”，“小数位数”为 0，“货币符号（国家/地区）”为“¥”，如图 3-30 所示，然后输入数值。

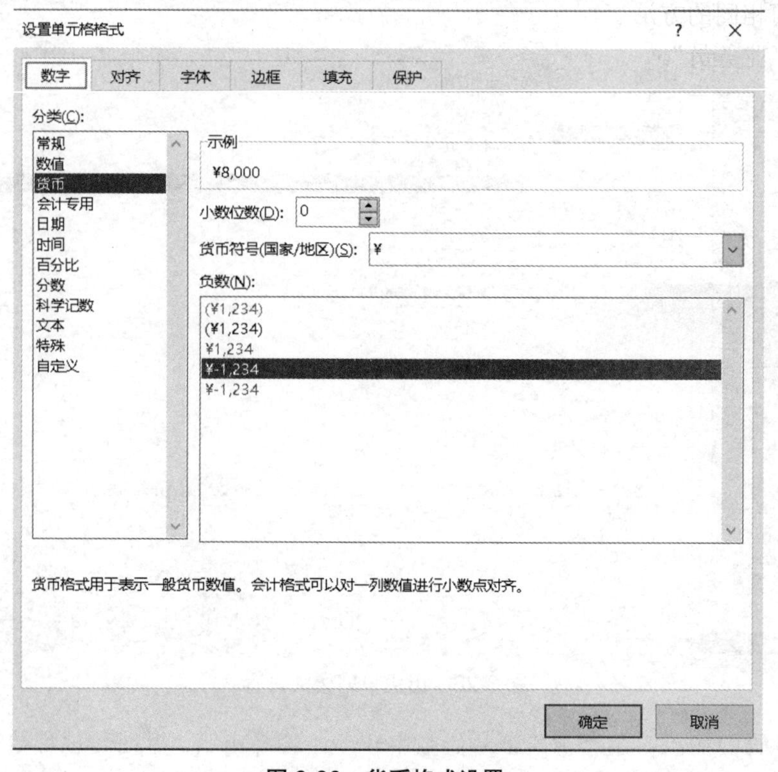

图 3-30　货币格式设置

输入学历：选定 E2:E22 单元格区域，依次单击“数据”选项卡→“数据工具”→“数据验证”按钮，打开“数据验证”对话框。单击“设置”选项卡，在“允许”下拉列表中选择“序列”选项，在“来源”文本框中输入“大专, 大学本科, 硕士研究生, 博士研究生”，勾选“忽略空值”和“提供下拉箭头”复选框，如图 3-31 所示，单击“确定”按钮。

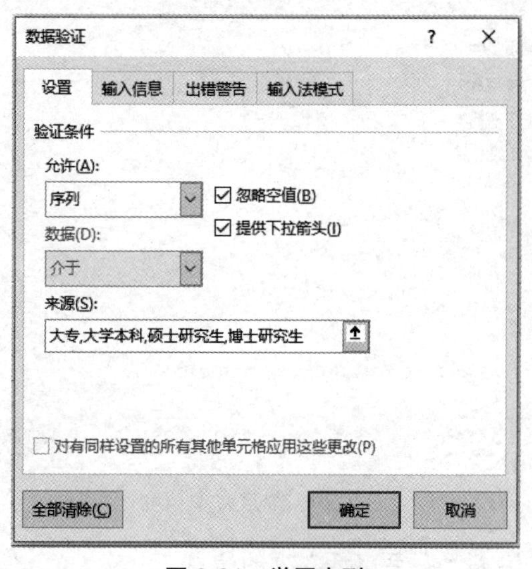

图 3-31　学历序列

然后单击单元格 D2，再单击右侧的下拉箭头，在弹出的下拉列表中选择“大学本科”选项，重复此步骤，就可以完成该列数据的输入。

可以使用相同的方法，输入“性别”“应聘岗位”等信息。其中应聘的岗位有“销售员”“行政岗位”“业务员”。

3. 添加表标题

右击行号 1，在弹出的快捷菜单中选择“插入”命令，此时第一行之前插入一个空行，单击单元格 A1，输入文字“应聘人员登记表”，选定 A1:M1 单元格区域，然后在“开始”选项卡的“对齐方式”组中单击“合并后居中”按钮，如图 3-32 所示。

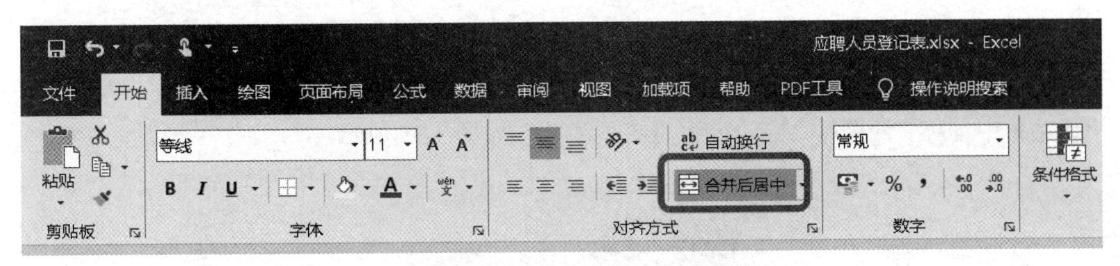

图 3-32　“合并后居中”按钮

选定第一行，在“开始”选项卡的“单元格”组中单击“格式”→“行高”，在弹出的“行高”对话框中输入要调整的高度 27，然后合理修改标题的字体格式。

4. 设置表头格式

选定 B2:M2 单元格区域，在“开始”选项卡的“字体”组中设置“填充颜色”为“蓝，灰，文字 2”，并修改该行的行高。

选中 A2:M23 单元格区域，在“开始”选项卡的“对齐方式”组中设置水平居中，垂直居中。效果如图 3-33 所示。

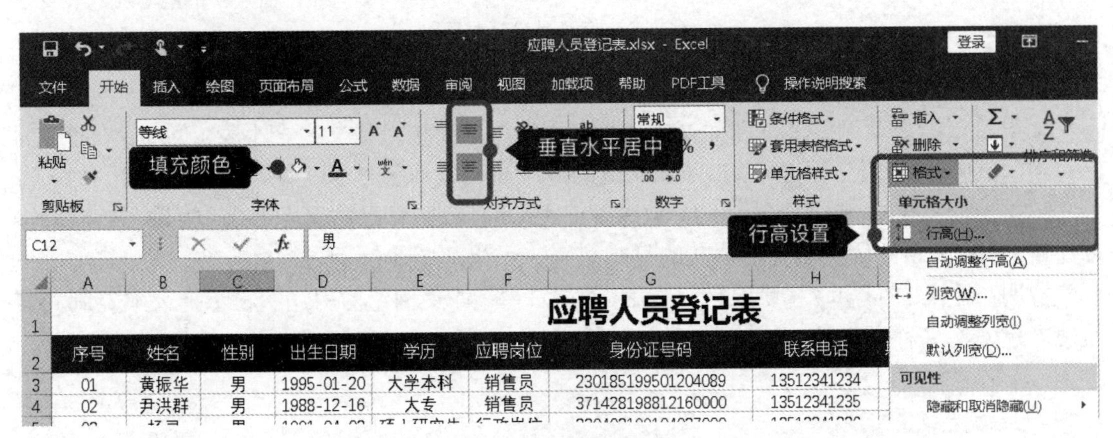

图 3-33　表头格式设置

5. 设置条件格式

选中 E3:E23 单元格区域，依次单击“开始”选项卡→“条件格式”→“突出显示单元格规则”→“等于”，在弹出的对话框中做如图 3-34 所示的设置，即设置博士研究生的单元格格式为“绿填充色深绿色文本”。

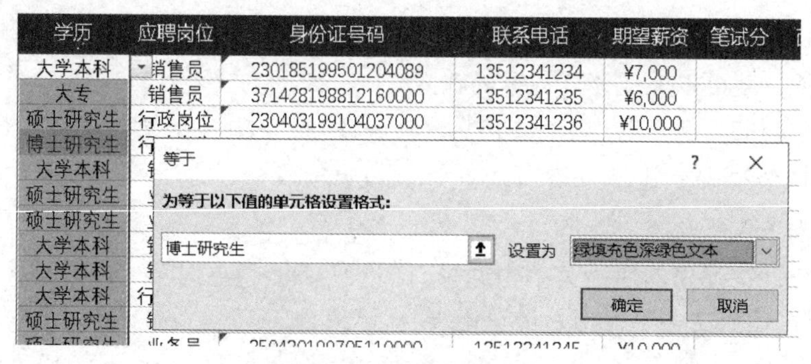

图 3-34　条件格式设置

6. 隐藏身份证号码列

为保护身份证号码，可以将其隐藏，操作如下：右击“身份证号码”列标签，在弹出的快捷菜单中选择“隐藏”命令，即可将该列隐藏，如图 3-35 所示。

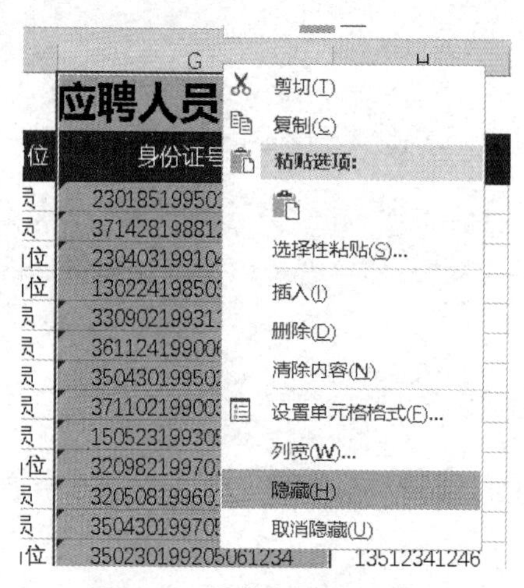

图 3-35　隐藏身份证号码列

7. 输入笔试分和面试分，计算总分

如果希望能机动调整笔试和面试的比例，我们可以在边上建立一个小表，例如，在 P3:Q4 单元格区域中输入“笔试比例”“40%”“面试比例”“60%”，如图 3-36 所示，则总分的计算如下：

单击单元格 L3，输入公式“=J3*$Q$3+K3*$Q$4”，计算出单元格 L3 的结果，然后双击单元格 L3 右下角的填充柄实现公式的复制填充，结果如图 3-36 所示。

说明：这里的 J3 和 K3 使用相对引用，而 Q3 和 Q4 使用绝对引用，表示把公式复制到其他地方单元格名称不变。

图 3-36　总分计算

8. 计算排名

选中单元格 M3，单击编辑栏上的 *fx*“插入函数”按钮，在打开的“插入函数”对话框中选择函数 RANK.EQ，确定后，打开该函数的“函数参数”对话框，参数做如图 3-37 所示设置，注意 Ref 中的一组数采用绝对引用，Order 为空表示降序排列。最终结果如图 3-37 所示。

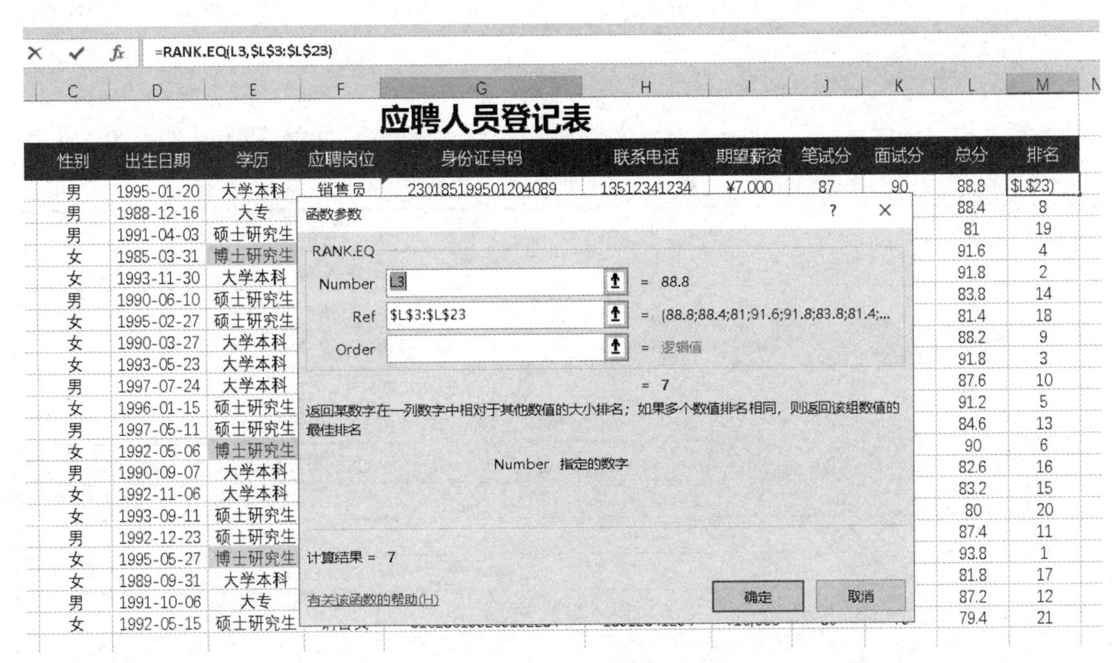

图 3-37　计算排名

【应用小结】

本应用场景通过从创建一个工作簿开始，到各种数据的输入，再进行条件格式等的设置，最后进行简单的公式和函数的计算，为我们演示了一个 Excel 文件的操作过程。当然，这只是初步创建了一个工作表，后续如何对数据进行各种函数的计算，如何插入图表更好地展示数据，如何利用各种方式分析数据，在后面的篇幅中我们将为大家一一介绍。

应用场景 2　公司薪酬计算管理

陈芳公司主要有 3 个部门，分别是管理部、销售部和生产部，每个月月底要及时计算所有职工的工资，以便在下个月月初发放本月工资。该公司职工工资包括基本工资、岗位工资和奖金，每个月还要缴纳养老金、医疗金和公积金，最后根据职工的事病假情况进行扣除后才得出该月职工的实发工资。又到了月底，你能帮陈芳建立工资情况表，并对数据进行分析统计吗？

【场景分析】

本项目要求建立职工工资表，计算其中相关数据，并对数据进行分析。在建立工资管理表时，要先计算职工岗位工资和奖金，再计算请假扣款，最后个人所得税，其中：

● 不同部门中，职工的岗位不同，因此岗位工资也不同，具体如表 3-1 所示。

● 不同部门的奖金计算方法也不同，奖金计算方法如表 3-1 所示；其中销售部按照销售额提成，销售额如表 3-2 所示。

● 请假扣款根据请假天数来计算，如表 3-3 所示。

● 个人所得税计算按 2019 年新方法进行缴纳，起征点是 5000 元，分级方法如表 3-4 所示。

表 3-1　岗位工资和奖金表

职工类别	岗位工资	奖金
管理人员	¥1650	¥1400
工人	¥1260	¥1600
销售员	¥1390	奖金＝销售额×提成比例（5%）

表 3-2　销售部销售情况表

职工号	销售额
B001	¥28000
B002	¥45000
B003	¥20000
B004	¥60000
B005	¥120000

表 3-3　事病假扣款表

病事假天数	应扣款金额（元）
≤15	（应发合计/22）×请假天数
＞15	应发合计×80%

表 3-4 个人所得税率表

级数	月应发工资	税率（%）	速算扣除数
1	不超过 5000 元	0	0
2	超过 5000 元至 8000 元的部分	3	90
3	超过 8000 元至 17000 元的部分	10	990
4	超过 17000 元	20	3590

当数据计算完成后，还可以利用 Excel 的筛选功能对该表中的相关数据进行有效统计和分析。

【知识技能】

1. 数组公式及其应用

数组公式就是可以同时进行多重计算并返回一种或多种结果的公式。在数组公式中使用两组或多组数据称为数组参数，数组参数可以是一个数据区域，也可以是数组常量。数组公式中的每个数组参数必须有相同数量的行和列。

（1）数组公式的输入。数组公式的输入步骤如下：

① 选定单元格或单元格区域。如果数组公式将返回一个结果，单击需要输入数组公式的单元格；如果数组公式将返回多个结果，则要选定需要输入数组公式的单元格区域。

② 输入数组公式。

③ 同时按 Ctrl+Shift+Enter 组合键，则 Excel 自动在公式的两边加上大括号{ }。

例如，要计算“总价”字段的值，可以先将“总价”列的单元格选中，然后输入公式“=B2:B4*C2:C4”，按 Ctrl+Shift+Enter 组合键，整个过程如图 3-38 所示。

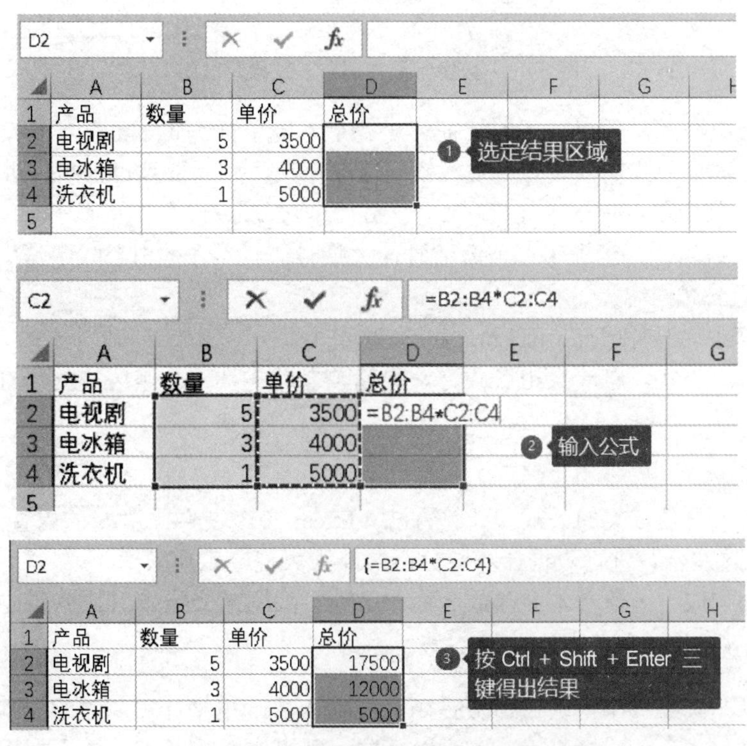

图 3-38　数组公式计算结果图

（2）数组常量的输入。在数组公式中，可以直接输入数值数组，这样输入的数值数组被称为数组常量。当不想在工作表中按单元格逐个输入数值时，可以使用这种方法。如果要生成数组常量，必须按如下操作：

① 直接在公式中输入数值，并用大括号“{}”括起来。

② 不同列的数值用逗号“，”分开。

③ 不同行的数值用分号“；”分开。

例如，假若要在单元格 A1、B1、C1、D1、E1、A2、B2、C2、D2、E2 中分别输入周一、周二、周三、周四、周五、10、20、30、40、50，则可以采用如图 3-39 所示方法。然后按 Ctrl+Shift+Enter 组合键，结果如图 3-40 所示。

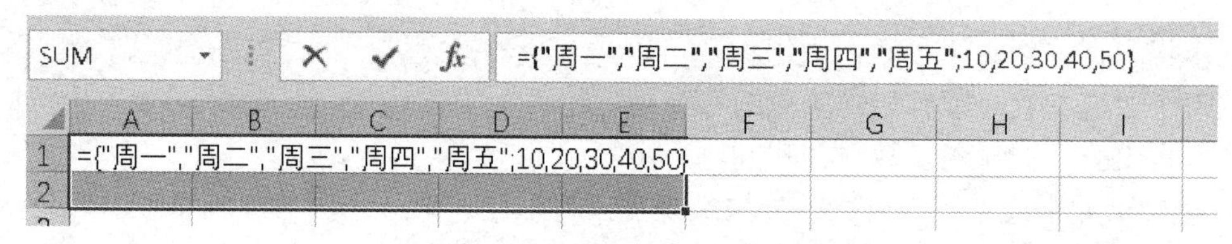

图 3-39　数组常量数据输入示意图

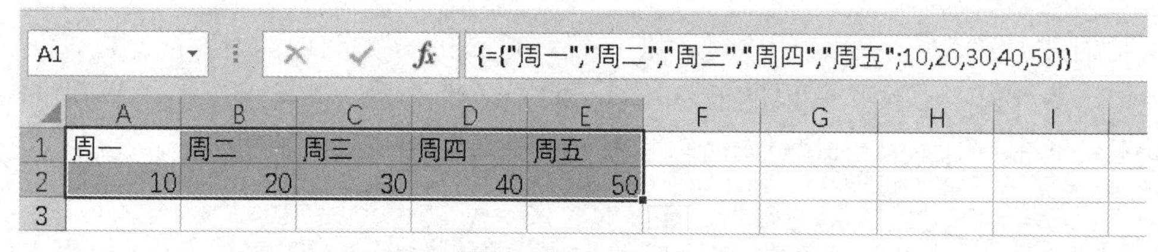

图 3-40　数组常量数据输入结果示意图

（3）编辑数组公式。数组公式的特征之一就是不能单独编辑、清除或移动数组中的某一个单元格。若在数组公式输入完毕后发现错误需要修改，则需要按以下步骤进行：

① 在数组区域中单击任一单元格。

② 单击公式编辑栏，当编辑栏被激活时，大括号“{}”在数组公式中消失。

③ 编辑数组公式内容。

④ 修改完毕后，按 Ctrl+Shift+Enter 组合键。

（4）删除数组公式。删除数组公式方法很简单，首先选定数组公式的所有单元格，然后按 Delete 键。

2. 函数及输入

函数其实是一些预定义的公式和计算方法。Excel 2019 提供了大量的内置函数，有 13 类 400 多个，利用这些函数进行数据计算与分析，能大大提高工作效率。

（1）函数的构成。函数基本由函数名称和函数参数两部分组成。其格式是：

```
函数名(参数 1, 参数 2, 参数 3,……)
```

其中，函数名唯一标识一个函数，参数是函数的输入值，用来计算所需的数据。参数可以是数字、文本、表达式、单元格引用、单元格区域、逻辑值，甚至可以是其他函数。

例如，SUM(A1:B10)函数名是 SUM，表示求和，参数有一个，是 A1:B10，表示对该区域进行求和。

还有小部分函数没有参数，括号里没有内容，但注意括号不能省略！例如，NOW()会返回当前的日期和时间。

当函数的参数也是函数时，此称为函数的嵌套。例如：

```
=IF(A2>90,"优秀",IF(A2>60,"合格","不合格"))
```

这里 IF 函数的第三个参数也是一个 IF 函数，就形成了 IF 函数的嵌套，如图 3-41 所示。

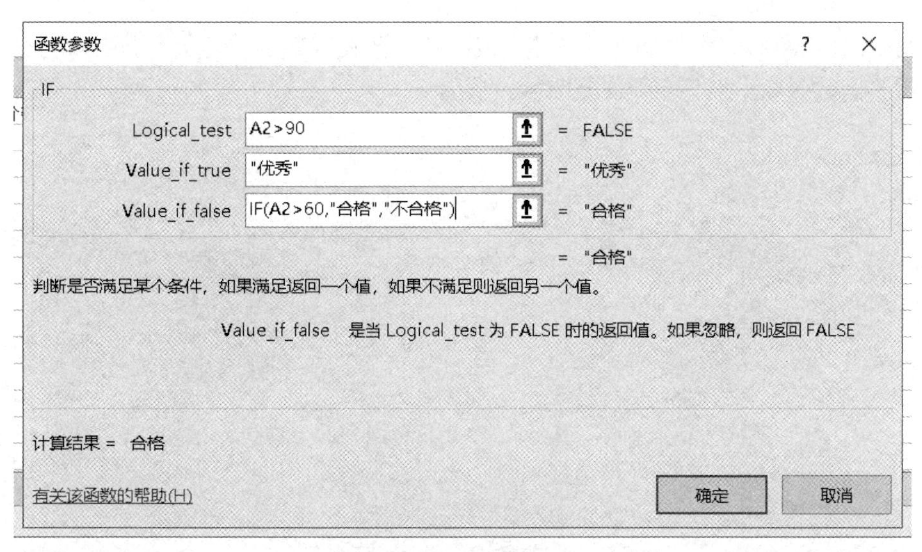

图 3-41 函数嵌套

（2）函数的插入。Excel 2019 中函数也是一种公式，输入时应以等号“=”开头，后面是函数名和参数。输入函数有以下几种方式：

- 使用“插入函数”对话框。对于比较复杂的函数或者参数较多的函数，建议使用“插入函数”对话框完成输入。

首先选定要存放函数公式的单元格，单击编辑栏上的 *fx*“插入函数”按钮，打开“插入函数”对话框，如图 3-42 所示。首先在“或选择类别”框中选择函数类别，例如，日期与时间、财务、数学与三角函数、统计函数、查找与应用函数、数据库函数、逻辑函数、文本函数等。如果不确定类别，可以选择“全部”。

然后在下面的“选择函数”列表框中选择需要的函数，选中函数后列表框下方会列出该函数的功能说明以供参考。

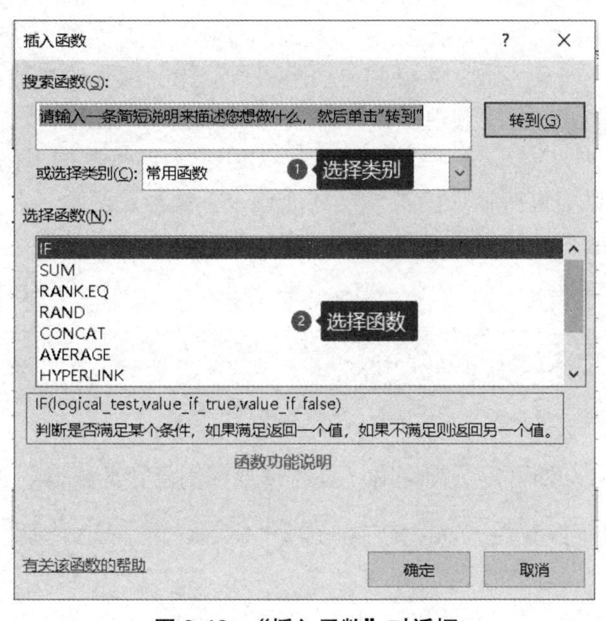

图 3-42 “插入函数”对话框

选择一个函数后，单击“确定”按钮，就会进入到该函数的“函数参数”对话框。例如，函数 IF 的“函数参数”对话框，如图 3-43 所示。

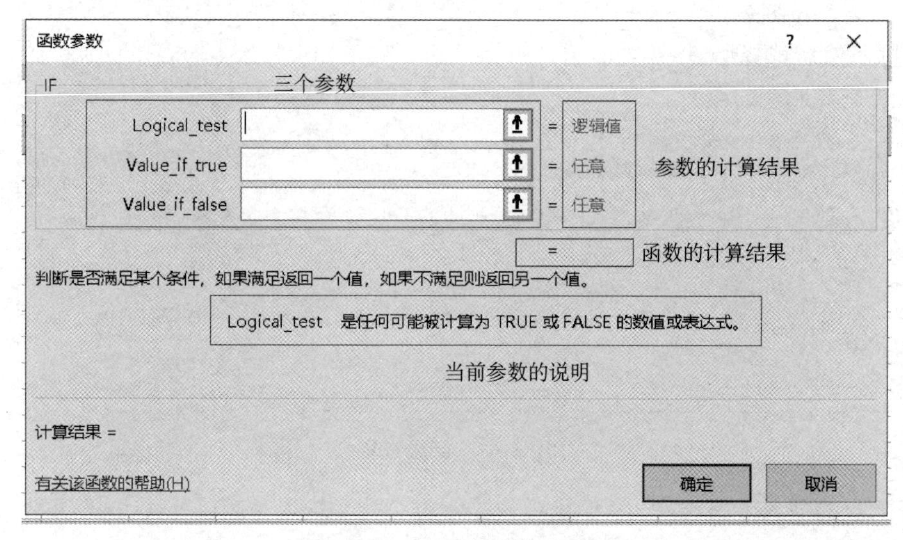

图 3-43　“函数参数”对话框

根据说明输入函数参数后，在每个参数文本框的右边都会显示该参数的当前值，输入全部参数后，就能得出函数的计算结果。

最后单击“确定”按钮完成函数的输入。

图 3-44　自动求和下拉列表

● 使用“自动求和”按钮。为了方便使用，Excel 在“开始”选项卡的“编辑”组中设置了一个“自动求和”按钮Σ。单击该按钮就可以自动添加求和函数；单击该按钮右侧的下拉箭头，会出现一个下拉列表，其中包含求和、平均值、计数、最大值、最小值和其他函数，如图 3-44 所示。

选择前 5 个选项的任意一个，系统会识别出待统计的单元格区域，并将单元格区域自动加到函数的参数中，以方便输入。选择“其他函数”命令，则会打开“插入函数”对话框。

● 手工直接输入。如果已经熟练掌握了函数的格式，则可以在单元格或者它的编辑栏中直接输入函数。当依次输入了等号及函数名和左括号后，系统就会自动出现当前函数语法结构的提示信息，如图 3-45 所示。

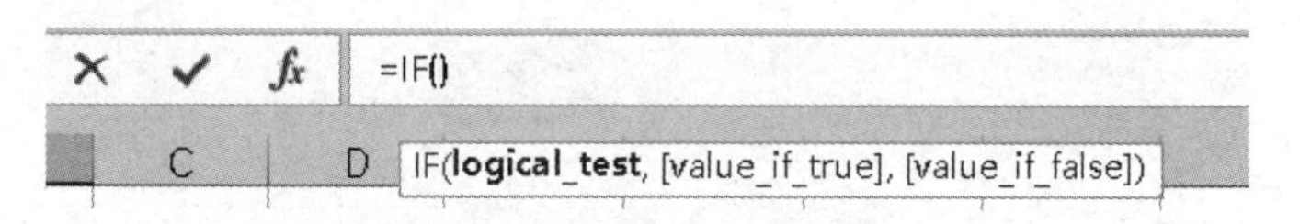

图 3-45　函数语法提示信息

● 函数的嵌套输入。处理复杂问题时，往往需要使用函数的嵌套。例如：

```
=IF(A2>90,"优秀",IF(A2>60,"合格","不合格"))
```

如何输入呢？

打开“插入函数”对话框，插入 IF 函数并输入它的前两个参数后：

① 将光标定位到要插入嵌套函数的第三个参数文本框内。

② 单击如图 3-46 所示位置的向下箭头，在弹出的下拉列表中选择要嵌套的函数，例如本题为 IF，如果下拉列表中没有相关函数，则选择最下方的“其他函数”命令，打开“插入函数”对话框，然后选择所需要的函数。

③ 当选择要嵌套的函数 IF 时，又会弹出一个空白的 IF“函数参数”对话框，注意此时设置的是内层 IF 函数的参数。

④ 根据需求填入 3 个参数。

⑤ 仔细观察编辑栏上的公式，当我们在编辑栏中单击外层 IF 函数的某处时，“函数参数”对话框显示的是外层 IF 函数的参数设置，而当我们在编辑栏中单击内层 IF 函数时，则“函数参数”对话框显示的是内层 IF 函数的参数设置，我们可以自由切换两个 IF 函数的“函数参数”对话框，进行具体设置和核对。

⑥ 最后单击“确定”按钮，完成输入。

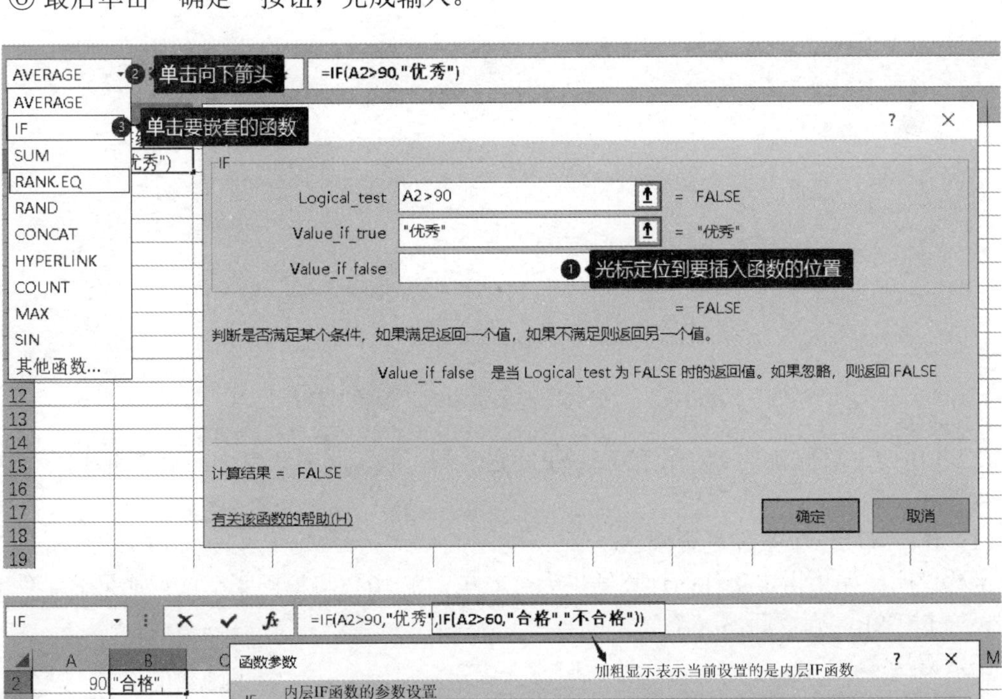

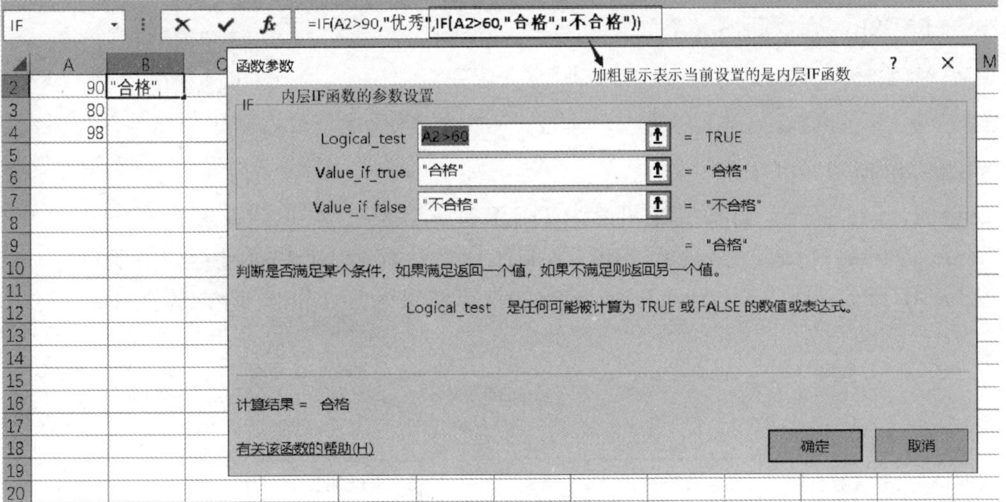

图 3-46　函数嵌套的参数设置

3. 逻辑函数

Excel 中可以使用逻辑函数进行真假值判断，或者进行复合检验。例如，可以使用 IF 函数确定条件为真还是为假，并由此返回不同的数值。插入该函数，既可以通过“插入函数”对话框进行设置，也可以在“公式”选项卡→“函数库”→“逻辑”命令中进行选择，如图 3-47 所示。

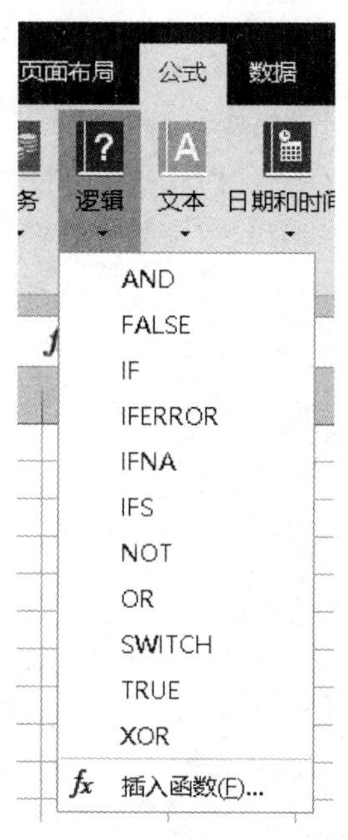

图 3-47 “公式”选项卡中的“逻辑”命令

Excel 中的逻辑值就是 TRUE 和 FALSE，它等同于我们日常语言中的“是”和“不是”，或“真”和“假”。

（1）IF：判断一个条件是否成立。

函数说明：如果指定条件的计算结果为 TRUE，IF 函数将返回某个值；如果该条件的计算结果为 FALSE，则返回另一个值。

函数语法：

```
IF(Logical_test, [Value_if_true], [Value_if_false])
```

如图 3-48 所示，其中，

Logical_test，必需。计算结果可能为 TRUE 或 FALSE 的任意值或表达式。

Value_if_true，可选。Logical_test 参数的计算结果为 TRUE 时所要返回的值。

Value_if_false，可选。Logical_test 参数的计算结果为 FALSE 时所要返回的值。

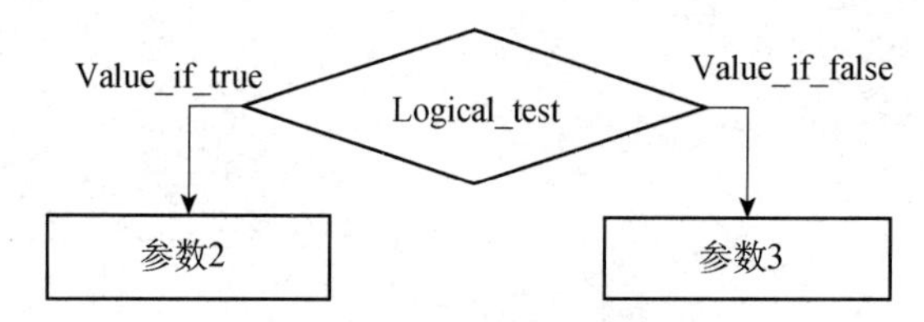

图 3-48 IF 函数程序流程

例如，若单元格 A10 中的值大于 100，则返回“超出预算”，否则返回“预算内”，则公式为“=IF(A10>100,"超出预算","预算内")”，当“A10=100”时，IF 函数返回的结果是“预算内”，如图 3-49 所示。

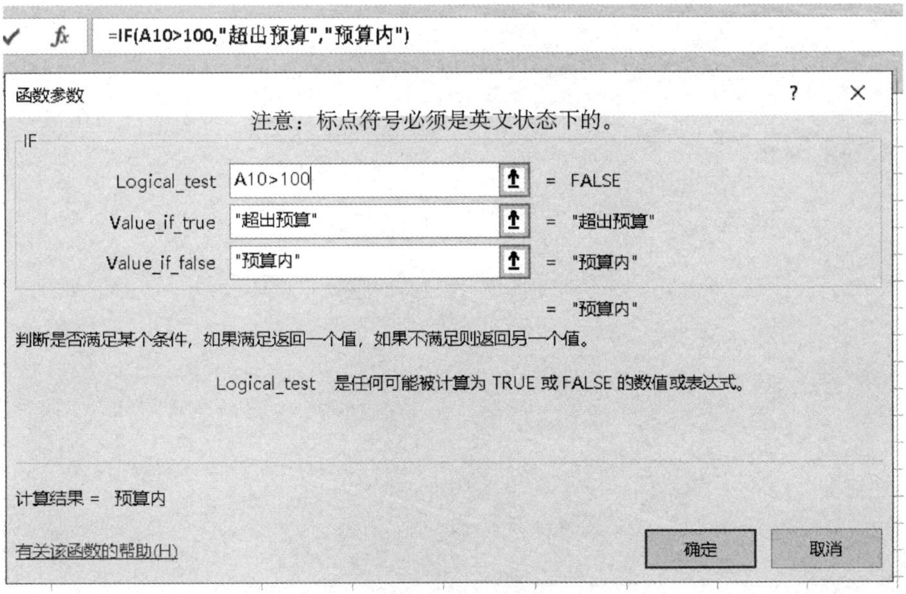

=IF(A10>100,"超出预算","预算内")

函数参数

注意：标点符号必须是英文状态下的。

IF

Logical_test　A10>100　= FALSE

Value_if_true　"超出预算"　= "超出预算"

Value_if_false　"预算内"　= "预算内"

= "预算内"

判断是否满足某个条件，如果满足返回一个值，如果不满足则返回另一个值。

Logical_test　是任何可能被计算为 TRUE 或 FALSE 的数值或表达式。

计算结果 = 预算内

有关该函数的帮助(H)　确定　取消

图 3-49　IF 函数举例

小贴士

每一个 IF 函数都可以根据 Logical_test 的值将结果分成两种情况，若所需判断的问题分成两种以上分类时，则必须使用 IF 函数嵌套。最多可以使用 64 个 IF 函数作为 Value_if_true 和 Value_if_false 参数进行嵌套。

例如：给学生成绩进行等级评定，成绩大于 85 分的，评为优秀；成绩为 60～85 分的，评为良好；成绩小于 60 分的，评为不及格。假设要判断的学生成绩在单元格 B10 中，则评判该学生等级的公式为“=IF(B10>85,"优秀",IF(B10<60,"不及格","良好"))”或者“=IF(B10<=85,IF(B10<60,"不及格","良好"),"优秀")”。

注意：

在 Excel 2019 中，新增了一个 IFS 函数，用于多个条件的判断，它可以替换多个嵌套的 IF 函数，并且更易于理解。具体的说明详见应用场景 1 中的介绍。

（2）AND：判断多个条件是否同时成立。

函数说明：所有参数的计算结果均为 TRUE 时，返回 TRUE；只要有一个参数的计算结果为 FALSE，即返回 FALSE。

函数语法：

```
AND(Logical1, [Logical2], ...)
```

其中，Logical1，必需。要检验的第一个条件，其计算结果可以为 TRUE 或 FALSE。

Logical2, ...，可选。要检验的其他条件，其计算结果可以为 TRUE 或 FALSE，最多可包含 255 个条件。

例如，可以评中级职称的条件是“工龄”大于等于 5 年，“职称”为“初级”。如图 3-50 所示，该员工是否可以评职称的判断公式为“=AND(B3="初级",C3>=5)”。

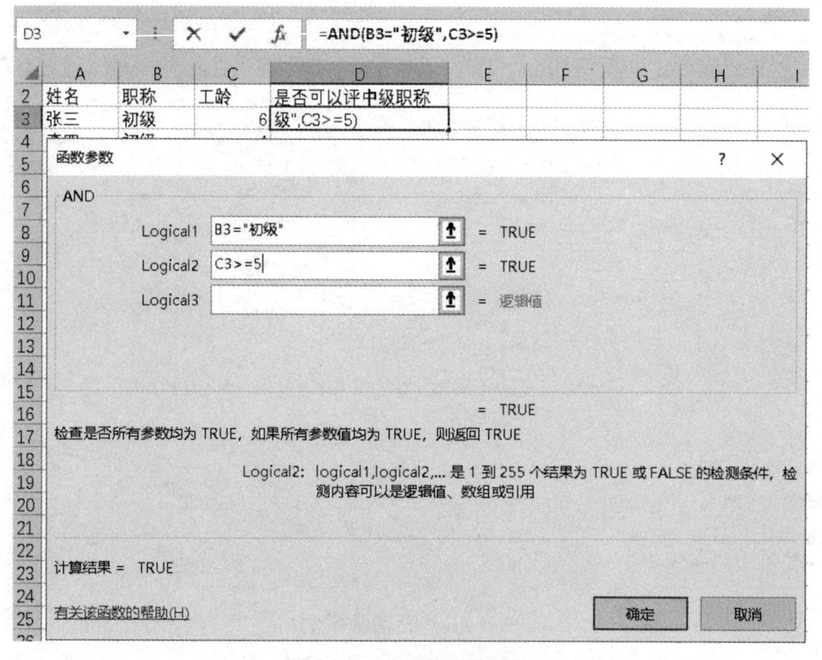

图 3-50　AND 函数举例

小贴士

AND 函数的一种常见用途就是扩大用于执行逻辑检验的其他函数的效用。例如，IF 函数用于执行逻辑检验，它在检验的计算结果为 TRUE 时返回一个值，在检验的计算结果为 FALSE 时返回另一个值。通过将 AND 函数用作 IF 函数的 Logical_test 参数，可以检验多个不同的条件，而不仅仅是一个条件。

（3）OR：判断多个条件中是否有条件成立。

函数说明：在其参数组中，只要有一个参数的逻辑值为 TRUE，即返回 TRUE；只有当所有参数的逻辑值均为 FALSE，才返回 FALSE。

函数语法：

```
OR(Logical1, [Logical2], ...)
```

其中，“Logical1，Logical2，...”中的 Logical1 是必需的，后继的逻辑值是可选的。测试结果可以为 TRUE 或 FALSE。

例如，公式“=OR(TRUE,FALSE,TRUE)”结果为“TRUE”。

（4）NOT。

函数说明：对参数值求反。当要确保一个值不等于某一特定值时，可以使用 NOT 函数。

函数语法：

```
NOT(Logical)
```

其中：Logical，必需，一个计算结果可以为 TRUE 或 FALSE 的值或表达式。

例如，公式“=NOT(FALSE)”是对 FALSE 求反，其结果为“TRUE”；公式“=NOT(1+1=2)”是对计算结果为 TRUE 的公式求反，其结果为“FALSE”。

4. 查找和引用函数

在 Excel 中，当需要在数据清单或表格中查找特定数值，或者需要查找某一单元格的引用时，可以使用查找和引用函数。常用的查找和引用函数包括 VLOOKUP、HLOOKUP、MATCH、LOOKUP 等。

（1）HLOOKUP 函数：根据条件横向查找指定数据。

函数说明：在表格或数值数组的首行查找指定的数值，并在表格或数组中指定行的同一列中返回一个数值。

函数语法：

```
HLOOKUP(Lookup_value, Table_array, Row_index_num, [Range_lookup])。
```

其中，Lookup_value，必需。需要在表的第一行中进行查找的数值。

Table_array，必需。需要在其中查找数据的信息表，使用对区域或区域名称的引用。

Row_index_num，必需。Table_array 中待返回的匹配值的行序号。例如，Row_index_num 为 1 时，返回 Table_array 第一行的数值。

Range_lookup，可选。逻辑值，指明函数 HLOOKUP 查找时采用的是精确匹配，还是近似匹配。如果为 TRUE 或省略，则返回近似匹配值。也就是说，如果找不到精确匹配值，则返回小于 Lookup_value 的最大数值。如果 Range_lookup 为 FALSE，函数 HLOOKUP 将查找精确匹配值，如果找不到，则返回错误值#N/A。

【小案例】根据奖金标准表，统计销售人员奖金的数额。参数设置如图 3-51 所示。

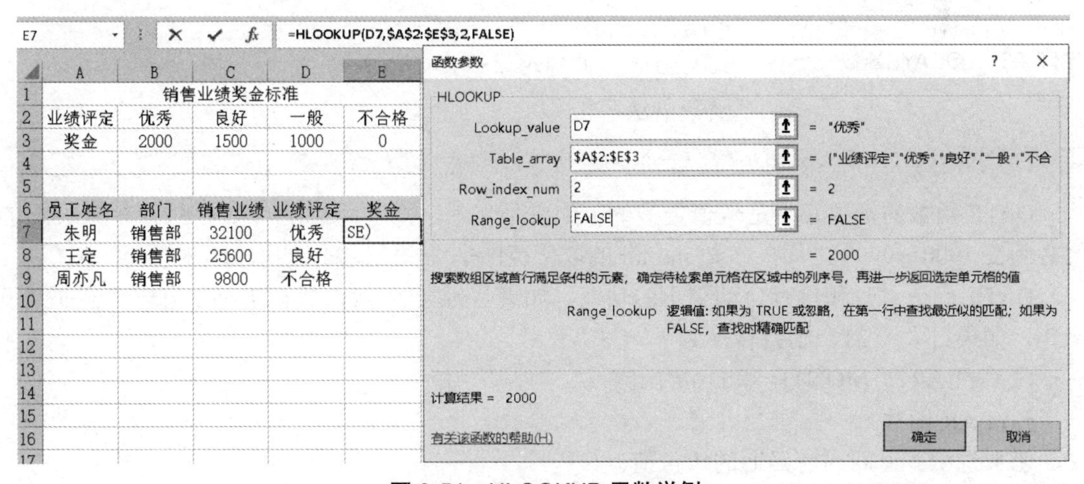

图 3-51 HLOOKUP 函数举例

（2）VLOOKUP 函数：根据条件纵向查找指定数据。

函数说明：搜索某个单元格区域的第一列，然后返回该区域相同行上任何单元格中的值。

函数语法：

```
VLOOKUP(Lookup_value, Table_array, Col_index_num, [Range_lookup])
```

该函数的参数与 HLOOKUP 相同，只不过 Col_index_num 是 Table_array 中待返回的匹配值的列序号。用法也与 HLOOKUP 相同。

5. 时间和日期函数

Excel 中，可以通过日期与时间函数，在公式中分析和处理日期值与时间值。插入“日期和时间”函数既可以在“插入函数”对话框中选择，也可以在“公式”选项卡→“函数库”→“日期和时间”中选择。

（1）NOW、TODAY、DATE 函数。

● NOW 函数。

函数说明：返回当前日期和时间。

函数语法：

```
NOW()
```

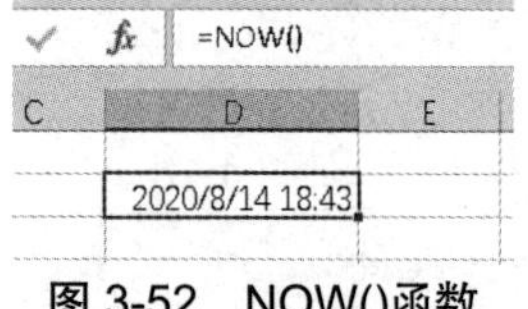

图 3-52 NOW()函数

该函数没有参数，但是函数后面的“()”不能省略。

例如，在单元格中输入公式“=NOW()”，公式的结果是返回当前计算机系统日期和时间，如图 3-52 所示。

● TODAY 函数。

函数说明：返回当前日期。

函数语法：

```
TODAY()
```

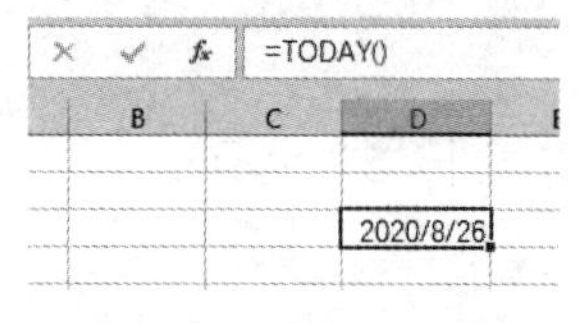

图 3-53 TODAY()函数

该函数没有参数，函数后面的“()”不能省略。

例如，在单元格中输入公式“=TODAY()”，公式的结果是返回当前计算机系统日期，如图 3-53 所示。

● DATE 函数。

函数说明：返回指定日期的序列号。

函数语法：

```
DATE(year,month,day)
```

DATE 函数的参数必须是数值类型的，如果是文本，则返回错误#VALUE!。参数 year 的值必须在 1900～9999 之间，参数 month 的取值范围是 1～12，day 的取值范围是 1～31。

DATE 函数对月和日有自动更正的功能，如果月份大于 12，那么 Excel 会自动转换到下一年，如果日大于 31，则会转换到下一月。

（2）YEAR、 MONTH 和 DAY 函数。

● YEAR 函数。

函数说明：返回当前日期的年份值。

函数语法：

```
YEAR(Serial_number)
```

Serial_number，必需，为一个日期值。

例如，在单元格中输入公式“=YEAR(Today())”，公式的结果是返回当前计算机系统日期的年份值。

● MONTH 函数。

函数说明：返回当前日期的月份值。

函数语法：

```
MONTH(Serial_number)
```

Serial_number，必需，为一个日期值。

例如，在单元格中输入公式“=MONTH(Today())”，公式的结果是返回当前计算机系统日期的月份值。

● DAY 函数。

函数说明：返回当前日期的天数值。

函数语法：

```
DAY(Serial_number)
```

Serial_number，必需，为一个日期值。

例如，在单元格中输入公式“=DAY(Today())”，公式的结果是返回当前计算机系统日期的天数值。

【小案例】根据开始日期和间隔月份求结束日期。

分析：要求出结束日期，其公式及结果如图 3-54 所示。

C2　=DATE(YEAR(A2),MONTH(A2)+B2,DAY(A2))

	A	B	C	D	E	F
1	开始日期	间隔月份	结束日期			
2	2014/6/15	4	2014/10/15			
3	2018/4/8	3	2018/7/8			

图 3-54　日期函数举例

（3）HOUR、MINUTE、SECOND。

● HOUR 函数。

函数说明：返回当前时间的小时数。

函数语法：

```
HOUR(Serial_number)
```

Serial_number ，必需，为一个时间值。

例如，在单元格中输入公式“=HOUR(NOW())”，公式的结果是返回当前计算机系统时间的小时数。

● MINUTE 函数。

函数说明：返回当前时间的分钟数。

函数语法：

```
MINUTE(Serial_number)
```

Serial_number，必需，为一个时间值。

例如，在单元格中输入公式“=MINUTE(NOW())”，公式的结果是返回当前计算机系统时间的分钟数。

● SECOND 函数。

函数说明：返回当前时间的秒钟数。

函数语法：

```
SECOND(Serial_number)
```

Serial_number，必需，为一个时间值。

例如，在单元格中输入公式“=SECOND(NOW())”，公式的结果是返回当前计算机系统时间的秒钟数。

【小案例】如图 3-55 所示，要计算时长，首先使用 HOUR 函数和 MINUTE 函数分别提取起始时间和结束时间中的小时数与分钟数，并将小时数乘以 60，转换为分钟数后加上提取出的分钟数，然后用结束时间的总分钟数减去起始时间的总分钟数，最终得到精确时长。

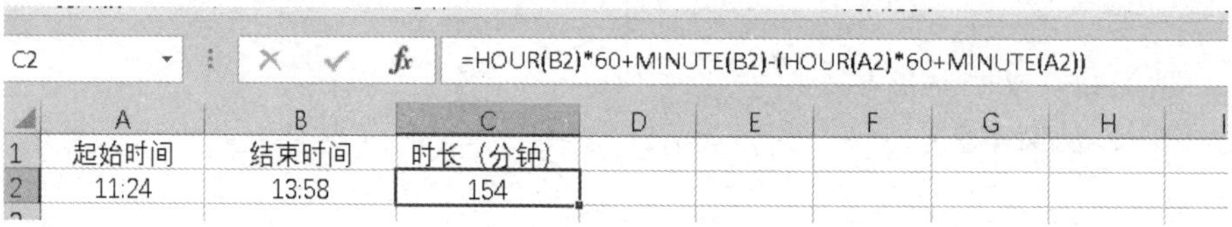

C2 =HOUR(B2)*60+MINUTE(B2)-(HOUR(A2)*60+MINUTE(A2))

	A	B	C	D	E	F	G	H
1	起始时间	结束时间	时长（分钟）					
2	11:24	13:58	154					

图 3-55　时间函数举例

6. 文本函数

Excel 中可以用文本函数在公式中处理文本字符串，插入该类函数，既可以通过“插入函数”对话框进行选择，也可以在“公式”选项卡→“函数库”→“文本”中实现。

（1）REPLACE：文本替换。

函数说明：使用其他文本字符串并根据所指定的字符数替换某文本字符串中的部分文本。

函数语法：

```
REPLACE(Old_text, Start_num, Num_chars, New_text)
```

其中，Old_text，必需。要替换其部分字符的文本。

Start_num，必需。要用 New_text 替换的 Old_text 中字符的位置。

Num_chars，必需。希望 REPLACE 使用 New_text 替换 Old_text 中字符的个数。

New_text，必需。将用于替换 Old_text 中字符的文本。

例如，要将手机号码后四位屏蔽掉，采用 REPLACE 函数实现，如图 3-56 所示。

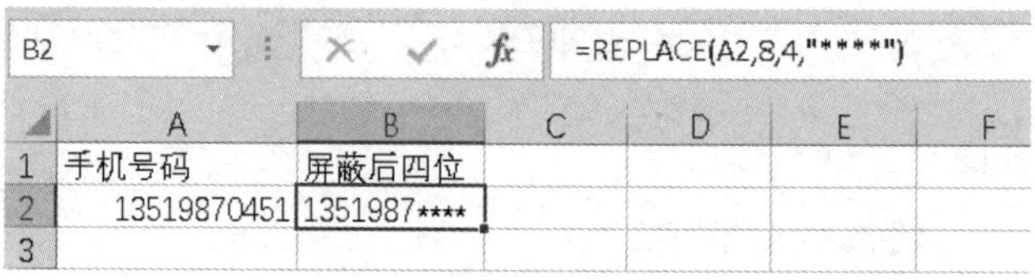

B2 =REPLACE(A2,8,4,"****")

	A	B	C	D	E	F
1	手机号码	屏蔽后四位				
2	13519870451	1351987****				
3						

图 3-56　REPLACE 函数的使用

（2）MID：从字符串中截取字符。

函数说明：返回文本字符串中从指定位置开始的特定数目的字符，该数目由用户指定。

函数语法：

```
MID(Text, Start_num, Num_chars)
```

其中，Text，必需。包含要提取字符的文本字符串。

Start_num，必需。文本中要提取的第一个字符的位置。文本中第一个字符的 Start_num 值为 1，依此类推。

Num_chars，必需。指定希望 MID 从文本中返回字符的个数。

例如，要从身份证号码中提取出生日期，采用 MID 函数实现，如图 3-57 所示。

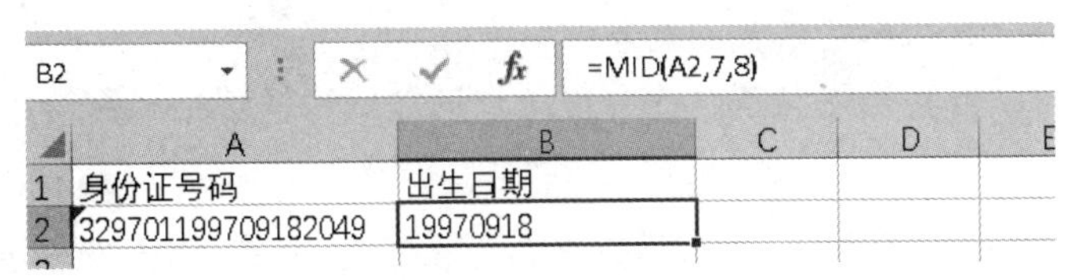

图 3-57　MID 函数举例

（3）LEFT、RIGHT 函数：从左侧截取和从右侧截取。

- LEFT 函数。

函数说明：从文本的第一个字符开始返回指定个数的字符。

函数语法：

```
LEFT(text,num_chars)
```

参数 text：表示要从中截取字符串的文本。

参数 num_chars：表示要截取的字符个数。

- RIGHT 函数。

函数说明：从文本的最右侧取子串。

函数语法：

```
RIGHT(text,num_chars)
```

参数和 LEFT 函数中的相同。

例如，从车牌号码中提取车辆归属地，采用 LEFT 函数实现，如图 3-58 所示。

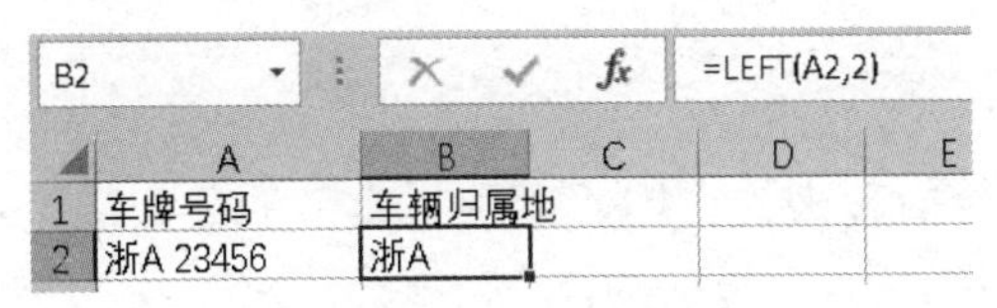

图 3-58　LEFT 函数使用

（4）CONCATENATE 函数：连接字符串。

函数说明：最多能将 255 个文本字符串连接成一个文本字符串。

函数语法：

```
CONCATENATE(Text1, [Text2], ...)
```

除了 Text1，其余的都是可选参数，每个参数都是一个文本字符串。

例如，要从身份证号码中提取年月日信息并且将它们连接成****年**月**日的格式，可用 CONCATENATE 函数将这些数据连接起来，如图 3-59 所示。

B2 =CONCATENATE(MID(A2,7,4),"年",MID(A2,11,2),"月",MID(A2,13,2),"日")

	A	B
1	身份证号码	出生日期
2	329701199709182049	1997年09月18日
3		

图 3-59　CONCATENATE 函数的使用

（5）TEXT 函数：返回指定格式的文本。

函数说明：可将数值转换为文本，并可使用户通过使用特殊格式字符串来指定显示格式。

函数语法：

```
TEXT(Value,Format_text)
```

其中，Value，必需。数值、计算结果为数值的公式，或对包含数值的单元格的引用。

Format_text，必需。使用双引号括起来作为文本字符串的数字格式，例如，"m/d/yyyy"或"#,##0.00"。

例如，要实现上例中的提取年月日信息并按****年**月**日的格式体现出来，也可以用 TEXT 函数来进行指定格式，公式会更简洁，如图 3-60 所示。

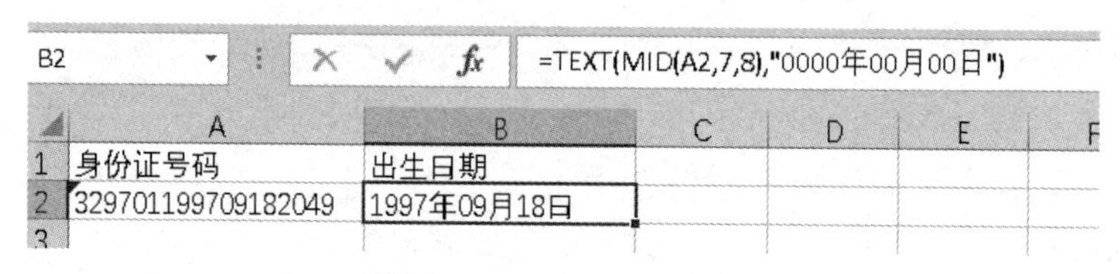

图 3-60　TEXT 函数使用

（6）PROPER、LOWER：转换大小写。

- PROPER 函数。

函数说明：将文本字符串的首字母及任何非字母字符之后的首字母转换成大写。将其余的字母转换成小写。

函数语法：

```
PROPER(Text)
```

其中，Text，必需。用引号括起来的文本、返回文本值的公式或是对包含文本（要进行部分大写转换）的单元格的引用。

例如，将字符串“this is a TITLE”转换为词首字母大写，其余小写，可以用公式“=PROPER("this is a TITLE")”，结果为“This Is A Title”。

- LOWER 函数。

函数说明：将一个文本字符串中的所有大写字母转换为小写字母。

函数语法：

```
LOWER(Text)
```

其中，Text，必需。要转换为小写字母的文本。函数 LOWER 不改变文本中的非字母的字符。

例如，将字符串“this is a TITLE”转换为小写，可以用公式“=LOWER("this is a TITLE")”，结果为“this is a title”。

（7）SEARCH、FIND：查找函数。

● SEARCH 函数。

函数说明：在第二个文本字符串中查找第一个文本字符串，并返回第一个文本字符串的起始位置的编号，该编号从第二个文本字符串的第一个字符算起，该查找不区分大小写，允许使用通配符。

函数语法：

```
SEARCH(Find_text,Within_text,[Start_num])
```

其中，Find_text，必需。要查找的文本。

Within_text，必需。要在其中搜索 Find_text 参数的值的文本。

Start_num，可选。从 Within_text 参数中开始搜索的字符编号。

例如，若要查找字母“n”在单词“printer”中的位置，可以使用以下函数：“=SEARCH("n","printer")”，返回的结果是“4”。

● FIND 函数。

函数说明：在第二个文本字符串中定位第一个文本字符串，并返回第一个文本字符串的起始位置的值，该值从第二个文本字符串的第一个字符算起，该查找区分大小写且不允许使用通配符。

函数语法：

```
FIND(Find_text, Within_text, [Start_num])
```

其中，Find_text　必需。要查找的文本。

Within_text　必需。包含要查找文本的文本。

Start_num　可选。指定要从其开始搜索的字符。Within_text 中的首字符是编号为 1 的字符。如果省略 Start_num，则假设其值为 1。

例如，有一个字符串“Miriam　McGovern”，要查找字符串中第一个“m”的位置，公式可以写成“=FIND("m","Miriam McGovern")”，结果是“6”。

若用函数 SEARCH，则公式为“=SEARCH("m","Miriam McGovern")”，结果为“1”。

（8）EXCAT 函数：字符串的比较。

函数说明：该函数用于比较两个字符串，如果它们完全相同，则返回 TRUE；否则，返回 FALSE。函数 EXACT 区分大小写，但忽略格式上的差异。

函数语法：

```
EXACT(Text1, Text2)
```

其中，Text1 和 Text2，必需，为两个参与比较的字符串。

例如，有两个字符串“Word”和“word”，判断它们是否相同，设置的公式为“=EXACT("Word","word")”，结果为“FALSE”。

7. 数据的筛选

Excel 2019 的数据筛选分为“筛选”和“高级”筛选，其中“筛选”等同于以前版本中的“自动筛选”。“筛选”和“高级”筛选都在“数据”选项卡→“排序和筛选”功能组中，如图 3-61 所示。

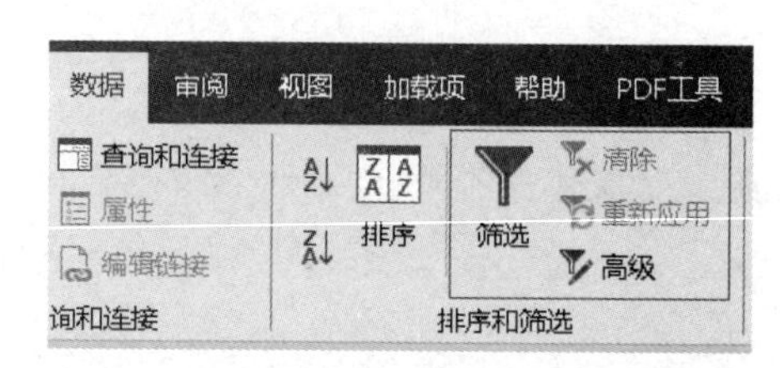

图 3-61 “数据”选项卡中“排序和筛选”组

（1）筛选。“筛选”即自动筛选，使用自动筛选来筛选数据，可以快速而又方便地查找和使用单元格区域或表中数据的子集，该类筛选适合于比较简单的数据筛选。

①“筛选”的建立。“筛选”可以创建三种筛选类型：按值列表、按颜色或按条件。对于每个单元格区域或列表来说，三种筛选类型之间互斥，如：不能既按“单元格颜色”又按“数字列表”进行筛选，只能在两者中任选其一；不能既按图标又按自定义筛选进行筛选，只能在两者中任选其一。

任何筛选的建立步骤都是一样的：

首先，选中要筛选字段的所有单元格（包括字段名），其次依次单击“数据”选项卡→“排序和筛选”→“筛选”按钮，此时，数据列的字段名上自动出现一个▾，此为列筛选器。

单击该按钮，会出现一个筛选菜单，既可以在该菜单中设置筛选条件，如图 3-62 所示，也可以按“数字筛选”“按颜色筛选”“文本筛选”。若按值列表筛选，则只要在列表中选中要筛选的值即可，如图 3-63 所示。

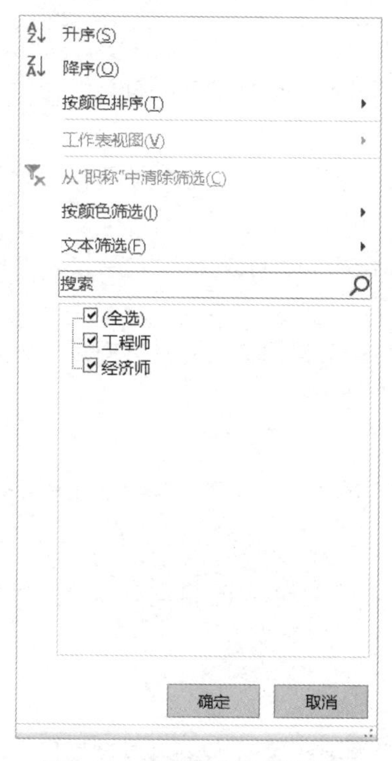

图 3-62 自动筛选的筛选菜单

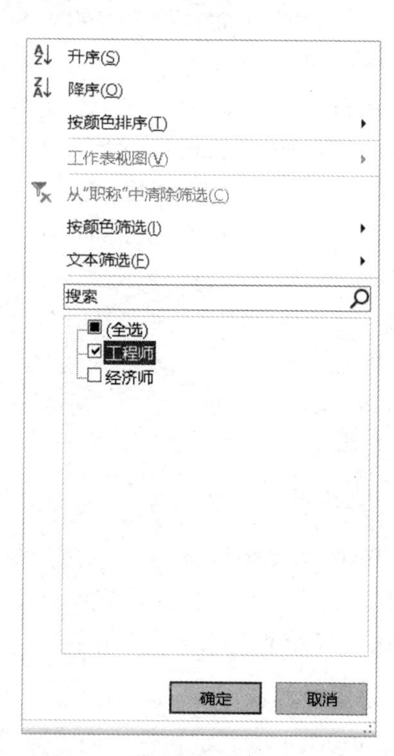

图 3-63 按值筛选的数据值列表

若按颜色筛选，则其前提条件是单元格数据中已经设置了颜色，默认的黑色除外。只要前提条件满足，就可以按颜色筛选，具体如图 3-64 所示。

图 3-64　筛选菜单的“按颜色筛选”菜单项

若按条件筛选，就要根据参与筛选的数据字段类型不同，采用不同的筛选命令。

若选中的数据字段为数值型，则筛选命令为“数字筛选”。用户可以设置条件直接根据数据的大小关系来筛选，如“大于…”或“不等于…”等；也可以按所选数据的平均值进行筛选，如“高于平均值”；还可以筛选最大或最小的 n 个值，n 的大小必须小于等于所选数据个数，如“10 个最大的值…”；还可以“自定义筛选…”。“数字筛选”及其筛选条件菜单如图 3-65 所示。

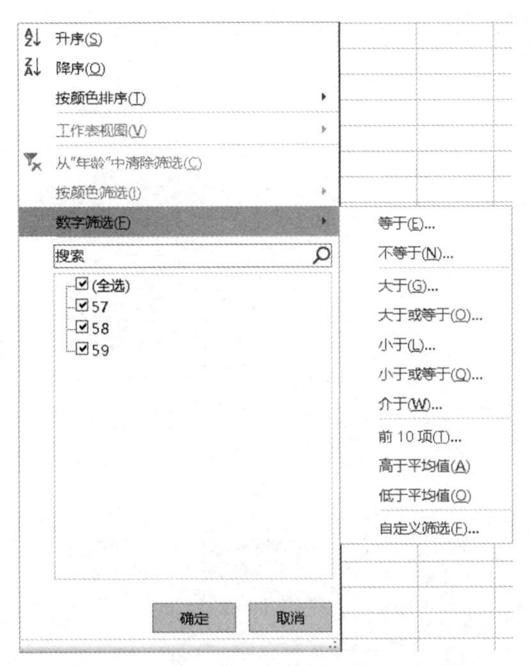

图 3-65　筛选菜单的“数字筛选”菜单项

若选中的数据字段为文本型数据，则筛选命令为“文本筛选”，其筛选条件如图 3-66 所示。

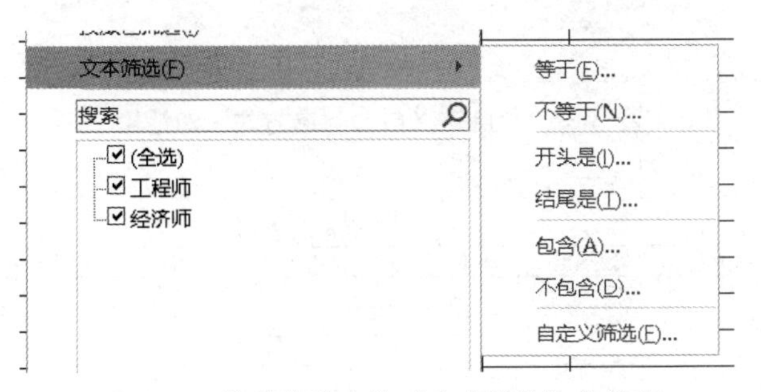

图 3-66　筛选菜单中的“文本筛选”菜单项

【小案例】现有一人事档案表，如图 3-67 所示，要求筛选年龄列数据，使其只显示大于等于 50 的数。如图 3-68 所示，该筛选只要在筛选菜单中选择“数字筛选”，在弹出的下拉菜单中选择“大于或等于…”命令。在弹出的对话框中设置数据“大于或等于”“50”，如图 3-69 所示，确定后，筛选完成，结果如图 3-70 所示。

人事档案表

工号	部门	姓名	性别	出生日期	婚姻状况	籍贯	参加工作日期	职务	职称	学历	联系电话	年龄
7203	人事部	郭新	女	1961年3月26日	已婚	北京	1983/12/12	业务员	经济师	大本	13512341240	49
7204	人事部	周晓明	男	1960年6月20日	已婚	北京	1979/3/6	业务员	经济师	大专	13512341241	59
7505	公关部	张乐	女	1962年8月11日	已婚	四川	1981/4/29	外勤	工程师	大本	13512341259	47
7606	业务一部	李燕	女	1962年3月26日	已婚	北京	1983/12/12	业务员	经济师	大专	13512341267	48
7707	业务二部	魏光符	男	1962年9月29日	已婚	北京	1986/6/16	业务员	经济师	大本	13512341285	57

图 3-67　人事档案原表

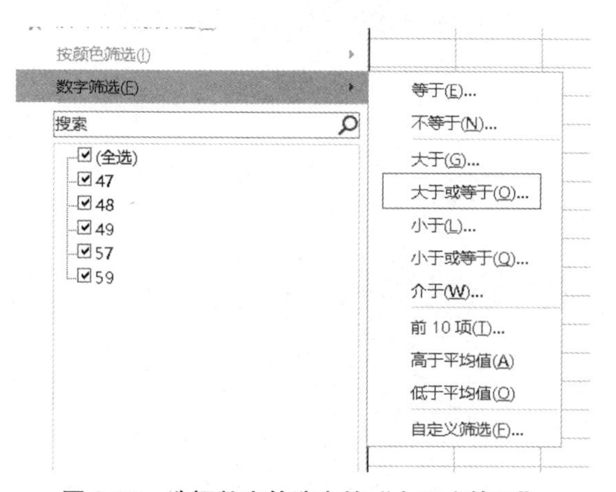

图 3-68　选择数字筛选中的“大于或等于”

图 3-69　“自定义自动筛选方式”对话框

人事档案表　　表示该项有筛选

工号	部门	姓名	性别	出生日期	婚姻状况	籍贯	参加工作日期	职务	职称	学历	联系电话	年龄
7204	人事部	周晓明	男	1960年6月20日	已婚	北京	1979/3/6	业务员	经济师	大专	13512341241	59
7707	业务二部	魏光符	男	1962年9月29日	已婚	北京	1986/6/16	业务员	经济师	大本	13512341285	57

图 3-70　筛选结果

【小案例】同上例，若要筛选数据中最小的 3 个数，则筛选命令要设为“数字筛选”中的“前 10 项”，在打开的“自动筛选前 10 个”对话框中设置“最小”的“3”个数，如图 3-71 所示，其筛选结果如图 3-72 所示。

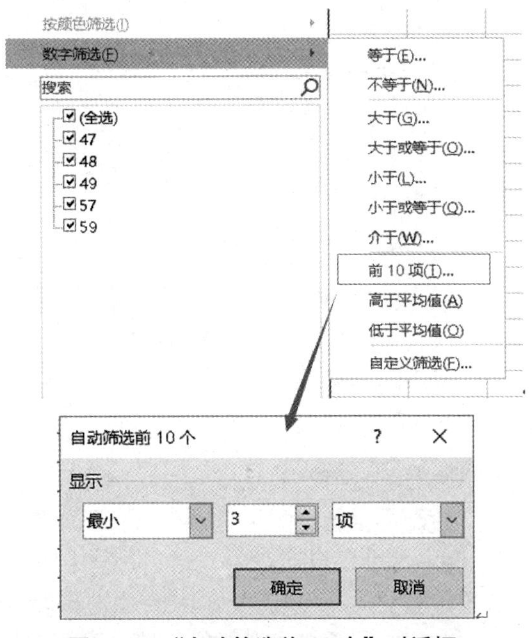

图 3-71　“自动筛选前 10 个”对话框

人事档案表

工	部门	姓名	性	出生日期	婚姻状	籍贯	参加工作日	职务	职称	学历	联系电话	年龄
7203	人事部	郭新	女	1961年3月26日	已婚	北京	1983/12/12	业务员	经济师	大本	13512341240	49
7505	公关部	张乐	女	1962年8月11日	已婚	四川	1981/4/29	外勤	工程师	大本	13512341259	47
7606	业务一部	李燕	女	1962年3月26日	已婚	北京	1983/12/12	业务员	经济师	大专	13512341267	48

图 3-72　自动筛选前 10 个结果图

注意：“筛选”结果只是将不符合要求的数据记录隐藏起来，并没有被删除，当“筛选”被取消后，所有数据都能重新显示。

筛选还可以按多列进行筛选。筛选器是累加的，这意味着每个追加的筛选器都基于当前筛选器，从而进一步减少所显示数据的子集，即筛选条件越多，符合条件的数据就越少，每一个筛选器的设置都同上。

②“筛选”的取消。只需再次单击“数据”选项卡→“排序和筛选”→“筛选”按钮，此时，不管数据区中有多少个筛选器，都一次性地全取消，数据列表还原。

若只想要取消多条件筛选中的其中一个筛选条件，则单击该列标题上的“筛选”按钮，然后选择“从<"Column Name">中清除筛选”命令即可，<"Column Name">是当前要清除筛选的字段名。

（2）“高级”筛选。若要筛选的数据需要复杂条件时（例如，类型="农产品"OR 销售人员="李小明"），则可以使用“高级”筛选。“高级”筛选与自动筛选不同，首先，“高级”筛选显示的是“高级筛选”对话框，而不是“自动筛选”菜单，其次，要在工作表上建立单独条件区域并在其中输入筛选条件。“高级筛选”对话框，如图 3-73 所示。

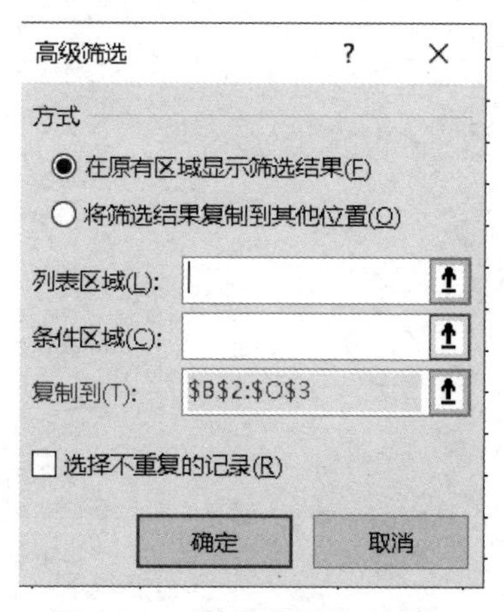

图 3-73 “高级筛选”对话框

在该对话框中“列表区域”为参与筛选的数据列表，“条件区域”为用户设置的高级筛选条件区；还可以设置筛选结果的显示位置，既可以“在原有区域显示筛选结果”，也可以“将筛选结果复制到其他位置”，该位置可以自己在“复制到”框中设置。

“高级”筛选的条件区域设置是高级筛选操作中的关键步骤。筛选的多个条件既可以是“与”条件，也可以是“或”条件、“或与”条件、“与或”条件等，还可以使用“计算”条件。

① 建立条件区域。首先在表格的空白位置上任选一个区域，该区域与数据区域之间至少要有一个空行或空列。将多个条件的字段名写在条件区域的第一行上，这些字段名最好是通过从数据表中复制的方式来获得的，以避免字段名出错。

接着从条件区域的第二行开始输入每个字段的相关条件。条件区域的条件一般用“比较运算符”来设置一个比较的关系表达式，如“>=10000”，若条件成立，则符合条件的记录（数据行）被显示。而“比较运算符”有“>”“<”“>=”“<=”“<>”“=”，分别表示“大于”“小于”“大于等于”“小于等于”“不等于”“等于”情况。

注意，若要进行“=”比较运算，为了区别该“=”不是某个公式起始符号，“=”关系须写成“="=条目"”，其中，条目是要查找的数据或文本。“=”比较时，还可以直接在单元格中填入要比较的文本和数据，Excel 能够自动将其理解为“等于”运算，在比较运算符确定后，运算符后面的内容还可以用通配符，其中，“？”表示任意一个字符，“*”表示任意一个字符串。

若参与筛选的多个条件必须同时满足，则这些条件是“与”条件，要将这些条件写在同一行中；若多个条件只需满足其中之一，则这些条件是“或”条件，要将这些条件写在不同行中。

② 筛选“与”条件。现有一张人事档案表，如图 3-74 所示，要进行高级筛选，筛选条件为“学历="大本"AND 年龄> =50”。

首先，条件区域设置如图 3-74 中的 M2 到 N2 所示。

A	B	C	D	E	F	G	H	J	K	L	M	N	O	P

人事档案表

工号	部门	姓名	性别	职务	职称	学历	联系电话	年龄
7203	人事部	郭新	女	业务员	经济师	大本	13512341240	49
7204	人事部	周晓明	男	业务员	经济师	大专	13512341241	59
7505	公关部	张乐	女	外勤	工程师	大本	13512341259	47
7606	业务一部	李燕	女	业务员	经济师	大专	13512341267	48
7707	业务二部	魏光符	男	业务员	经济师	大本	13512341285	57

学历	年龄
大本	>=50

1 列表区域
2 条件区域
3 条件同一行表示“与”的关

图 3-74　“与”条件筛选示意图

学历为“大本”还可以写成“等于”关系的表达式，如“="=大本"”，条件区域的效果如图 3-75 所示。

=“=大本”

人事档案表

工号	部门	姓名	性别	职务	职称	学历	联系电话	年龄
7203	人事部	郭新	女	业务员	经济师	大本	13512341240	49
7204	人事部	周晓明	男	业务员	经济师	大专	13512341241	59
7505	公关部	张乐	女	外勤	工程师	大本	13512341259	47
7606	业务一部	李燕	女	业务员	经济师	大专	13512341267	48
7707	业务二部	魏光符	男	业务员	经济师	大本	13512341285	57

学历	年龄
=大本	>=50

图 3-75　“=”表达式的输入方法

其次，进行“高级”筛选，筛选步骤如下：先将单元格定位在人事档案表中，然后依次单击“数据”选项卡→“排序和筛选”→“高级”按钮，打开“高级筛选”对话框。选择“列表区域”为“Sheet1!$B$2:$K$7”，“条件区域”为“Sheet1!$M$2:$N$3”，显示位置为“在原有区域显示筛选结果”，如图 3-76 所示，筛选结果图 3-77 所示。

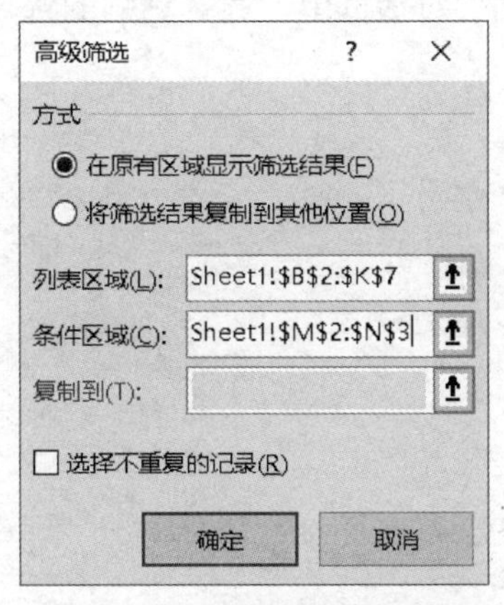

图 3-76　“高级筛选”对话框

人事档案表

工号	部门	姓名	性别	职务	职称	学历	联系电话	年龄
7707	业务二部	魏光符	男	业务员	经济师	大本	13512341285	57

图 3-77　高级筛选结果

③ 筛选“或”条件。它和筛选“与”条件的不同主要是在条件区域的设置上。以上述案例为例，若要筛选“学历="大本" OR 年龄>=50”的数据，则筛选条件要设置成如图 3-78 所示的形式。其他操作都和筛选“与”条件相同，这里不作细述。

人事档案表

工号	部门	姓名	性别	职务	职称	学历	联系电话	年龄
7203	人事部	郭新	女	业务员	经济师	大本	13512341240	49
7204	人事部	周晓明	男	业务员	经济师	大专	13512341241	59
7505	公关部	张乐	女	外勤	工程师	大本	13512341259	47
7707	业务二部	魏光符	男	业务员	经济师	大本	13512341285	57

学历	年龄
大本	
	>=50

图 3-78 “或”条件筛选示意图

图 3-79 “高级”筛选的“清除”按钮

④“高级”筛选的清除。若要取消此次“高级”筛选，只需依次单击“数据”选项卡→“排序和筛选”→“清除”按钮，如图 3-79 所示。

8. 选择性粘贴

复制和粘贴是 Excel 中经常使用的操作，但有时候可能并不需要将原始数据的所有信息都复制到目标区域中，例如，只复制数值而不需要复制格式，这时就可以使用“选择性粘贴”命令。

选择性粘贴的步骤如下。

（1）选定区域执行复制操作，并确定粘贴目标区域。

（2）打开“选择性粘贴”对话框，方法为：在“开始”选项卡的“剪贴板”组中，选择“粘贴”下拉菜单中的“选择性粘贴”命令；在目标区域右击，在弹出的快捷菜单中选择“选择性粘贴”命令，打开“选择性粘贴”对话框，如图 3-80 所示。

（3）在打开的“选择性粘贴”对话框中，选择粘贴的选项和运算的类型，确定即可。

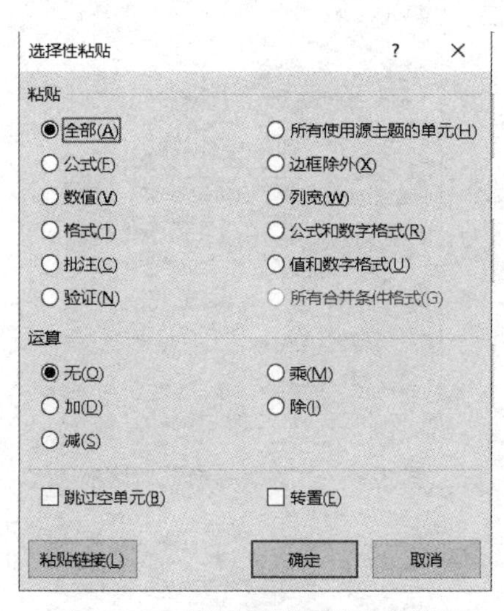

图 3-80 “选择性粘贴”对话框

常见的使用功能介绍如下。

① 粘贴为数值。这个功能是选择性粘贴中最常用的功能。因为 Excel 主要功能之一就是

数据分析，把其他格式数据粘贴为数值格式才能进行运算，把带有公式的计算结果粘贴为数值格式可以使复制后的内容不会发生变化。

② 转置粘贴。粘贴时选择“转置”会把行列相互转置，也会把一列数据粘贴为一行或者把一行数据粘贴为一列。

③ 运算粘贴。这个通常用在需要将某区域数据进行批量运算时使用。

例如，需要判断两个表格数据是否相同，可以对这两个表格进行相减运算，具体操作是：先复制一个表格，然后选中另一个表格并选择“选择性粘贴”对话框中的“减”选项即可快速找出差异。

【操作步骤】

打开文件“某公司职工工资统计表.xlsx”，其 Sheet1 中已经构建好 5 张表，其中“职工工资统计表”，如图 3-81 所示。

职工号	姓名	出生年月	年龄	职工类别	所属部门	基本工资	岗位工资	奖金	应发合计	三金	事假天数	事假扣款	病假天数	病假扣款
A001	时　晶	1986年6月7日		管理人员	管理部	¥5,070					0		0	
A002	刘承远	1981年3月1日		管理人员	管理部	¥4,732					2		0	
A003	时德友	1977年4月23日		管理人员	管理部	¥4,394					0		5	
B001	何应贵	1968年8月2日		销售员	销售部	¥3,380					0		0	
B002	黄卫星	1984年8月29日		销售员	销售部	¥3,380					0		0	
B003	时友南	1992年11月18日		销售员	销售部	¥2,535					15		0	
B004	李卓全	1987年12月30日		销售员	销售部	¥2,535					0		0	
B005	杜　涛	1991年5月5日		销售员	销售部	¥2,535					0		20	
C001	时友芳	1981年6月1日		工人	生产部	¥2,028					0		2	
C002	杜　军	1968年8月9日		工人	生产部	¥2,028					0		0	
C003	梁国华	1977年5月23日		工人	生产部	¥2,028					0		16	
C004	唐海伦	1981年1月23日		工人	生产部	¥2,028					0		0	
C005	杨黎明	1968年8月18日		工人	生产部	¥2,028					0		0	

图 3-81　职工工资统计表初始图

1. 利用日期和时间函数来计算职工年龄

【要求】

根据“出生年月”列数据，得出职工的“年龄”，并填入 D 列相应位置。“年龄”可以用当前日期的年份减去“出身年月”列的年份来获得。当前日期可以用 NOW()函数获取，而日期中的年份则用 YEAR 函数获得。

【操作】

（1）选中单元格 D3，依次单击“公式”选项卡→“函数库”→“日期和时间”按钮，在其下拉菜单中选择函数 YEAR。

（2）在 YEAR 函数的“函数参数”对话框中的参数位置输入 NOW()，如图 3-82 所示，单击“确定”按钮以获得当前日期的年份。

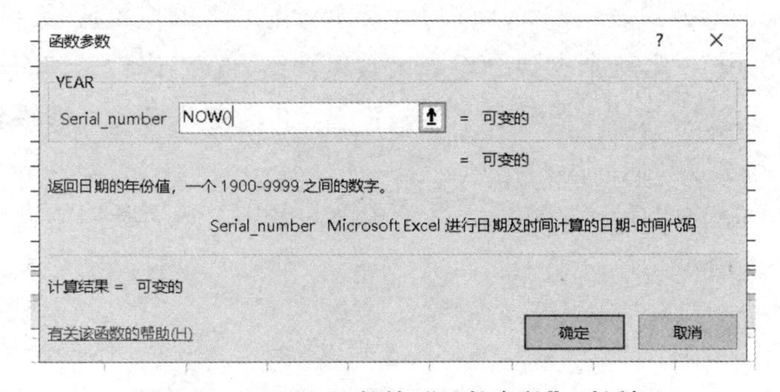

图 3-82　YEAR 函数的“函数参数”对话框

（3）确定后该单元格中显示的是当前的年份，职工的年龄还要再减去一个出生年份。因此，定位在单元格 D3 中，在编辑栏的公式后边输入一个“-”，再按照上述方法插入一个 YEAR 函数，然后在 YEAR 函数的“函数参数”对话框中，设置参数 Serial_number 为 D3，再确定，结果公式为“=YEAR(NOW())-YEAR(C3)”。

（4）此时单元格 D3 中的结果为该职工的年龄，然后利用填充柄将公式复制到整个“年龄”列即可。结果如图 3-83 所示。

D3　=YEAR(NOW())-YEAR(C3)

	A	B	C	D	E	F	G	
1								
2	职工号	姓名	出生年月	年龄	职工类别	所属部门	基本工资	岗位
3	A001	时　晶	1986年6月7日	34	管理人员	管理部	¥5,070	
4	A002	刘承远	1981年3月1日	39	管理人员	管理部	¥4,732	
5	A003	时德友	1977年4月23日	43	管理人员	管理部	¥4,394	
6	B001	何应贵	1968年8月2日	52	销售员	销售部	¥3,380	
7	B002	黄卫星	1984年8月29日	36	销售员	销售部	¥3,380	
8	B003	时友南	1992年11月18日	28	销售员	销售部	¥2,535	
9	B004	李卓全	1987年12月30日	33	销售员	销售部	¥2,535	
10	B005	杜　涛	1991年5月5日	29	销售员	销售部	¥2,535	
11	C001	时友芳	1981年6月1日	39	工人	生产部	¥2,028	
12	C002	杜　军	1968年8月9日	52	工人	生产部	¥2,028	
13	C003	梁国华	1977年5月23日	43	工人	生产部	¥2,028	
14	C004	唐海伦	1981年1月23日	39	工人	生产部	¥2,028	
15	C005	杨黎明	1968年8月18日	52	人	生产部	¥2,028	

图 3-83　年龄列的计算结果

2. 使用“查找和引用”函数 VLOOKUP 计算岗位工资

【要求】

根据“岗位和奖金分配表”，填充“岗位工资”。

【操作】

（1）选中“岗位工资”列的第一个单元格 H3，依次单击“公式”选项卡→“函数库”→“查找和引用”按钮，在弹出的下拉菜单中选择函数 VLOOKUP。

（2）在 VLOOKUP 函数的“函数参数”对话框中，设置相关参数。该函数的 4 个参数设置如图 3-84 所示，第一个参数为该职工的“职工类别”E3；第二个参数为“岗位和奖金分配表”，由于该公式要进行公式复制，而“岗位和奖金分配表”的位置应该保持不变，因此，此处单元格用“绝对引用”；第三个参数是设置函数返回结果在“岗位和奖金分配表”中的位置（第 2 列），因此，此处填“2”；最后一个参数输入“FALSE”或 0，即规定该函数查找为精确查找，如果查不到，则会返回出错信息。

（3）设好参数，单击“确定”按钮。该公式输入完毕，然后利用填充柄对该列进行公式复制，结果如图 3-85 所示。

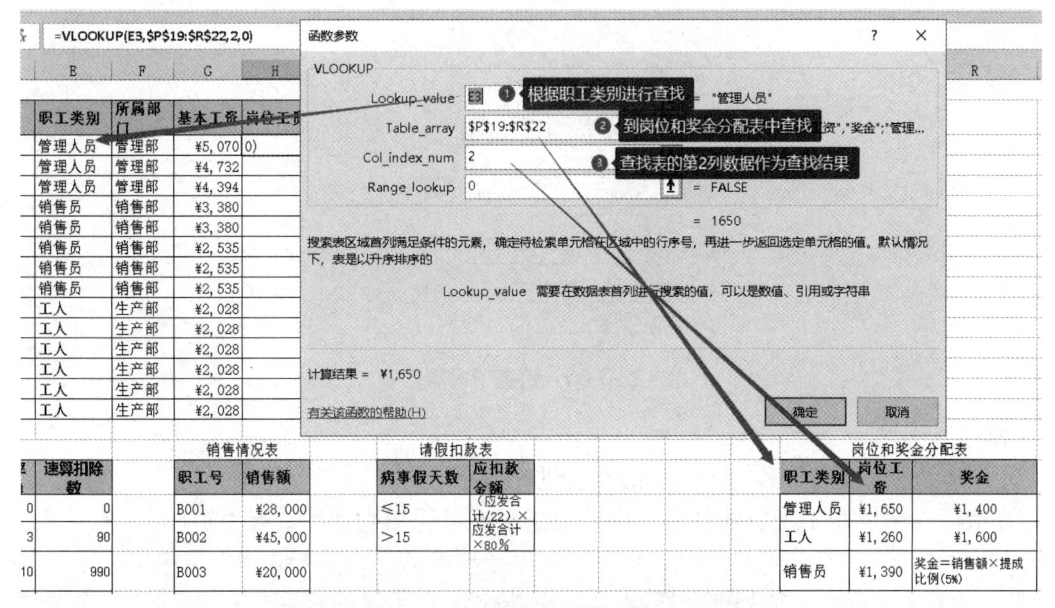

图 3-84　VLOOKUP 函数的“参数设置”对话框

职工类别	所属部门	基本工资	岗位工资
管理人员	管理部	¥5, 070	¥1, 650
管理人员	管理部	¥4, 732	¥1, 650
管理人员	管理部	¥4, 394	¥1, 650
销售员	销售部	¥3, 380	¥1, 390
销售员	销售部	¥3, 380	¥1, 390
销售员	销售部	¥2, 535	¥1, 390
销售员	销售部	¥2, 535	¥1, 390
销售员	销售部	¥2, 535	¥1, 390
工人	生产部	¥2, 028	¥1, 260
工人	生产部	¥2, 028	¥1, 260
工人	生产部	¥2, 028	¥1, 260
工人	生产部	¥2, 028	¥1, 260
工人	生产部	¥2, 028	¥1, 260
工人	生产部	¥2, 028	¥1, 260

图 3-85　“岗位工资”计算结果示意图

3. 利用筛选和查找函数计算奖金

【要求】

根据“岗位和奖金分配表”，计算“奖金”。奖金的计算要分两种情况，即“管理人员”和“工人”，只要在“岗位和奖金分配表”中能查找到就直接填充，但“销售员”的奖金则要根据“销售情况表”的数据进行计算获得。销售情况表，如图 3-86 所示。因此，可以将数据根据人员类别进行分类，“管理人员”和“工人”为一类，“销售员”为一类，然后分别处理。

职工号	销售额
B001	¥28,000
B002	¥45,000
B003	¥20,000
B004	¥60,000
B005	¥120,000

图 3-86　销售情况表

【操作】

（1）对“管理人员”和“工人”的奖金进行填充。

① 可以先将“职工工资统计表”中的数据根据“职工类别”进行“筛选”。在“职工工资统计表”中选中“职工类别”列，在“数据”选项卡的“排序和筛选”组中单击筛选按钮，给“职工类别”字段名添加列筛选器，单击按钮，在出现的对话框中按值筛选，选中“管理人员”和“工人”，最后单击“确定”按钮，如图 3-87 所示。

图 3-87　职工类别筛选

② 数据筛选出来后，选中“奖金”列的第一个单元格，插入 VLOOKUP 函数，查找“岗位和奖金分配表”的第三列“奖金”，输入公式“=VLOOKUP(E3,$P$19:$R$22,3,0)”，然后将该公式复制到该列其他单元格，如图 3-88 所示。

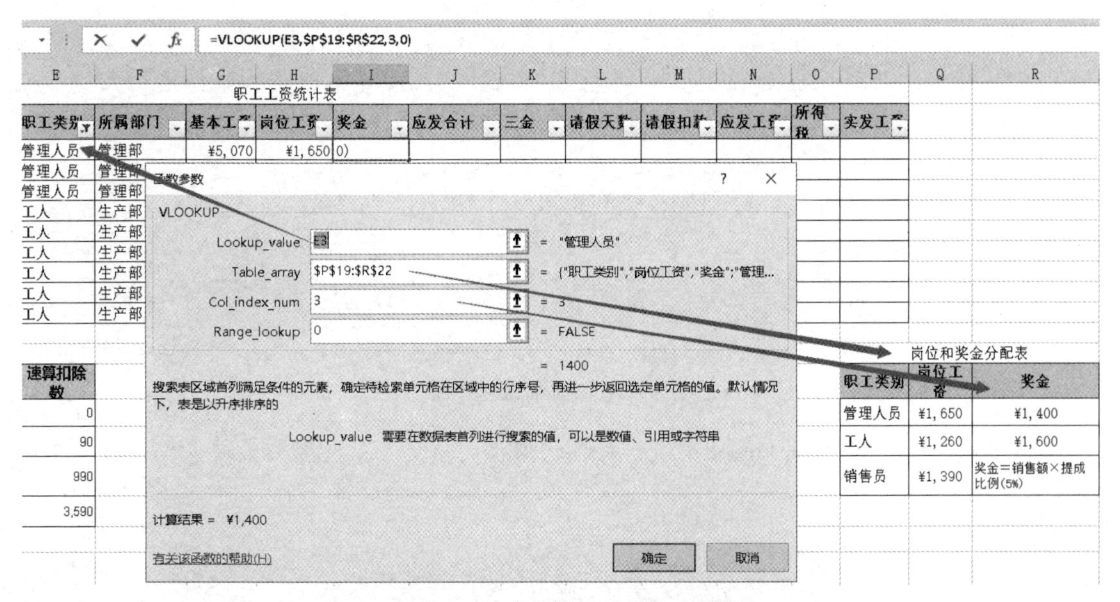

图 3-88　工人和管理人员奖金填充

（2）对销售员的奖金计算。

① 单击“职工类别”右侧的筛选器按钮，取消“管理人员”和“工人”的选择，勾选“销售员”，让数据表只显示销售员的记录。

② 选中第一个销售员的“奖金”单元格 I6，插入函数 VLOOKUP，函数参数设置如图 3-89 所示。编辑栏中的公式是“=VLOOKUP(A6,$G$19:$H$24,2,0)”，此时计算出的是销售员的销售额，如图 3-89 所示。

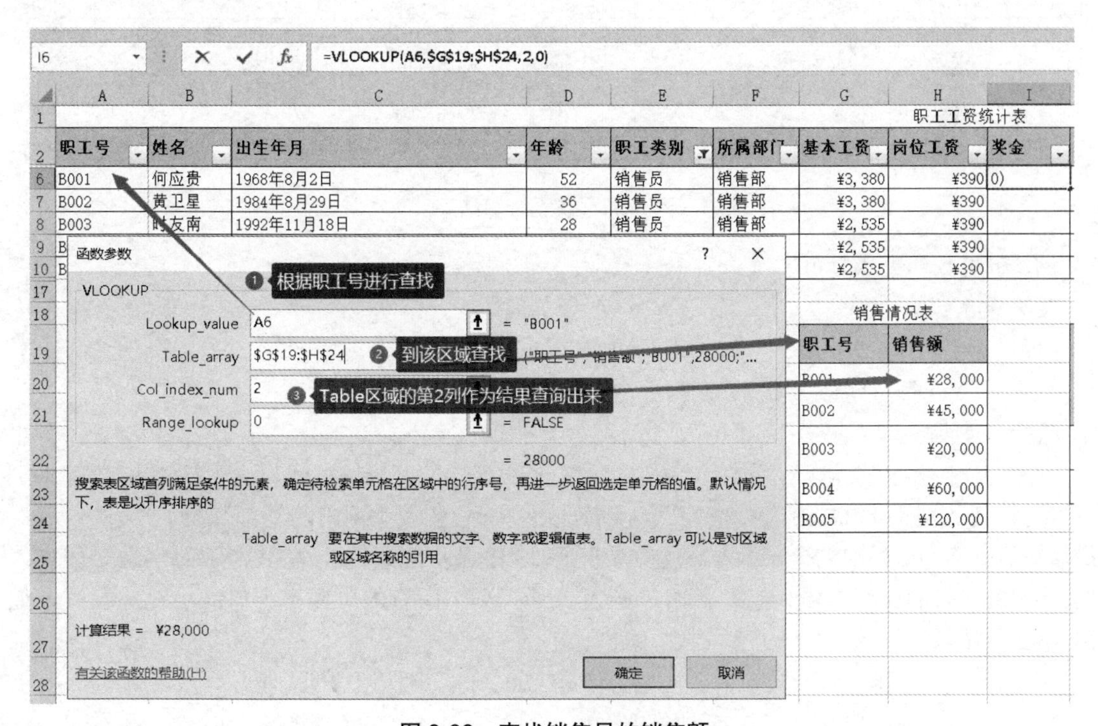

图 3-89　查找销售员的销售额

查找出销售额后，还需乘以 5%的提成才是最终奖金。因此在编辑栏上修改公式为“=VLOOKUP(A6,$G$19:$H$24,2,0)*5%”，然后将此公式用填充柄复制到其他销售人员，如图 3-90 所示。

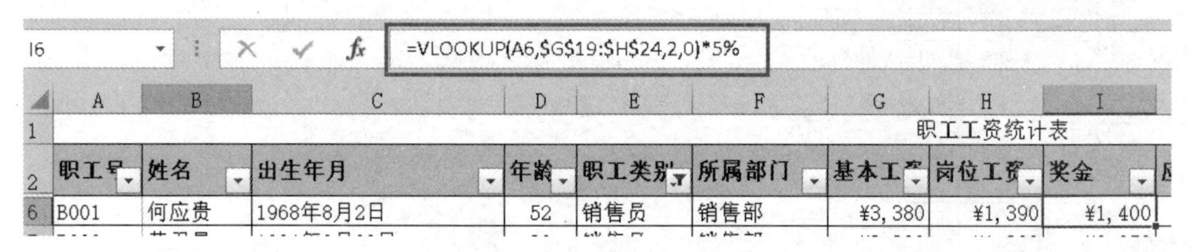
I6 =VLOOKUP(A6,$G$19:$H$24,2,0)*5%

	A	B	C	D	E	F	G	H	I
1								职工工资统计表	
2	职工号	姓名	出生年月	年龄	职工类别	所属部门	基本工资	岗位工资	奖金
6	B001	何应贵	1968年8月2日	52	销售员	销售部	¥3,380	¥1,390	¥1,400

图 3-90　修改编辑栏公式

（3）单击“数据”选项卡→“筛选”按钮，取消筛选后，最终所有人员的奖金计算结果如图 3-91 所示。

	A	B	C	D	E	F	G	H	I
1								职工工资统计表	
2	职工号	姓名	出生年月	年龄	职工类别	所属部门	基本工资	岗位工资	奖金
3	A001	时　晶	1986年6月7日	34	管理人员	管理部	¥5,070	¥1,650	¥1,400
4	A002	刘承远	1981年3月1日	39	管理人员	管理部	¥4,732	¥1,650	¥1,400
5	A003	时德友	1977年4月23日	43	管理人员	管理部	¥4,394	¥1,650	¥1,400
6	B001	何应贵	1968年8月2日	52	销售员	销售部	¥3,380	¥1,390	¥1,400
7	B002	黄卫星	1984年8月29日	36	销售员	销售部	¥3,380	¥1,390	¥2,250
8	B003	时友南	1992年11月18日	28	销售员	销售部	¥2,535	¥1,390	¥1,000
9	B004	李卓全	1987年12月30日	33	销售员	销售部	¥2,535	¥1,390	¥3,000
10	B005	杜　涛	1991年5月5日	29	销售员	销售部	¥2,535	¥1,390	¥6,000
11	C001	时友芳	1981年6月1日	39	工人	生产部	¥2,028	¥1,260	¥1,600
12	C002	杜　军	1968年8月9日	52	工人	生产部	¥2,028	¥1,260	¥1,600
13	C003	梁国华	1977年5月23日	43	工人	生产部	¥2,028	¥1,260	¥1,600
14	C004	唐海伦	1981年1月23日	39	工人	生产部	¥2,028	¥1,260	¥1,600
15	C005	杨黎明	1968年8月18日	52	工人	生产部	¥2,028	¥1,260	¥1,600
16	C006	何嘉明	1977年12月1日	43	工人	生产部	¥2,028	¥1,260	¥1,600
17									

图 3-91　奖金计算结果

4. 利用数组公式计算应发合计和三金

【要求】

以数组公式方式计算“应发合计”和应缴纳的“三金”。“三金”为“养老金”“医疗金”“公积金”，分别为“应发合计”的 8%、2%、10%。

【操作】

（1）选中“应发合计”列中的单元格区域（J3:J16），直接输入“=”，然后选取“基本工资”列整列数据（G3:G16），输入“+”，接着选择“岗位工资”列中的全部数据，再输入“+”，最后选择“奖金”列中的全部数据，此时单元格 J3 中显示公式为“=G3:G16+H3:H16+I3:I16”，按 Ctrl+Shift+Enter 组合键确认，此时“应发合计”列中所有的单元格都自动填充完公式，如图 3-92 所示。

J3　{=G3:G16+H3:H16+I3:I16}

职工工资统计表

职工号	姓名	出生年月	年龄	职工类别	所属部门	基本工资	岗位工资	奖金	应发合计
A001	时　晶	1986年6月7日	34	管理人员	管理部	¥5, 070	¥1, 650	¥1, 400	¥8, 120. 00
A002	刘承远	1981年3月1日	39	管理人员	管理部	¥4, 732	¥1, 650	¥1, 400	¥7, 782. 00
A003	时德友	1977年4月23日	43	管理人员	管理部	¥4, 394	¥1, 650	¥1, 400	¥7, 444. 00
B001	何应贵	1968年8月2日	52	销售员	销售部	¥3, 380	¥1, 390	¥1, 400	¥6, 170. 00
B002	黄卫星	1984年8月29日	36	销售员	销售部	¥3, 380	¥1, 390	¥2, 250	¥7, 020. 00
B003	时友南	1992年11月18日	28	销售员	销售部	¥2, 535	¥1, 390	¥1, 000	¥4, 925. 00
B004	李卓全	1987年12月30日	33	销售员	销售部	¥2, 535	¥1, 390	¥3, 000	¥6, 925. 00
B005	杜　涛	1991年5月5日	29	销售员	销售部	¥2, 535	¥1, 390	¥6, 000	¥9, 925. 00
C001	时友芳	1981年6月1日	39	工人	生产部	¥2, 028	¥1, 260	¥1, 600	¥4, 888. 00
C002	杜　军	1968年8月9日	52	工人	生产部	¥2, 028	¥1, 260	¥1, 600	¥4, 888. 00
C003	梁国华	1977年5月23日	43	工人	生产部	¥2, 028	¥1, 260	¥1, 600	¥4, 888. 00
C004	唐海伦	1981年1月23日	39	工人	生产部	¥2, 028	¥1, 260	¥1, 600	¥4, 888. 00
C005	杨黎明	1968年8月18日	52	工人	生产部	¥2, 028	¥1, 260	¥1, 600	¥4, 888. 00
C006	何嘉明	1977年12月1日	43	工人	生产部	¥2, 028	¥1, 260	¥1, 600	¥4, 888. 00

图 3-92　应发合计计算

（2）先选中“三金”列所有单元格，由于“养老金”“医疗金”“公积金”，分别为“应发合计”的 8%、2%、10%，因此“三金”的计算公式为“=J3:J16*20%”，按 Ctrl+Shift+Enter 组合键后，“应发合计”和“三金”的计算结果，如图 3-93 所示。

K3　{=J3:J16*20%}

职工工资统计表

年龄	职工类别	所属部门	基本工资	岗位工资	奖金	应发合计	三金
34	管理人员	管理部	¥5, 070	¥1, 650	¥1, 400	¥8, 120. 00	¥1, 624
39	管理人员	管理部	¥4, 732	¥1, 650	¥1, 400	¥7, 782. 00	¥1, 556
43	管理人员	管理部	¥4, 394	¥1, 650	¥1, 400	¥7, 444. 00	¥1, 489
52	销售员	销售部	¥3, 380	¥1, 390	¥1, 400	¥6, 170. 00	¥1, 234
36	销售员	销售部	¥3, 380	¥1, 390	¥2, 250	¥7, 020. 00	¥1, 404
28	销售员	销售部	¥2, 535	¥1, 390	¥1, 000	¥4, 925. 00	¥985
33	销售员	销售部	¥2, 535	¥1, 390	¥3, 000	¥6, 925. 00	¥1, 385
29	销售员	销售部	¥2, 535	¥1, 390	¥6, 000	¥9, 925. 00	¥1, 985
39	工人	生产部	¥2, 028	¥1, 260	¥1, 600	¥4, 888. 00	¥978
52	工人	生产部	¥2, 028	¥1, 260	¥1, 600	¥4, 888. 00	¥978
43	工人	生产部	¥2, 028	¥1, 260	¥1, 600	¥4, 888. 00	¥978
39	工人	生产部	¥2, 028	¥1, 260	¥1, 600	¥4, 888. 00	¥978
52	工人	生产部	¥2, 028	¥1, 260	¥1, 600	¥4, 888. 00	¥978
43	工人	生产部	¥2, 028	¥1, 260	¥1, 600	¥4, 888. 00	¥978

图 3-93　三金计算

5. 使用 IF 函数计算请假扣款

【要求】

根据请假扣款表，计算请假扣款，如图 3-94 所示。

请假扣款表

病事假天数	应扣款金额（元）
≤15	（应发合计/22）×请假天数
＞15	应发合计×80%

图 3-94　请假扣款表

【操作】

选中单元格 M3，插入 IF 函数，函数参数设置如图 3-95 所示，确定得出结果。

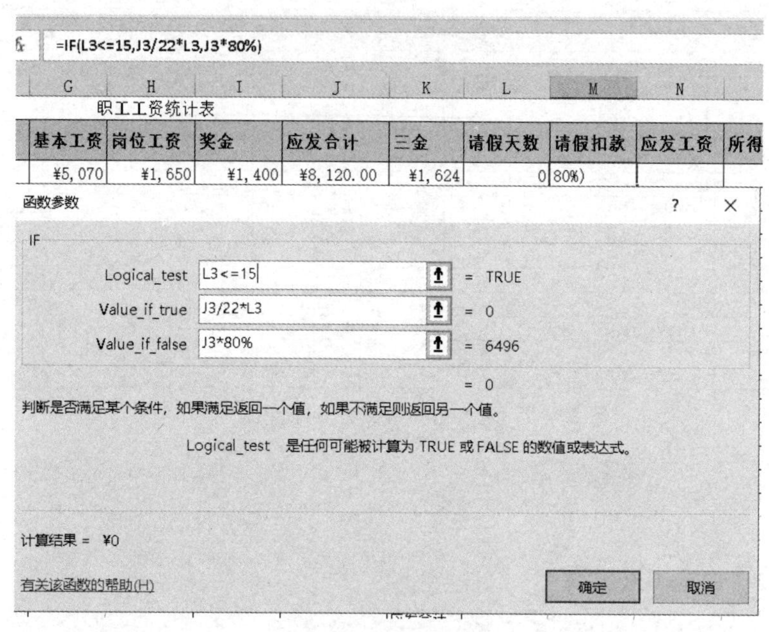

图 3-95　请假扣款计算

双击单元格 M3 的填充柄，将公式复制到其他人员，计算出所有人员的请假扣款金额。

6. 简单公式计算应发工资

【要求】

应发工资的计算公式为应发工资=应发合计–三金–请假扣款。

【操作】

在“应发工资”列的第一个单元格 N3 中输入公式“=J3-K3-M3”，确认后，将该公式向下复制，将“应发工资”列填充。结果如图 3-96 所示。

=J3-K3-M3

	三金	请假天数	请假扣款	应发工资
00	¥1,624	0	¥0	¥6,496
00	¥1,556	0	¥0	¥6,226
00	¥1,489	5	¥1,692	¥4,263
00	¥1,234	0	¥0	¥4,936
00	¥1,404	0	¥0	¥5,616
00	¥985	0	¥0	¥3,940
00	¥1,385	0	¥0	¥5,540
00	¥1,985	20	¥7,940	¥0
00	¥978	2	¥444	¥3,466
00	¥978	0	¥0	¥3,910
00	¥978	16	¥3,910	¥0
00	¥978	0	¥0	¥3,910
00	¥978	0	¥0	¥3,910
00	¥978	0	¥0	¥3,910

图 3-96　应发工资结果

7. 使用 IFS 函数计算所得税

【要求】

根据个人所得税税率表，计算每位职工的所得税，如图 3-97 所示。

个人所得税税率表

级数	月应发工资	税率(%)	速算扣除数
1	不超过5000	0	0
2	超过5000元至8000元的部分	3	90
3	超过8000元至17000元的部分	10	990
4	超过17000元	20	3,590

图 3-97　个人所得税税率表

【操作】

要根据“应发工资”情况来交所得税，选中“所得税”列的第一个单元格，插入 IFS 函数，函数参数设置如图 3-98 所示。

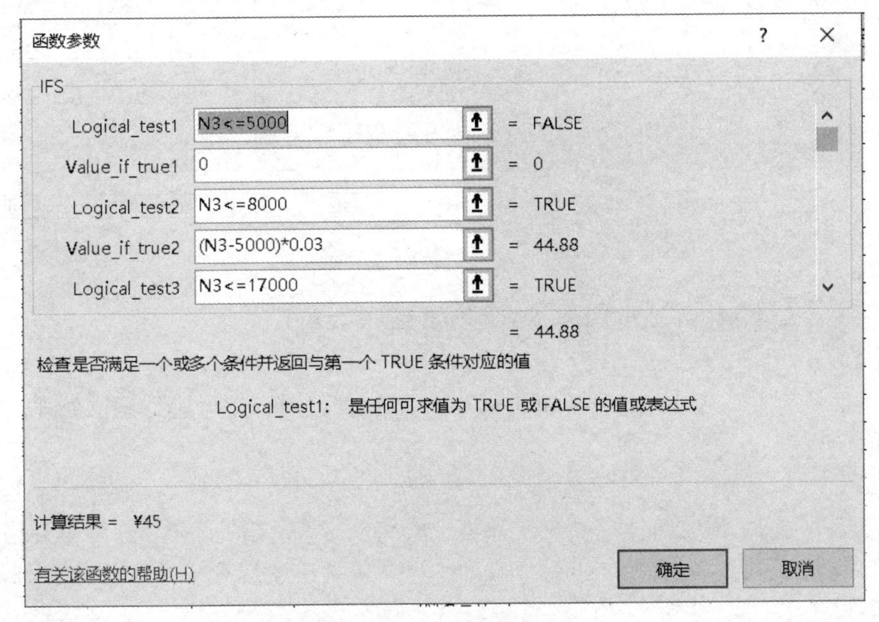

图 3-98　IFS 函数参数设置

其对应的编辑栏公式为：

```
=IFS(N3<=5000,0,N3<=8000,(N3-5000)*0.03,N3<=17000,(N3-8000)*0.1+$E$21,N3>17000,"待审核")
```

分析该公式：

当应发工资不超过 5000 元时，所得税为 0；

当应发工资超过 5000 元，继续判断是否超过 8000 元，如果在 8000 元以内，则税额为（N3-5000）*0.03；

当应发工资超过 8000 元，不超过 17000 元，则税额为：(N3-8000)*0.1+$E$21，其中$E$21

是 3000*0.03 的速算扣除数；

当应发工资超过 17000 元，由于本单位职工工资中没有超出这个值的，因此，会用到这一挡所得税的可能性很小，为避免意外，则在这里输入“待审核”，从而当有人的工资超出该挡，可以人为再处理。

将此公式复制到其他人员，所得税计算结束。

8. 计算实发工资

实发工资的计算公式为实发工资=应发工资−所得税。选择“实发工资”列的第一个单元格 P3，输入公式“=N3-O3”，确认后，将该公式复制到整列，结果如图 3-99 所示。

P4 =N4-O4

	E	F	G	H	I	J	K	L	M	N	O	P
1	职工工资统计表											
2	职工类别	所属部门	基本工资	岗位工资	奖金	应发合计	三金	请假天数	请假扣款	应发工资	所得税	实发工资
3	管理人员	管理部	¥5,070	¥1,650	¥1,400	¥8,120.00	¥1,624	0	¥0	¥6,496	¥45	¥6,451
4	管理人员	管理部	¥4,732	¥1,650	¥1,400	¥7,782.00	¥1,556	0	¥0	¥6,226	¥37	¥6,189
5	管理人员	管理部	¥4,394	¥1,650	¥1,400	¥7,444.00	¥1,489	5	¥1,692	¥4,263	¥0	¥4,263
6	销售员	销售部	¥3,380	¥1,390	¥1,400	¥6,170.00	¥1,234	0	¥0	¥4,936	¥0	¥4,936
7	销售员	销售部	¥3,380	¥1,390	¥2,250	¥7,020.00	¥1,404	0	¥0	¥5,616	¥18	¥5,598
8	销售员	销售部	¥2,535	¥1,390	¥1,000	¥4,925.00	¥985	0	¥0	¥3,940	¥0	¥3,940
9	销售员	销售部	¥2,535	¥1,390	¥3,000	¥6,925.00	¥1,385	0	¥0	¥5,540	¥16	¥5,524
10	销售员	销售部	¥2,535	¥1,390	¥6,000	¥9,925.00	¥1,985	20	¥7,940	¥0	¥0	¥0
11	工人	生产部	¥2,028	¥1,260	¥1,600	¥4,888.00	¥978	2	¥444	¥3,466	¥0	¥3,466
12	工人	生产部	¥2,028	¥1,260	¥1,600	¥4,888.00	¥978	0	¥0	¥3,910	¥0	¥3,910
13	工人	生产部	¥2,028	¥1,260	¥1,600	¥4,888.00	¥978	16	¥3,910	¥0	¥0	¥0
14	工人	生产部	¥2,028	¥1,260	¥1,600	¥4,888.00	¥978	0	¥0	¥3,910	¥0	¥3,910
15	工人	生产部	¥2,028	¥1,260	¥1,600	¥4,888.00	¥978	0	¥0	¥3,910	¥0	¥3,910
16	工人	生产部	¥2,028	¥1,260	¥1,600	¥4,888.00	¥978	0	¥0	¥3,910	¥0	¥3,910
17												

图 3-99 计算实发工资

9. 利用文本函数 REPLACE 对职工号进行升级

【要求】

在“职工号”和“姓名”之间增加一列“新职工号”。对职工号进行升位处理，在原“职工号”前增加“F1”。

【操作】

(1) 选择“姓名”列中的任意一个单元格，依次单击“开始”选项卡→“单元格”→“插入”按钮，再单击其右边的下拉箭头，在弹出的下拉菜单中选择“插入工作表列”命令，插入一列。

(2) 在插入的列中，将字段名命名为“新职工号”，然后选择该列的第一个单元格，依次单击“公式”选项卡→“函数库”→“文本”按钮，在弹出的下拉菜单中选择 REPLACE 函数。

(3) 在 REPLACE 函数的“函数参数”对话框中，对该函数的相关参数进行设置，具体结果如图 3-100 所示，确定后，单元格 B3 中显示的公式为“=REPLACE(A3,1,0,"F1")”，公式中 A3 表示的是原“职工号”，“1”表示从第一个字符的位置开始替换，“0”表示替换 0 个字符，“"F1"”是要替换的新字符串，此处必须将 F1 用英文标点符的双引号括起来。

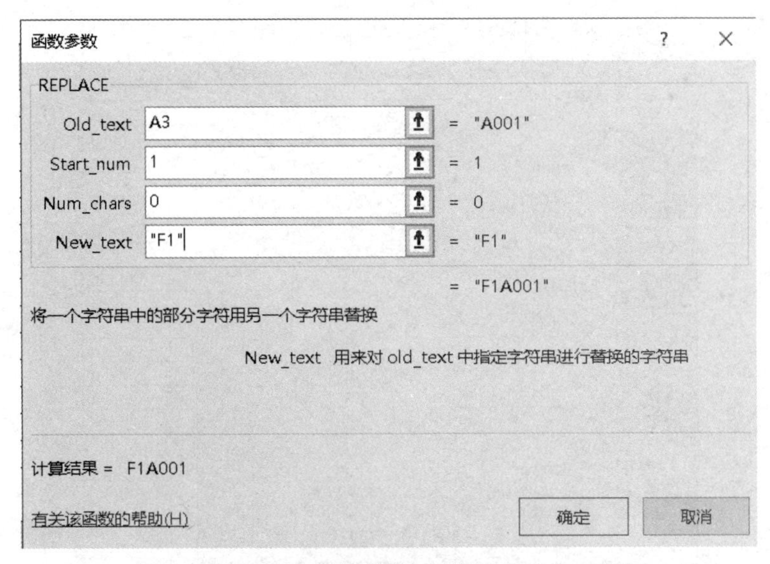

图 3-100　REPLACE 函数的“函数参数”对话框

（4）确认后再将该公式复制到“新职工号”列的其他单元格，生成的结果如图 3-101 所示。

B3　=REPLACE(A3,1,0,"F1")

	A	B	C	D
1				
2	职工号	新职工号	姓名	出生年月
3	A001	F1A001	时　晶	1986年6月7日
4	A002	F1A002	刘承远	1981年3月1日
5	A003	F1A003	时德友	1977年4月23日
6	B001	F1B001	何应贵	1968年8月2日
7	B002	F1B002	黄卫星	1984年8月29日
8	B003	F1B003	时友南	1992年11月18日
9	B004	F1B004	李卓全	1987年12月30日
10	B005	F1B005	杜　涛	1991年5月5日
11	C001	F1C001	时友芳	1981年6月1日
12	C002	F1C002	杜　军	1968年8月9日
13	C003	F1C003	梁国华	1977年5月23日
14	C004	F1C004	唐海伦	1981年1月23日
15	C005	F1C005	杨黎明	1968年8月18日
16	C006	F1C006	何嘉明	1977年12月1日

图 3-101　“新职工号”列的结果示意图

10. 利用选择性粘贴给员工加基本工资

【要求】

现要为每一个员工增加基本工资，增加幅度 20%。

【操作】

在一个和原表无关的空单元格例如 N19 中输入 1.2，右击该单元格，在弹出的快捷菜单中选择“复制”命令。再选择“基本工资”区域 H3:H16，右击，在弹出的快捷菜单中选择“选择性粘贴”命令。在打开的“选择性粘贴”对话框中“粘贴”选择“数值”，“运算”选择“乘”，确定即可完成操作，如图 3-102 所示。

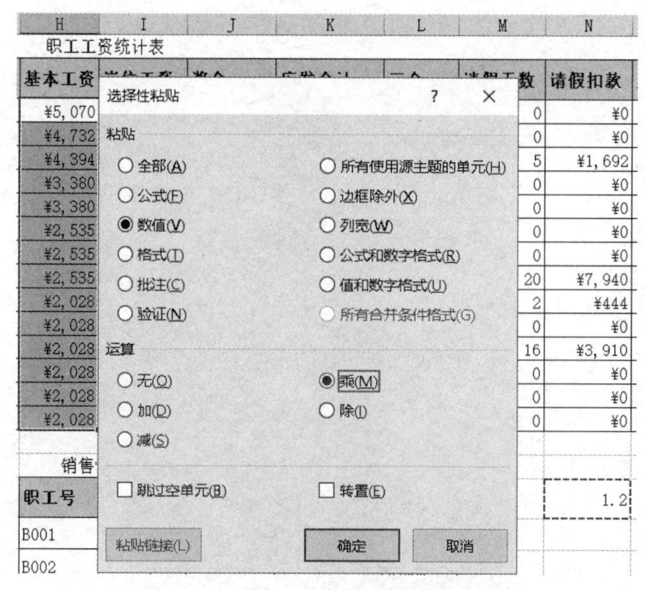

图 3-102　选择性粘贴增加基本工资

11. 利用高级筛选筛选出销售部中的全勤人员

【要求】

对职工工资统计表进行分析，使其只显示“销售部”的“全勤”记录。

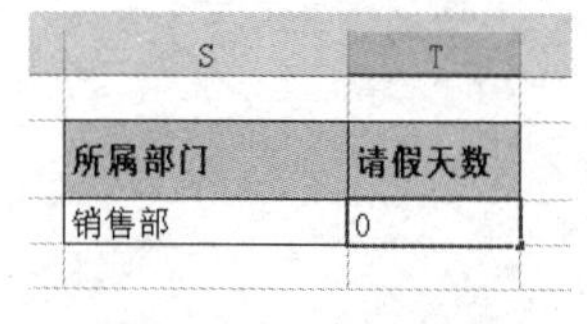

图 3-103　条件区域

【操作】

（1）创建筛选条件区域。选择“所属部门”“请假天数”这两个字段的字段名，并复制到某空白区域，注意该区域要与所有已有表格之间都有空行和空列，此处选择 S2 单元格粘贴；接着在每个字段名的下一个单元格中输入条件表达式，“所属部门”下面输入“销售部”，“请假天数”下面输入“0”，如图 3-103 所示。

（2）高级筛选。把活动单元格定位到“职工工资统计表”中，依次单击“数据”选项卡→“排序和筛选”→“高级”按钮。在打开的“高级筛选”对话框中，选中“在原有区域显示筛选结果（F）”；设置“列表区域”，即选择整张“职工工资统计表”，包括标题行，不包括表头行；设置“条件区域”，即选择上述创建的条件区域，如图 3-104 所示。

职工工资统计表

职工类别	所属部门	基本工资	岗位工资	奖金	应发合计	三金	请假天数	请假扣款	应发工资	所得税	实发工资
管理人员	管理部	¥6,084	¥1,650	¥1,400	¥9,134.00				307	¥69	¥7,238
管理人员	管理部	¥5,678	¥1,650	¥1,400	¥8,728.40				983	¥59	¥6,923
管理人员	管理部	¥5,273	¥1,650	¥1,400	¥8,322.80				767	¥0	¥4,767
销售员	销售部	¥4,056	¥1,390	¥1,400	¥6,846.00				477	¥14	¥5,462
销售员	销售部	¥4,056	¥1,390	¥2,250	¥7,696.00				157	¥35	¥6,122
销售员	销售部	¥3,042	¥1,390	¥1,000	¥5,432.00				346	¥0	¥4,346
销售员	销售部	¥3,042	¥1,390	¥3,000	¥7,432.00				946	¥28	¥5,917
销售员	销售部	¥3,042	¥1,390	¥6,000	¥10,432.00				¥0	¥0	¥0
工人	生产部	¥2,434	¥1,260	¥1,600	¥5,293.60				754	¥0	¥3,754
工人	生产部	¥2,434	¥1,260	¥1,600	¥5,293.60				235	¥0	¥4,235
工人	生产部	¥2,434	¥1,260	¥1,600	¥5,293.60				¥0	¥0	¥0
工人	生产部	¥2,434	¥1,260	¥1,600	¥5,293.60				235	¥0	¥4,235
工人	生产部	¥2,434	¥1,260	¥1,600	¥5,293.60				235	¥0	¥4,235
工人	生产部	¥2,434	¥1,260	¥1,600	¥5,293.60				235	¥0	¥4,235

所属部门	请假天数
销售部	0

高级筛选

方式

在原有区域显示筛选结果(F)

将筛选结果复制到其他位置(O)

列表区域(L): $A$2:$Q$16

条件区域(C): Sheet1!$S$2:$T$3

复制到(T):

选择不重复的记录(R)

确定　取消

图 3-104　高级筛选

最后筛选出符号条件的三个人，如图 3-105 所示。

职工工资统计表

职工号	新职工号	姓名	出生年月	年龄	职工类别	所属部门	基本工资	岗位工资	奖金	应发合计	三金	请假天数	请假扣款	应发工资	所得税	实发工资
B001	F1B001	何应贵	1968年8月2日	52	销售员	销售部	¥4, 056	¥1, 390	¥1, 400	¥6, 846. 00	¥1, 369	0	¥0	¥5, 477	¥14	¥5, 462
B002	F1B002	黄卫星	1984年8月29日	36	销售员	销售部	¥4, 056	¥1, 390	¥2, 250	¥7, 696. 00	¥1, 539	0	¥0	¥6, 157	¥35	¥6, 122
B003	F1B003	时友南	1992年11月18日	28	销售员	销售部	¥3, 042	¥1, 390	¥1, 000	¥5, 432. 00	¥1, 086	0	¥0	¥4, 346	¥0	¥4, 346
B004	F1B004	李卓全	1987年12月30日	33	销售员	销售部	¥3, 042	¥1, 390	¥3, 000	¥7, 432. 00	¥1, 486	0	¥0	¥5, 946	¥28	¥5, 917

图 3-105　高级筛选结果

【应用小结】

本应用场景主要对某公司的职工工资进行管理，从“职工工资统计表”的构建开始，到各种数据的计算都有涉及。在计算工资时，用到很多其他数据，包括职工请假情况、销售员的销售情况等，然后根据公司中的各种准则来对职工工资进行统计。本应用场景中主要涉及的函数有：“日期和时间”函数 YEAR 和 NOW、“查找和引用”函数 VLOOKUP、“文本”函数 REPLACE、“逻辑”函数 IF、IFS 等。本应用场景还运用了 Excel 的筛选和高级筛选功能，通过筛选和高级筛选对数据进行分析与统计。通过对数组公式的实际应用，对一组数据进行同时计算，并同时获得多个值。

应用场景 3　便民超市休闲食品销售情况统计

王先生开了一家便民超市，营运中要涉及很多货物，每种货物又可以有很多供货商，还拥有不同的品牌和不同的价格，情况比较复杂，因此在超市管理上，对于货物的库存和销售情况的统计，王先生觉得非常烦琐，你是否可以利用 Excel 2019 的强大数据处理功能来帮助他呢？

【场景分析】

超市货物销售情况管理，首先应具有一个所有商品的相关数据库，该库中的数据应该包含商品名、规格、商品条码、价格、库存量等，这些数据可以通过建立相应的 Excel 表格来进行管理。除此之外，商品上架后还要进行销售，因此销售情况统计也很关键。一般超市商品出售价格可能有多种，常见的有会员价和非会员价之分，有时还会有促销价，因此，要建立一个与销售相关的表，当商品售出后，库存量信息要更新。上述数据统计好后，还要能够对库存和销售信息进行分析，分析的手段有多种，可以借助函数来进行统计，这里的函数主要是数据库函数；也可以借助于 Excel 提供的数据透视表和数据透视图来进行统计分析。

【知识技能】

1. 数据库函数

Excel 的数据库函数是将数据列表看成一个数据库，然后根据条件区域给出的条件对数据库中的数据进行统计分析。我们知道函数既可以在“公式”选项卡的“函数库”中找，也可以在“插入函数”对话框中找，但是在功能区没有被自定义的状态下，数据库函数则只能在“插入函数”对话框中才能找到。

首先在“公式”选项卡下“函数库”组中，单击“插入函数”按钮，接着在打开的“插入函数”对话框中，“或选择类别”设为“数据库”，在其下的函数列表中找到所需要的数据库函数，如图 3-106 所示。

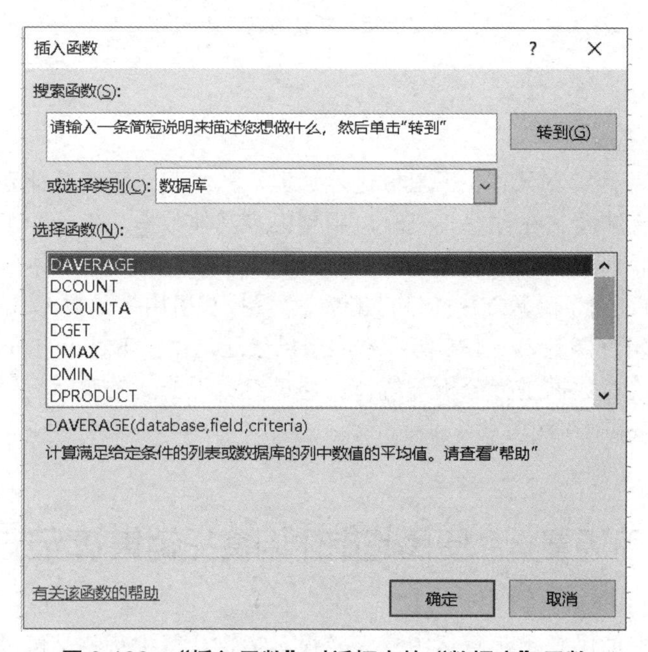

图 3-106　“插入函数”对话框中的“数据库”函数

根据函数所具有的功能不同，可将数据库分为“数据库信息函数”和“数据库分析函数”，其中，“数据库信息函数”用于直接获取数据库中的信息；“数据库分析函数”用于分析数据库的数据信息，它们的函数语法格式相同，为：

```
函数名称 ( Database, Field, Criteria )
```

其中，Database，必需，构成数据清单或数据库的单元格区域。

Field，必需，指定函数所使用的数据列。

Criteria，必需，一组包含给定条件的单元格区域，该条件区域的设置方法和“高级”筛选的方法相似。

（1）数据库信息函数。

① DCOUNT。

函数说明：返回数据库中满足指定条件的记录字段中数值型数据的个数。

函数语法：

```
DCOUNT(Database, Field, Criteria)
```

其中，Database，构成数据库的单元格区域。

Field，指定函数所使用的数据列，可以是数据列的字段名，也可以是该字段名所在的单元格引用表示，还可以是该数据列在数据清单中的位置，即第几列。

Criteria，一组包含给定条件的单元格区域，该条件区域的设置方法和“高级”筛选的方法相似。

【小案例】如图 3-107 所示，有一个部门销售情况表，现要统计金额超过 1500 元的记录数。

选择结果单元格 E13，插入数据库函数 DCOUNT，函数参数设置如图 3-107 所示，单击“确定”按钮即可。要注意的是，这里的 Field 字段必须取数值列的字段，因为 DCOUNT 函数统计的是数值型数据的个数。因此 Field 可以取 B1，也可以取 C1 或 D1，但不能取 A1。另外，Field 也可以取数字 2，或 3，或 4，表示第几列。

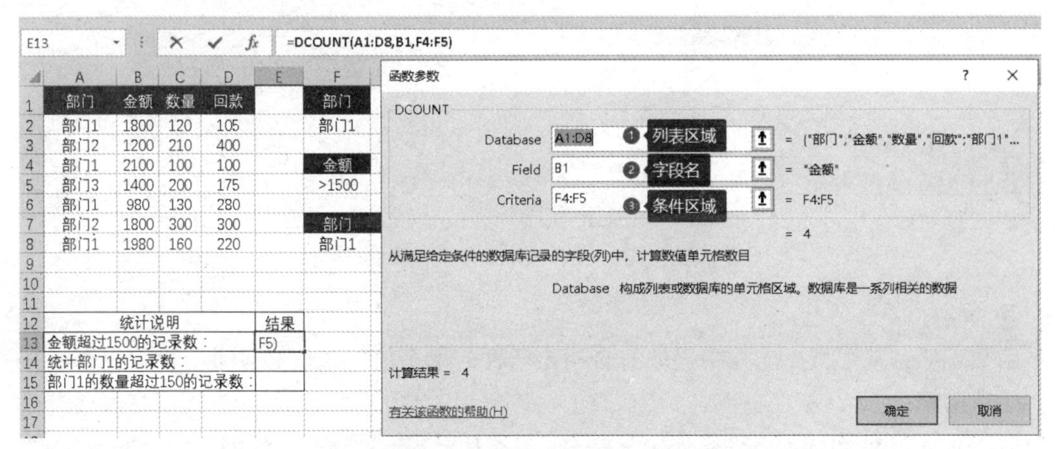

图 3-107 DCOUNT 函数使用案例示意图

② DCOUNTA。

函数说明：返回数据库中满足指定条件的记录字段中非空单元格的个数。

函数语法：

```
DCOUNTA(Database, Field, Criteria)
```

参数说明同 DCOUNT。

该函数在应用时和DCOUNT的区别是Field参数只要选择没有空单元格的字段(列)即可。

例如，上例中改为统计部门 1 的记录数，如果用 DCOUNTA 函数，则 Field 参数必须选择 A1 或者输入 1，如图 3-108 所示。

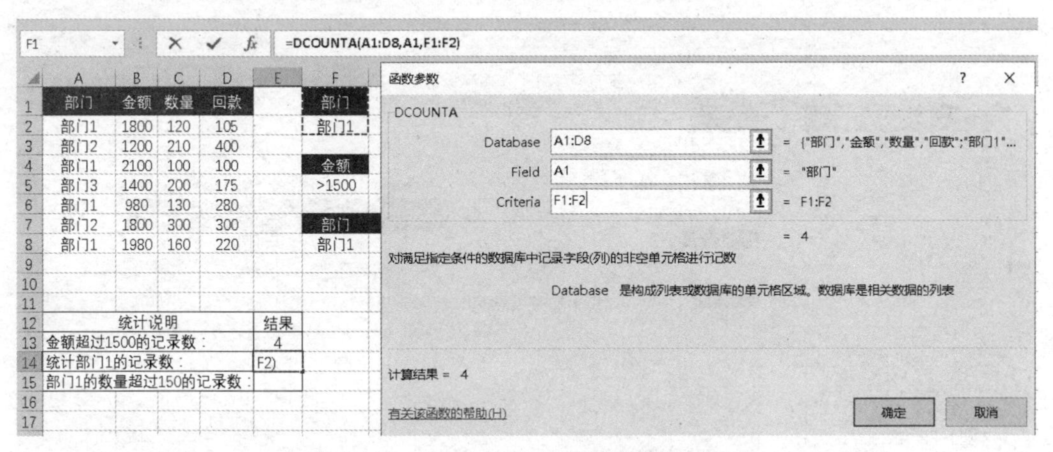

图 3-108 DCOUNTA 函数使用案例示意图

DCOUNT 和 DCOUNTA 函数也可以统计多条件的记录数。例如，要统计部门 1 中数量超过 150 的记录数，如图 3-109 所示。

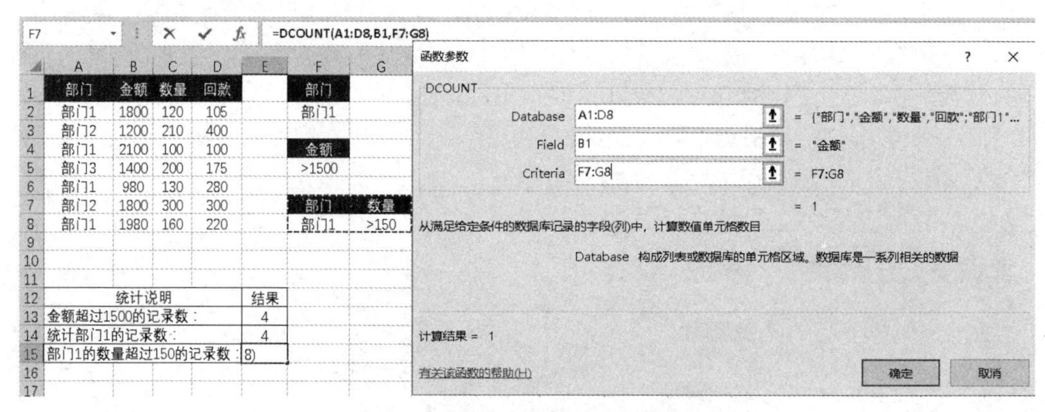

图 3-109 DCOUNT 多条件案例

③ DGET。

函数说明：从数据库的列中提取符合指定条件的单个值，该值必须唯一。

函数语法：

```
DGET(Database, Field, Criteria)
```

参数说明同 DCOUNT。

（2）数据库分析函数。

① DAVERAGE。

函数说明：对数据库中满足指定条件的记录字段的数值求平均值。

函数语法：

```
DAVERAGE (Database, Field, Criteria)
```

参数说明同 DCOUNT。

函数应用方法同 DCOUNT，只要将 Field 参数设为要求平均值的字段（列）。

例如，要统计部门 1 的平均数量，如图 3-110 所示，其中参数 Field 必须取 C1。

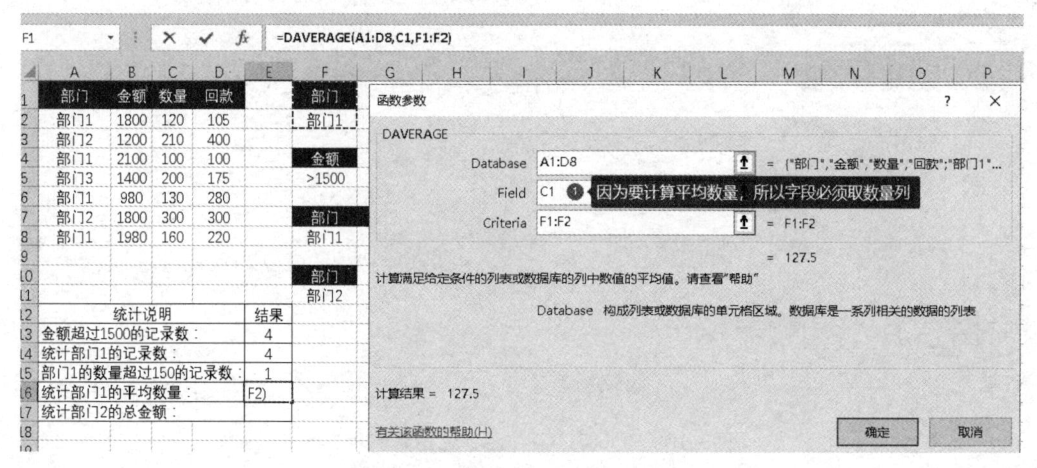

图 3-110 DAVERAGE 函数举例

② DSUM。

函数说明：返回数据库中满足指定条件的记录字段中的数字和。

函数语法：

```
DSUM (Database, Field, Criteria)
```

参数说明同 DCOUNT。

函数应用方法同 DCOUNT，只要将 Field 参数设为要求和的字段（列）即可。

例如，要统计部门 2 的总金额，如图 3-111 所示。

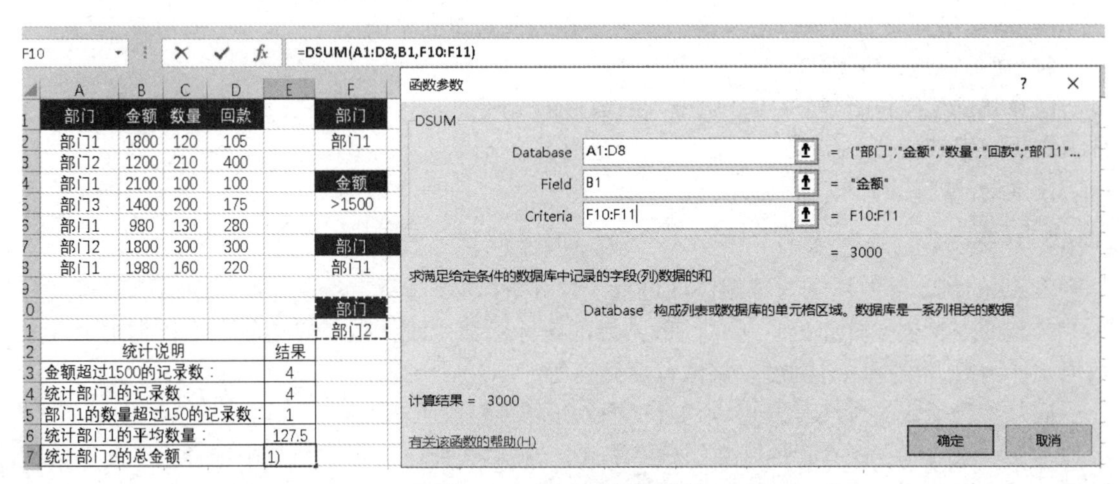

图 3-111　DSUM 函数举例

③ DMAX、DMIN。

函数说明：返回数据库中满足指定条件的记录字段中的最值，其中 DMAX 返回最大值，DMIN 返回最小值。

函数语法：

```
DMAX (Database, Field, Criteria)、DMIN (Database, Field, Criteria)
```

参数说明同 DCOUNT。

函数应用方法同 DCOUNT，只要将 Field 参数设为要求最值的字段（列）即可。

2. 信息函数

Excel 的信息函数用以确定存储在单元格中数据的类型。信息函数包含一组由 IS 开头的函数，我们称为 IS 类函数，该类函数的返回值是逻辑型的，在单元格满足条件时返回 TRUE，否则返回 FALSE。

插入信息函数的方法是既可以通过“插入函数”对话框来实现，也可以依次单击“公式”选项卡→“函数库”→“其他函数”→“信息”，然后在弹出的级联菜单中选择相应的函数即可，如图 3-112 所示。

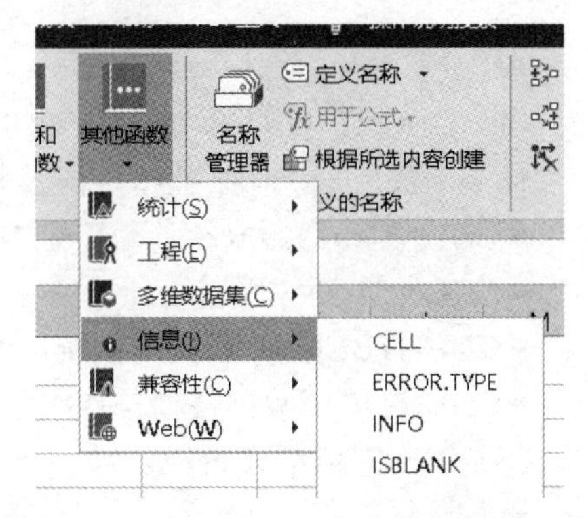

图 3-112　“公式”选项卡中的“信息”函数

信息类函数主要有如下几个函数。

（1）ISTEXT、ISNONTEXT、ISBLANK、ISNUMBER、ISLOGICAL。

上述函数都是用来判断数据类型的，ISTEXT 用于判断数据是否为文本，ISNONTEXT 用于判断数据是否不是文本，ISBLANK 用于判断数据是否为空格，ISNUMBER 用于判断数据是否为数字，ISLOGICAL 用于判断数据是否为逻辑值，它们的判断结果都是逻辑型的，若结果为真，则返回 TRUE，否则返回 FALSE。

该类函数的函数语法相同：

```
函数名 (Value)
```

Value 即要判断的数据，可以是值本身，也可以是单元格引用。

（2）ISEVEN、ISODD。

函数 ISEVEN 和函数 ISODD 用来判断数值的奇偶性，其中 ISEVEN 用于判断是否为偶数，ISODD 用于判断是否为奇数，返回结果也是逻辑值。

函数语法格式同上。

3. 统计函数

Excel 的统计函数用于对数据区域进行统计分析，这些分析有很多方面，比如统计量计算、频数分布处理、概率分布处理等，一般常用的统计函数是统计量计算类的，而该类中也分成数值统计函数、集中趋势测度、离散程度测度等。

插入统计函数的方法是既可以通过“插入函数”对话框来实现，也可以依次单击“公式”选项卡→“函数库”→“其他函数”→“统计”，然后在弹出的级联菜单中选择相应的函数即可，如图 3-113 所示。

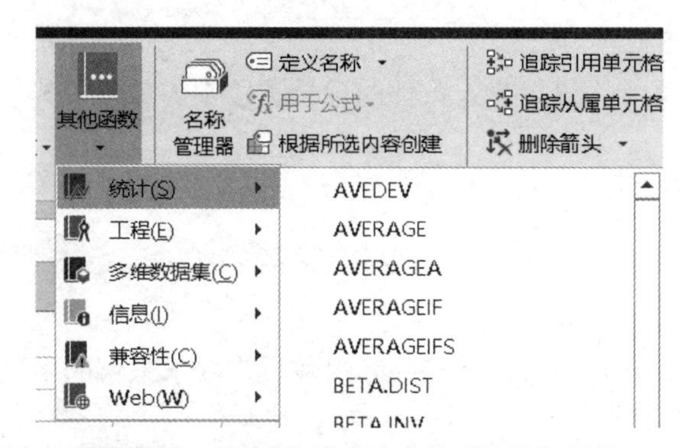

图 3-113 “公式”选项卡中的“统计”函数

（1）COUNT（COUNTA）、COUNTBLANK、COUNTIF。

此类函数用来统计某些特定内容的数据的个数。

- COUNT 函数用来统计数值型数据的个数。
- COUNTA 函数用以统计非空单元格的个数。
- COUNTBLANK 函数用来统计空单元格的个数。
- COUNTIF 函数则根据条件进行统计，统计符合条件的数据的个数。

① COUNT 和 COUNTA。

函数语法：

```
函数名(Value1, [Value2], …)
```

其中，Value1 为必需，Value2 为可选，此处最多可以有 255 个参数。

例如，公式“=COUNTA(A2:A8)”用来计算单元格区域 A2 到 A8 中非空单元格的个数。公式“=COUNT(A2:A8)”用来计算单元格区域 A2 到 A8 中数值型数据的个数。

② COUNTBLANK。

函数语法：

```
COUNTBLANK(Range)
```

Range 为必需，表示需要计算其中空白单元格个数的区域。

例如，“=COUNTBLANK(A2:B5)”用来计算单元格区域 A2 到 A8 中空单元格的个数。

③ COUNTIF。

函数说明：对区域中满足单个指定条件的单元格进行计数。

函数语法：

```
COUNTIF(Range, Criteria)
```

其中，Range，必需。要对其进行计数的单元格区域。

Criteria，必需。用于定义将对哪些单元格进行计数，可以是数字、表达式、单元格引用或文本字符串。

例如，有一个班级成绩，现要统计成绩大于 90 分的人数。

【操作】

选中单元格 D9，插入函数 COUNTIF，函数参数设置如图 3-114 所示，对应的公式为：=COUNTIF(B2:B7,">=90")

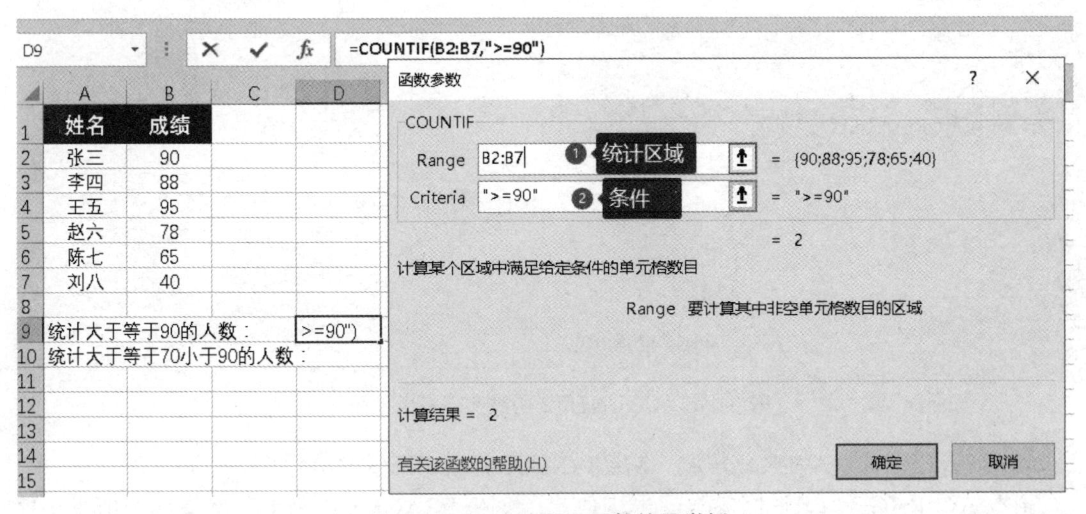

图 3-114　COUNTIF 函数使用举例

注意：COUNTIF 函数的条件只能是单条件，如果要统计成绩大于等于 70 分并且小于 90 分的人数，这里有两个条件且它们是逻辑与的关系，但因为 Criteria 条件只能输入一个，因此可以考虑用两个 COUNIF 函数相减得到结果，如图 3-115 所示。

图 3-115　COUNTIF 函数使用举例 2

这里，先统计出成绩小于 90 分的人数，再减去成绩小于 70 分的人数就可以得到成绩在 70～90 分之间的人数了。

④ COUNTIFS 函数。COUNTIFS 函数用于实现多条件的统计。例如，统计成绩在 70～80 分之间的人数，如果用 COUNTIFS 函数，其函数参数设置如图 3-116 所示。

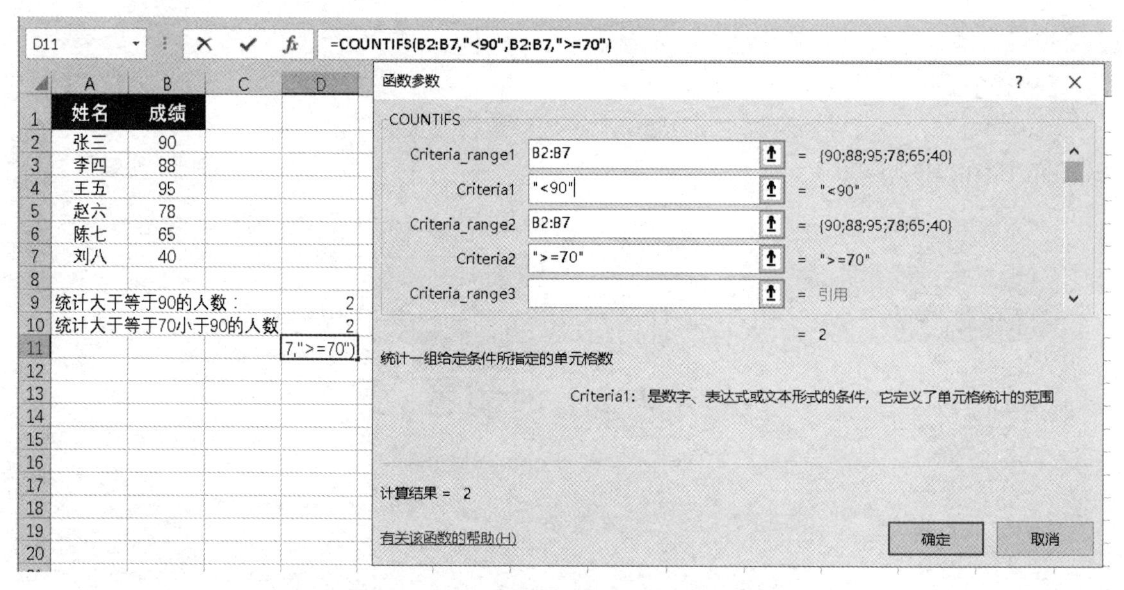

图 3-116　COUNTIFS 函数实现多条件统计

（2） AVERAGE (AVERAGEA)、MAX (MAXA)、MIN (MINA)。

函数 AVERAGE 用来返回参数的平均值。函数 AVERAGEA 用来返回参数的数值平均值，若参数中有逻辑值，则 TRUE 算成 1，FALSE 算成 0，文本和字符串算成 0。

MAX 用来返回参数中的最大值，MIN 用来返回参数中的最小值。

MAXA 和 MINA 也是用来返回最值的，只是参数中可以包含逻辑值和文本等。

上述几个函数的语法格式和用法都相同。

函数语法：

```
函数名(Number1, [Number2], ...)
```

其中，Number1 必需，Number2 可选，最多可以有 255 个参数。

例如，统计“1,2,3,TRUE”的平均值，则需要使用函数 AVERAGEA，具体公式为“=AVERAGEA(1,2,3,TRUE)”，其计算结果为“1.4”，“TRUE”被计算成了 1。

（3）RANK、RANK.AVG、RANK.EQ。

函数 RANK 和 RANK.AVG、RANK.EQ 都是用来统计排名的。

函数说明：返回一个数字在数字列表中的排位，数字的排位是其大小与列表中其他值的比值。

函数语法：

```
函数名(Number,Ref,[Order])
```

其中，Number，必需。要查找其排位的数字。

Ref，必需。数字列表数组或对数字列表的引用，即排位的数据区间。Ref 中的非数值型数据将被忽略。

Order，可选。指定数字的排位方式，数值型，如果 Order 为 0（零）或忽略，Excel 对数字的排位就会基于 Ref 按降序排序。如果 Order 不为零，则按升序排序。

注意：RANK 函数是 Excel 早期版本中的函数，在 Excel 2019 中已经被 RANK.AVG 和 RANK.EQ 取代。RANK 函数对相同排位的数据不作处理，而 RANK.AVE 则会返回相同值的平均排位，即当两个数排位都为 5 时，RANK.AVE 返回 2.5，RANK.EQ 则返回相同值的数字排位，也就是该值在列表中的数字。

上述三个函数的用法相同。在 Excel 2019 中插入上述函数时，RANK.AVG 和 RANK.EQ 既可以通过“插入函数”对话框选择插入，也可以在“公式”选项卡→“函数库”→“其他函数”→“统计”的级联菜单中选择。而 RANK 函数只能在“插入函数”对话框中选择插入，且“或选择类别”要选择“全部”，而不是“统计”。

例如，要统计学生成绩排名，使用 RANK.AVG 和使用 RANK.EQ 会得到不同的结果，如图 3-117 所示。

D3　=RANK.EQ(B3,$B$2:$B$7)

	A	B	C	D	E	F
1	姓名	成绩	排名RANK.AVG	排名RANK.EQ		
2	张三	90	2	2		
3	李四	88	3.5	3		
4	王五	95	1	1		
5	赵六	88	3.5	3		
6	陈七	65	5	5		
7	刘八	40	6	6		

图 3-117　RANK.AVG 和 RANK.EQ

4. 图表

Excel 2019 不仅具备强大的数据整理、统计分析的能力，而且还可以用于制作各种类型的图表。图表基于数据表，利用条、柱、点、线、面等图形按单向联动的方式组成。

（1）图表的创建。首先需选中要创建图表的数据区域。如果需要选择多列，可以先选择一列，再按住 Ctrl 键选择另一列，然后在“插入”选项卡→“图表”组中选择合适的图表类型，选择后就能创建一张图表。

例如，有一业务员销售额数据表，如图 3-118 所示。

月份	张明	王敏	刘桂芳	赵敏	合计
7月	¥2,188.90	¥3,696.00	¥4,198.50	¥2,330.50	¥12,413.90
8月	¥3,504.60	¥4,461.40	¥4,240.20	¥2,052.60	¥14,258.80
9月	¥3,799.60	¥2,259.70	¥4,256.00	¥3,285.50	¥13,600.80
10月	¥4,188.90	¥3,554.10	¥5,856.20	¥2,607.20	¥16,206.40
11月	¥7,019.50	¥6,184.50	¥5,846.50	¥3,875.20	¥22,925.70
12月	¥4,290.20	¥3,293.60	¥6,039.40	¥3,549.00	¥17,172.20
合计	¥24,991.70	¥23,449.30	¥30,436.80	¥17,700.00	¥96,577.80

图 3-118　业务员销售额数据表

选择单元格区域 A1:E7，依次单击“插入”选项卡→“图表”→“折线图”按钮，结果如图 3-119 所示。

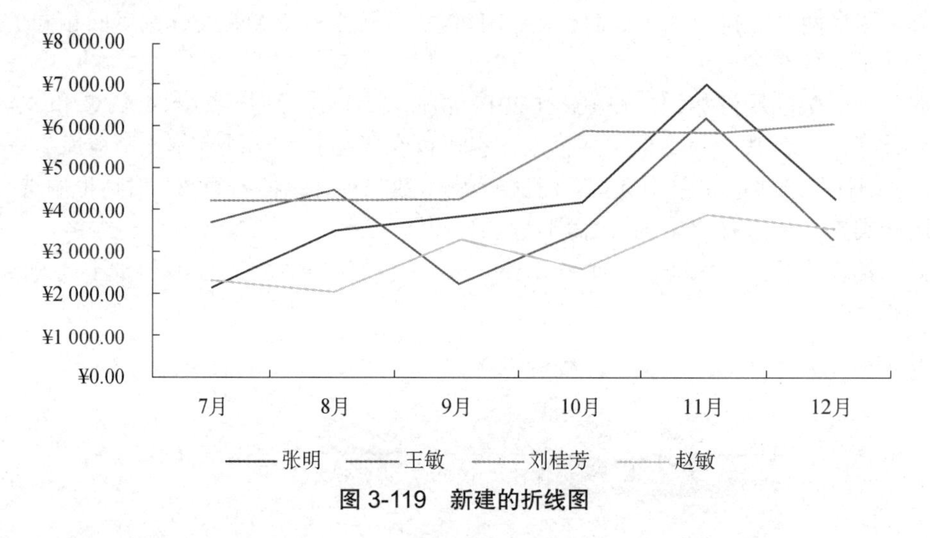

图 3-119　新建的折线图

（2）图表的修改。图表创建后，Excel 2019 功能区立即增加了“图表工具”的“设计”和“格式”两个选项卡。在“设计”选项卡中，可以更改图表类型、添加图表元素、更改颜色、切换行/列等，如图 3-120 所示。

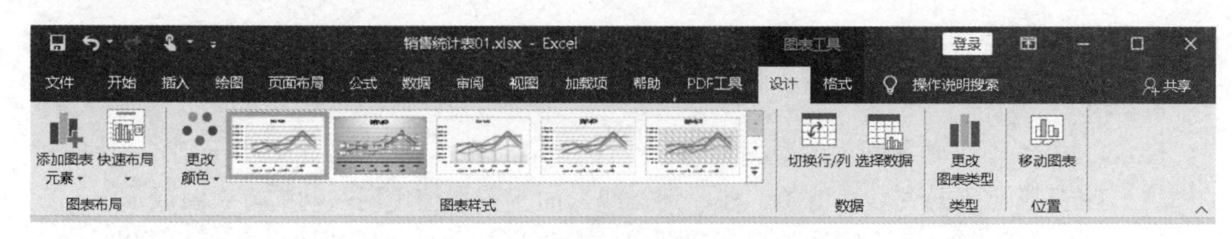

图 3-120　“图表工具—设计”选项卡

在“格式”选项卡中，可以修改每个元素的形状样式、插入形状、排列、大小等，如图 3-121 所示。

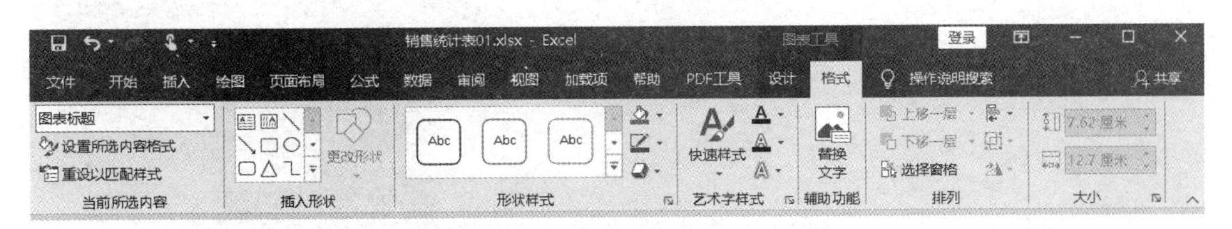

图 3-121　“图表工具—格式”选项卡

图表的选项非常多，下面重点介绍常见的修改操作。

① 修改图表标题。默认插入的图表只有“图表标题”字样，没有实际的意义。我们需要根据图表的表现内容定义一个图表标题。

如上例，将图表标题更改为“各业务员销售趋势分析”，还可以继续修改图表标题的字体、字号、字体颜色等。

② 设置图表的颜色。图表的颜色主要是数据系列的颜色，数据系列是整个图表的主体。

如上例，选中图表，切换到“图表工具—设计”选项卡，在“图表样式”组中单击“更改颜色”按钮，在弹出的下拉列表中选择“单色调色板 6”，因为表格颜色为绿色，所以图表的颜色也选择同色系的绿色。修改后效果如图 3-122 所示。

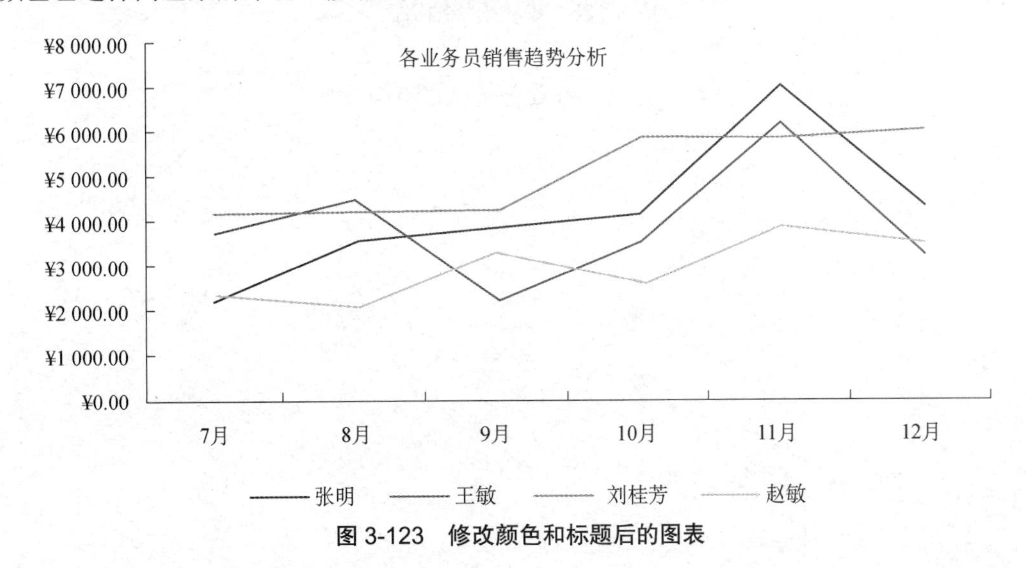

图 3-123　修改颜色和标题后的图表

③ 设置图表的坐标轴格式。默认的坐标轴比较紧密，我们可以调整坐标轴的数据起止值和数据间隔。如上例，选中图表，在纵坐标上右击，在弹出的快捷菜单中选择“设置坐标轴格式”命令，右侧即出现“设置坐标轴格式”窗格，在这里我们可以设置坐标的“最小值”2000，“最大值”8000，“大”间距 2000，也可以进行其他设置，如图 3-123 所示。最后效果如图 3-124 所示。

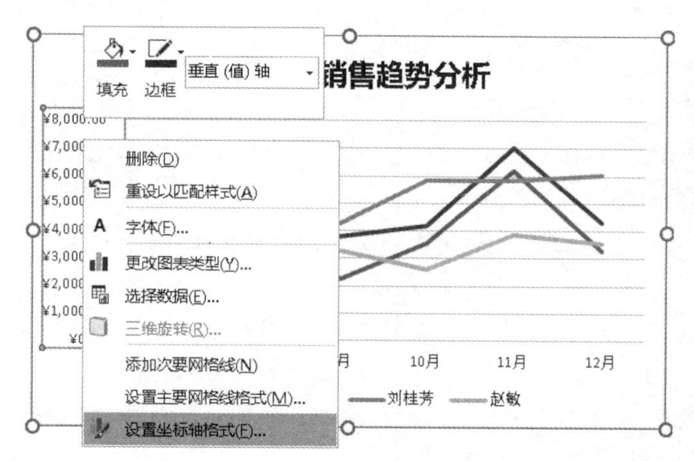

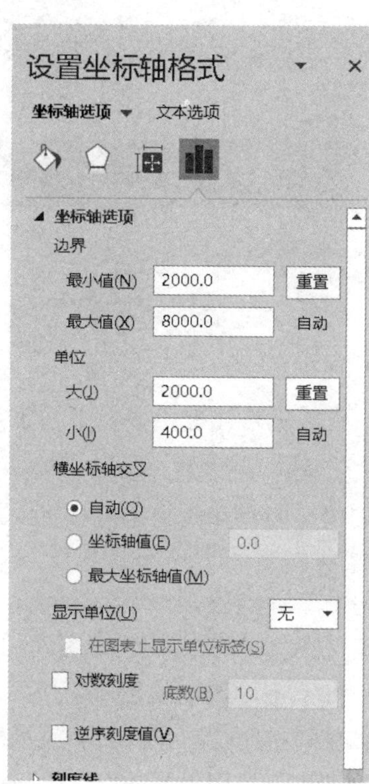

图 3-123　设置坐标轴格式

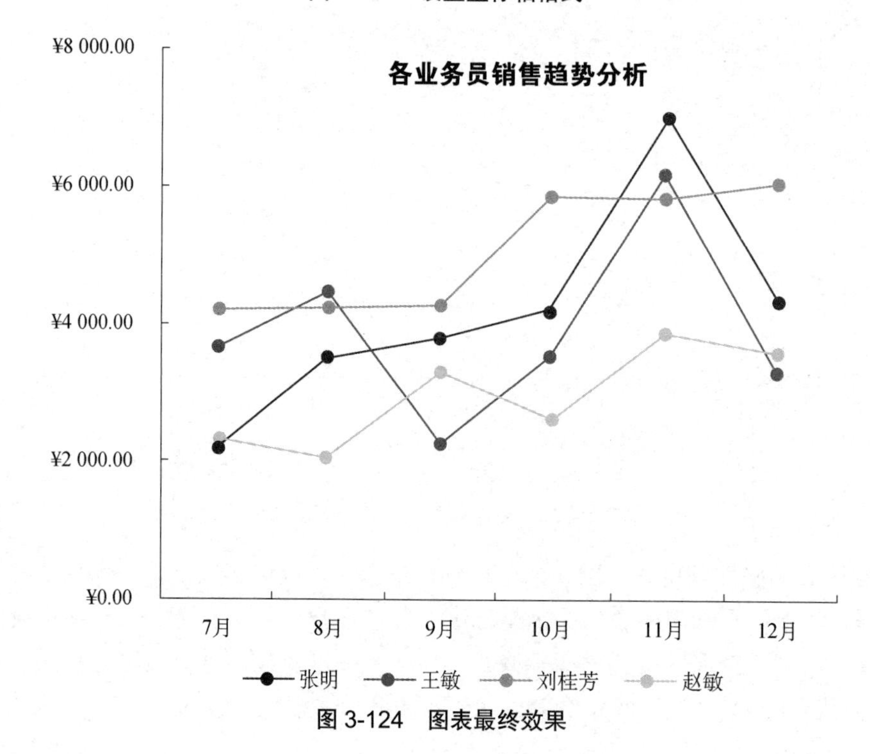

图 3-124　图表最终效果

5. 数据透视表

Excel 2019 中，若要深入分析数值数据，可以创建数据透视表。数据透视表是一种交互的、交叉制表的 Excel 报表，用于对多种来源（包括 Excel 的外部数据）的数据进行汇总和

分析。

数据透视表的主要功能有：

● 以多种用户友好方式查询大量数据。

● 对数值数据进行分类汇总和聚合，按分类和子分类对数据进行汇总，创建自定义计算公式。

● 展开和折叠要关注结果的数据级别，查看感兴趣区域汇总数据的明细。

● 将行移动到列或将列移动到行（或“透视”），以查看源数据的不同汇总。

● 对最有用和最关注的数据子集进行筛选、排序、分组和有条件的设置格式，使你能够关注所需的信息。

● 提供简明、有吸引力并且带有批注的联机报表或打印报表。

（1）创建数据透视表。

具体步骤如下：

① 将单元格定位在数据列表中的任意一个单元格。

② 单击“插入”选项卡下“表格”组中的“数据透视表”按钮，如图 3-125 所示。

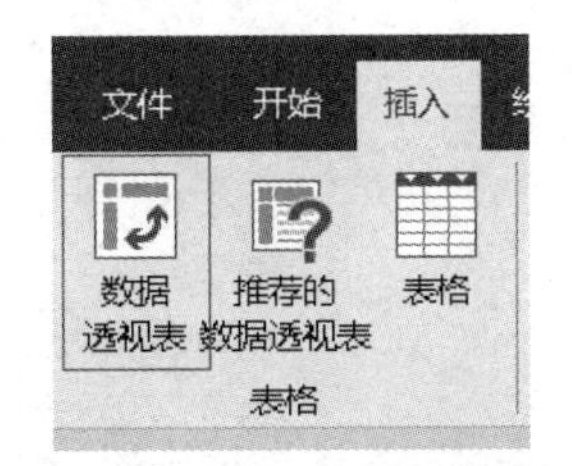

图 3-125 插入数据透视表

③ 在打开的“创建数据透视表”对话框中，在“请选择要分析的数据”下要确保已选中“选择一个表或区域”选项，然后在“表/区域”框中验证要用作基础数据的单元格区域。

④ 在“选择放置数据透视表的位置”下，执行下列操作之一来指定位置。

● 若要将数据透视表放置在新工作表中，请选中“新工作表”。

● 若要将数据透视表放置在现有工作表中，请选中“现有工作表”，然后在“位置”框中指定放置数据透视表的单元格区域的某个单元格（建议选 A1），如图 3-126 所示。

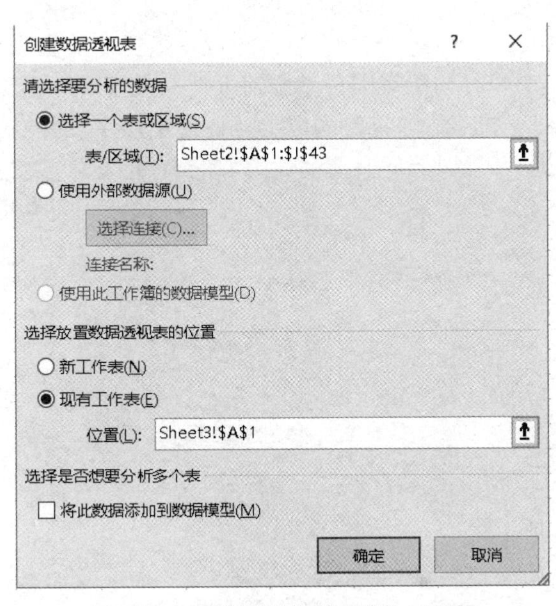

图 3-126 “创建数据透视表”对话框

⑤ 单击“确定”按钮，Excel 会将空的数据透视表添加至指定位置并显示“数据透视表

字段”列表，以便可以添加字段、创建布局以及自定义数据透视表。空数据透视表和“数据透视表字段”列表，如图 3-127 所示。

图 3-127　空数据透视表和“数据透视表字段”列表

⑥ 若要向报表中添加字段，请执行下列一项或多项操作：

● 若要将字段放置到布局部分的默认区域中，请在字段部分中选中相应字段名称旁的复选框。

● 默认情况下，非数值字段会添加到“行”区域，数值字段会添加到“值”区域，而联机分析处理（OLAP）日期和时间层级则会添加到“列”区域。

● 若要将字段放置到布局部分的特定区域中，请选中该字段并右击，在弹出的快捷菜单中选择“添加到报表筛选”、“添加到列标签”、“添加到行标签”或“添加到数值”命令，如图 3-128 所示。

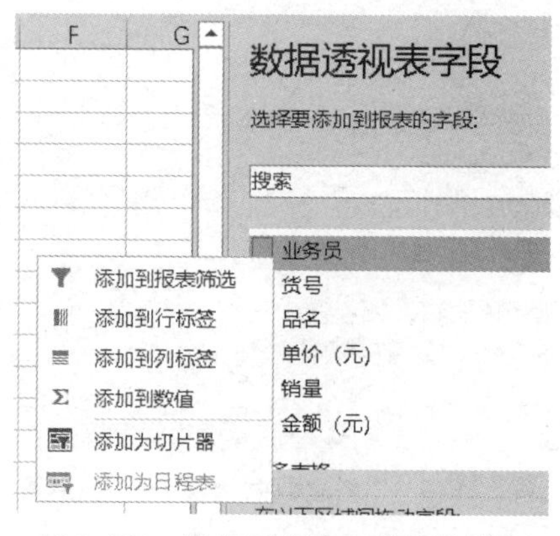

图 3-128　数据透视表字段快捷菜单

● 若要将字段拖放到所需的区域，请在字段部分中单击并按住相应的字段名称，然后将它拖到布局部分的所需区域中。

【小案例】为超市某日销售情况创建数据透视表并分析每种商品的销售金额，如图 3-129 所示。

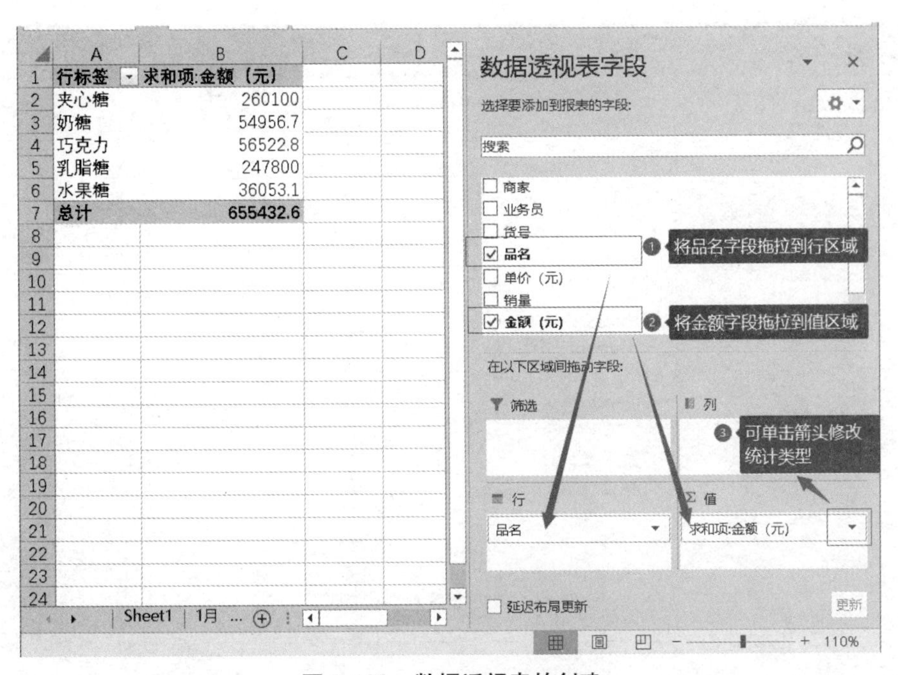

图 3-129　数据透视表的创建

如图 3-129 所示，将“品名”和“金额（元）”分别拖到“行”区域和“值”区域，其中“值”区域默认的统计类型是求和，如果需要修改，也可以单击向下箭头，在弹出的快捷菜单中选择“值字段设置”命令，在打开的“值字段设置”对话框中进行修改，如图 3-130 所示。

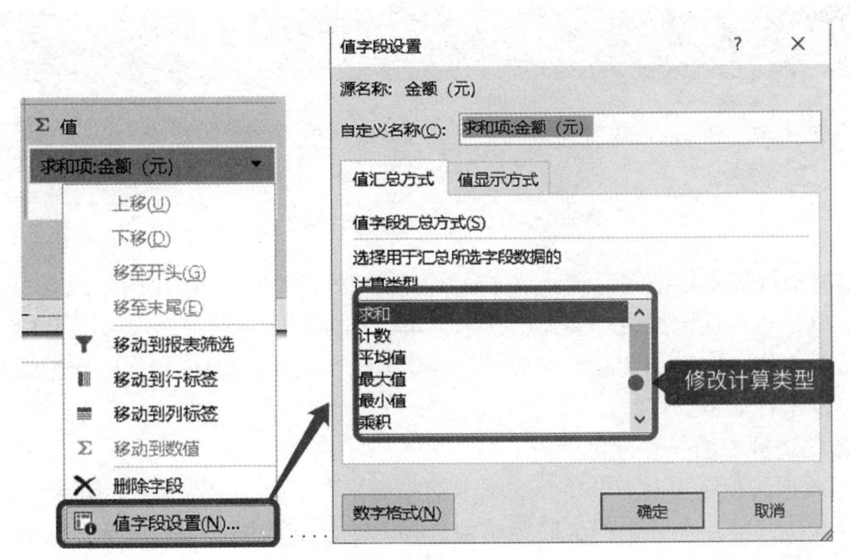

图 3-130　值字段计算类型修改

数据透视表创建好后，Excel 会自动命名该透视表，若为第一个透视表，则命名为“数据透视表 1”，若要修改数据透视表的名字，则可以在“数据透视表工具—分析”选项卡的“数据透视表”组的“数据透视表名称”文本框中，直接为透视表重命名，或者，单击“选项”按钮，在打开的“数据透视表选项”对话框中进行设置，如图 3-131 所示。

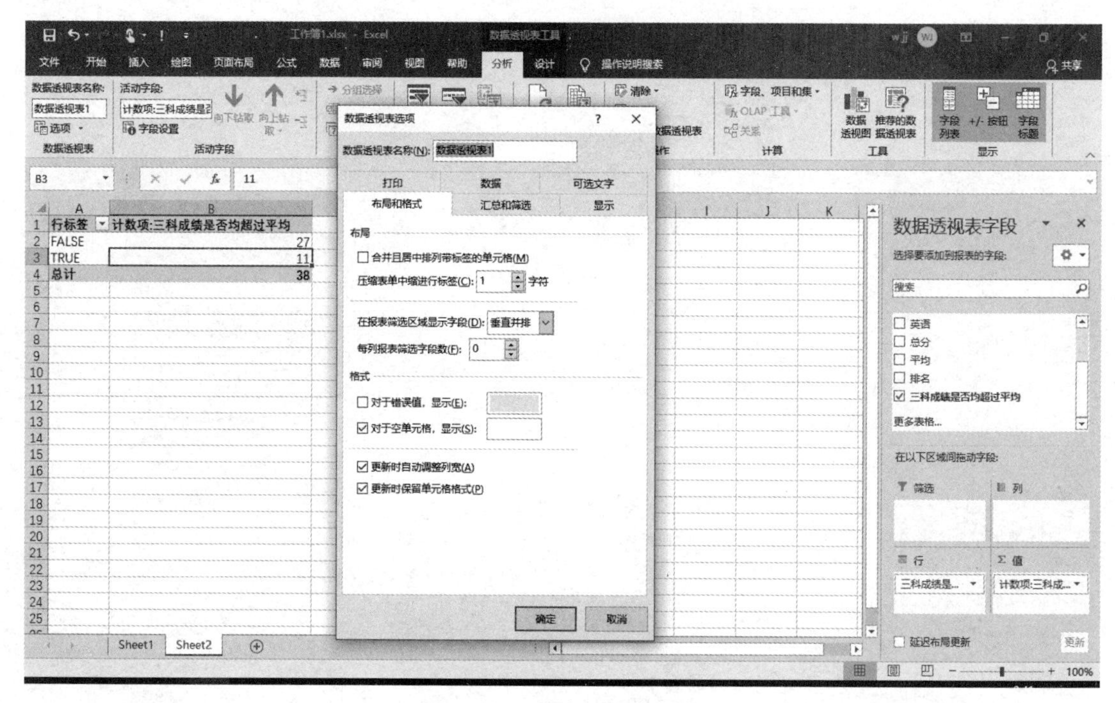

图 3-131　修改透视表名称

“数据透视表工具”是在选中创建好的数据透视表后自动出现的一个工具栏，如图 3-132 所示。它有两个选项卡“分析”和“设计”。

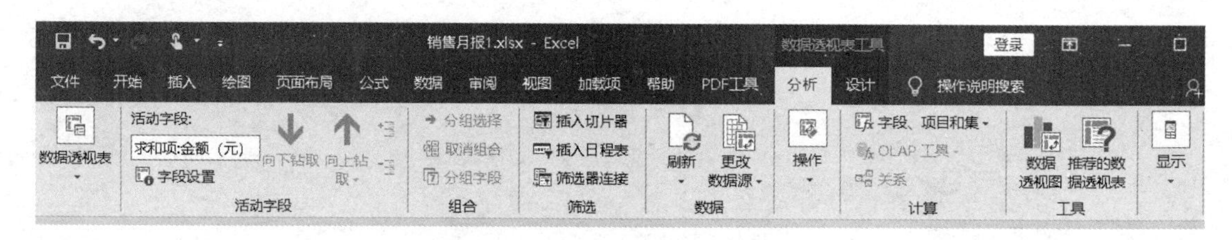

图 3-132　“数据透视表工具”栏

（2）数据透视表中数据的筛选。数据透视表创建好后，“行”区域的字段名上会添加一个列筛选器，单击该筛选器按钮，会弹出一个菜单，该操作同自动筛选，如图 3-133 所示。

（3）数据透视表内容的清除。若要将已经添加了字段和创建了布局的数据透视表中的内容清除，可以进行如下操作：

① 在数据透视表的任意位置单击。

② 在“数据透视表工具—分析”选项卡的“操作”组中，如图 3-134 所示，单击“清除”按钮下方的箭头，然后在弹出的级联菜单中选择“全部清除”命令，此后，数据透视表还原为空数据透视表。

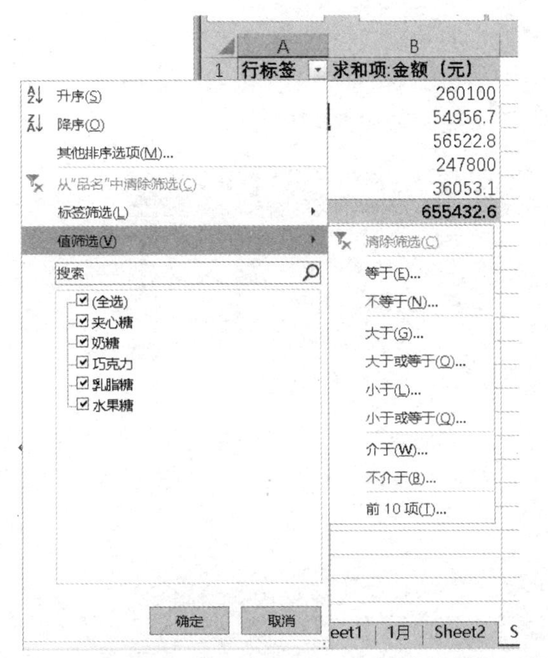

图 3-133　“数据透视表”的“行”区域字段的筛选示意图

图 3-134　数据透视表的“清除”按钮

（4）删除数据透视表。

① 在要删除的数据透视表的任意位置单击。

② 在“数据透视表工具—分析”选项卡的“操作”组中，单击“选择”按钮下方的箭头，然后在弹出的级联菜单中选择“整个数据透视表”命令，如图 3-135 所示。

③ 按 Delete 键删除。

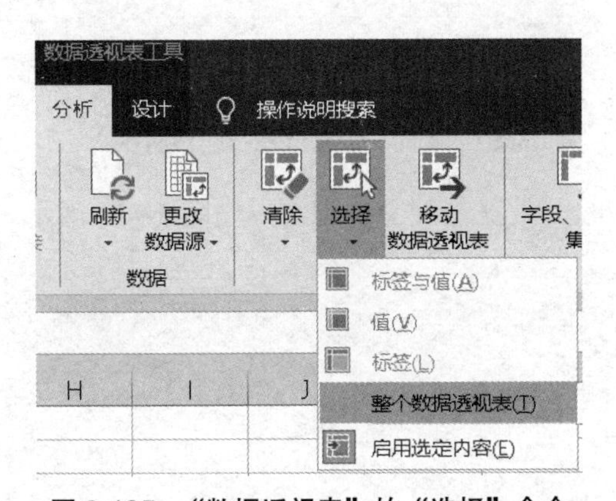

图 3-135　“数据透视表”的“选择”命令

6. *数据透视图*

数据透视图以图形的形式表示数据透视表中的数据，而数据透视表被称为相关联的数据透视表。数据透视图也是交互式的，用户可以对其进行排序或筛选，来显示数据透视表中的数据的子集。在相关联的数据透视表中对字段布局和数据所做的更改，会立即反映在数据透视图中。

与标准图表一样，数据透视图显示数据系列、类别、数据标记和坐标轴。用户可以更改图表类型及其他选项，如标题、图例位置、数据标签和图表位置。

（1）基于工作表数据创建数据透视图。数据透视图可以基于工作表数据来创建，即在“插入”选项卡的“图表”组中单击“数据透视图”按钮，如图 3-136 所示。

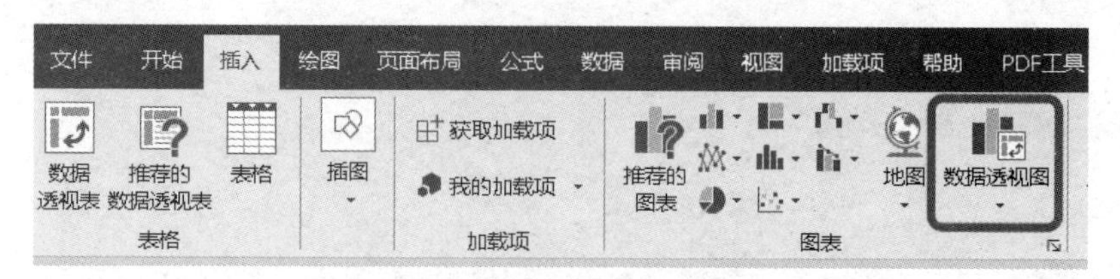

图 3-136 “数据透视图”按钮

创建的过程和创建数据透视表一样，创建后会同时产生一个数据透视表和一个数据透视图，字段的设置和图表的布局都和创建数据透视表时相同，只是多了一个数据透视图显示区，如图 3-137 所示。

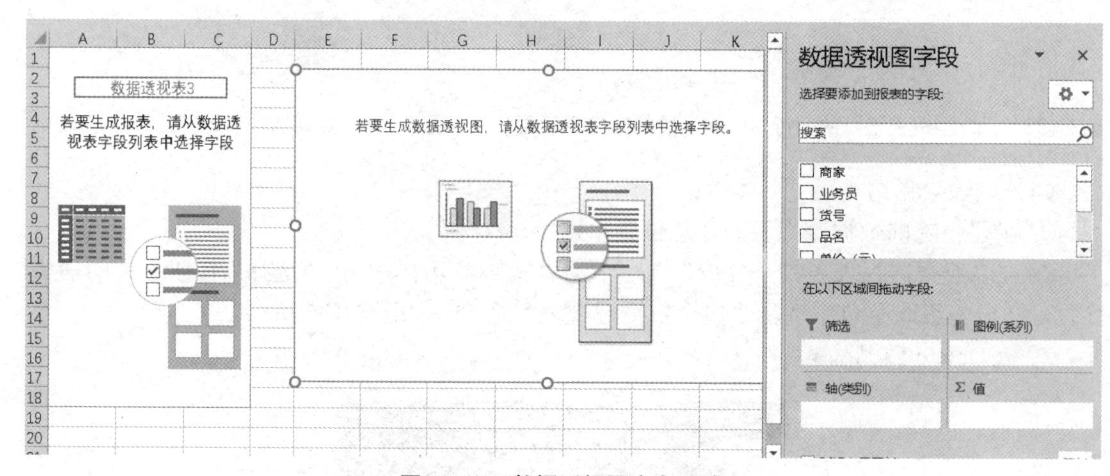

图 3-137 数据透视图空白区域

如上例中，如果插入的是数据透视图，则结果如图 3-138 所示。

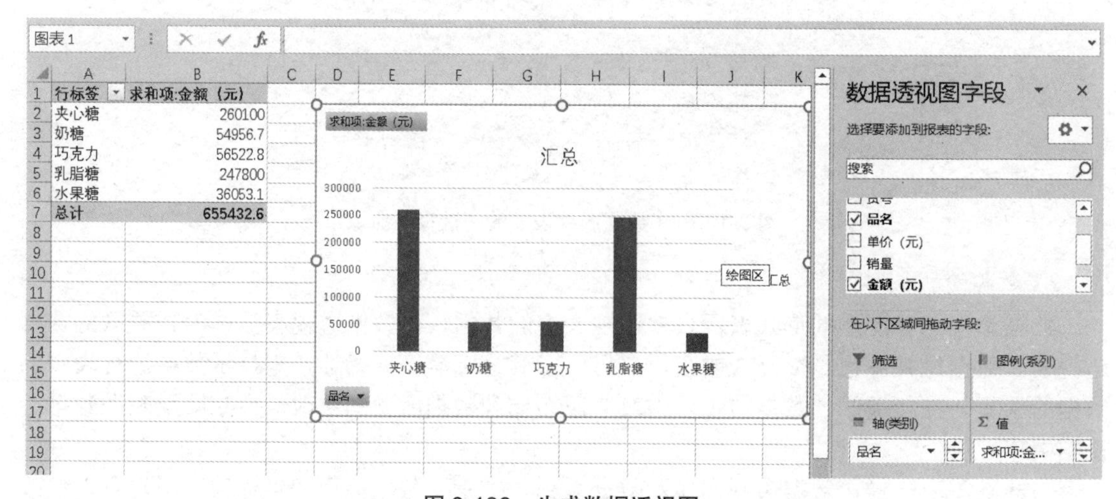

图 3-138 生成数据透视图

当用户选中数据透视图时，功能区会出现一个“数据透视图工具”工具栏，内有“分析”“设计”“格式”三个选项卡，可以在此修改图表的样式和颜色等，如图 3-139 所示。

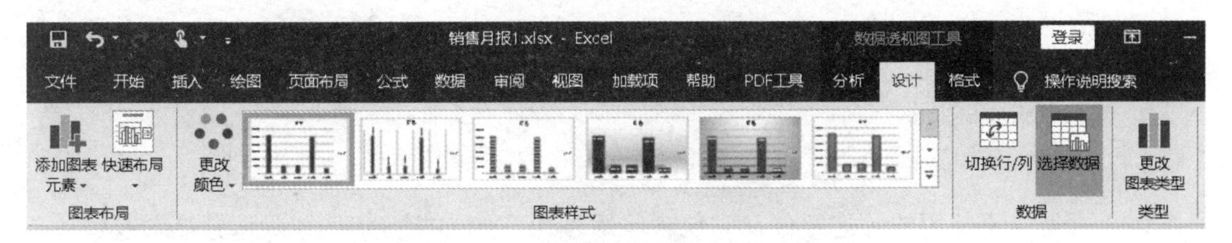

图 3-139 “数据透视图工具”工具栏

（2）基于已经存在的数据透视表创建数据透视图。

① 单击数据透视表。

② 在“数据透视表工具—分析”选项卡的“工具”组中，单击“数据透视图”按钮，如图 3-140 所示。

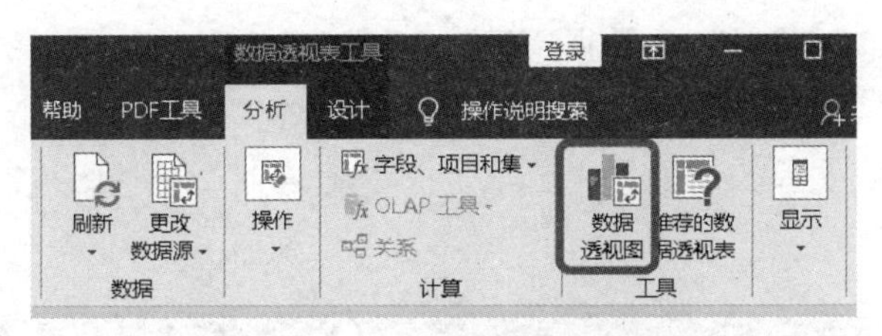

图 3-140 “数据透视图”按钮

③ 接着会打开“插入图表”对话框。在该对话框中，单击所需的图表类型和图表子类型，如图 3-141 所示，最后单击“确定”按钮。

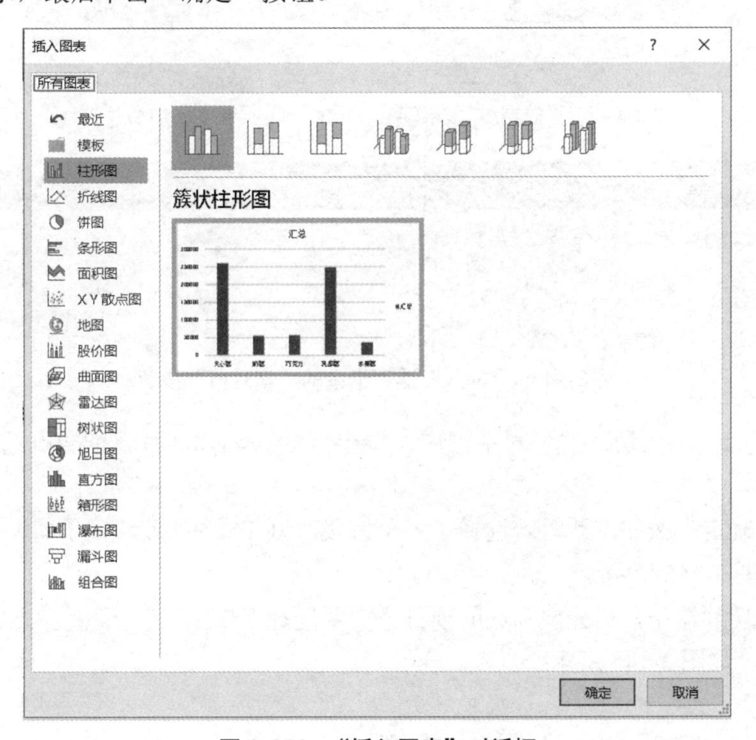

图 3-141 “插入图表”对话框

采用上述两种方法来创建数据透视图，其最后结果都会有一张数据透视表和一个数据透视图。

（3）数据透视图的删除。

① 在数据透视图上的任意位置单击。

② 按 Delete 键即可。

7. 切片器

切片器是易于使用的筛选组件，它包含一组按钮，使你能够快速地筛选数据透视表中的数据，而无须打开下拉列表以查找要筛选的项目。当使用常规的数据透视表筛选器来筛选多个项目时，筛选器仅指示筛选了多个项目，用户必须打开一个下拉列表才能找到有关筛选的详细信息。而切片器可以清晰地标记已应用的筛选器，并提供详细信息，以便能够轻松了解显示在已筛选的数据透视表中的数据。

（1）创建切片器。

① 单击你要为其创建切片器的数据透视表中的任意位置。

② 在“数据透视表工具—分析”选项卡的“筛选器”组中，单击“切片器”按钮，如图 3-142 所示，或者依次单击“插入”选项卡→“筛选器”→“切片器”按钮，如图 3-143 所示。

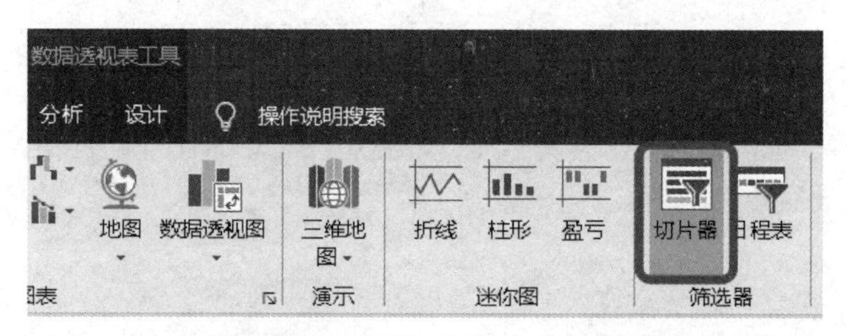

图 3-142 “数据透视表工具—分析”选项卡中添加切片器

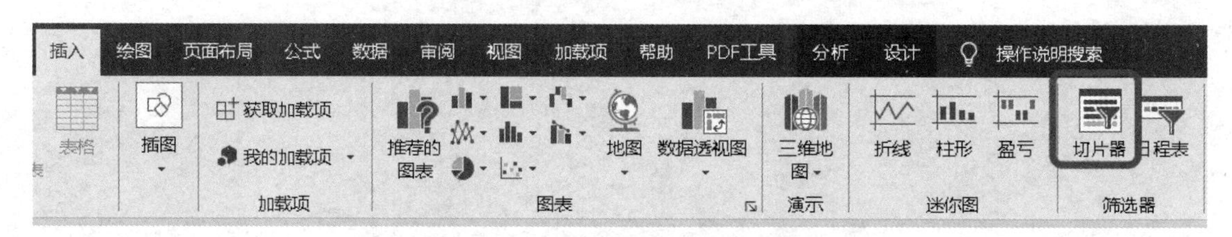

图 3-143 “插入”选项卡中的“切片器”按钮

③ 在打开的“插入切片器”对话框中，选中要为其创建切片器的数据透视表字段，如图 3-144 所示。

④ 单击“确定”按钮，此时若选择了多个字段，则 Excel 将为选中的每一个字段显示一个切片器，如图 3-145 所示。

⑤ 在每个切片器中，选择要筛选的项目。若要选择多个项目，请按住 Ctrl 键，然后单击要筛选的项目，如图 3-146 所示。

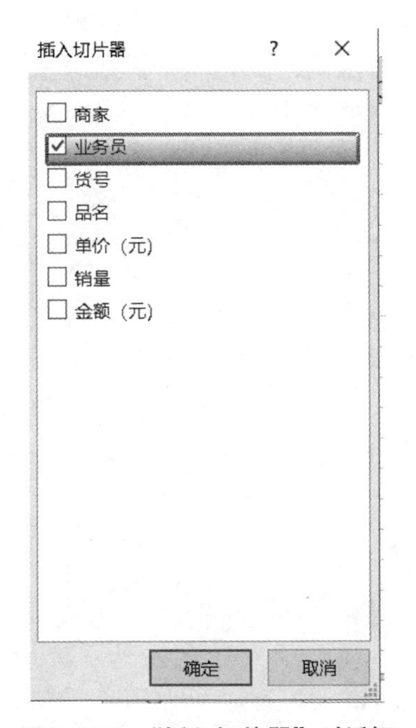

图 3-144　“插入切片器”对话框

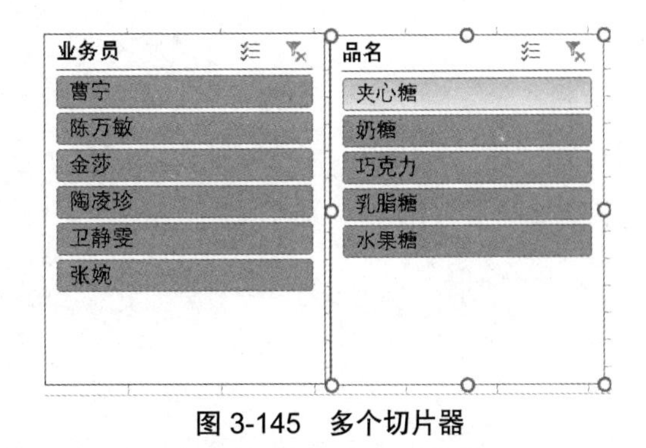

图 3-145　多个切片器

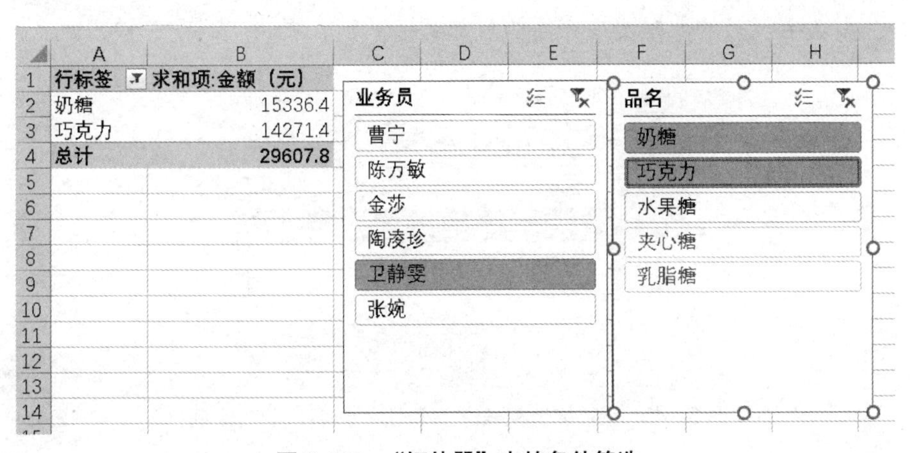

图 3-146　“切片器”中的条件筛选

（2）设置切片器格式。选中要设置的切片器，然后功能区中会自动出现“切片器工具”工具栏。在“切片器工具—选项”选项卡中，可以对切片器进行各种格式设置。“切片器工具”工具栏，如图 3-147 所示。

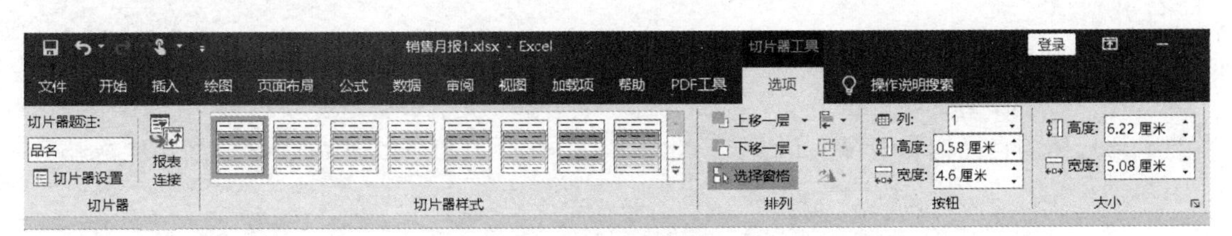

图 3-147　“切片器工具”工具栏

（3）多个数据透视表之间共享切片器。当有多个数据透视表，且数据透视表之间的数据相关联时，可以为这些数据透视表创建共享的切片器，方法是：先为一个数据透视表创建切片器，然后选中该切片器，右击，在弹出的快捷菜单中选择“报表连接”命令，如图 3-148 所示。

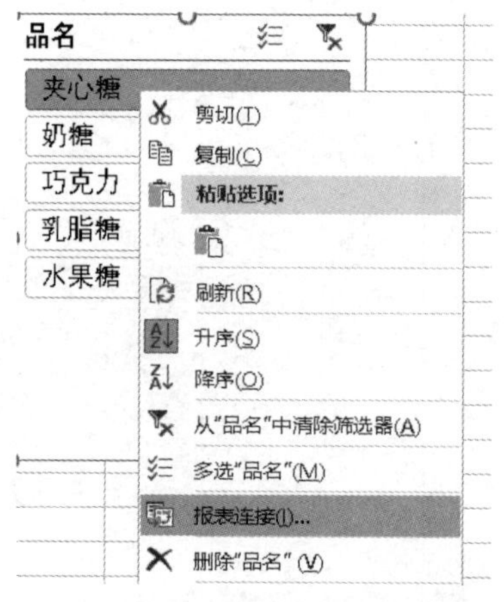

图 3-148 “切片器”快捷菜单

在打开的“数据透视表连接（切片器名称）”对话框中（如图 3-149 所示，这里的切片器名称为品名），为要连接的数据透视表前的复选框打“✓”，单击“确定”按钮。

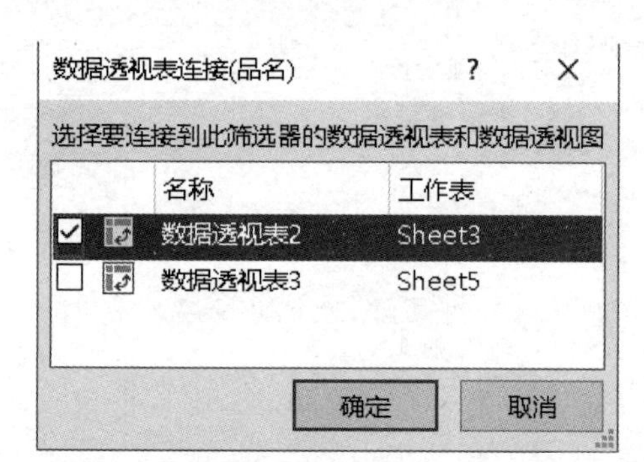

图 3-149 “数据透视表连接（切片器名称）”对话框

（4）切片器的删除

① 单击切片器，然后按 Delete 键。

② 右击切片器，然后在弹出的快捷菜单中选择“删除<切片器名称>”命令即可。

【操作步骤】

打开“超市休闲食品销售情况表.xlsx”，其中 Sheet1 和 Sheet2 中分别有一张表，Sheet1 中的“部分休闲食品销售情况汇总表”，如图 3-150 所示，Sheet2 中的“部分商品价格表”，如图 3-151 所示。

部分休闲食品销售情况汇总表

商品原名	规格	商品全名	库存（包）	商品条码（文本）	价格（元）	会员价（元）	周原价销售量（包）	周会员价销售量（包）	周销售总量（包）	周总销售额（元）	售后库存（包）	销售额排名
洽洽香瓜子	30g		500				55	50				
洽洽香瓜子	65g		350				20	26				
洽洽香瓜子	95g		100				30	45				
洽洽香瓜子	105g		220				11	43				
洽洽香瓜子	160g		320				5	100				
洽洽香瓜子	200g		250				0	0				
洽洽香瓜子	260g		200				3	26				
洽洽香瓜子	308g		180				18	10				
龙口湾牌龙口粉丝	250g		148				12	12				
龙口湾牌龙口粉丝	500g		260				2	1				
龙口湾牌龙口粉丝	1000g		230				15	13				
塔林龙口粉丝	180g		160				5	3				
塔林龙口粉丝	200g		130				0	1				
塔林龙口粉丝	400g		448				23	20				
塔林红薯粉丝	200g		124				12	11				

Sheet1　Sheet2　Sheet3　Sheet4

图 3-150　部分闲食品销售情况汇总表

部分商品价格表

商品全名	商品条码	价格（元）	是否为文本	商品条码（文本）
洽洽香瓜子30g	6924187834767	0.76		
洽洽香瓜子65g	6924187834774	1.78		
洽洽香瓜子95g	6924187828537	2.13		
洽洽香瓜子105g	6924187834787	2.72		
洽洽香瓜子160g	6924187820067	3.44		
洽洽香瓜子200g	6924187832657	4.27		
洽洽香瓜子260g	6924187821644	5.61		
洽洽香瓜子308g	6924187828544	6.53		
塔林龙口粉丝180g	6923195700088	2.79		
塔林龙口粉丝200g	6923195700095	5.49		
塔林龙口粉丝400g	6923195700132	10.95		
塔林红薯粉丝200g	6935330800034	3.01		
塔林红薯粉丝400g	6935330800171	2.92		
龙口湾牌龙口粉丝250g	6935330800140	5.79		
龙口湾牌龙口粉丝500g	6935330801369	2.07		
龙口湾牌龙口粉丝1000g	6935330801376	4.14		

Sheet1　Sheet2　Sheet3　Sheet4

图 3-151　部分商品价格表

1. 用文本函数实现文本的连接运算

【要求】

在 Sheet1 中，通过将“商品原名”和“规格”两个字段值合并，生成“商品全名”，并填入 C 列的相应位置。

【操作】

“商品全名”列操作示意图，如图 3-152 所示。

（1）选中单元格 C3，依次单击“公式”选项卡→“函数库”→“文本”按钮，并在弹出的下拉菜单中选择“CONCATENATE”函数。

（2）在打开的“函数参数”对话框中设置 CONCATENTE 函数的两个参数分别为 A3 和 B3。

（3）然后单击“确定”按钮，单元格 C3 中的公式变为“=CONCATENATE(A3,B3)”，将公式复制到“商品全名”列的其他位置即可。

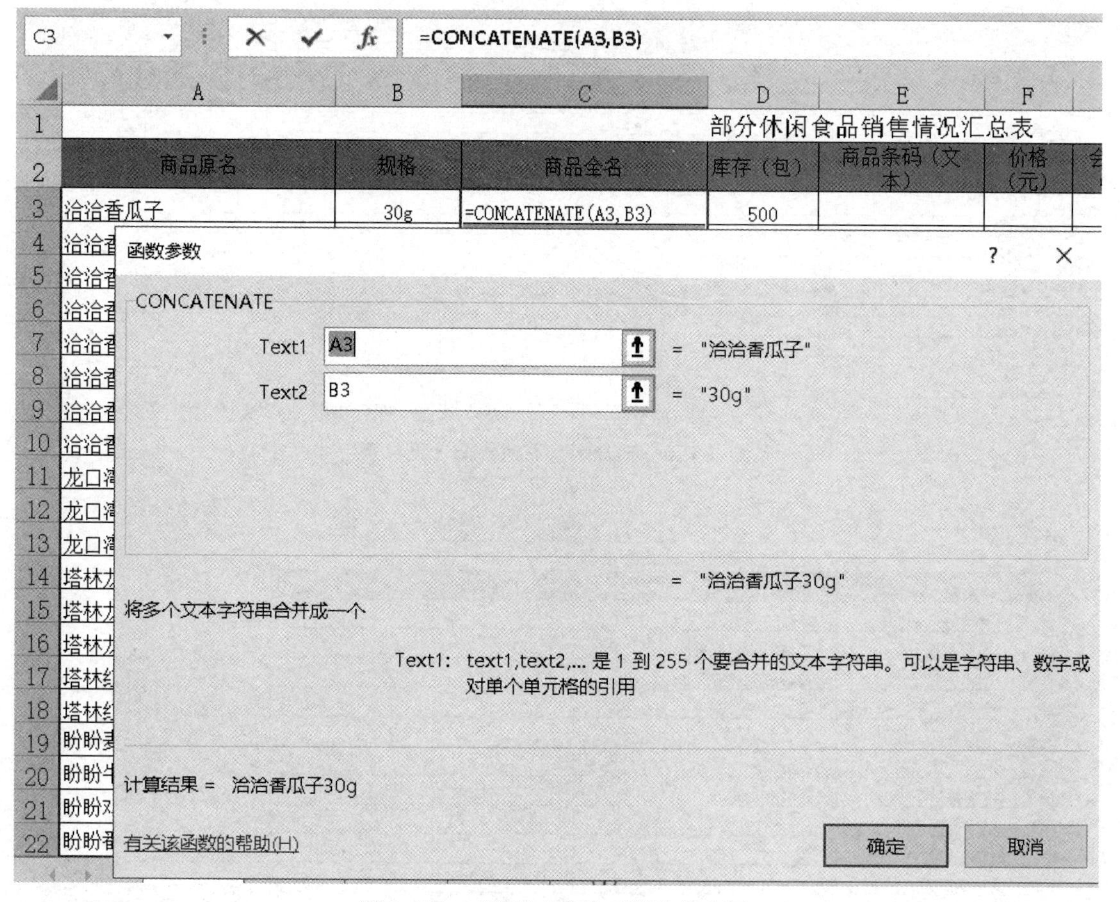

图 3-152 “商品全名”列操作示意图

2. 用信息函数检测单元格中值的类型

【要求】

在 Sheet2 中，判断“商品条码”列中的数据是否都是文本，并将结果填入“是否为文本”列，是则填入“TRUE”，否则填入“FALSE”。

【操作】

（1）在 Sheet2 中选择单元格 D3，依次单击“公式”选项卡→“函数库”→“插入函数”按钮。

（2）在打开的“插入函数”对话框中，设置“或选择类别”为“信息”，然后在下面列表中选择函数“ISTEXT”，最后单击“确定”按钮。

（3）在打开的 ISTEXT 函数的“函数参数”对话框中，设置参数为 B3，然后单击“确定”按钮。

（4）此时单元格 D3 中的公式为“=ISTEXT(B3)”，将该公式复制到该列的其他单元格中，最后结果如图 3-153 所示。

D3　=ISTEXT(B3)

	A	B	C	D	E
1	部分商品价格表				
2	商品全名	商品条码	价格（元）	是否为文本	商品条码（文本）
3	洽洽香瓜子30g	6924187834767	0.76	FALSE	
4	洽洽香瓜子65g	6924187834774	1.78	FALSE	
5	洽洽香瓜子95g	6924187828537	2.13	FALSE	
6	洽洽香瓜子105g	6924187834787	2.72	FALSE	
7	洽洽香瓜子160g	6924187820067	3.44	FALSE	
8	洽洽香瓜子200g	6924187832657	4.27	FALSE	
9	洽洽香瓜子260g	6924187821644	5.61	FALSE	
10	洽洽香瓜子308g	6924187828544	6.53	FALSE	
11	塔林龙口粉丝180g	6923195700088	2.79	TRUE	
12	塔林龙口粉丝200g	6923195700095	5.49	TRUE	
13	塔林龙口粉丝400g	6923195700132	10.95	TRUE	

图 3-153　“是否为文本”列的结果示意图

3. 数值转换为文本

【要求】

在 Sheet2 中，将“商品条码”的内容转换为文本，并填入“商品条码（文本）”字段。

【操作】

方法一：

（1）选择 Sheet2 的单元格 E3，输入公式“=B3&""”，然后确认输入。

（2）将该公式复制到该列其他单元格中，结果如图 3-154 所示。

E3　=B3&""

	A	B	C	D	E	F
1	部分商品价格表					
2	商品全名	商品条码	价格（元）	是否为文本	商品条码（文本）	
3	洽洽香瓜子30g	6924187834767	0.76	FALSE	6924187834767	
4	洽洽香瓜子65g	6924187834774	1.78	FALSE	6924187834774	
5	洽洽香瓜子95g	6924187828537	2.13	FALSE	6924187828537	
6	洽洽香瓜子105g	6924187834787	2.72	FALSE	6924187834787	
7	洽洽香瓜子160g	6924187820067	3.44	FALSE	6924187820067	
8	洽洽香瓜子200g	6924187832657	4.27	FALSE	6924187832657	
9	洽洽香瓜子260g	6924187821644	5.61	FALSE	6924187821644	
10	洽洽香瓜子308g	6924187828544	6.53	FALSE	6924187828544	

图 3-154　“商品条码（文本）”列的结果示意图

方法二：利用数值转换文本的 TEXT 函数，只要将里面的数值内容转换成文本，本来就是文本的则保持不变，因此，要先采用 IF 函数判断 D 列的内容是否为 FALSE，若是，则要用 TEXT 函数转换，否则，不转换。

（1）选择 Sheet2 的单元格 E3，依次单击“公式”选项卡→“函数库”→“逻辑”按钮，在弹出的下拉菜单中选择“IF”函数。该函数的参数设置如图 3-155 所示，第三个参数要插入 TEXT 函数，具体可以定位在该参数位置上，单击编辑栏最左边的“函数”框，在下拉列表中进行选择。若“函数”框的下拉列表中没有 TEXT 函数，则选择“其他函数…”命令，再在打开的“插入函数”对话框中选择“文本”类别，然后选择 TEXT 函数即可。

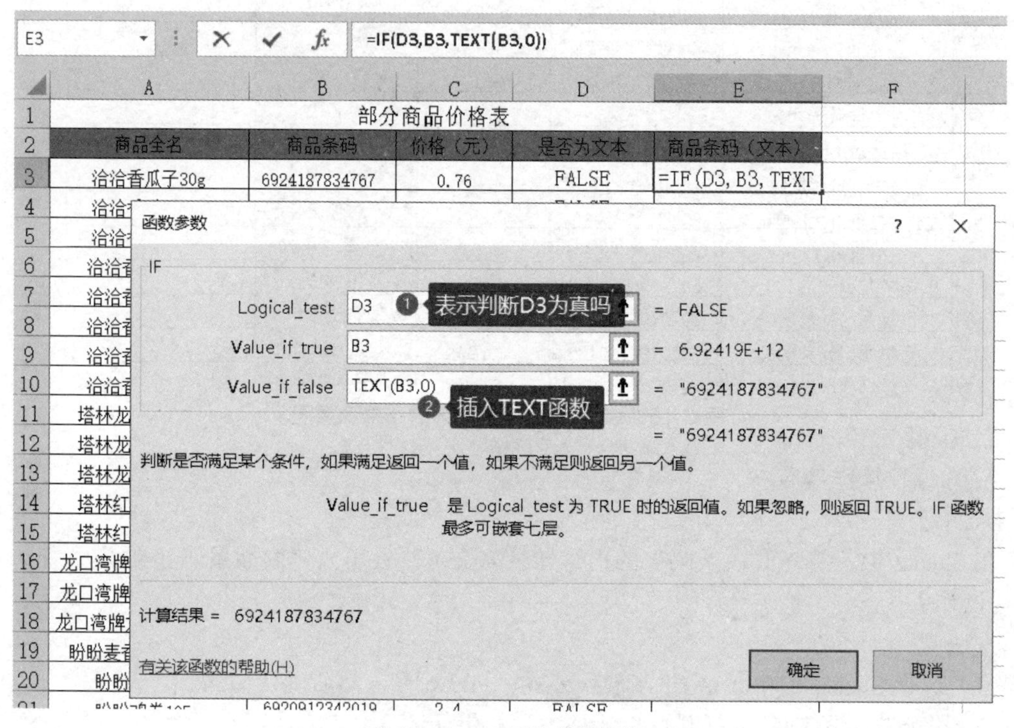

图 3-155 IF 函数参数设置

（2）在 TEXT 函数的“函数参数”对话框中设置“Value”为“B3”，格式“Format_text”为“0”，然后单击“确定”按钮，具体如图 3-156 所示。

函数参数

TEXT

Value B3 = 6.92419E+12

Format_text 0 = "0"

= "6924187834767"

根据指定的数值格式将数字转成文本

Value 数值、能够返回数值的公式，或者对数值单元格的引用

计算结果 = 6924187834767

有关该函数的帮助(H)

确定 取消

图 3-156 TEXT 函数的“函数参数”对话框

（3）此时 E3 中的公式为“=IF(D3,B3,TEXT(B3,0))”，将该公式复制到该列的其他单元格。

4. 用查找和引用函数实现不同工作表间数据的查找

【要求】

根据 Sheet2，对 Sheet1 中的“商品条码（文本）”和“价格（元）”进行填充，并计算“会员价（元）”“周总销售额（元）”，其中，会员价比超市原价（即表格中的“价格（元）”）优惠 8%，“周总销售额（元）”为两种销售的销售额之和。

【操作】

（1）选中 Sheet1 的单元格 E3，依次单击“公式”选项卡→“函数库”→“查找和引用”按钮，在下拉菜单中选择“VLOOKUP”，并在其“函数参数”对话框中设置参数如下：

Lookup_value 设为 C3（根据“商品全名”字段来查找，因此，这里设置 C3）；

Table_array 设置为“Sheet2!$A$2:$E$25”，可以直接输入，也可以进行如下操作：单击 Table_array 所在的文本框以定位，然后单击 Sheet2 工作表的标签，此时窗口自动切换到 Sheet2，接着将要查找的整张表选中，即选中区域“A2:E2”。一旦选择结束，则会自动跳转到“函数参数”对话框中，然后给单元格引用添加绝对引用标志；

参数 Col_index_num 设为 5，因为“商品条码（文本）”在所查表的第 5 行；

最后设置 Range_lookup 为 FALSE（或 0），实现精确查找。“函数参数”对话框具体设置如图 3-157 所示。

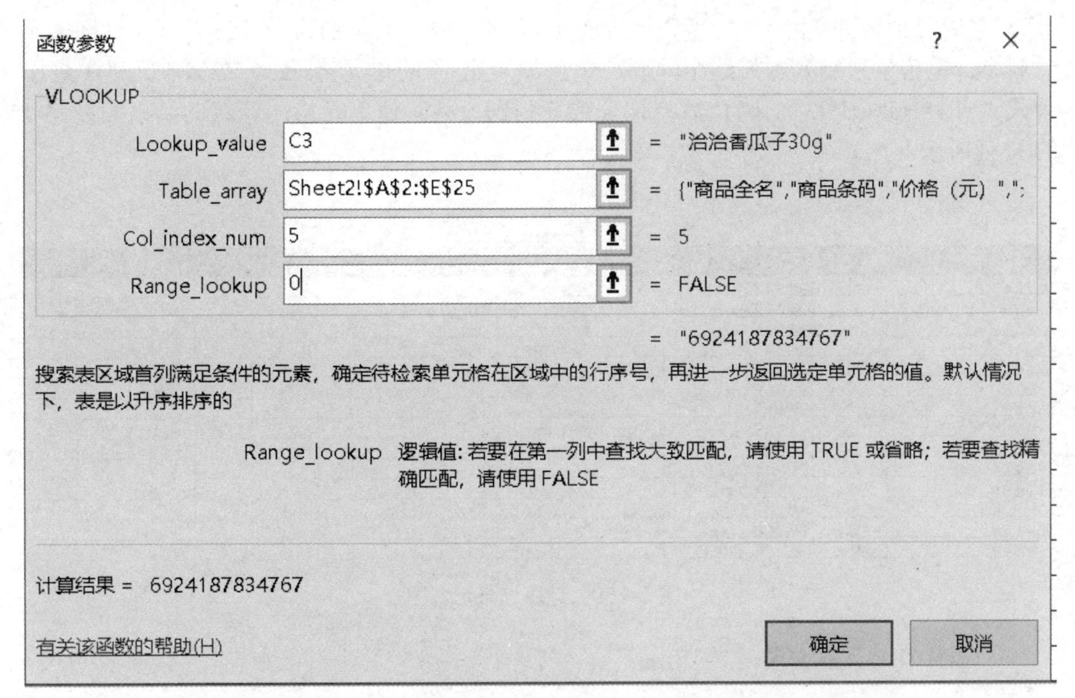

图 3-157　VLOOKUP 函数进行“商品条码（文本）”填充时的参数设置

（2）确定后，该单元格 E3 的公式为“=VLOOKUP(C3, Sheet2!$A$2:$E$25,5,FALSE)”，将该公式复制到该列的其他单元格中。

（3）“价格（元）”列的填充方法同上，区别是参数 Col_index_num 应设为 3，并将公式复制到该列的其他单元格中，如图 3-158 所示。

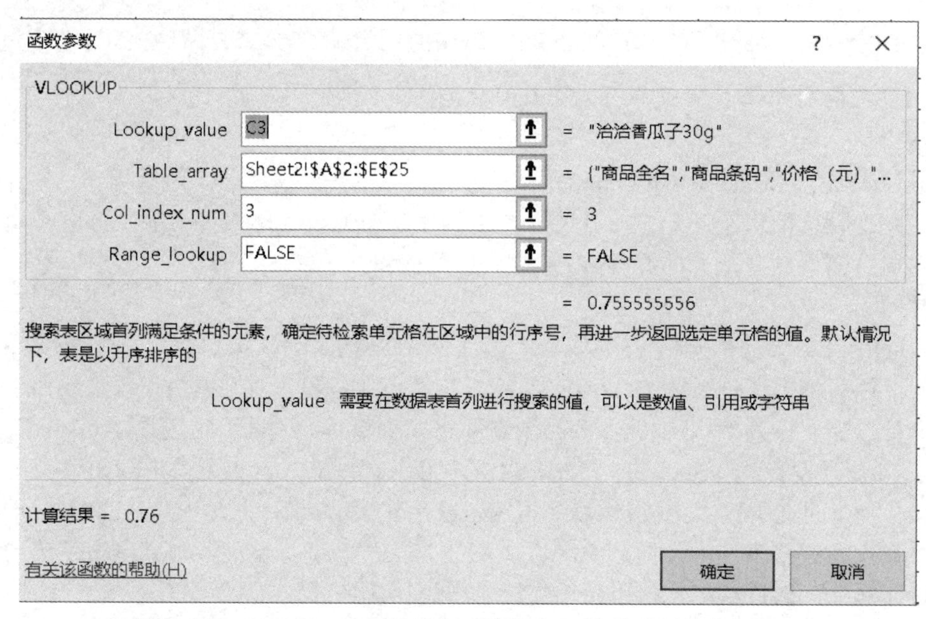

图 3-158 VLOOKUP 函数进行“价格（元）”填充时的参数设置

（4）计算“会员价（元）”。选中 Sheet1 的单元格 G3，在单元格中输入公式“=F3*(1-8%)”，确认后，将该公式复制到其他单元格中。

（5）“周总销售额（元）”为“会员价（元）”×“周会员价销售量（包）”+“价格（元）”×“周原价销售量（包）”。先选中“周总销售额（元）”的单元格 K3，在该单元格中直接输入公式“=F3*H3+G3*I3”，确认后将该公式复制到该列其他单元格。计算的结果如图 3-159 中的 K 列所示。

	A	B	C	D	E	F	G	H	I	J	K	L	M
1	部分休闲食品销售情况汇总表												
2	商品原名	规格	商品全名	库存（包）	商品条码（文本）	价格（元）	会员价（元）	周原价销售量（包）	周会员价销售量（包）	周销售总量（包）	周总销售额（元）	售后库存（包）	销售额排名
3	洽洽香瓜子	30g	洽洽香瓜子30g	500	6924187834767	0.76	0.70	55	50		76.31		
4	洽洽香瓜子	65g	洽洽香瓜子65g	350	6924187834774	1.78	1.64	20	26		78.08		
5	洽洽香瓜子	95g	洽洽香瓜子95g	100	6924187828537	2.13	1.96	30	45		152.32		
6	洽洽香瓜子	105g	洽洽香瓜子105g	220	6924187834787	2.72	2.50	11	43		137.64		
7	洽洽香瓜子	160g	洽洽香瓜子160g	320	6924187820067	3.44	3.17	5	100		334.11		
8	洽洽香瓜子	200g	洽洽香瓜子200g	250	6924187832657	4.27	3.93	0	0		0.00		
9	洽洽香瓜子	260g	洽洽香瓜子260g	200	6924187821644	5.61	5.16	3	26		151.05		
10	洽洽香瓜子	308g	洽洽香瓜子308g	180	6924187828544	6.53	6.01	18	10		177.71		
11	龙口湾牌龙口粉丝	250g	龙口湾牌龙口粉丝250g	148	6935330800140	5.79	5.33	12	12		133.36		
12	龙口湾牌龙口粉丝	500g	龙口湾牌龙口粉丝500g	260	6935330801369	2.07	1.90	2	1		6.05		
13	龙口湾牌龙口粉丝	1000g	龙口湾牌龙口粉丝1000g	230	6935330801376	4.14	3.81	15	13		111.65		
14	塔林龙口粉丝	180g	塔林龙口粉丝180g	160	6923195700088	2.79	2.57	5	3		21.64		
15	塔林龙口粉丝	200g	塔林龙口粉丝200g	130	6923195700095	5.49	5.05	0	1		5.05		
16	塔林龙口粉丝	400g	塔林龙口粉丝400g	448	6923195700132	10.95	10.08	23	20		453.45		

图 3-159 计算结果示意图

5. 利用统计函数进行数据统计

【要求】

首先用数组公式计算“周销售总量（包）”和“售后库存（包）”，然后利用统计函数，统计“周销售总量（包）”为 0 的产品种数，填入 B28。在表格最右边添加一列“销售额排名”，并对“周总销售额（元）”进行排名统计。

【操作】

（1）选择 Sheet1 的“周销售总量（包）”的所有单元格 J3:J25，直接输入公式“=H3:H25+

I3:I25”，然后按 Ctrl+Shift+Enter 组合键，结果如图 3-160 中的 J 列所示。

（2）选择 Sheet1 的“售后库存（包）”的所有单元格 L3:L25，直接输入公式“=D3:D25-J3:J25”，然后按 Ctrl+Shift+Enter 组合键。上述计算结果如图 3-160 中的 L 列所示。

L3　{=D3:D25-J3:J25}

部分休闲食品销售情况汇总表

商品原名	规格	商品全名	库存（包）	商品条码（文本）	价格（元）	会员价（元）	周原价销售量（包）	周会员价销售量（包）	周销售总量（包）	周总销售额（元）	售后库存（包）
洽洽香瓜子	30g	洽洽香瓜子30g	500	6924187834767	0.76	0.70	55	50	105	76.31	395
洽洽香瓜子	65g	洽洽香瓜子65g	350	6924187834774	1.78	1.64	20	26	46	78.08	304
洽洽香瓜子	95g	洽洽香瓜子95g	100	6924187828537	2.13	1.96	30	45	75	152.32	25
洽洽香瓜子	105g	洽洽香瓜子105g	220	6924187834787	2.72	2.50	11	43	54	137.64	166
洽洽香瓜子	160g	洽洽香瓜子160g	320	6924187820067	3.44	3.17	5	100	105	334.11	215
洽洽香瓜子	200g	洽洽香瓜子200g	250	6924187832657	4.27	3.93	0	0	0	0.00	250
洽洽香瓜子	260g	洽洽香瓜子260g	200	6924187821644	5.61	5.16	3	26	29	151.05	171
洽洽香瓜子	308g	洽洽香瓜子308g	180	6924187828544	6.53	6.01	18	10	28	177.71	152
龙口湾牌龙口粉丝	250g	龙口湾牌龙口粉丝250g	148	6935330800140	5.79	5.33	12	12	24	133.36	124
龙口湾牌龙口粉丝	500g	龙口湾牌龙口粉丝500g	260	6935330801369	2.07	1.90	2	1	3	6.05	257
龙口湾牌龙口粉丝	1000g	龙口湾牌龙口粉丝1000g	230	6935330801376	4.14	3.81	15	13	28	111.65	202

图 3-160　“周销售总量（包）”和“售后库存（包）”计算结果

（3）统计“周销售总量（包）”为 0 的商品种类数，可以用 CONTIF 函数。单击 Sheet1 的单元格 B28，依次单击“公式”选项卡→“函数库”→“其他函数”按钮，在下拉菜单中选择“统计”命令，再在其下一级菜单中选择“COUNTIF”函数。

（4）在 COUNTIF 函数的“函数参数”对话框中参数设置如图 3-161 所示，其中 Range 为“J3:J25”，即“周销售总量（包）”列所有数据。

（5）单击“确定”按钮后，返回的结果是“1”。

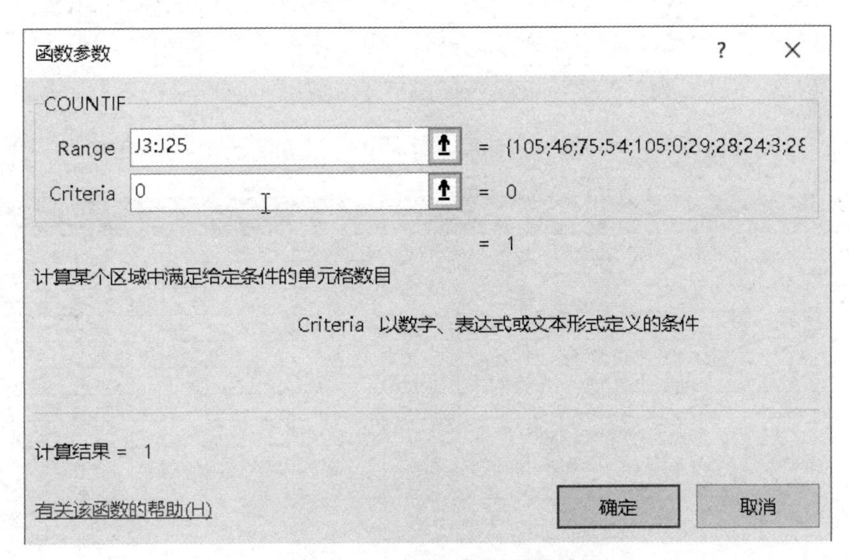

图 3-161　CONTIF 函数参数设置

（6）对“周总销售额（元）”列进行排名统计，用 RANK.EQ 函数来实现。选择 Sheet1 的单元格 M3，依次单击“公式”选项卡→“函数库”→“插入函数”按钮，在打开的“插入函数”对话框中设置“或选择类别”为“全部”，再在函数列表中选择“RANK.EQ”。

（7）在打开的 RANK.EQ 函数的“函数参数”对话框中设置参数，如图 3-162 所示。

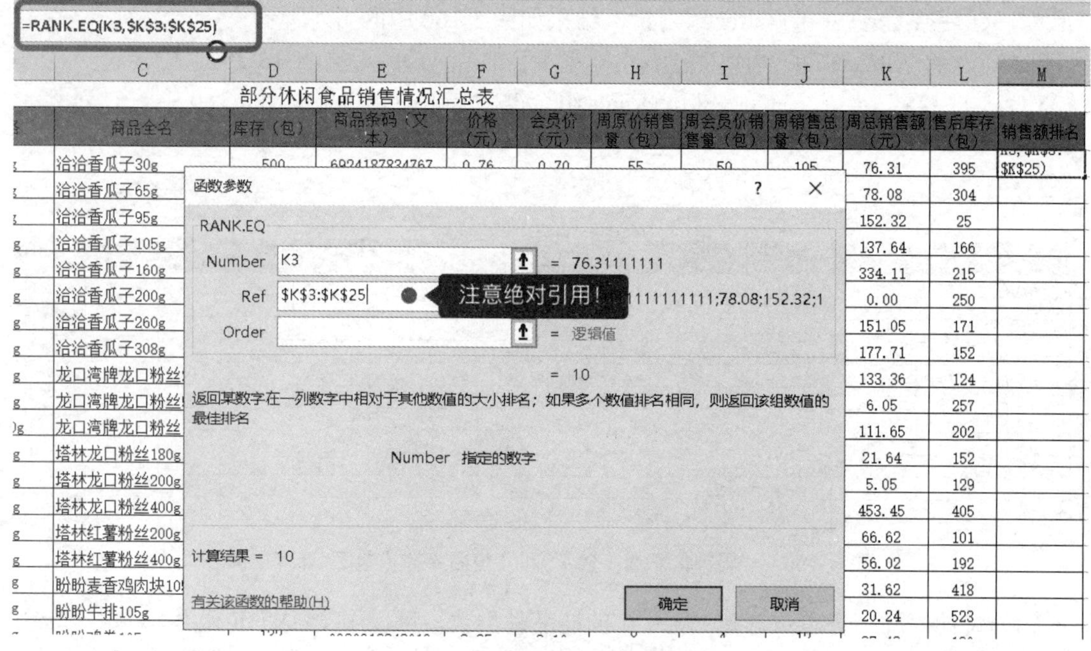

图 3-162 RANK.EQ 函数参数设置

其中，参数 Number 设置为“周总销售额（元）”列的第一个单元格；参数 Ref 为“周总销售额（元）”列的所有单元格，由于该公式要复制到其他单元格中，而 Ref 参数中的区域为不变的值，因此要将单元格设置为绝对引用；参数 Order 设为“0”，使排名按降序排列，该参数也可以忽略。确定后，单元格 M3 中的公式为“=RANK.EQ(K3,$K$3:$K$25)”。

（8）将单元格 M3 中的公式复制到该列其他的单元格中，结果如图 3-163 所示。

=RANK.EQ(K3,$K$3:$K$25)

部分休闲食品销售情况汇总表

商品全名	库存（包）	商品条码（文本）	价格（元）	会员价（元）	周原价销售量（包）	周会员价销售量（包）	周销售总量（包）	周总销售额（元）	售后库存（包）	销售额排名
洽洽香瓜子30g	500	6924187834767	0.76	0.70	55	50	105	76.31	395	10
洽洽香瓜子65g	350	6924187834774	1.78	1.64	20	26	46	78.08	304	9
洽洽香瓜子95g	100	6924187828537	2.13	1.96	30	45	75	152.32	25	4
洽洽香瓜子105g	220	6924187834787	2.72	2.50	11	43	54	137.64	166	6
洽洽香瓜子160g	320	6924187820067	3.44	3.17	5	100	105	334.11	215	2
洽洽香瓜子200g	250	6924187832657	4.27	3.93	0	0	0	0.00	250	23
洽洽香瓜子260g	200	6924187821644	5.61	5.16	3	26	29	151.05	171	5
洽洽香瓜子308g	180	6924187828544	6.53	6.01	18	10	28	177.71	152	3
龙口湾牌龙口粉丝250g	148	6935330800140	5.79	5.33	12	12	24	133.36	124	7
龙口湾牌龙口粉丝500g	260	6935330801369	2.07	1.90	2	1	3	6.05	257	21
龙口湾牌龙口粉丝1000g	230	6935330801376	4.14	3.81	15	13	28	111.65	202	8

图 3-163 “销售额排”名结果

6. 用数据库函数对销售情况进行统计

【要求】

在 Sheet1 中进行如下统计：

- 若“售后库存（包）”小于 200 的就要进货，需要统计进货的“洽洽香瓜子”种类数。

- 求售后粉丝类的总库存。
- 求售后所有粉丝中，库存量最大的商品库存。
- 求售后所有粉丝中，库存量最小的商品库存。
- 获取本周零销售的商品全名。

【操作】

（1）需进货的“洽洽香瓜子”种类数的统计可以用 DCOUNT 或 DCOUNTA 函数来实现，在用函数之前要先设置条件区域，此处的条件有两个：

①“商品原名”设为“洽洽香瓜子”。

②“售后库存（包）”设为“<200”。

在 Sheet1 的单元格 D30 中有“条件 1”，在其下的单元格 D32 中开始设置条件区域：在“部分休闲食品销售情况汇总表”中同时复制“商品原名”和“售后库存（包）”这两个字段名，粘贴到单元格 D32 中，在单元格 D33 中输入“洽洽香瓜子”，在单元格 E33 中输入“<200”，如图 3-164 所示。

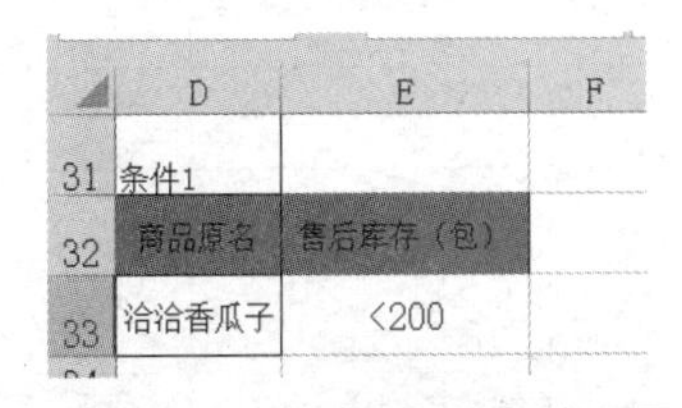

图 3-164　“条件 1”的条件设置

（2）选中单元格 B29，依次单击“公式”选项卡→“函数库”→“插入函数”按钮，在打开的“插入函数”对话框中设置“或选择函数”为“数据库”，然后选择“DCOUNT”数据库函数。

（3）在 DCOUNT 函数的“函数参数”对话框中设置参数，如图 3-165 所示。Database 设置为整张“部分休闲食品销售情况汇总表”（A2:M25），包括标题行；Criteria 设置为“条件 1”中的条件（D32:E33），包括字段名和相关条件值；Field 只需设置为“部分休闲食品销售情况汇总表”的任何一个数值型字段的字段名即可，此处设置的是“售后库存（包）”字段（L2），其结果为 4。

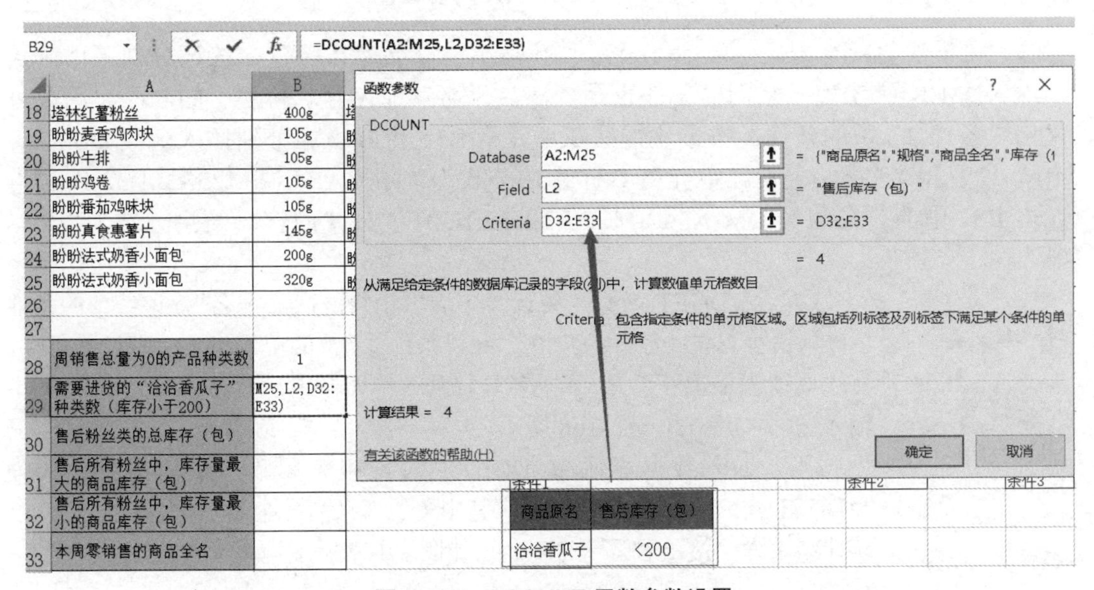

图 3-165　DCOUNT 函数参数设置

注意，这里也可以用 DCOUNTA 函数来实现，其具体操作和 DCOUNT 函数相同，只是 Field 参数可以设置为任何一个字段的字段名。

图3-166 “条件2”条件区域设置

（4）统计“售后粉丝类的总库存（包）”可以用DSUM函数来实现，条件为“商品原名”中包含“粉丝”的商品，将条件区域设置在“条件2”下方的单元格H32中。在“部分休闲食品销售情况汇总表”中复制“商品原名”字段名，粘贴到单元格H32中，在单元格H33中输入“*粉丝”，如图3-166所示。

（5）单击单元格B30，插入数据库函数DSUM，在其“函数参数”对话框中参数设置如图3-167所示，单击“确定”按钮后，结果为“1562”。

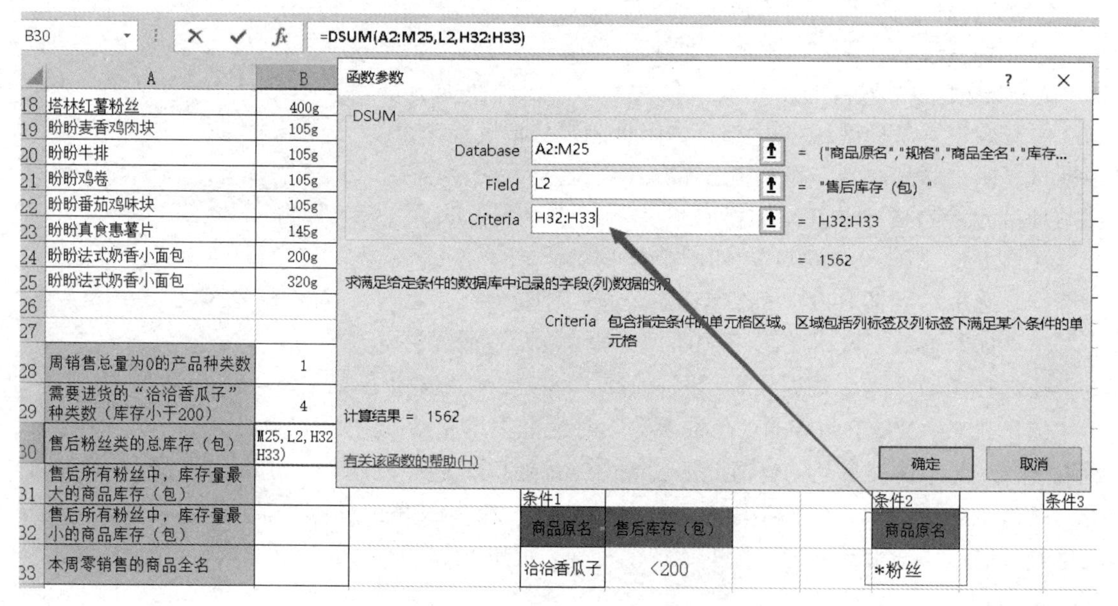

图3-167　DSUM函数的参数设置

（6）在售后的所有粉丝中，库存量最大和最小的商品库存（包）统计分别采用函数DMAX、DMIN来实现，它们的条件也是“商品原名”中包含“粉丝”的商品，因此可以采用“条件2”中的条件。按上述方法在单元格B31和B32中分别插入函数DMAX、DMIN，设置相应参数，最后在单元格B31中的公式为“=DMAX(A2:M25,L2,H32:H33)”，单元格B32中的公式为“=DMIN(A2:M25,L2,H32:H33)”。公式的计算结果分别为“405”“101”。

图3-168 “条件3”的条件区域设置

（7）用DGET函数来统计“本周零销售的商品全名”，该统计的条件为“周销售总量（包）”为“0”。在“条件3”下的单元格J32中设置条件，将“周销售总量（包）”字段名复制到该单元格中，然后在单元格J33中输入条件“0”，如图3-168所示。

（8）插入数据库函数DGET，设置相应参数，最后结果公式为“=DGET(A2:M25,C2,J32:J33)”，其中C2为“商品全名”列的字段名，该统计结果为“洽洽香瓜子200g”，如图3-169所示。

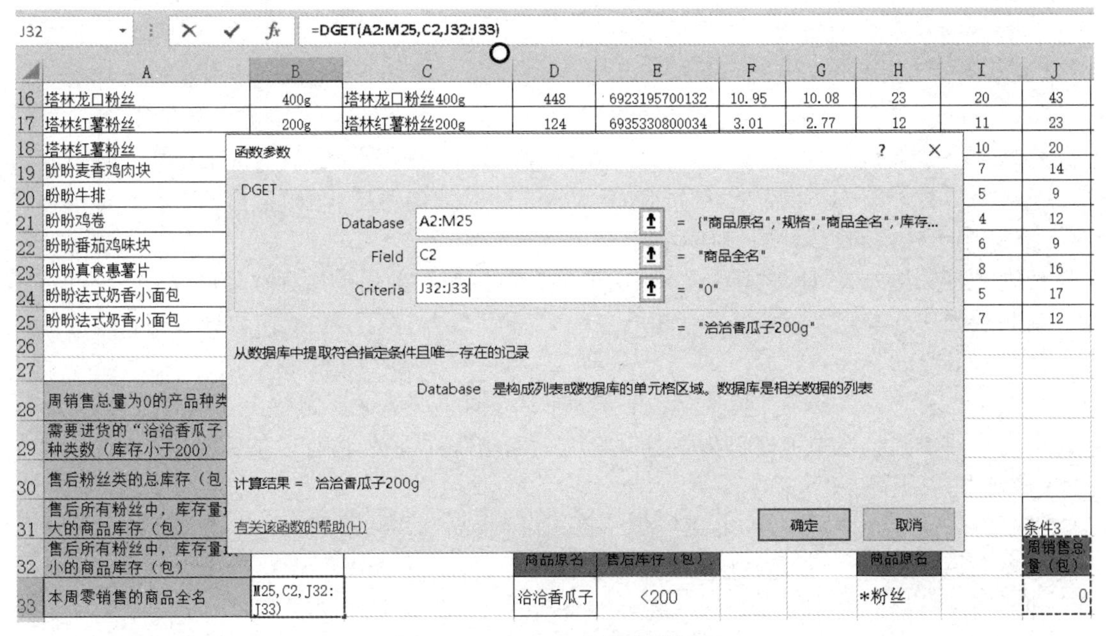

图 3-169　DGET 函数参数设置

7. 插入图表分析洽洽香瓜子不同规格的周销售总量

【要求】

根据 Sheet1 中的“部分休闲食品销售情况汇总表”，创建一张洽洽香瓜子不同规格的周销售数量的簇状柱形图。

【操作】

（1）选择洽洽香瓜子的不同规格区域 B3:B10，再按住 Ctrl 键，拖选“周销售总量（包）”列的区域 J3:J10。

（2）依次单击“插入”选项卡→“图表”→“簇状柱形图”按钮，图表建成。

（3）修改“图表标题”为“洽洽香瓜子周销售总量（包）”，在“图表工具—设计”选项卡下选择图表样式为“样式 15”，修改图表完毕。

最终得到的图表如图 3-170 所示。

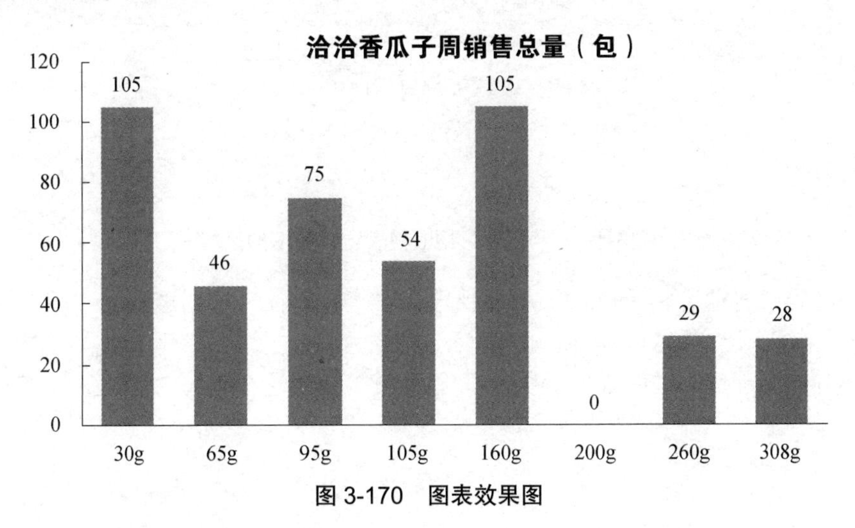

图 3-170　图表效果图

8. 数据透视表的新建和切片器的应用

【要求】

根据 Sheet1 中的“部分休闲食品销售情况汇总表”，在 Sheet4 中新建 2 个数据透视表。

● 数据透视表 1：用来统计每种不同规格的商品的销售情况，包括原价销售和会员价销售的数量。要求行标签为“商品全名”，数值区为“周原价销售量（包）”和“周会员价销售量（包）”，数据透视表的起始位置为单元格 A1。

● 数据透视表 2：统计每种不同规格的商品在本周销售前后的库存数量情况。要求行标签为“商品条码（文本）”，数值区为“库存（包）”和“售后库存（包）”，数据透视表的起始位置为单元格 E1。

● 要求插入一个以字段“商品原名”作为筛选条件的切片器，链接上述两个数据透视表，同时在切片器中同时选中“龙口湾牌龙口粉丝”“洽洽香瓜子”进行多条件筛选。

【操作】

（1）将活动单元格定位在 Sheet1 的“部分休闲食品销售情况汇总表”内，依次单击“插入”选项卡→“表格”→“数据透视表”按钮。

（2）在其后打开的“创建数据透视表”对话框中进行设置，如图 3-171 所示。

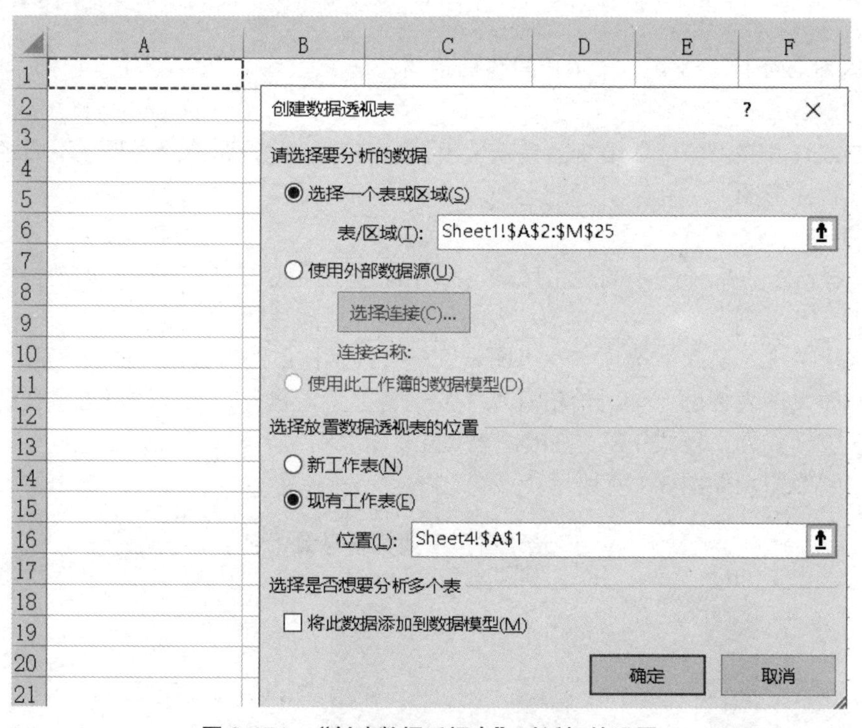

图 3-171 “创建数据透视表”对话框的设置

（3）确定后自动进入 Sheet4 的数据透视表编辑状态，在“数据透视表字段”窗格中选择字段“商品全名”，该字段自动添加到“行标签”。

（4）分别将“周原价销售量（包）”和“周会员价销售量（包）”字段选中，Excel 会将它们自动添加到“值”区域，而“值”区域的汇总方式为“求和”。数据透视表 1 的效果如图 3-172 所示。

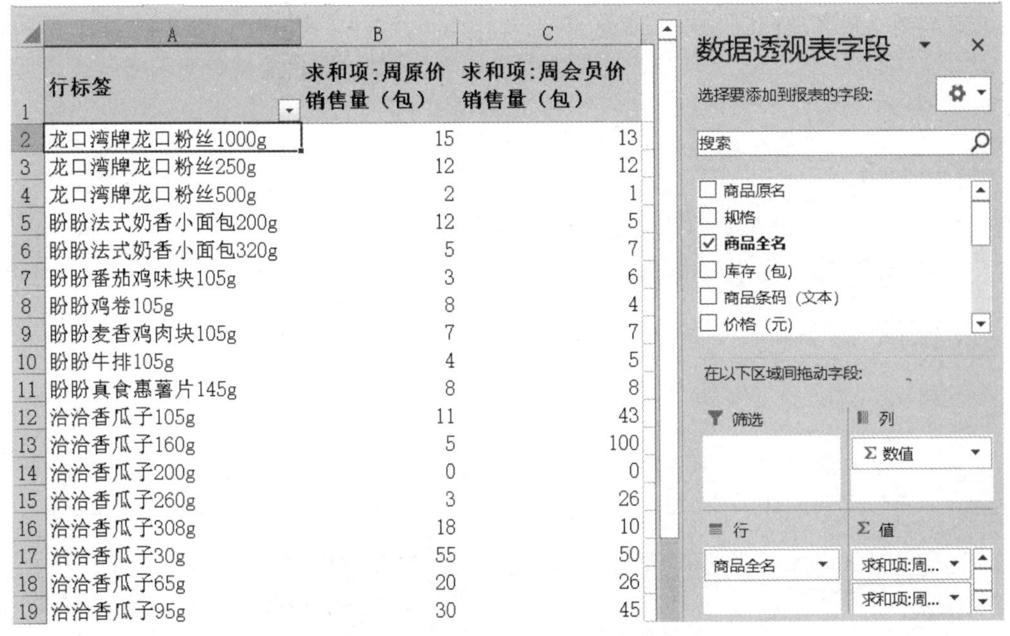

行标签	求和项:周原价销售量（包）	求和项:周会员价销售量（包）
龙口湾牌龙口粉丝1000g	15	13
龙口湾牌龙口粉丝250g	12	12
龙口湾牌龙口粉丝500g	2	1
盼盼法式奶香小面包200g	12	5
盼盼法式奶香小面包320g	5	7
盼盼番茄鸡味块105g	3	6
盼盼鸡卷105g	8	4
盼盼麦香鸡肉块105g	7	7
盼盼牛排105g	4	5
盼盼真食惠薯片145g	8	8
洽洽香瓜子105g	11	43
洽洽香瓜子160g	5	100
洽洽香瓜子200g	0	0
洽洽香瓜子260g	3	26
洽洽香瓜子308g	18	10
洽洽香瓜子30g	55	50
洽洽香瓜子65g	20	26
洽洽香瓜子95g	30	45

图 3-172　数据透视表 1 的效果图

（5）用相同的方法创建数据透视表 2。只是数据透视表的起始位置设为单元格 E1，行标签为“商品条码（文本）”，数值区为“库存（包）”和“售后库存（包）”，其汇总方式也是“求和”。具体效果如图 3-173 所示。

行标签	求和项:库存（包）	求和项:售后库存（包）
6920912341852	320	304
6920912341999	432	418
6920912342002	532	523
6920912342019	132	120
6920912348578	224	207
6920912349025	232	223
6920912349391	515	503
6923195700088	160	152
6923195700095	130	129
6923195700132	448	405
6924187820067	320	215
6924187821644	200	171
6924187828537	100	25
6924187828544	180	152
6924187832657	250	250
6924187834767	500	395
6924187834774	350	304
6924187834787	220	166

图 3-173　数据透视表 2 的效果图

（6）将活动单元格定位在任意一张数据透视表中，依次单击“插入”选项卡→“筛选器”→“切片器”按钮，在打开的“插入切片器”对话框中选中“商品原名”，如图 3-174 所示。

（7）单击“确定”按钮以插入切片器，然后在“商品原名”切片器上右击，在弹出的快捷菜单中选择“数据透视表连接”命令。

（8）接着弹出一个“数据透视表连接（商品原名）”对话框，在其中将两张透视表都勾选中，如图 3-175 所示。

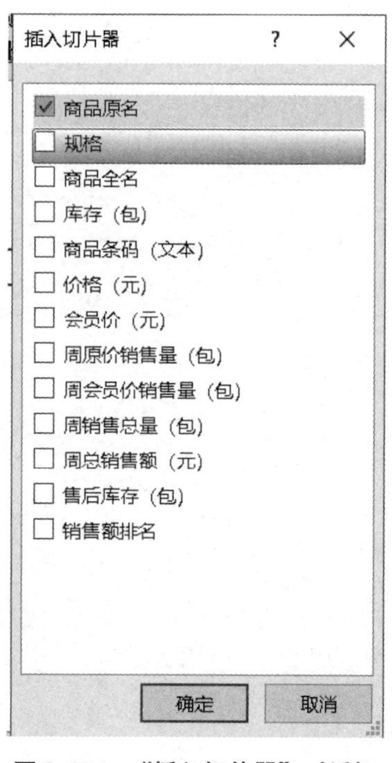

图 3-174　“插入切片器”对话框

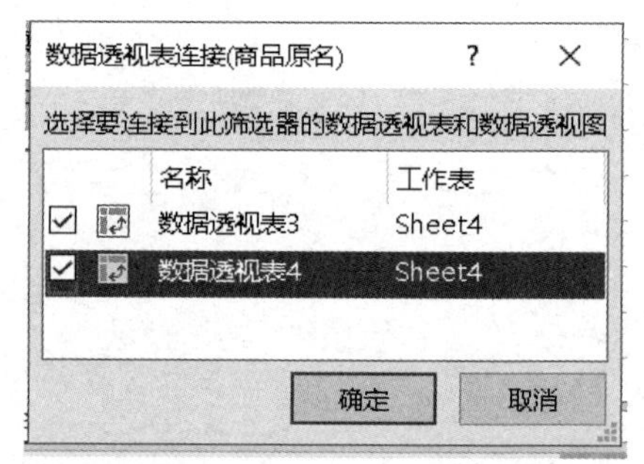

图 3-175　“数据透视表连接（商品原名）”对话框

（9）单击“确定”按钮，然后在切片器中选中“龙口湾牌龙口粉丝”，按住 Ctrl 键，再选择“洽洽香瓜子”，实现多条件筛选，结果如图 3-176 所示。

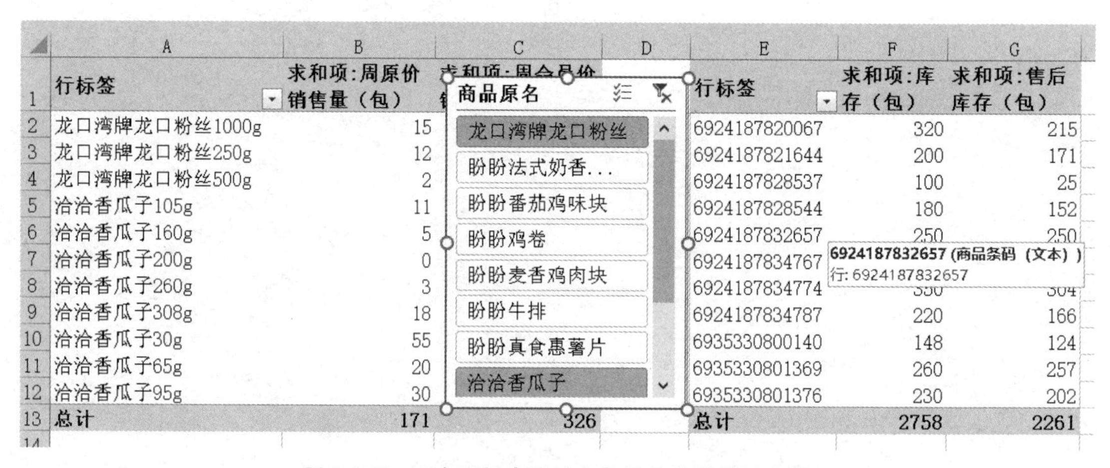

	A	B	C
1	行标签	求和项:周原价销售量（包）	求和项:周会员价...
2	龙口湾牌龙口粉丝1000g	15	
3	龙口湾牌龙口粉丝250g	12	
4	龙口湾牌龙口粉丝500g	2	
5	洽洽香瓜子105g	11	
6	洽洽香瓜子160g	5	
7	洽洽香瓜子200g	0	
8	洽洽香瓜子260g	3	
9	洽洽香瓜子308g	18	
10	洽洽香瓜子30g	55	
11	洽洽香瓜子65g	20	
12	洽洽香瓜子95g	30	
13	总计	171	326

E	F	G
行标签	求和项:库存（包）	求和项:售后库存（包）
6924187820067	320	215
6924187821644	200	171
6924187828537	100	25
6924187828544	180	152
6924187832657	250	250
6924187834767	[illegible]	[illegible]
6924187834774	350	304
6924187834787	220	166
6935330800140	148	124
6935330801369	260	257
6935330801376	230	202
总计	2758	2261

图 3-176　两个透视表间的多条件筛选结果示意图

【应用总结】

本应用场景主要是对便民超市的休闲食品的库存和销售情况进行统计，运用多种类型的函数对表内数据进行再处理，然后根据若干的数据库函数来进行统计分析，最后运用数据透视表对每种不同规格的商品在本周的销售情况和库存情况进行统计。从效果上看，数据库函数的功能与高级筛选功能相似，都支持多条件筛选，数据透视表则除了具有关键字段筛选和排序外，还可以进行数据汇总、计数等，而在数据透视表中添加一个切片器，则可以使数据的筛选操作更加直观和灵活。

应用场景 4　蔡先生个人理财管理

蔡先生是某公司高级白领，2012 年时 45 岁，家有定期存款 28 万元，持有股票型基金 10 万元，股票 5 万元，住房公积金 15 万元，养老金账户 12 万元。还有一套价值 50 万元的房子，如今家里儿子渐大，房子不够用，因此打算买一套新房子。现有一套房子，价值 100 万元，可以用 80 万元购入，两年后交付新房，蔡先生要交首付 50 万元，剩余 30 万元可以贷款。

【场景分析】

本应用场景主要对蔡先生的个人财产进行理财管理，只涉及“住房投资”和“养老金”投资业务。蔡先生一直在交养老金，迄今为止已经有养老金资产 12 万元，今后每年还要继续按照工资以一定比例方式缴纳养老金保险，一直到退休为止，该投资的报酬率为 8%，可以根据上述数据，运用相应的财务函数对将来的养老金资产进行计算。

在“住房投资”中，蔡先生可以提取公积金 15 万元，出售股票型基金 10 万元，出售股票 5 万元，存款 20 万元，凑成首付。30 万元贷款中，如果用商业贷款，则贷款利率为 5.94%，如果用公积金贷款，贷款利率为 5%，为了让每个月的月供负担不会太重（小于每月收入的 30%），可以考虑组合贷款方式，贷款年限设为 15 年，其中公积金贷款 15 万元，商业贷款也是 15 万元。两年后新房交付，此时可以考虑将旧房卖掉，然后直接将房贷一次还清，从而可以节省利息。

【知识技能】

1. 财务函数

Excel 中的财务函数可以进行一般的财务计算，如确定贷款的支付额、投资的未来值或净现值，以及债券或息票的价值。财务函数使用时要注意如下事项：

- Excel 财务函数的金额部分有正负号之分，正值代表金额流入，负值代表金额流出。
- 财务函数的利率不是固定使用的年利率，而是视每一期的时间来决定利率的。多久为一期则要看具体应用，每一种应用都不一样，但是利率的单位一定要和每一期的时间长短一致。如果每月为一期，那就要用月利率；如果每年为一期，就要用年利率，依此类推。
- 定期投资的期初与期末，指的是依照每期金额的投入点可以为每一期的开始，或结束。

插入财务函数可以通过“插入函数”对话框来实现，也可以直接在“公式”选项卡→“函数库”→“财务”中选择相应的函数即可。Excel 中的财务函数主要有 PMT、PPMT、IPMT、PV、FV、NPER、RATE 等，其中 PMT、PV、FV、NPER、RATE 这几个函数是息息相关的，即只要知道其中的任何4个，就可以求出另一个。

（1）PMT、PPMT、IPMT。

① PMT 函数。PMT 就是 PAYMENT，用于计算每期投资金额，该函数用途相当广泛，诸如计算银行贷款、年金保险等时都会用到。

函数说明：基于固定利率及等额分期付款方式，返回贷款的每期付款额。

函数语法：

```
PMT(Rate, Nper, Pv, [Fv], [Type])
```

其中，Rate，必需，贷款利率；

Nper，必需，该项贷款的付款总数；

Pv，必需，现值，或一系列未来付款的当前值的累积和，也称为本金；

Fv，可选，未来值，或在最后一次付款后希望得到的现金余额，如果省略 Fv，则假设其值为 0，也就是一笔贷款的未来值为 0；

Type，可选，数字 0 或 1，用以指示各期的付款时间是在期初（1）还是期末（0 或省略）。

注意：PMT 返回的支付款项包括本金和利息，但不包括税款、保留支付或某些与贷款有关的费用；同时应确认所指定的 Rate 和 Nper 单位的一致性。

例如，有一笔 10000 元的贷款，采用固定利率及等额分期付款方式，利率为 8%，贷款时间为 10 个月，计算每个月的还贷金额（期末）。公式应为“=PMT(B3/12,B2,B1)”，如图 3-177 所示，结果为“−1037.032089”，即−1037.03（保留两位小数）。

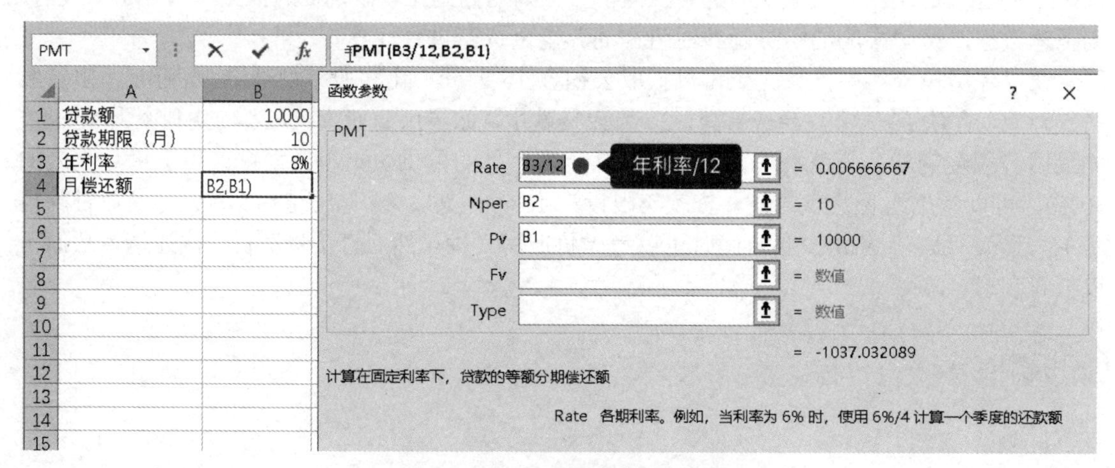

图 3-177 PMT 函数参数设置

② PPMT。

函数说明：基于固定利率及等额分期付款方式，返回投资在某一给定期间内的本金偿还额。

函数语法：

```
PPMT(Rate, Per, Nper,Pv, [Fv], [Type])
```

其中，Rate，必需，各期利率；

Per，必需，用于指定期间，且必须介于 1 到 Nper 之间；

Nper，必需，年金的付款总期数；

Pv，必需，现值，即一系列未来付款现在所值的总金额；

Fv，可选，未来值，或在最后一次付款后希望得到的现金余额，如果省略 Fv，则假设其值为 0，也就是一笔贷款的未来值为 0；

Type，可选，数字 0 或 1，用以指示各期的付款时间是在期初（1）还是期末（0 或省略）。

例如，上述案例每月月供“−1037.03”中，第三个月的本金偿还额的计算公式为“=PPMT(B3/12,3,B2,B1)”，结果为“-983.35”（保留两位小数），如图 3-178 所示。

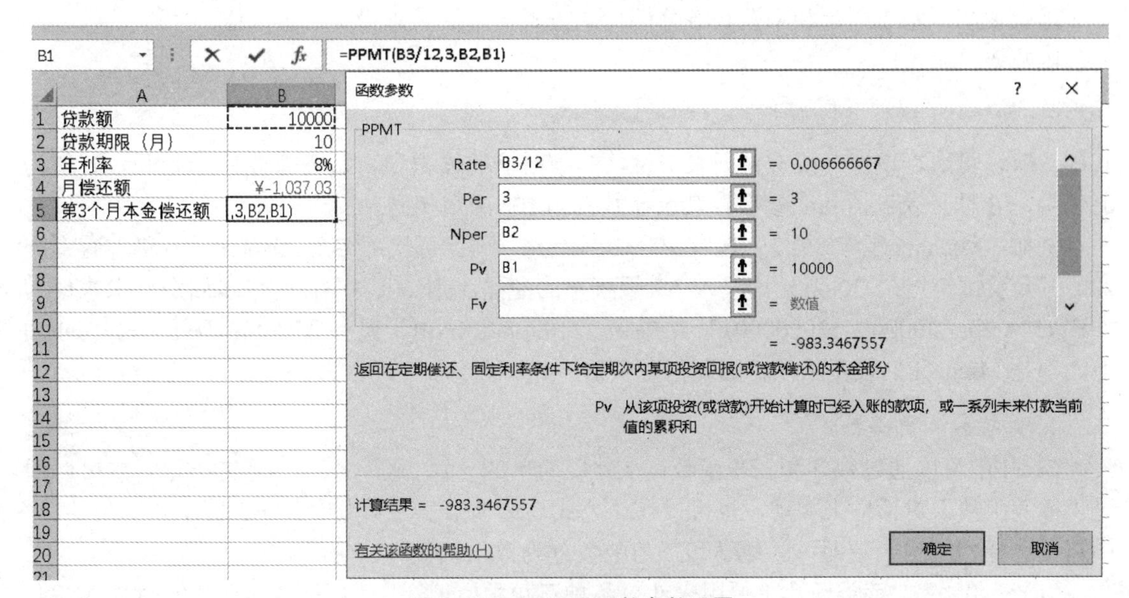

图 3-178　PPMT 函数参数设置

③ IPMT。

函数说明：基于固定利率及等额分期付款方式，返回给定期数内对投资的利息偿还额。

函数语法：

```
IPMT(Rate, Per, Nper,Pv, [Fv], [Type])
```

其参数与 PPMT 函数参数相同。

例如，在图 3-177 所示案例每月月供“−1037.03”中，第三个月的利息偿还额的计算公式为“=IPMT(B3/12,3,B2,B1)”，结果为“−53.69”。

（2）PV、FV。

① PV。

函数说明：返回某项投资的现值。现值为一系列未来付款的当前值的累积和。例如，借入方的借入款即为贷出方贷款的现值。

函数语法：

```
PV(Rate , Nper , Pmt , [Fv], [Type])
```

其中，Rate，必需，各期利率；

Nper，必需，年金的付款总期数；

Pmt，必需，各期所应支付的金额，其数值在整个投资期间保持不变。通常，Pmt 包括本金和利息，但不包括其他费用或税款；

Fv，可选，未来值，或在最后一次支付后希望得到的现金余额，如果省略 Fv，则假设其值为 0（例如，一笔贷款的未来值即为 0）。如果省略 Fv，则必须包含 Pmt 参数；

Type，可选，数字 0 或 1，用以指定各期的付款时间是在期初（1）还是期末（0 或省略）。

例如，有一笔保险投资，每月月末投资额为 500 元，投资年限为 20 年，投资收益率为 8%，则该项保险投资的年金现在计算公式为“=PV(8%/12,20*12,500)”，结果为“-59777.15”。

② FV。

函数说明：基于固定利率及等额分期付款方式，返回某项投资的未来值。

函数语法：

```
FV(Rate,Nper, Pmt, [Pv], [Type])
```

其中，Pv，可选，现值，或一系列未来付款的当前值的累积和。如果省略 Pv，则假设其值为 0（零），并且必须包括 Pmt 参数；其余参数都与 PV 函数相同。

例如，Michael 现年 35 岁，现有资产 200 万元，预计每年可结余 30 万元，若将现有资产 200 万元及每年结余 30 万元均投入 5%报酬率的商品，则 60 岁退休时可拿回资产未来值为“=FV(5%, 25, −300000, −2000000)”，结果为“21090840”，由于现有资产 200 万元和每年的 30 万元都是 Michael 的投资款项，因此都是负值。

2. 数学和三角函数

Excel 中可以通过数学和三角函数，来处理简单的计算。插入数学函数的方法，既可以通过“插入函数”对话框来实现，也可以在“公式”选项卡→“函数库”→“数学和三角函数”中直接选择相应的函数即可。数学和三角函数分为数学函数和三角函数。

（1）三角函数。该类函数主要用来计算各种三角函数值，如计算角度的正弦值函数 ASIN、计算角度的正切值函数 TAN 等，这些函数的语法都相同，具体如下：

```
函数名(Number)
```

其中，Number 是用来计算的角度，以弧度来表示。

例如，公式“=COS(1.047)”计算弧度 1.047 的余弦值，结果为“0.500171”。

（2）数学函数。

① ABS。

函数说明：返回数字的绝对值，绝对值没有符号。

函数语法：

```
ABS(Number)
```

其中，Number，必需，需要计算其绝对值的实数。例如，公式“=ABS(-4.5)”的结果为“4.5”。

② MOD。

函数说明：返回两数相除的余数。结果的正负号与除数相同。

函数语法：

```
MOD(Number,Divisor)
```

其中，Number，必需，被除数；

Divisor，必需，除数，该参数不能为 0，如果 Divisor 为 0，则函数 MOD 返回错误值（#DIV/0!）。

例如，判断当前日期的年份是否为闰年，是则返回 TRUE，否则返回 FALSE。

当前日期的年份可以用 YEAR(NOW())表示，闰年的判断方法是，年份能被 400 整除的是闰年。能被 4 整除又不能被 100 整除的也是闰年。这两种判断方法之间是“或”的关系（用 OR 来实现），其中，能被 400 整除可以用 MOD(YEAR(NOW()),400)=0 表示；被 4 整除可以表示为MOD(YEAR(NOW()),4)=0，不能被 100 整除可以表示为MOD(YEAR(NOW()),100)<>0，这两个判断条件之间存在逻辑与关系，可以用 AND 函数判断这两个条件是否同时满足，所以，最终公式应该为：

```
“ =OR(AND(MOD(YEAR(NOW()),4)=0, MOD(YEAR(NOW()),100)<>0), MOD(YEAR(NOW()),
400)=0)”。
```

③ INT。

函数说明：将数字向下舍入到最接近的整数。

函数语法：

```
INT(Number)
```

其中，Number，必需，需要进行向下舍入取整的实数。

例如，公式“=INT(−4.5)”的结果为“-5”，公式“=INT(4.5)”的结果为“4”。

④ ROUND。

函数说明：可将某个数字四舍五入为指定的位数。

函数语法：

```
ROUND(Number, Num_digits)
```

其中，Number，必需，要四舍五入的数字；

Num_digits，必需，位数，按此位数对 Number 参数进行四舍五入。如果 Num_digits 大于 0（零），则将数字四舍五入到指定的小数位；如果 Num_digits 等于 0，则将数字四舍五入到最接近的整数；如果 Num_digits 小于 0，则在小数点左侧进行四舍五入。

注意：若要始终进行向上舍入（远离 0），可以用 ROUNDUP 函数，若要始终进行向下舍入（朝向 0），可以使用 ROUNDDOWN 函数；若要将某个数字四舍五入为指定的倍数（例如，四舍五入为最接近的 0.5 倍），可以使用 MROUND 函数。

例如，公式“=ROUND(21.58,1) ”，将 21.58 四舍五入到 1 位小数，结果为“21.6”。公式“=ROUND(21.5,−1)”将 21.5 四舍五入到小数点左侧一位，结果为“20”。

可以使用 ROUND 函数对时间进行四舍五入，若要使用 ROUND 函数来四舍五入到最接近的“x”的时间，请使用下列语法：“=ROUND(<时间值>*24/x,0)*x/24”。

注意，前面我们介绍过，Excel 会自动将时间存储为小数，因此必须将时间值乘以 24，将时间值转换成等义的十进制数。而 ROUND 函数的 Number 参数类型为数值，所以当将一个时间值放入该参数位置后，会自动转换为一个 0～1 之间的十进制数。

如图 3-179 所示，要对时间“13:43:30”四舍五入到最接近的 15 分钟的倍数，首先将时间 A2 乘以 24 转换成按小时算的十进制数，1 个小时是 4 个 15 分钟，所以再乘以 4，转换成按分钟算的十进制数，然后四舍五入取整，最后把数值除以 4 再除以 24 缩放回去，结果为“13:45:00”。

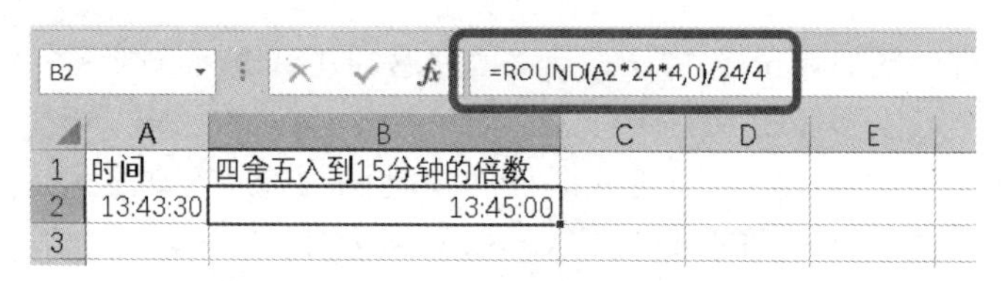

图 3-179　时间的四舍五入

3. 外部数据的导入和导出

Excel 连接到外部数据的主要好处是可以在 Excel 中定期分析此数据，而不用重复复制数据，复制操作不仅耗时而且容易出错。连接到外部数据之后，还可以自动刷新（或更新）来自原始数据源的 Excel 工作簿，而不论该数据源是否用新信息进行了更新。

（1）外部数据导入。导入外部数据，可以在“数据”选项卡→“获取和转换数据”组中，根据外部数据类型不同从中选择导入类型。常见的导入类型有：“从文本/SCV”“自网站”等，如图 3-180 所示。

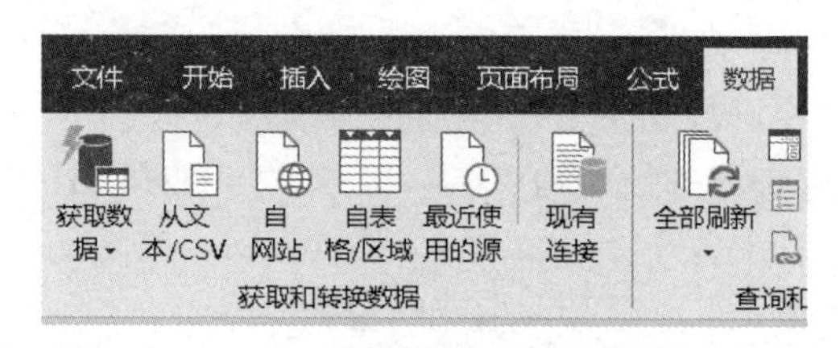

图 3-180　“数据”选项卡的“获取和转换数据”组

① 自 Access。当数据源为 Access 数据库文件时，可以用该命令来导入数据。

首先，选择“数据”选项卡→“获取数据”→“自数据库”→“从 Microsoft Access 数据库”命令，如图 3-181 所示，会打开“导入数据”对话框，如图 3-182 所示。

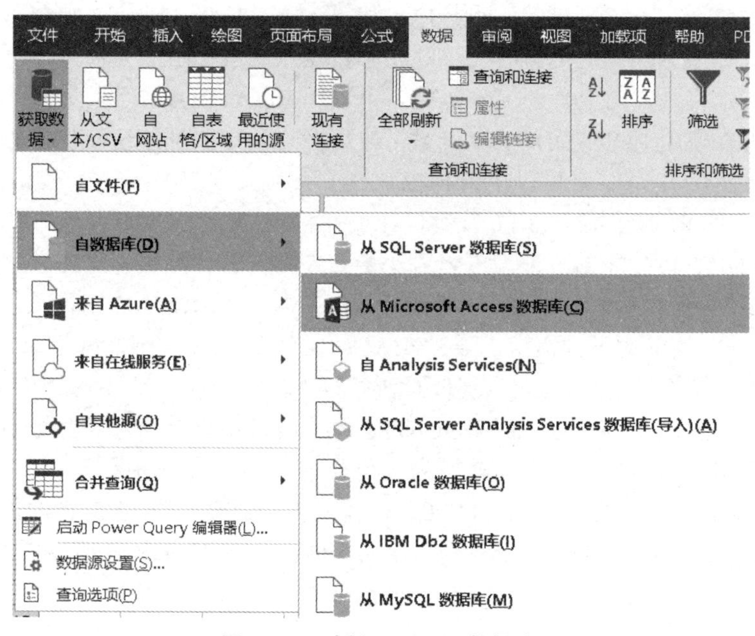

图 3-181　插入 Access 数据库

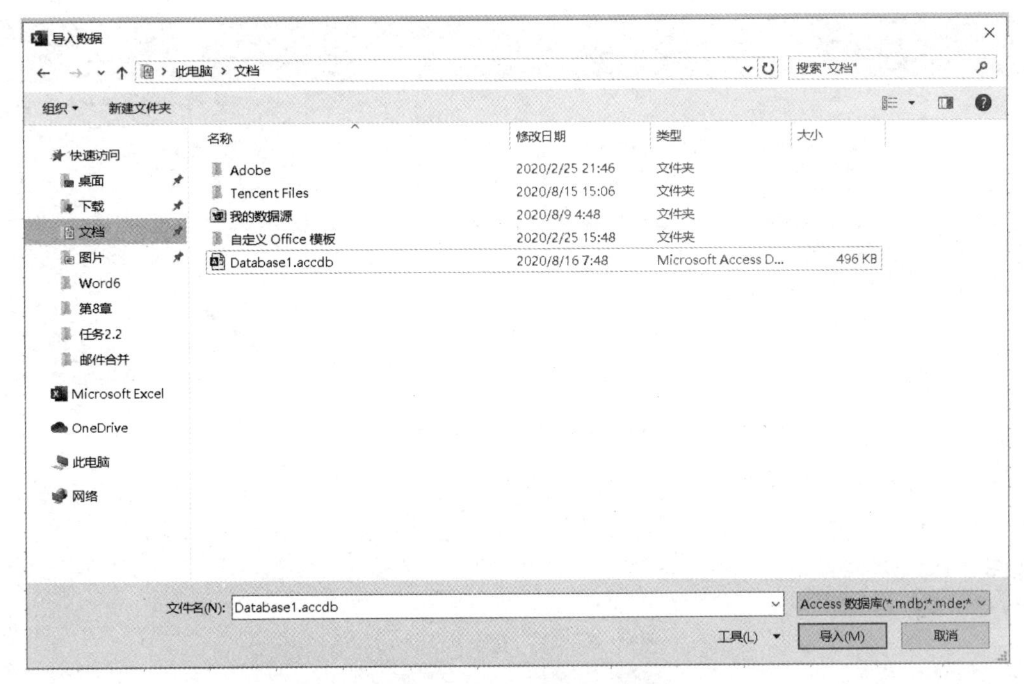

图 3-182　“导入数据”对话框

其次，在“导入数据”对话框中选定文件，单击“导入”按钮后，接着出现“导航器”对话框，如图 3-183 所示。在该对话框中选择要加载的表名，再单击“加载”按钮即可。数据库加载完成，如图 3-184 所示。

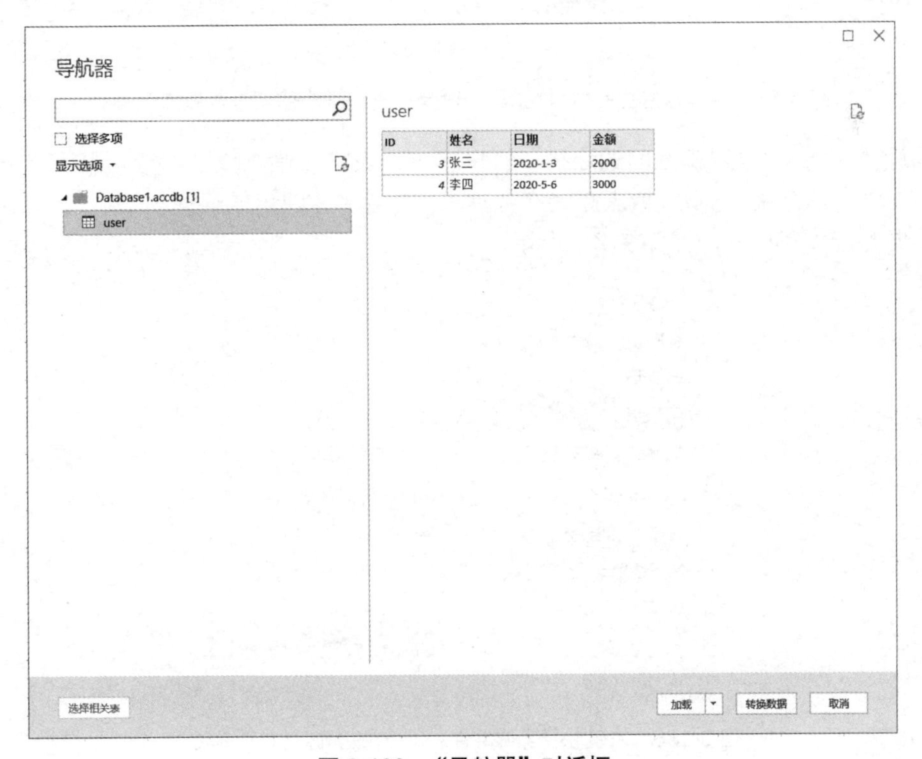

图 3-183　“导航器”对话框

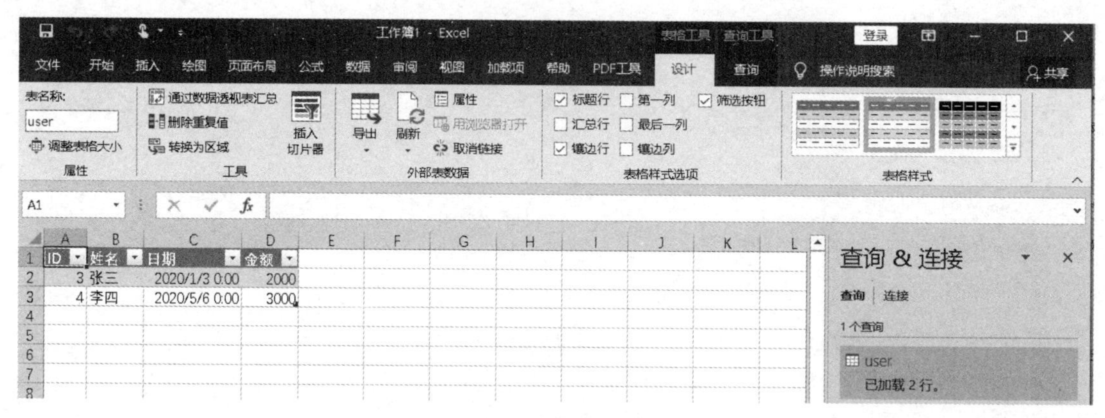

图 3-184　数据库加载完成

此后，若被导入的外部 Access 数据库更新后，要使本工作簿中的内容与源数据库的最新数据保持一致，则可在“表格工具—设计”选项卡选择“刷新”下的“全部刷新”命令，具体如图 3-185 所示。

图 3-185　导入数据后“表格工具—设计”选项卡中的“全部刷新”命令

要取消数据表和数据源之间的连接，可以单击“表格工具—设计”选项卡下“外部表数据”组中的“取消链接”按钮；或者直接在数据表中右击，在弹出的快捷菜单中选择“表格”→“取消数据源链接”命令，如图 3-186 所示。

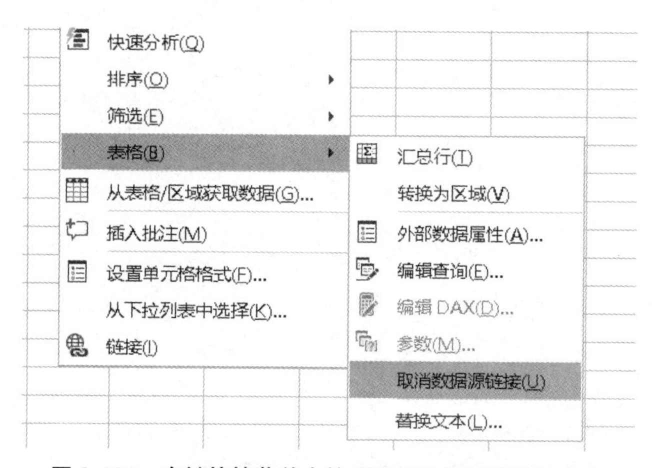

图 3-186　右键快捷菜单中的“取消数据源链接”命令

②自文本。依次选择“数据”选项卡→“获取数据”→“自文件”→“从文本/CSV”命令，如图 3-187 所示，即可从外部导入文本文件。

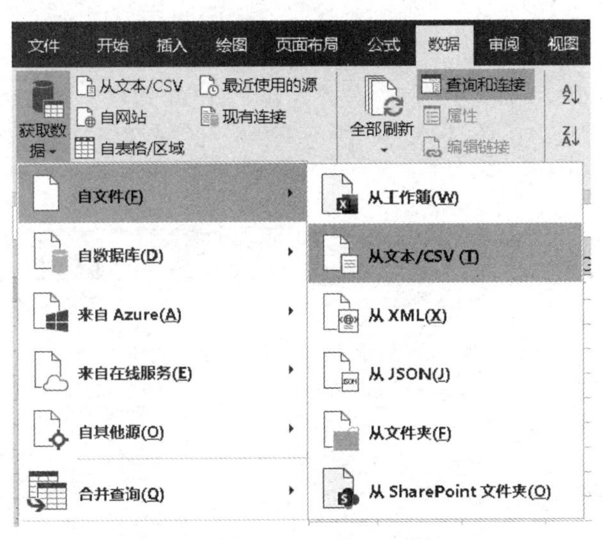

图 3-187　导入文本文件

在选择要导入的文本之后，可选择“文件原始格式”“分隔符”“数据类型检测”等列表项目，确认预览窗口中的解析正确后即可单击“加载”按钮，加载完成，如图 3-188 所示。

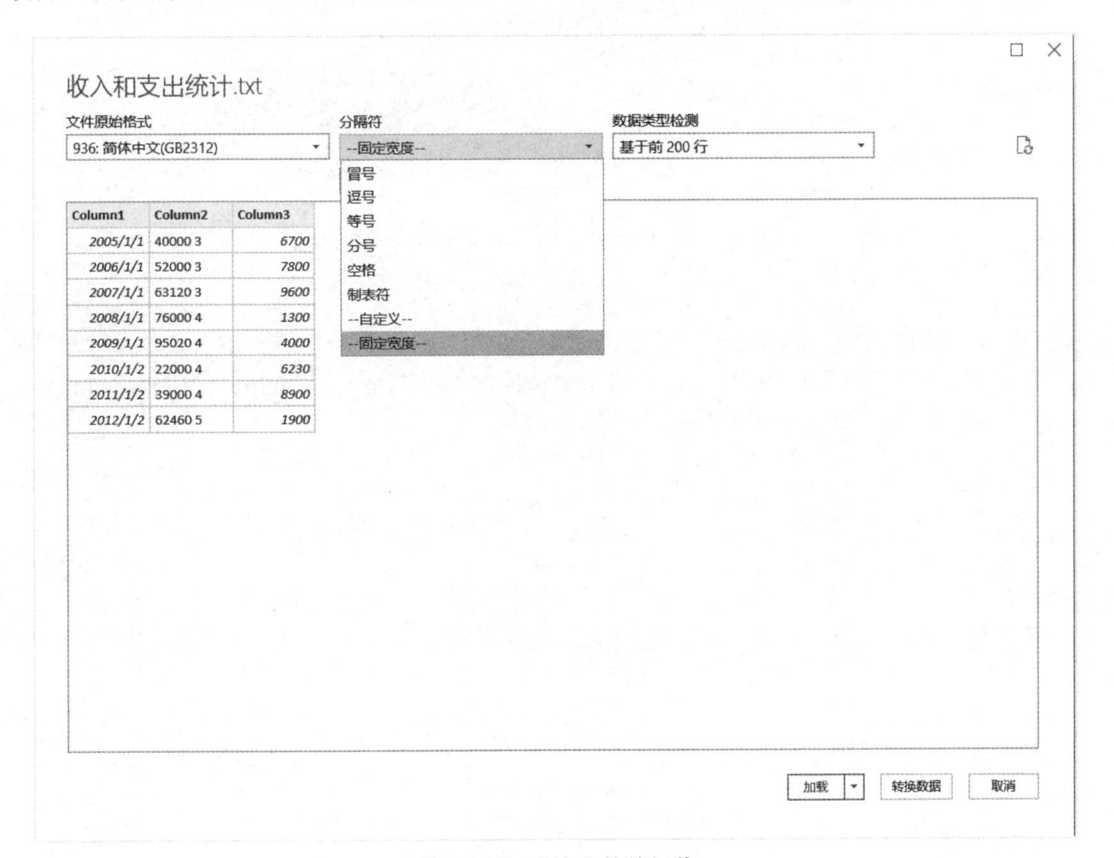

图 3-188　文本文件的加载

文本文件导入后，Excel 2019 的工作表数据与文本文件的联系可以通过设置“外部表数据”进行更改。单击数据表的任意一个单元格，在“数据”选项卡下“查询和连接”组中或者在“表格工具—设计”选项卡下“外部表数据”组中进行查看其属性或刷新数据，或者“取消链接”等操作。

③ 自网站。如图 3-189 所示，“自网站”可以从 Web 站点上直接获取数据（如最新的股票报价信息），将其导入到 Excel 工作表中进行分析，且能自动更新数据使其与 Web 站点上的最新数据保持一致。其步骤如下：

图 3-189　导入 Web 页数据

首先，选择“数据”选项卡→“获取数据”→“自其他源”→“自网站”命令，打开“从 Web”对话框。在该对话框“URL”栏中输入要访问的网站网址，如“http://q.10jqka.com.cn/”，单击“确定”按钮，如图 3-190 所示。

从 Web

◉ 基本　○ 高级

URL

http://q.10jqka.com.cn/

确定　取消

图 3-190　“从 Web”对话框

然后会打开“导航器”对话框，显示网页中的表和表视图，按需求选择需要的表，然后单击“加载”按钮即可，如图 3-191 所示。其结果如图 3-192 所示。

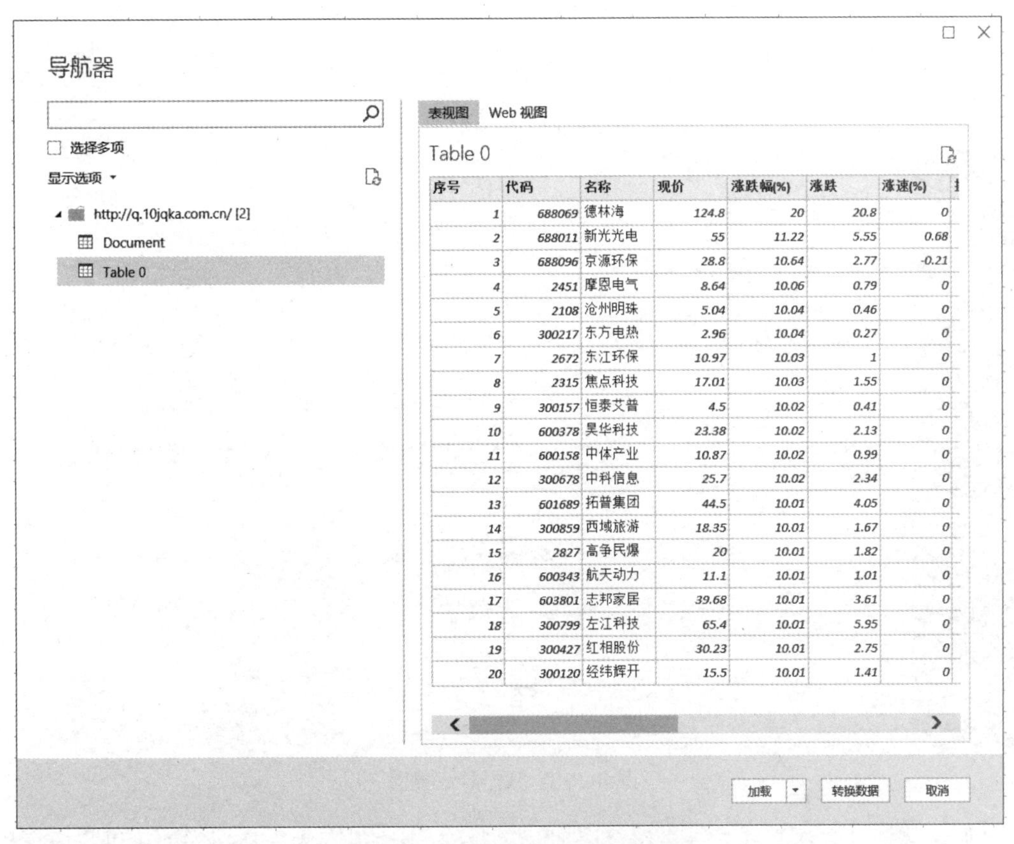

序号	代码	名称	现价	涨跌幅(%)	涨跌	涨速(%)
1	688069	德林海	124.8	20	20.8	0
2	688011	新光光电	55	11.22	5.55	0.68
3	688096	京源环保	28.8	10.64	2.77	-0.21
4	2451	摩恩电气	8.64	10.06	0.79	0
5	2108	沧州明珠	5.04	10.04	0.46	0
6	300217	东方电热	2.96	10.04	0.27	0
7	2672	东江环保	10.97	10.03	1	0
8	2315	焦点科技	17.01	10.03	1.55	0
9	300157	恒泰艾普	4.5	10.02	0.41	0
10	600378	昊华科技	23.38	10.02	2.13	0
11	600158	中体产业	10.87	10.02	0.99	0
12	300678	中科信息	25.7	10.02	2.34	0
13	601689	拓普集团	44.5	10.01	4.05	0
14	300859	西域旅游	18.35	10.01	1.67	0
15	2827	高争民爆	20	10.01	1.82	0
16	600343	航天动力	11.1	10.01	1.01	0
17	603801	志邦家居	39.68	10.01	3.61	0
18	300799	左江科技	65.4	10.01	5.95	0
19	300427	红相股份	30.23	10.01	2.75	0
20	300120	经纬辉开	15.5	10.01	1.41	0

图 3-191　导入 Web 数据的导航器

序号	代码	名称	现价	涨跌幅(%)	涨跌	涨速(%)	换手(%)	量比	振幅(%)	成交额	流通股	流通市值	市盈率	加自选
1	688069	德林海	124.8	20	20.8	0	21.86	1.63	19.60	3.50亿	1363.65万	17.02亿	132.36	
2	688011	新光光电	55	11.22	5.55	0.68	19.81	1.42	17.49	4.22亿	4078.14万	22.43亿	亏损	
3	688096	京源环保	28.8	10.64	2.77	-0.21	29.43	7.63	11.79	2.05亿	2442.00万	7.03亿	65.94	
4	2451	摩恩电气	8.64	10.06	0.79	0	3.03	1.65	10.19	1.10亿	4.23亿	36.57亿	亏损	
5	2108	沧州明珠	5.04	10.04	0.46	0	18.17	13.29	5.02	12.84亿	14.18亿	71.46亿	34.50	
6	300217	东方电热	2.96	10.04	0.27	0	12.12	2.79	9.29	3.04亿	8.79亿	26.02亿	亏损	
7	2672	东江环保	10.97	10.03	1	0	4.45	4.42	10.63	3.14亿	6.60亿	72.45亿	43.40	
8	2315	焦点科技	17.01	10.03	1.55	0	5.17	1.31	9.44	1.44亿	1.67亿	28.36亿	亏损	
9	300157	恒泰艾普	4.5	10.02	0.41	0	9.05	2.2	10.51	2.78亿	7.07亿	31.82亿	亏损	
10	600378	昊华科技	23.38	10.02	2.13	0	3.11	1.64	11.20	2.09亿	2.97亿	69.48亿	55.86	
11	600158	中体产业	10.87	10.02	0.99	0	8.07	1.46	10.12	5.63亿	6.57亿	71.47亿	亏损	
12	300678	中科信息	25.7	10.02	2.34	0	8.32	3.95	11.52	3.81亿	1.80亿	46.26亿	191.87	
13	601689	拓普集团	44.5	10.01	4.05	0	1.25	0.77	11.60	5.61亿	10.55亿	469.47亿	103.23	
14	300859	西域旅游	18.35	10.01	1.67	0	0.41	2.02	--	291.23万	3875.00万	7.11亿	亏损	
15	2827	高争民爆	20	10.01	1.82	0	4.28	1.07	13.75	2.19亿	2.76亿	55.20亿	亏损	
16	600343	航天动力	11.1	10.01	1.01	0	7.61	1.34	11.79	5.20亿	6.38亿	70.84亿	亏损	
17	603801	志邦家居	39.68	10.01	3.61	0	2.74	0.89	9.79	2.32亿	2.17亿	86.22亿	87.42	
18	300799	左江科技	65.4	10.01	5.95	0	9.76	1.34	11.27	1.60亿	2550.00万	16.68亿	352.38	
19	300427	红相股份	30.23	10.01	2.75	0	11.67	1.42	9.61	8.58亿	2.53亿	76.59亿	33.46	
20	300120	经纬辉开	15.5	10.01	1.41	0	15.57	1.16	7.95	5.60亿	2.37亿	36.73亿	150.99	

图 3-192　导入完成的效果

此后，要想数据与 Web 站点上的最新数据保持一致，可以单击“数据”选项卡上的“全部刷新”按钮即可。

想要取消链接，其方法与文本导入时的方法相同。

（2）数据导出。数据导出可以用“文件”选项卡→“导出”命令来实现，执行命令后打开如图 3-193 所示界面。

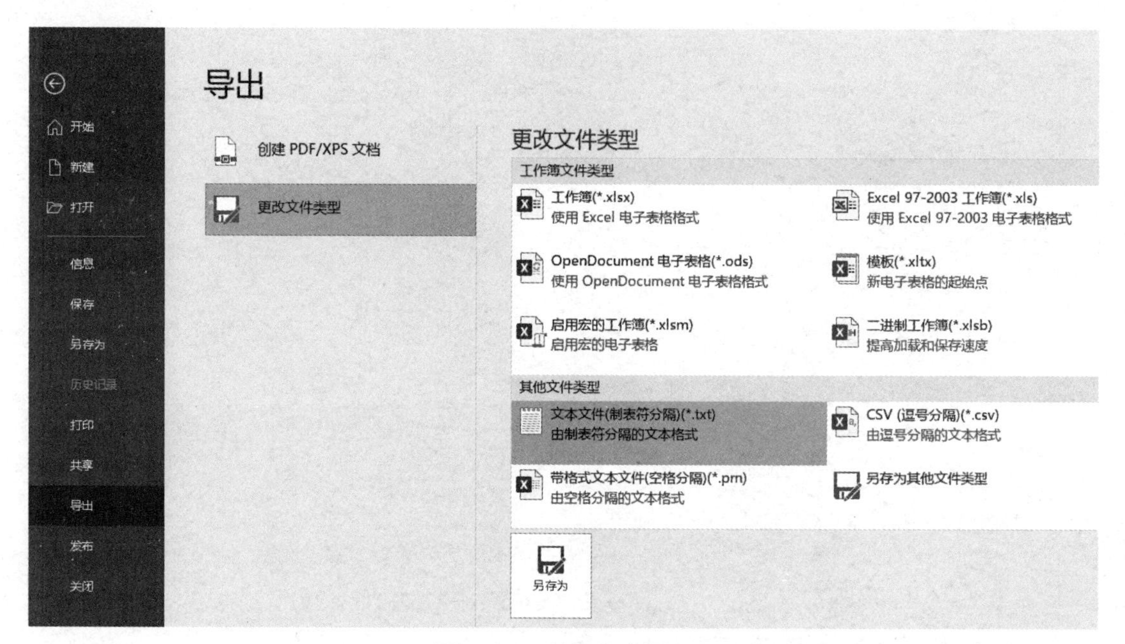

图 3-193　数据导出界面

例如，选择“文本文件（制表符分隔）”类型，单击“另存为”按钮，就可以将内容导出到文本文件中，如图 3-194 所示。

导出.txt - 记事本

文件(F)　编辑(E)　格式(O)　查看(V)　帮助(H)

```
序号	代码	名称	现价	涨跌幅(%)	涨跌	涨速(%)	换手(%)	量比	振幅(%)	成交额	流通股	流通市值	市盈率	加自选
1	688069	德林海	124.8	20	20.8	0	21.86	1.63	19.60	3.50亿	1363.65万	17.02亿	132.36
2	688011	新光光电	55	11.22	5.55	0.68	19.81	1.42	17.49	4.22亿	4078.14万	22.43亿	亏损
3	688096	京源环保	28.8	10.64	2.77	-0.21	29.43	7.63	11.79	2.05亿	2442.00万	7.03亿	65.94
4	2451	摩恩电气	8.64	10.06	0.79	0	3.03	1.65	10.19	1.10亿	4.23亿	36.57亿	亏损
5	2108	沧州明珠	5.04	10.04	0.46	0	18.17	13.29	5.02	12.84亿	14.18亿	71.46亿	34.50
6	300217	东方电热	2.96	10.04	0.27	0	12.12	2.79	9.29	3.04亿	8.79亿	26.02亿	亏损
7	2672	东江环保	10.97	10.03	1	0	4.45	4.42	10.63	3.14亿	6.60亿	72.45亿	43.40
8	2315	焦点科技	17.01	10.03	1.55	0	5.17	1.31	9.44	1.44亿	1.67亿	28.36亿	亏损
9	300157	恒泰艾普	4.5	10.02	0.41	0	9.05	2.2	10.51	2.78亿	7.07亿	31.82亿	亏损
10	600378	昊华科技	23.38	10.02	2.13	0	3.11	1.64	11.20	2.09亿	2.97亿	69.48亿	55.86
11	600158	中体产业	10.87	10.02	0.99	0	8.07	1.46	10.12	5.63亿	6.57亿	71.47亿	亏损
12	300678	中科信息	25.7	10.02	2.34	0	8.32	3.95	11.52	3.81亿	1.80亿	46.26亿	191.87
13	601689	拓普集团	44.5	10.01	4.05	0	1.25	0.77	11.60	5.61亿	10.55亿	469.47亿	103.23
14	300859	西域旅游	18.35	10.01	1.67	0	0.41	2.02	--	291.23万	3875.00万	7.11亿	亏损
15	2827	高争民爆	20	10.01	1.82	0	4.28	1.07	13.75	2.19亿	2.76亿	55.20亿	亏损
16	600343	航天动力	11.1	10.01	1.01	0	7.61	1.34	11.79	5.20亿	6.38亿	70.84亿	亏损
17	603801	志邦家居	39.68	10.01	3.61	0	2.74	0.89	9.79	2.32亿	2.17亿	86.22亿	87.42
18	300799	左江科技	65.4	10.01	5.95	0	9.76	1.34	11.27	1.60亿	2550.00万	16.68亿	352.38
19	300427	红相股份	30.23	10.01	2.75	0	11.67	1.42	9.61	8.58亿	2.53亿	76.59亿	33.46
20	300120	经纬辉开	15.5	10.01	1.41	0	15.57	1.16	7.95	5.60亿	2.37亿	36.73亿	150.99
```

图 3-194　文本导出效果

4. 迷你图

迷你图是工作表单元格中的一个微型图表，可提供数据的直观表示。使用迷你图可以显示一系列数值的趋势（例如，季节性增加或减少、经济周期），或者可以突出显示最大值和最小值。在数据边上放置迷你图可达到最佳效果。

与图表不同，迷你图不是对象，它实际上是单元格背景中的一个微型图表。

（1）创建迷你图。

例如，要为图 3-195 创建每门课程的迷你趋势图。

	A	B	C	D	E
1	姓名	语文	数学	英语	
2	张三	90	95	90	
3	李四	96	95	98	
4	王五	80	80	90	
5	赵六	85	85	80	

图 3-195　原数据表

【步骤】

① 选择要在其中插入一个或多个迷你图中的一个空白单元格或一组空白单元格，本例选择 B2:B5 区域。

② 在“插入”选项卡的“迷你图”组中，单击要创建的迷你图的类型：“折线”、“柱形”或“盈亏”，本例单击“折线”，如图 3-196 所示。

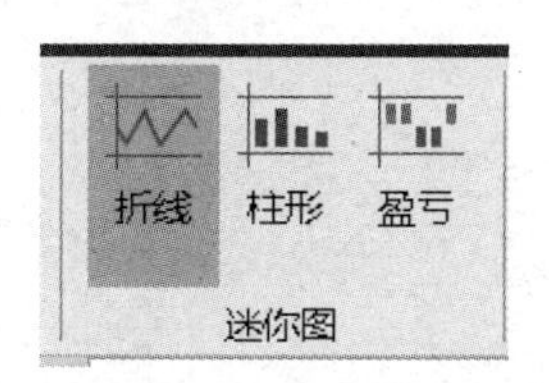

图 3-196　迷你图的类型

③ 如图 3-197 所示，在打开的“创建迷你图”对话框中，设置“选择所需的数据”下的“数据范围”，已经默认选好，“位置范围”则单击“语文”列最下方的单元格 B6。

	A	B	C	D
1	姓名	语文	数学	英语
2	张三	90	95	90
3	李四	96	95	98
4	王五	80	80	90
5	赵六	85	85	80

创建迷你图　?　×

选择所需的数据

数据范围(D): B2:B5

选择放置迷你图的位置

位置范围(L): $B$6

确定　取消

图 3-197　“创建迷你图”对话框

④ 单击“确定”按钮，创建完毕。工具栏上出现“迷你图工具—设计”选项卡，在其中可以修改迷你图的类型，设置其样式、颜色等。这里勾选“首点”和“标记”两个选项，可以看到折线图出现点标记，如图 3-198 所示。

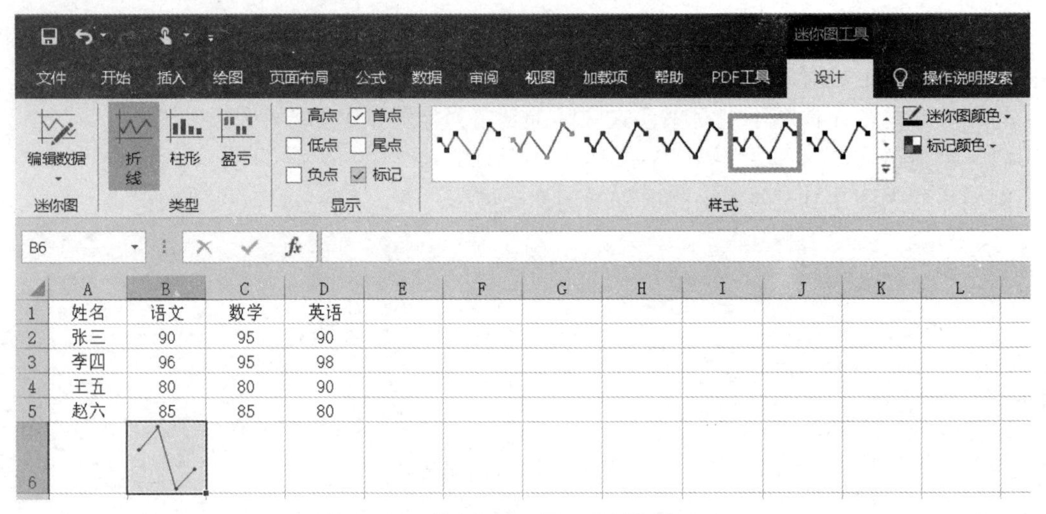

图 3-198 “迷你图工具—设计”选项卡

⑤ 迷你图也可以用填充柄来填充！将已插入迷你图的单元格 B6 的填充柄拖拉至单元格 D6，可以看到“数学”和“英语”列的迷你图也创建成功了，如图 3-199 所示。

	A	B	C	D
1	姓名	语文	数学	英语
2	张三	90	95	90
3	李四	96	95	98
4	王五	80	80	90
5	赵六	85	85	80
6				

图 3-199 迷你图的序列填充

（2）删除迷你图。如图 3-200 所示，选中要删除的迷你图，直接单击“迷你图工具—设计”选项卡→“组合”→“清除”按钮，在弹出的下拉菜单中选择“清除所选的迷你图组”命令即可删除。

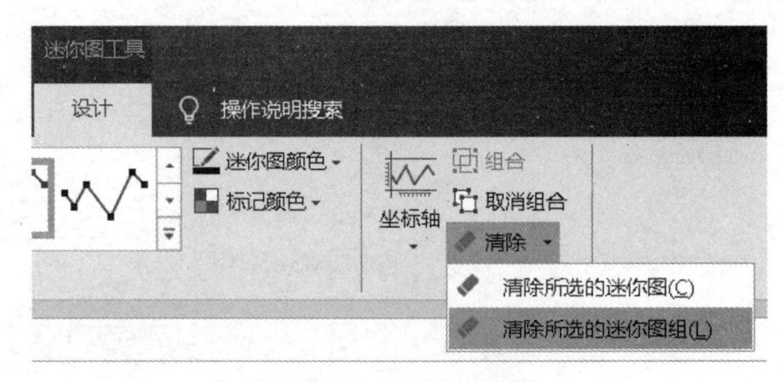

图 3-200 迷你图的删除

【任务实施】

将蔡先生的相关信息构建成表，保存在工作簿文件“蔡先生的个人理财表.xlsx”的 Sheet1

工作表中，该表如图 3-201 所示。

D30

	A	B	C	D	E	F
1	先生资产情况					
2	蔡先生银行	¥200,000.00				
3	股票型基金	¥100,000.00				
4	股票	¥50,000.00			养老金投资	
5	住房公积金	¥150,000.00			蔡先生年龄	45
6	养老账户	¥120,000.00			预计退休年龄	55
7	2012年净收	¥210,560.00			离退休年数	10
8	购房				养老金投资报酬率(年利率	8%
9	新房价格	¥1,000,000.00			已准备养老金	¥120,000.00
10	贷款比例	30%			养老金年储蓄	¥7,680.00
11	首付款（房	¥500,000.00			退休时养老金资产	
12	几年后交房	2				
13	购房贷款				旧房出售	
14		公积金贷款	商业按揭贷款		房价成长率	8.00%
15	房贷年利率	5%	5.94%		旧房现价	¥500,000.00
16	贷款年限	15	15		旧房折旧系数	2%
17	贷款金额	150000	150000		旧房折旧值	
18	贷款月供				2年后旧房售价	
19	月供是否合理（月供小于月净收入的30%）				2年后贷款总余额	
20	2年后贷款余额				旧房卖出还完贷款收益	
21	蔡先生近8年收入和支出统计					
22	年份	年收入	年支出			

Sheet1　Sheet2　Sheet ...　100%

图 3-201　蔡先生个人理财信息表

1. 计算房贷月供

【要求】

蔡先生的 30 万元房贷中，15 万元为商业贷款，利率为 5.94%，15 万元为公积金贷款，利率为 5%，贷 15 年，分别求两种贷款的月供，同时判断该月供是否合理（小于月收入的 30%），若是则在相应位置填“TRUE”，否则填“FALSE”。

【操作】

（1）单击 Sheet1 工作表中的单元格 B18，计算公积金贷款的房贷月供。单击“公式”选项卡→“函数库”→“财务”按钮，在下拉菜单中选择“PMT”函数。

（2）给 PMT 函数设置参数，其中，Rate 为年利率 5%除以 12（B15/12），总期次 Nper 为 15 年再乘以 12（B16*12），转换成总月数，贷款金额即已到款款项 Pv，共 150000 元（B17），而 Fv 和 Type 都可以忽略，如图 3-202 所示。

（3）确定后，单元格 B18 中的公式为“=PMT(B15/12,B16*12,B17)”，计算结果为-1186.19（保留两位小数）。由于月供属于支出，因此以负值显示。

（4）商业贷款月供的计算方式与公积金贷款月供相同，因此，只需将单元格 B18 的公式复制到单元格 C18 即可。计算结果如图 3-203 的单元格 C18 所示。

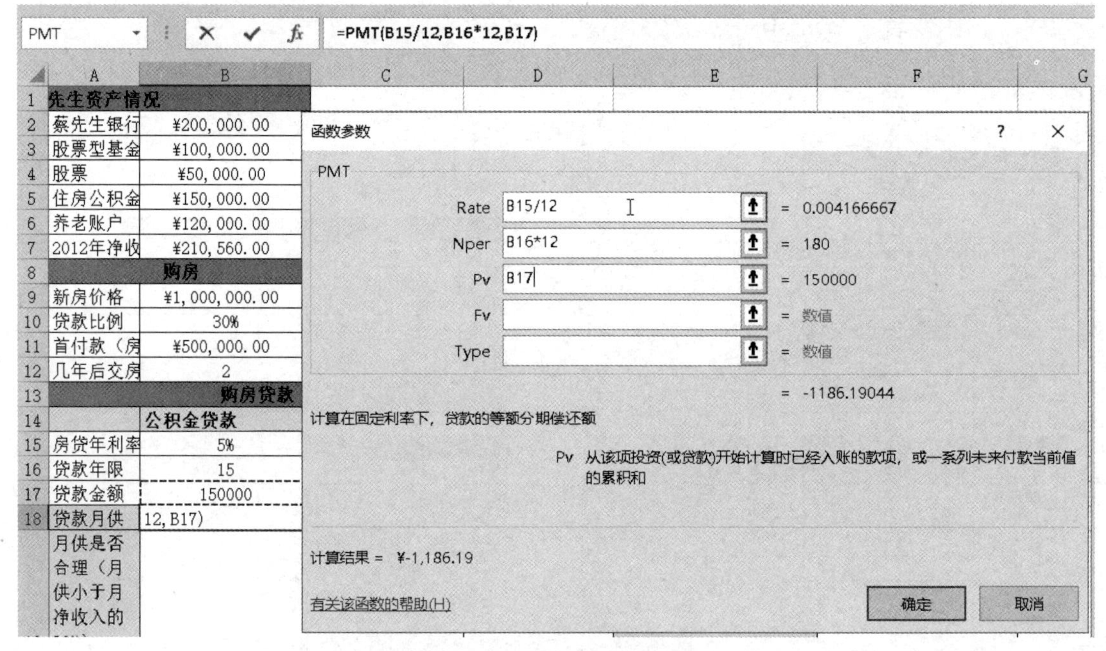

图 3-202　PMT 函数参数设置

C18　=PMT(C15/12,C16*12,C17)

	A	B	C
13	购房贷款		
14		公积金贷款	商业按揭贷款
15	房贷年利率	5%	5.94%
16	贷款年限	15	15
17	贷款金额	150000	150000
18	贷款月供	¥-1,186.19	¥-1,260.93
19	月供是否合理（月供小于月净收入的30%）		
20	2年后贷款余额		

图 3-203　购房贷款的月供值计算结果

（5）判断月供是否合理要用 IF 函数，该函数的参数 Logical_test 要设置成一个关系表达式“ABS(B18+C18)<30%*B7/12”，其中“B18+C18”是两种贷款月供和，由于这两个值以负数表示，因此这里用 ABS 函数对其取绝对值（或者直接对该和取负，如：“-（B18+C18)”），单元格 B7 为蔡先生本年度的净收入，则每月净收入的 30%为“30%*B7/12”，另两个参数分别为“TRUE”和“FALSE”，如图 3-204 所示，公式为：“=IF(ABS(B18+C18)<B7/12*30%, TRUE,FALSE)”。确定后，返回结果为“TRUE”。

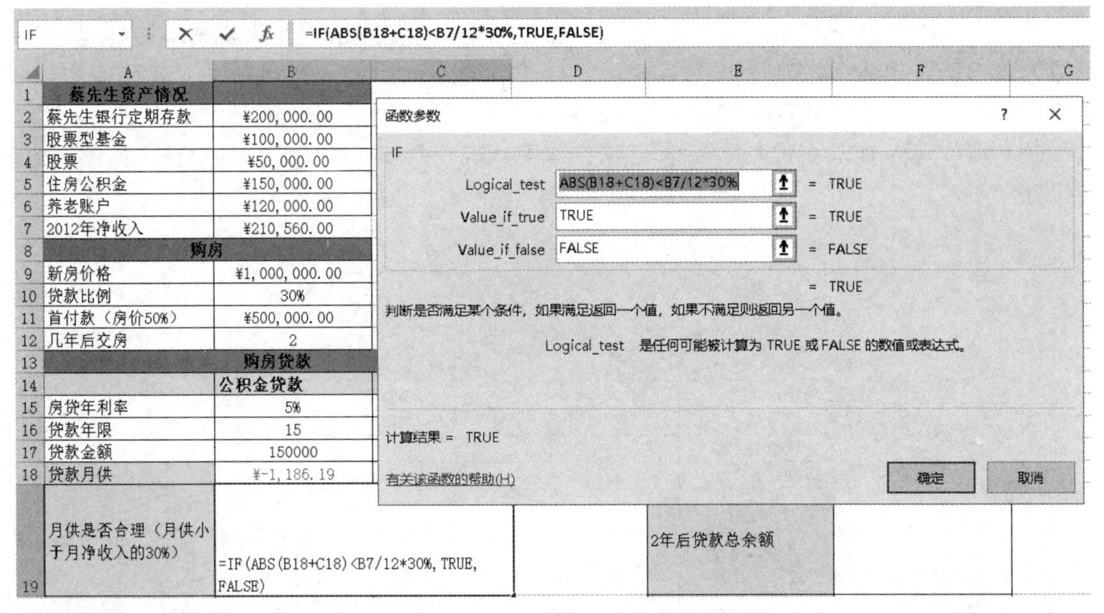

图 3-204　用 IF 函数判断月供是否合理

2. 两年后贷款余额的计算

【要求】

计算两年后房子交付时，剩余的贷款余额。公积金贷款余额填入单元格 B20，商业贷款余额填入单元格 C20，两年后贷款总余额填入单元格 F19。

【操作】

（1）选中单元格 B20，计算两年后贷款余额，用 PV 函数。该函数用于返回某项投资的一系列将来投资的现在总值，正好可以用来计算两年后剩下的 13 年投资总值。在“公式”选项卡→“函数库”→“财务”中选择“PV”函数，其参数设置如图 3-205 所示。

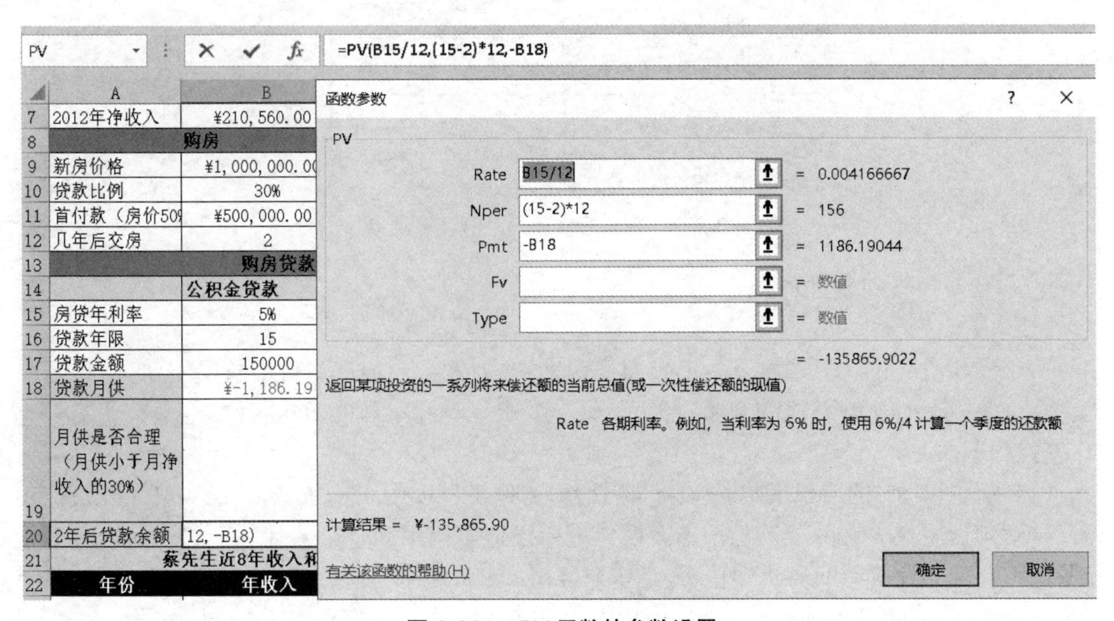

图 3-205　PV 函数的参数设置

其中，参数 Pmt 为每月月供，由于月供是现金流出，为负值，所以要将它取反，即 Pmt 参数为“-B18”，Rate 为 5%除以 12（B15/12），总期次 Nper 为 13 年再乘以 12，确定后，单元格 B20 中公式为“=PV(B15/12,(15-2)*12,-B18)”。

（2）将单元格 B20 公式复制到单元格 C20 中，得到两年后商业贷款的余额，如图 3-206 所示。

C20　=PV(C15/12,(15-2)*12,-C18)

	A	B	C
13	购房贷款		
14		公积金贷款	商业按揭贷款
15	房贷年利率	5%	5.94%
16	贷款年限	15	15
17	贷款金额	150000	150000
18	贷款月供	¥-1,186.19	¥-1,260.93
19	月供是否合理（月供小于月净收入的30%）	TRUE	
20	2年后贷款余额	¥-135,865.90	¥-136,823.06

图 3-206　购房贷款两年后的贷款余额

（3）选中单元格 F19，直接输入公式“=B20+C20”，得到两年后贷款总余额，如图 3-207 所示。

F19　=B20+C20

	E	F
13	旧房出售	
14	房价成长率	8.00%
15	旧房现价	¥500,000.00
16	旧房折旧系数	2%
17	旧房折旧值	
18	2年后旧房售价	
19	2年后贷款总余额	¥-272,688.96
20	旧房卖出还完贷款收益	

图 3-207　两年后贷款总余额计算结果

3. 两年后旧房的售价计算

【要求】

两年后新房交付，旧房可以卖出。旧房现价 50 万元，而旧房房价增长率为 8%，折旧率为 2%，年折旧价为 50 万元的 2%，即 1 万元。要求计算两年后的旧房售价。

【操作】

（1）房价以 8%的增长率增长，两年后旧房的价格可以用 FV 函数来计算，旧房现价 50 万元，两年后要减去这两年的折旧值，两年的折旧值可以用如下公式计算：房价×折旧率×年限。因此，先计算“旧房折旧值”，选中单元格 F17，直接输入公式“=F15*F16*2”，其结果为 20000，如图 3-208 所示。

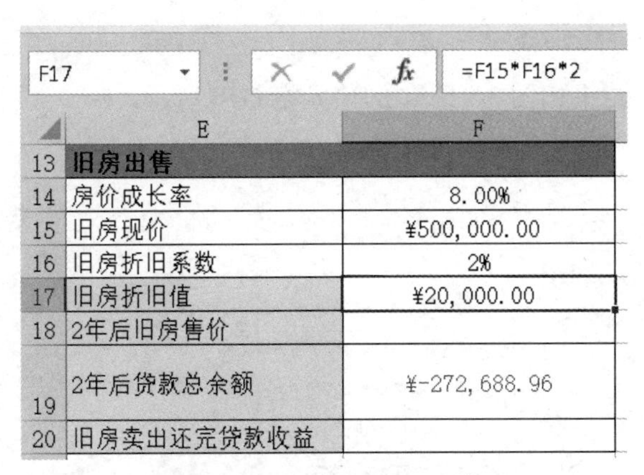

图 3-208　旧房折旧值计算

（2）再选择单元格 F18，插入财务函数 FV，在“函数参数”对话框中设置参数如图 3-209 所示。

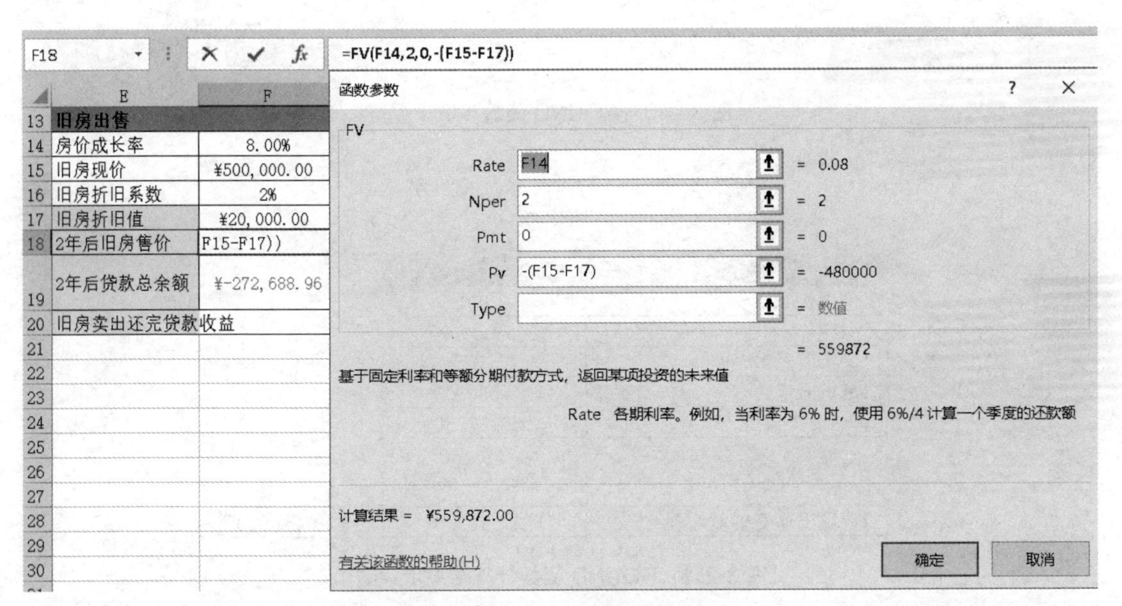

图 3-209　FV 函数参数设置

该函数的 Pmt 和 Type 均输入 0 或者忽略，参数 Pv 就是旧房现值折旧两年后的值，可以看成是该项投资的支出，因此，此处的数据为负值，即“-(F15-F17)”。

（3）单击“确定”按钮，结果为 559872。

4. 房产投资收益计算及 ROUND 函数应用

【要求】

计算将卖房款还完贷款余额后的房产投资收益，放入单元格 F20 中，然后在单元格 G20 中用 ROUND 函数将该收益数据保留到百位。

【操作】

（1）选中单元格 F20，输入公式“=F18+F19”，按回车键确定。

（2）选中单元格 G20，插入“数学和三角函数”类中的 ROUND 函数，参数设置如图 3-210

所示。

（3）确定后返回，结果如图 3-211 中的单元格 G20 所示。

图 3-210 ROUND 函数参数设置

G20 =ROUND(F20,-2)

	E	F	G
13	旧房出售		
14	房价成长率	8.00%	
15	旧房现价	¥500,000.00	
16	旧房折旧系数	2%	
17	旧房折旧值	¥20,000.00	
18	2年后旧房售价	¥559,872.00	
19	2年后贷款总余额	¥-272,688.96	
20	旧房卖出还完贷款收益	¥287,183.04	¥287,200.00

图 3-211 ROUND 函数计算结果示意图

5. 退休时养老金资产计算

【要求】

蔡先生现年 45 岁，拟在 55 岁退休，已有养老金 120000 元，今后每年继续交 7680 元，养老金投资报酬率为 8%，计算退休时养老金资产并填入单元格 F11 中。

【操作】

（1）选中单元格 F11，插入“财务”函数 FV，函数的参数设置如图 3-212 所示，其中，参数 Pmt 为今后每年养老金的投资额，即“养老金年储蓄”，该投资对蔡先生来说是支出，所以用负值表示；参数 Pv 是已经投资的金额，即“已准备养老金”，对该项投资来说也属于资金流出，用负值表示。

（2）单击“确定”按钮，所得结果如图 3-212 的单元格 F11 所示。

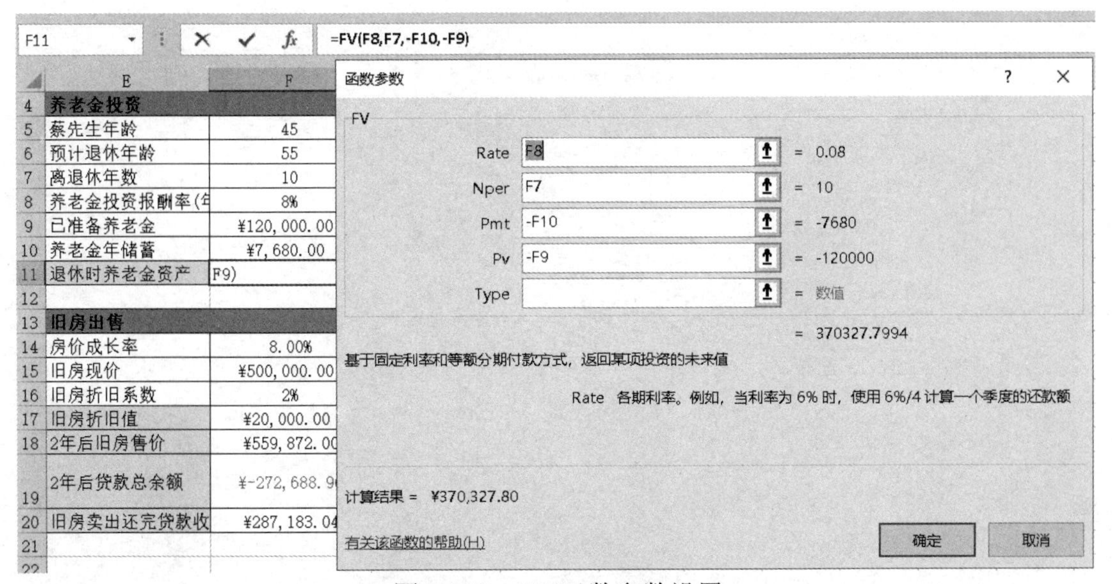

图 3-212　FV 函数参数设置

6. 外部数据的导入

【要求】

现有一个“收入和支出统计.txt”文件，文件内容如图 3-213 所示。

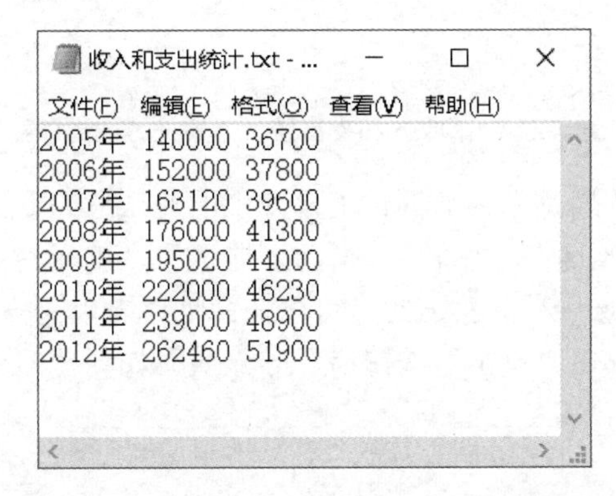

图 3-213　“收入和支出统计.txt”文件内容示意图

文件中数据之间用空格间隔。要求将该文件数据导入到 Sheet1 表中，并作为“蔡先生近 8 年收入和支出统计”表的数据，因此，要将数据导入到单元格 A23 中。

【操作】

（1）选中单元格 A23，选择“数据”选项卡→“获取数据”→“自文件”→“从文本/CSV”命令，在打开的“导入数据”对话框中选中“收入和支出统计.txt”，单击“打开”按钮。

（2）这时进入“收入和支出统计.txt”设置对话框，查看预览区数据是否有问题，考虑到分隔符设置可能存在问题，选择“分隔符”右边的向下箭头将其设置为“空格”，此时预览区数据显示正常，然后再单击下方的“加载”按钮右边的向下箭头，在弹出的命令列表中选择“加载到”命令，如图 3-214 所示。

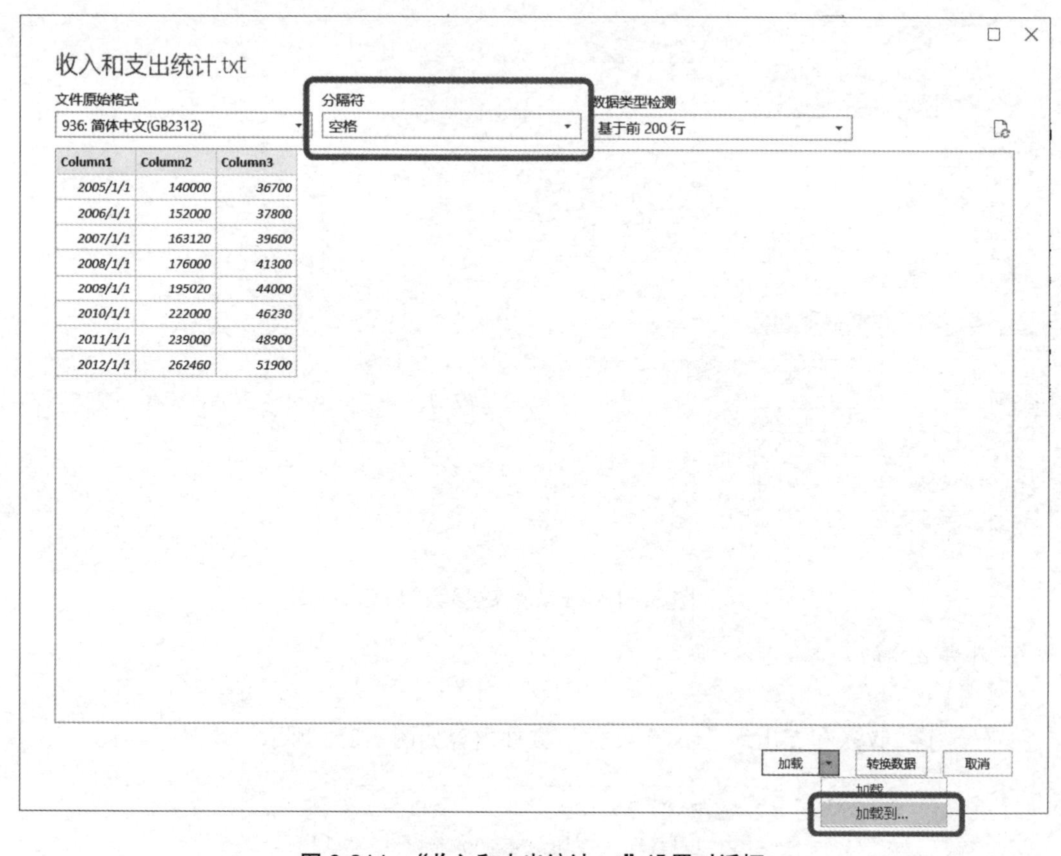

图 3-214 “收入和支出统计.txt”设置对话框

（3）打开“导入数据”对话框，数据在工作簿中的显示方式默认为“表”，此项不变，修改“数据的放置位置”为“现有工作表”，因为之前选中了单元格 A23，因此此处默认显示“=$A$23”，如果之前没有选中单元格 A23，可以在此处单击单元格 A23，也可以实现一样的效果，如图 3-215 所示。单击“确定”按钮后，导入效果如图 3-216 所示。

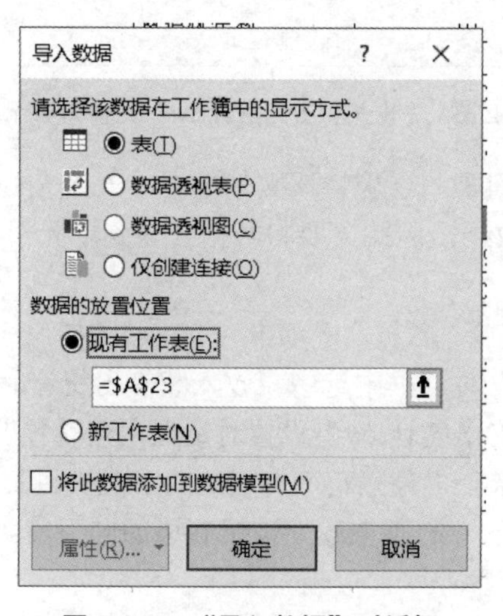

图 3-215 “导入数据”对话框

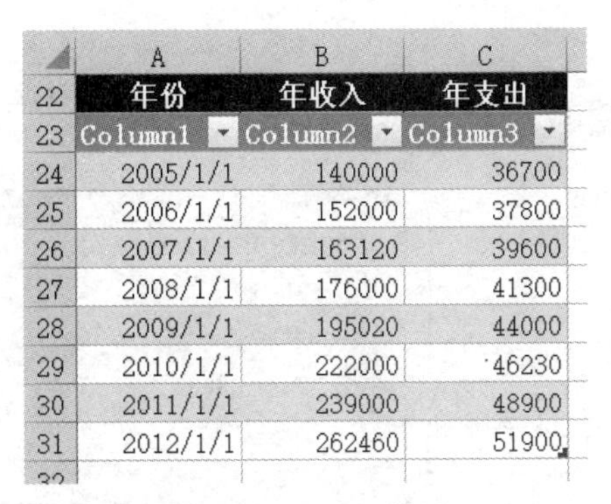

	A	B	C
22	年份	年收入	年支出
23	Column1	Column2	Column3
24	2005/1/1	140000	36700
25	2006/1/1	152000	37800
26	2007/1/1	163120	39600
27	2008/1/1	176000	41300
28	2009/1/1	195020	44000
29	2010/1/1	222000	46230
30	2011/1/1	239000	48900
31	2012/1/1	262460	51900

图 3-216　导入效果

（4）在“表格工具—设计”选项卡下“表格样式选项”组中取消“标题行”选项的勾选，可以去掉导入的标题行，然后再选中整块的数据，用鼠标将它往上移一行，最终效果如图 3-217 所示。

	A	B	C
22	年份	年收入	年支出
23	2005/1/1	140000	36700
24	2006/1/1	152000	37800
25	2007/1/1	163120	39600
26	2008/1/1	176000	41300
27	2009/1/1	195020	44000
28	2010/1/1	222000	46230
29	2011/1/1	239000	48900
30	2012/1/1	262460	51900
31			

图 3-217　最终导入效果

7. 迷你图的应用

【要求】

在已导入数据的“蔡先生近 8 年收入和支出统计”表中，对蔡先生的年收入和年支出进行分析，在单元格 B31 和 C31 中插入一个迷你折线图，并为迷你图添加“标记”、添加红色的“高点”和绿色的“低点”。

【操作】

（1）选中单元格 B31，单击“插入”选项卡→“迷你图”→“折线”图标按钮，在打开的“创建迷你图”对话框中设置所需数据的“数据范围”为“B23:B30”，如图 3-218 所示。

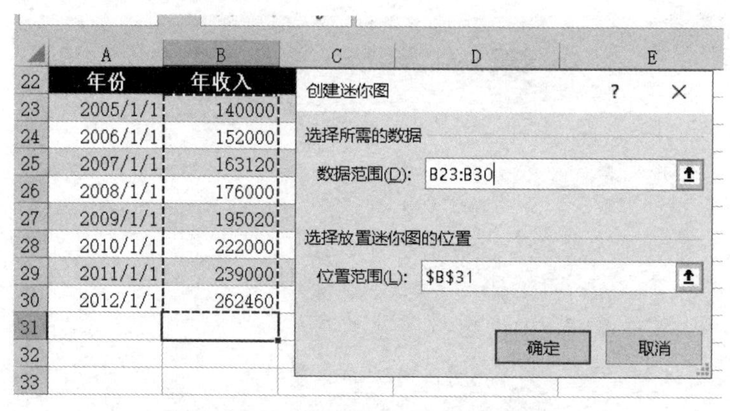

图 3-218 “创建迷你图”对话框设置

（2）选中单元格 B31，在生成的“迷你图工具—设计”选项卡中，找到“显示”组，给“高点”“低点”“标记”打“✓”。

（3）在“迷你图工具—设计”选项卡的“样式”组的右侧设置“标记颜色”，“高点”设红色，“低点”设绿色，如图 3-219 所示。

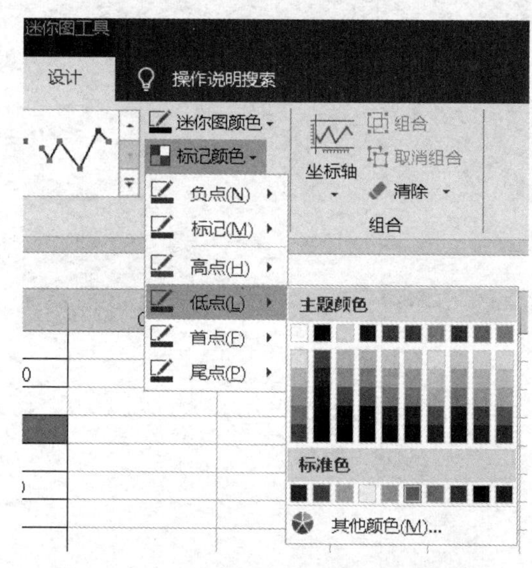

图 3-219 迷你图的“标记颜色”命令菜单

（4）最后，将单元格 B31 复制到单元格 C31，两个迷你图创建完毕，结果如图 3-220 所示。

22	年份	年收入	年支出
23	2005/1/1	140000	36700
24	2006/1/1	152000	37800
25	2007/1/1	163120	39600
26	2008/1/1	176000	41300
27	2009/1/1	195020	44000
28	2010/1/1	222000	46230
29	2011/1/1	239000	48900
30	2012/1/1	262460	51900
31			

图 3-220 创建完成的迷你图结果示意图

8. 工作表的保护和单元格内容的锁定

【要求】

保护工作表 Sheet1 并锁定单元格中的内容，用户只能选定单元格，但不能进行任何操作，若要取消保护，需输入密码“201203”。

【操作】

（1）在工作表 Sheet1 中，单击“审阅”选项卡→“保护”→“保护工作表”按钮。在打开的“保护工作表”对话框中，设置“取消工作表保护时使用的密码”为“201203”，确保所有用户只能进行“选定锁定单元格”和“选定解除锁定的单元格”，即该两项打“✓”，其余选项都为空，如图 3-221 所示。

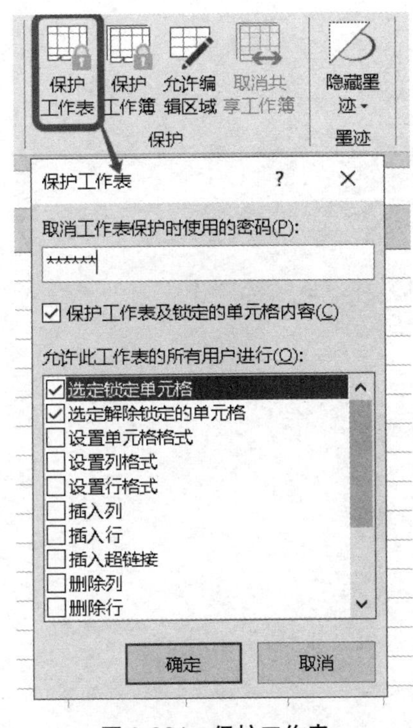

图 3-221　保护工作表

（2）确定后，在打开的“确认密码”对话框中再次输入“201203”，然后确定即可完成。

【应用总结】

本应用场景主要对蔡先生的个人资产进行理财，主要从养老金和住房投资两个角度进行分析。在分析过程中主要运用了几个财务函数来计算房贷的月供、旧房两年后的房价，以及退休时养老金资产值。还通过导入外部文本文件的方式，输入了蔡先生近 8 年来的收入和支出数据，并利用迷你图对该数据进行图示分析。最后为了保护工作表中的数据，设置了工作表的保护和单元格内容的锁定功能。

第4单元 PowerPoint 2019 高级应用

PowerPoint 2019 是用于组织幻灯片、编制演讲与演示文稿的应用软件。它将文本框、图片、形状、艺术字和各类多媒体元素有机组合起来，形成幻灯片，再把多张幻灯片联合起来，组成 PowerPoint 演示文稿。PPT 文稿通常可以设置多种多媒体元素的动画放映方式和多种幻灯片切换方式，通过投影仪或者其他大屏幕放映设备播放出来，所以，它是一个一对多的用户广泛应用的交流媒介。

本单元的学习，要求读者已经具备一定的演示文稿制作能力，了解 PowerPoint 2019 的界面和基本操作，因此本单元主要以进阶者的角度出发，对于演示文稿的格式设置、动画及切换、保存输出等进行了更高一级的应用，以帮助读者快速达到“从入门到精通”的目的。

本单元的内容主要：

应用场景 1　《行路难》课件 PPT 制作

应用场景 2　电子产品营销推广方案制作

应用场景 3　“风吹麦浪”MTV 制作

学完本单元我能做什么？

1. 掌握演示文稿中主题的应用和修改
2. 能够熟练使用母版视图
3. 熟悉不同对象的插入及修改：日期与时间、幻灯片编号、文本框、图像、图形、SmartArt 图形、声音、视频等
4. 理解并掌握动画设计
5. 能进行幻灯片切换设置
6. 掌握如何放映幻灯片

应用场景 1　《行路难》课件 PPT 制作

韩梅是一名师范院校的大四学生，毕业实习时她去了一所中学教语文，每次上课韩梅都做了精心的准备。今天，韩梅准备向学生介绍《行路难》一诗，她在准备好相关素材并对授课内容作了仔细的研究后，经过技术分析，结合 PowerPoint 2019 制作幻灯片的方法与步骤，完成了该应用。

【场景分析】

在进行《行路难》的课件制作过程中，需要用到 PowerPoint 2019 的以下功能：

- 创建演示文稿，使用“新建幻灯片”按钮，向演示文稿中添加各种版式的幻灯片并进行文字输入
- 能够使用多重模板、颜色、母版等设置幻灯片的外观格式
- 使用动画效果给 PPT 增加动感并能进行动画设置
- 利用动作按钮实现幻灯片前后跳转
- 使用幻灯片切换效果
- 最后设置演示文稿的放映方式

【最终效果】

《行路难》课件制作效果如图 4-1 所示。

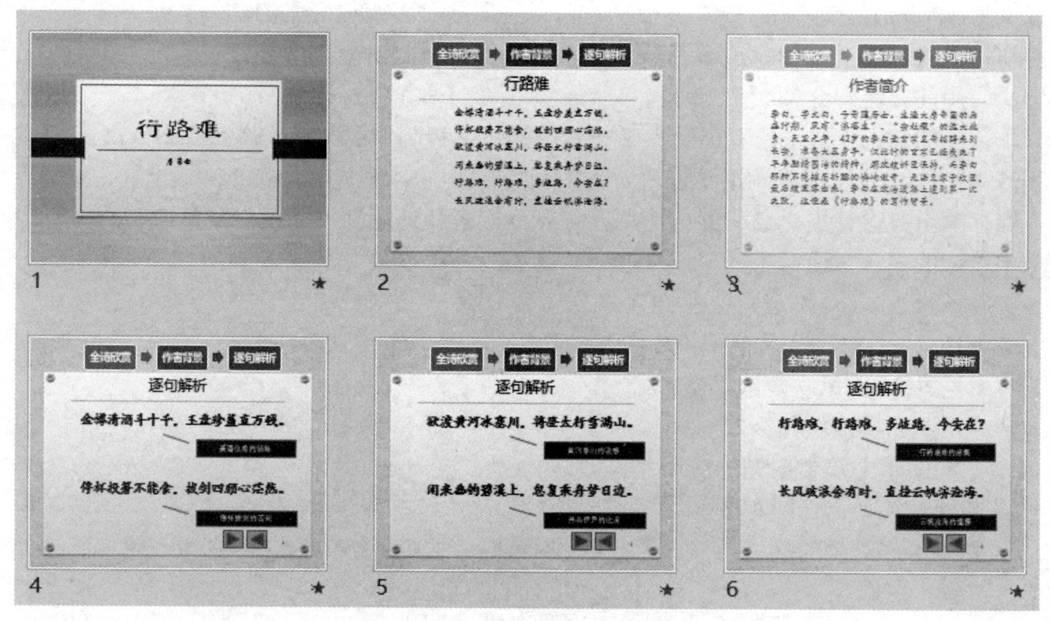

图 4-1 《行路难》课件制作效果

【知识技能】

1. 演示文稿和幻灯片

演示文稿就是我们利用 PowerPoint 软件设计制作出来的一个文件，简称 PPT。使用较早的 PowerPoint 2003 或以下的版本创建的演示文稿的扩展名为“.ppt”，自从 PowerPoint 2007 版本后，创建的演示文稿的扩展名均为“.pptx”。

一个完整的演示文稿是由多张幻灯片组成的，建立演示文稿后，可以根据编排需要在演示文稿中新建多张幻灯片并对其进行各种操作。

新建一张幻灯片有多种方法：

（1）单击“开始”选项卡下“幻灯片”组中的“新建幻灯片”按钮，可直接新建一张默认版式的幻灯片。

（2）也可以单击“新建幻灯片”按钮的下拉按钮，在弹出的下拉列表中选择一种幻灯片版式，即可插入一张应用所选版式的幻灯片。

（3）使用快捷键 Ctrl+M，可快速插入一张沿用当前幻灯片版式的新幻灯片。

小贴士：

在左侧幻灯片窗格中，选择任意一张幻灯片的缩略图，按 Enter 键即可新建一张与所选幻灯片版式相同的幻灯片。

2. 幻灯片中文本的快速导入

幻灯片中可以添加多种对象，其中包含文本、图形、图像、表格、图表等。其中文本是最基本最常见的一种对象。

在幻灯片中添加文本的方法是多种多样的。

（1）使用文本占位符或文本框直接输入。一般情况下，我们可以单击幻灯片中的文本占位符直接输入文字。如果幻灯片中预置的文本占位符不够，可以依次单击“插入”选项卡→“文本”→“文本框”按钮，在弹出的下拉列表中选择某个内置的文本框样式插入或者选择“绘制横排文本框”或“绘制竖排文本框”命令，然后在出现的文本框内直接输入文本，如图 4-2 所示。

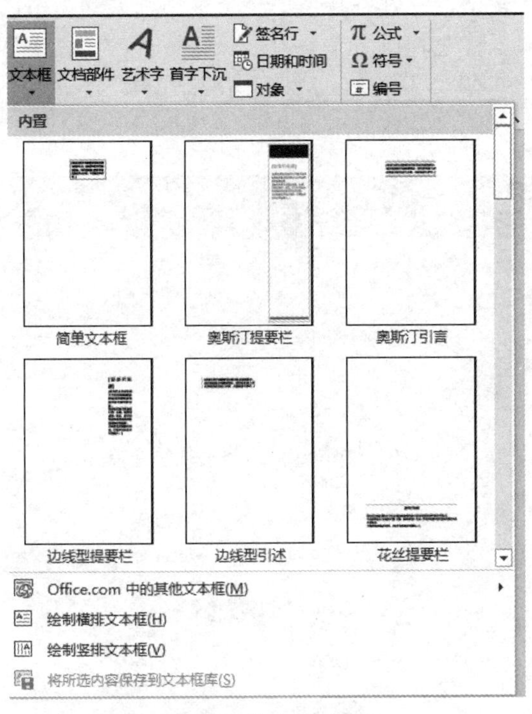

图 4-2　插入文本框

（2）可以在大纲视图中直接输入。如图 4-3 所示，通过单击“视图”选项卡→“大纲视图”按钮切换到大纲视图。在左侧的大纲窗格中，在幻灯片图标右侧输入文字，即可作为该幻灯片的标题文本，按 Enter 键，即可新建一张幻灯片，按 Tab 键，可实现文本的降级（例如，将标题文本级别降为正文一级文本），按 Shift+Tab 键可实现文本的升级。

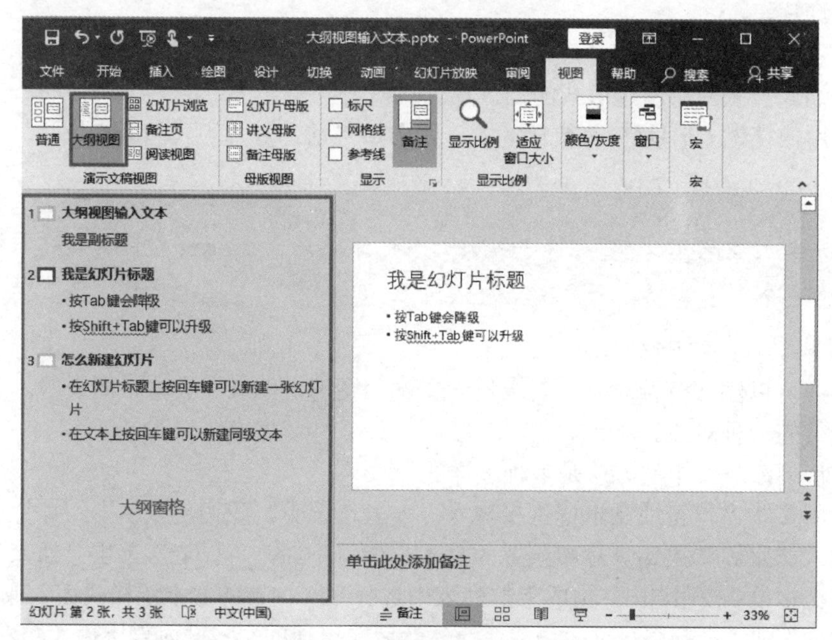

图 4-3　大纲视图输入文本

如果已经准备好文字素材，也可将其全部复制粘贴到大纲窗格内，利用 Enter 键、Tab 键进行降级、升级处理，即可快速制作一个具有多张幻灯片的纯文字演示文稿。

（3）导入 Word 中的文本。可用 Word 2019 输入文本，设置文本的大纲级别并保存，如图 4-4 所示。

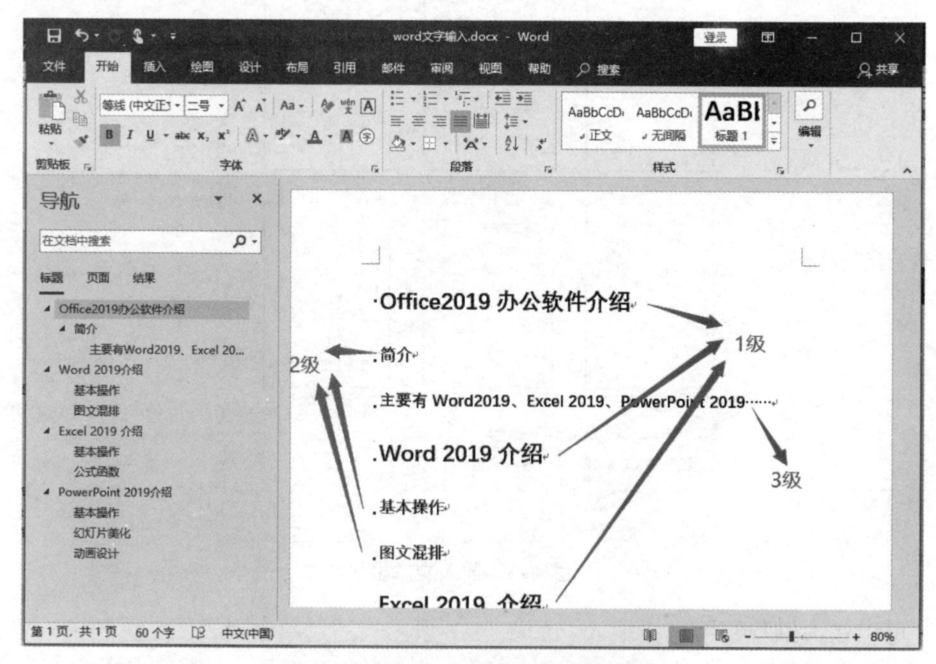

图 4-4　为 Word 中的文本设置级别

在 PowerPoint 2019 中，切换到“开始”选项卡，单击“新建幻灯片”按钮，在随后出现的幻灯片版式列表中，选择“幻灯片（从大纲）”命令，如图 4-5 所示。

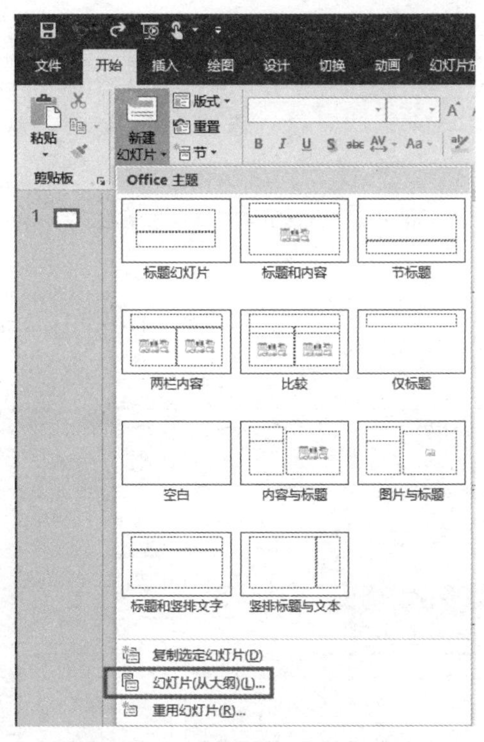

图 4-5　“幻灯片（从大纲）”命令

在打开的“插入大纲”对话框中选择前面已经设置好级别的 Word 文件，插入后就可将其中的文本导入到演示文稿的相应幻灯片中，其效果如图 4-6 所示。

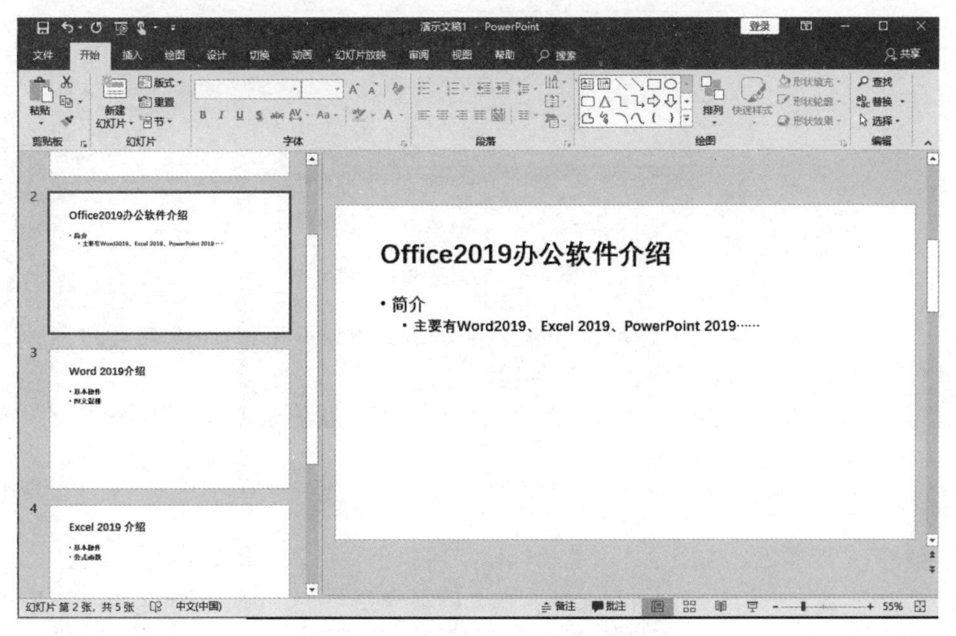

图 4-6　导入 Word 文本后效果图

不论采用何种方式将文本输入后，都可设置其字体、字号和字符颜色等，也可以设置文本的段落格式、项目符号和编号等，具体操作可在“开始”选项卡的“字体”和“段落”组中进行，如图 4-7 所示。

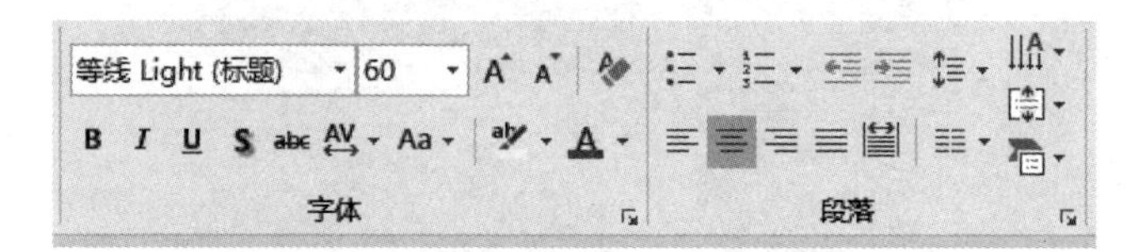

图 4-7　设置字体格式及段落格式

3. 版式

幻灯片版式是 Power Point 软件中的一种常规排版的格式，通过幻灯片版式的应用可以让文字、图片等的布局更加合理简洁，如图 4-8 所示。

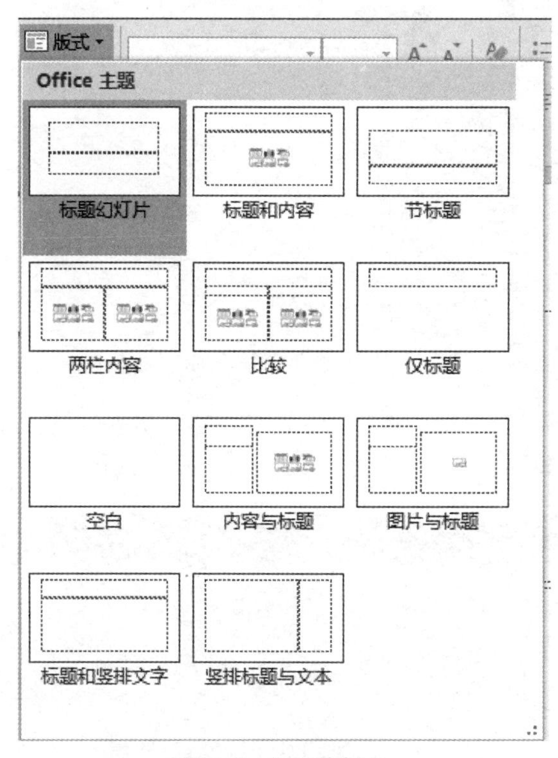

图 4-8　幻灯片版式

单击“开始”选项卡下的“版式”按钮，可以看到 PowerPoint 2019 内置的 11 种版式，例如，“标题幻灯片”“标题和内容”“节标题”等。

单击其中某个版式，选中的幻灯片就会应用该版式，我们就可以使用版式中的占位符进行插入文本或图片等，无须再设计布局。

4. 主题

主题是由主题颜色、主题字体（包括标题字体和正文字体）和主题效果（包括线条和填充效果）三者组合而成的。主题可以是一套独立的选择方案，在 PowerPoint 2019 中内置了 32 个主题，如图 4-9 所示。当我们将某个主题应用于演示文稿时，该演示文稿中所涉及的字体、背景、效果等都会自动发生变化。当然，如果用户不喜欢默认的主题方案，还可以单独对主题颜色、字体及效果进行自定义设置，或者还可以自己设计一套主题方案保存并导入。

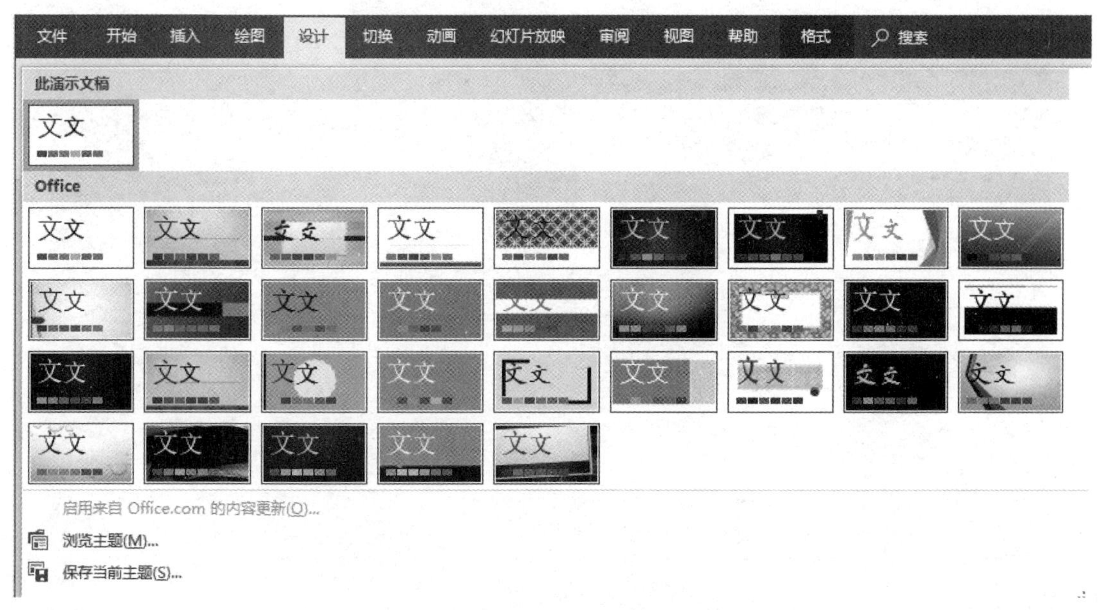

图 4-9　内置主题样式

（1）主题应用。主题为我们制作幻灯片节省了大量的设计时间，当选择了某一主题之后，所有的幻灯片都采取了相同的风格和格式。我们可以对该主题进行修改，然后选择“保存当前主题”命令就可以将其另存为一个自定义的主题。有的时候我们需要在一个演示文稿中应用多种主题，使得幻灯片更加丰富多彩。

打开需要设置主题的演示文稿，选中任意一张幻灯片，在“设计”选项卡下的“主题”组中选择一个主题，如“水汽尾迹”，此时，演示文稿中所有的幻灯片都应用了该主题。如图 4-10 所示，该演示文稿中有 4 张幻灯片，虽然其版式各自都不相同（标题幻灯片、标题与内容、两栏文本、图片与标题），但是风格统一，格式一致。

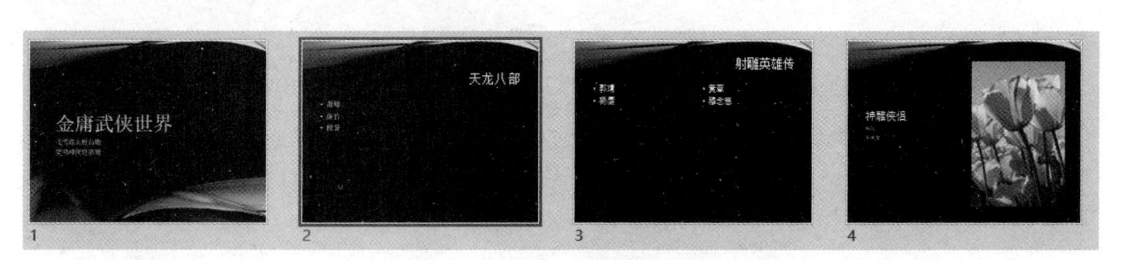

图 4-10　主题样式应用后效果

现在选中第 2 张幻灯片，在“设计”选项卡下的“主题”组中右击“徽章”主题，在弹出的快捷菜单中选择“应用于选定幻灯片”命令，如图 4-11 所示，则会发现第 2 张幻灯片的格式随之改变，与其他三张明显不同。

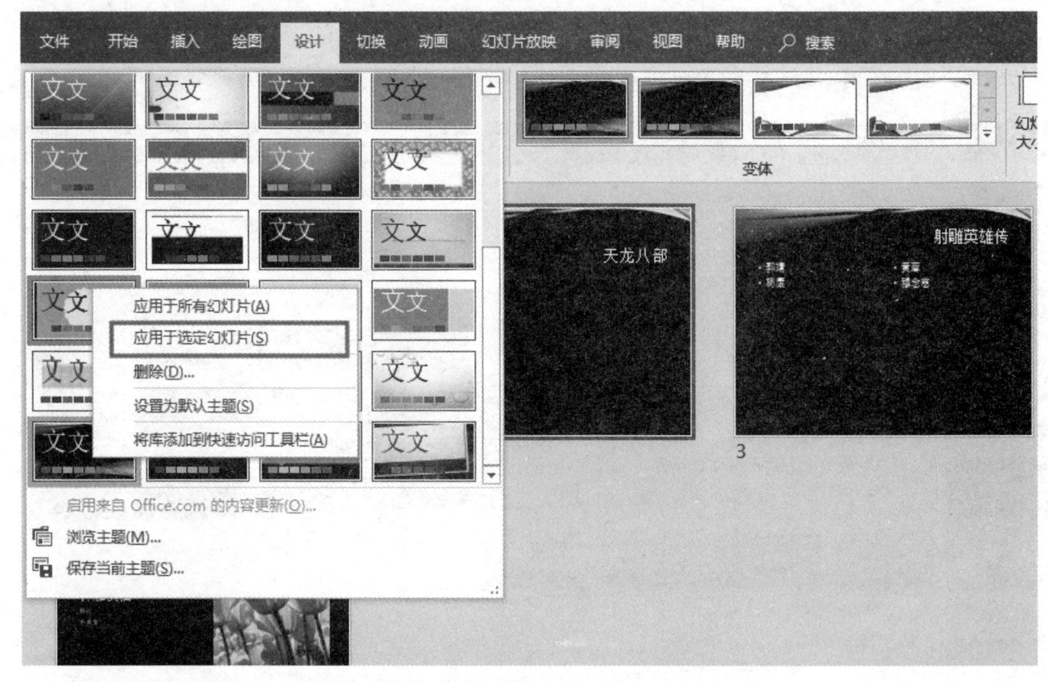

图 4-11　主题应用于所选幻灯片

用此方法可以在一个演示文稿中应用多种主题。如图 4-12 所示，4 张幻灯片分别应用了“水汽尾迹”、“徽章”、“柏林”和“带状”4 种主题。当然，在实际设计中，一个演示文稿的主题不宜过多，风格要大致统一，才能达到较好的效果。

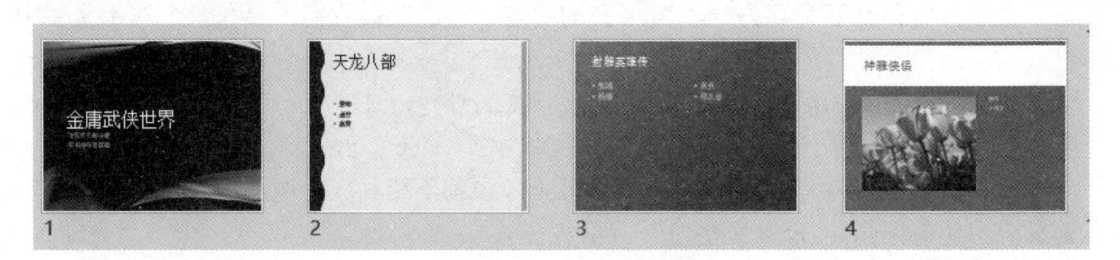

图 4-12　多主题应用效果

（2）主题变体。演示文稿应用了主题样式后，如果用户觉得所套用样式中的颜色、字体、效果不是自己喜欢的，则可以进行更改。可以直接选择“变体”组中的某项进行更改，也可以单击右侧的其他按钮，在弹出的下拉菜单中按需要选择“颜色”或者“字体”等命令，如图 4-13 所示。

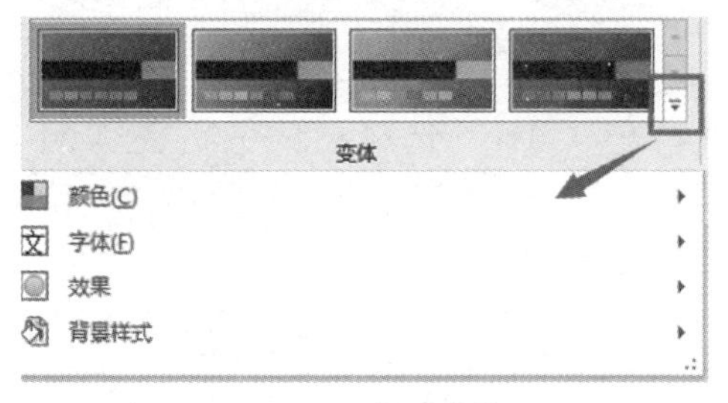

图 4-13　主题变体

① 主题颜色。主题颜色是指文件中使用的颜色集合，包含了 4 种文本和背景颜色、6 种强调文字颜色及两种超链接颜色。不同的主题内置不同的主题颜色，如前面的文稿如果应用的主题是“柏林”，则使用默认的黄色调，但我们修改其主题颜色为内置的“蓝色”颜色，其效果如图 4-14 所示。

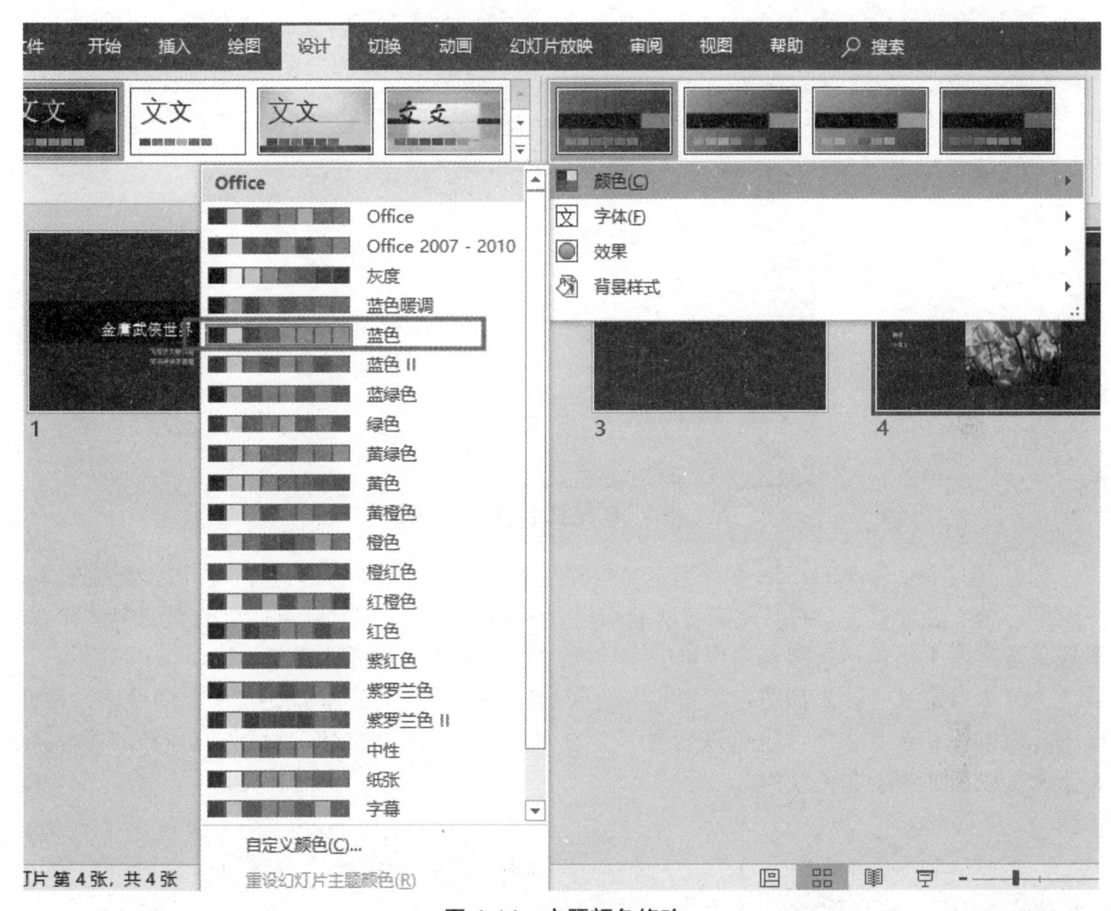

图 4-14　主题颜色修改

与主题设置一样，我们也可以为不同幻灯片设置不同的颜色方案，只需要在颜色方案上右击，在弹出的快捷菜单中即可选择该颜色方案是“应用于所有幻灯片”还是“应用于所选幻灯片”，如图 4-15 所示。

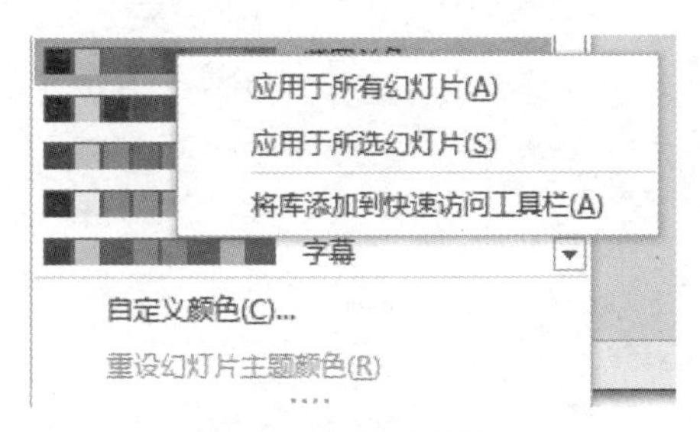

图 4-15　颜色方案菜单

当然，我们也可以自定义颜色方案，选择图 4-15 中的“自定义颜色”命令即可打开“新建主题颜色”对话框，可根据需要进行设置，如图 4-16 所示。

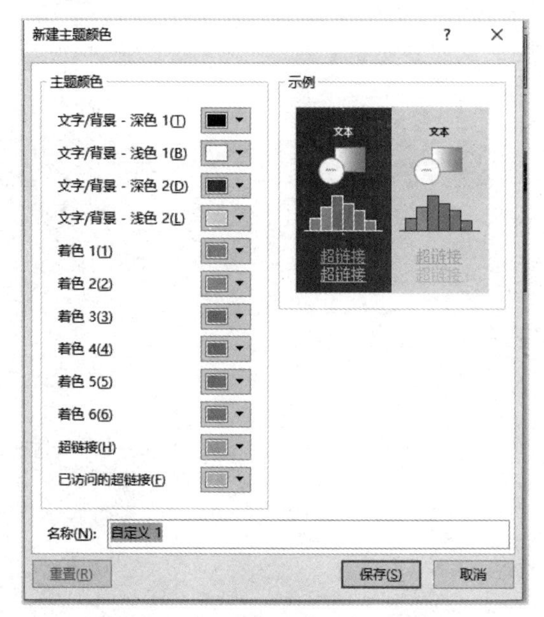

图 4-16 “新建主题颜色”对话框

② 主题字体。每个 Office 主题均定义了两种字体：一种用于标题，另一种用于正文文本。应用了一种主题样式后，如果用户对所套用样式中的字体不满意，则可以更改主题字体样式。设置主题字体主要包括直接套用内置的字体样式和自定义字体两种方式，如图 4-17 所示。

选择“自定义字体”命令，即可打开“新建主题字体”对话框，在其中我们可以设置西文的标题字体和正文字体，也可以设置中文的标题字体和正文字体。设置完毕后可以将其保存下来供以后的演示文稿使用。

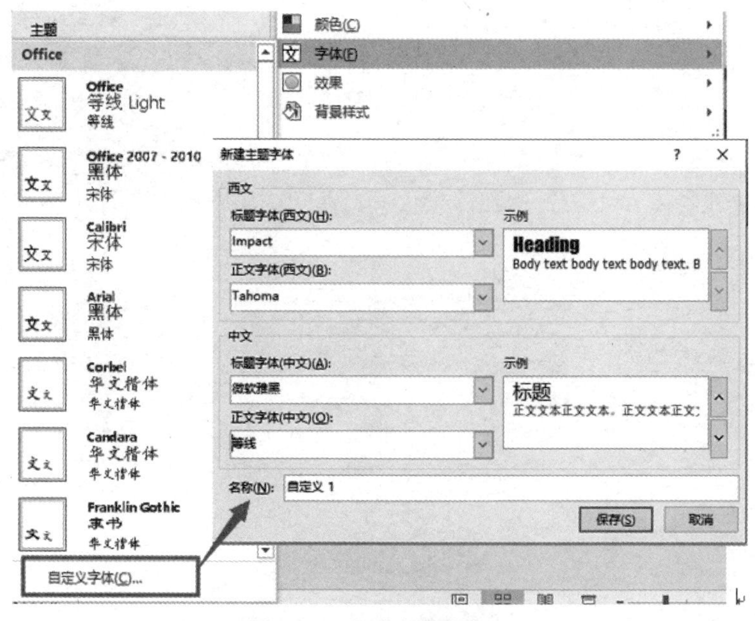

图 4-17 新建主题字体

③ 主题效果。主题效果是指应用于幻灯片中元素的视觉属性的集合，包含一组线条和一组填充效果。通过使用主题效果，如图 4-18 所示，可以快速更改幻灯片中不同对象的外观，使其看起来更加专业、美观。

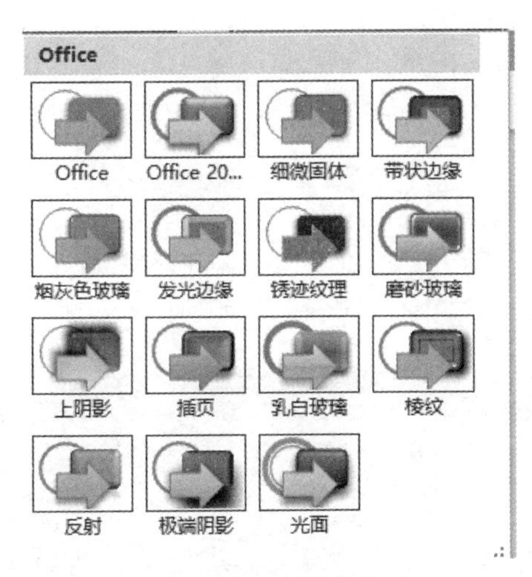

图 4-18　主题效果

④ 背景样式。这是不同主题中最实用的，它可以快速统一幻灯片的背景颜色和背景图片。单击“变体”组中的“其他”按钮，在弹出的下拉列表中选择“背景样式”，然后在弹出的样式库中选择一种合适的背景样式即可。由于样式库中的样式比较单一，用户可以选择“设置背景格式”命令，在打开的“设置背景格式”窗格中自行设置背景格式，如图 4-19 所示。

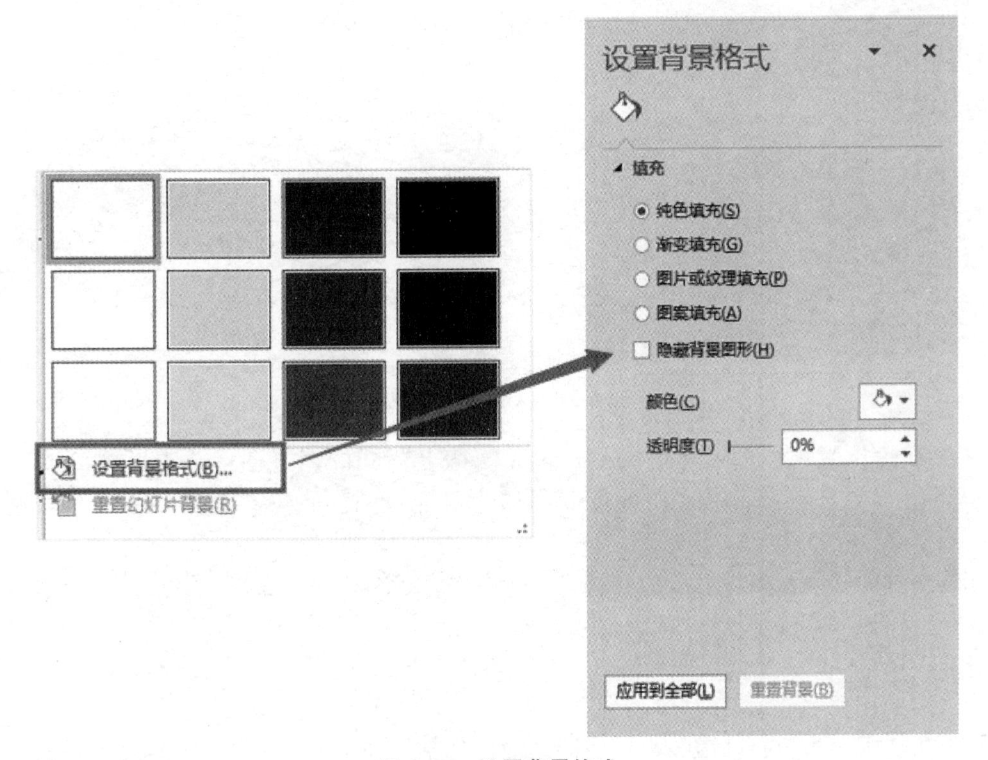

图 4-19　设置背景格式

5. 母版

在 PowerPoint 的“视图”选项卡上，母版类型有三种，分别是幻灯片母版、讲义母版、备注母版。

幻灯片母版就是一张特殊的幻灯片，用于存储有关演示文稿的主题和幻灯片版式的信息，包括背景、颜色、字体、效果、占位符大小和位置。在演示文稿中，所有幻灯片都基于该幻灯片的母版创建，如果更改了幻灯片母版，则会影响所有基于母版创建的演示文稿幻灯片。因此修改和使用幻灯片母版的主要优点是可以对演示文稿中的每张幻灯片（包括以后添加到演示文稿的幻灯片）进行统一的样式更改。

切换到“视图”选项卡，单击“母版视图”组中的“幻灯片母版”按钮，就能切换到幻灯片母版视图。幻灯片母版视图如图 4-20 所示。

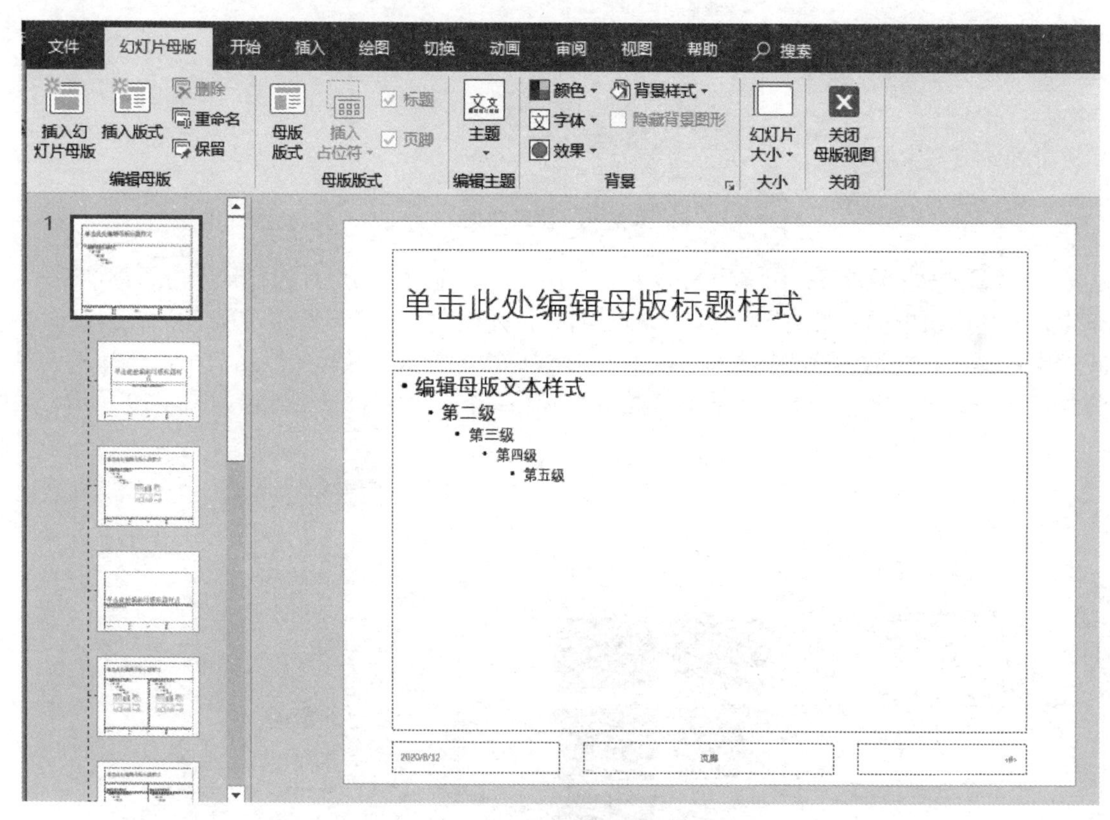

图 4-20　幻灯片母版视图

在幻灯片母版视图下，可以看到左侧是母版及版式的缩略图，单击后就可以在右侧进行编辑。其中第一张母版，在该页中添加的内容和设置的格式都会在下面所有版式中出现。

在幻灯片母版下有多种幻灯片的版式，例如“标题幻灯片”版式、“标题和内容幻灯片”版式……，可以对其分别进行修改。

注意：我们可以像更改任何幻灯片一样更改幻灯片母版，但是母版上的文本只用于样式，实际的文本应在普通视图的幻灯片上输入。

我们可以编辑占位符（虚线框标注的区域，包括标题区、对象区、日期区、页脚区和数字区）。

例如，希望更改每一张幻灯片的标题字体格式。

如图 4-21 所示，可在母版视图中，单击左侧窗格中最上面一张“幻灯片母版”，然后在右侧单击标题占位符，选定其中的提示文字，并且改变其格式，就可以一次性地更改所有幻灯片的标题格式。单击“幻灯片母版”选项卡上的“关闭母版视图”按钮，返回普通视图中，我们可以看到每张幻灯片的标题均发生了变化。

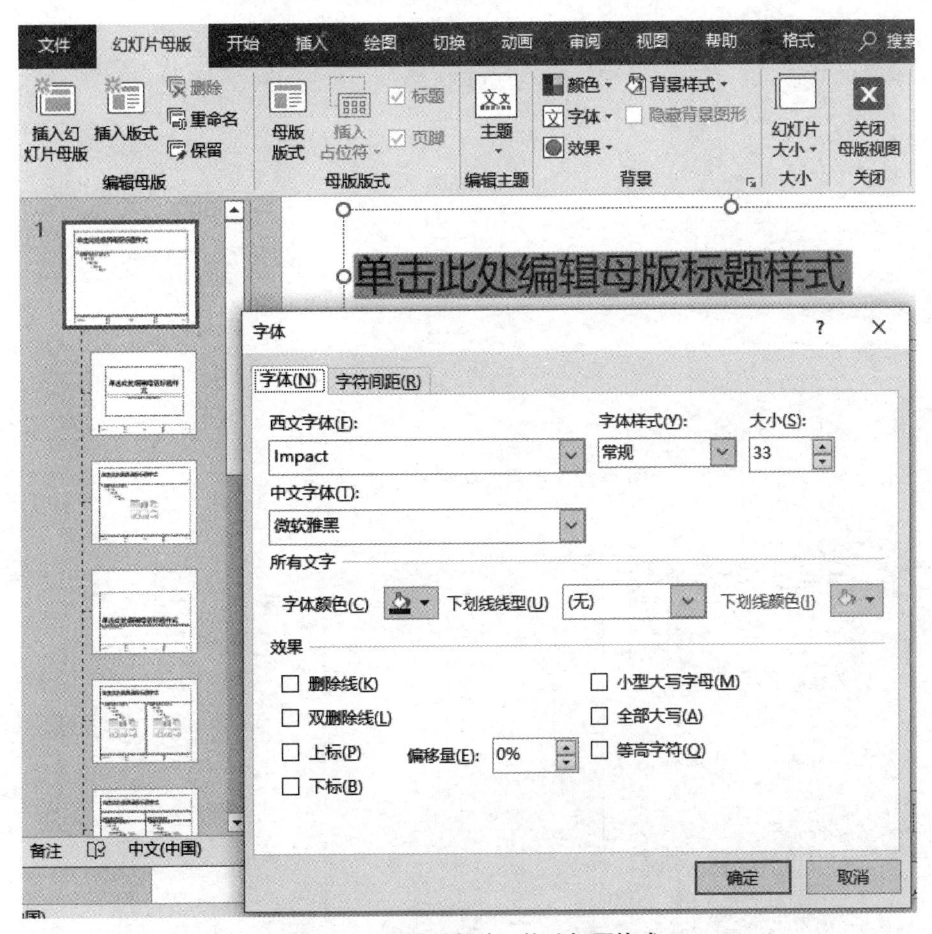

图 4-21　利用母版统一修改标题格式

例如，假如希望在每一张使用“标题和内容”版式的幻灯片上添加公司的 LOGO 图标，如何操作？

如图 4-22 所示，切换到母版视图，在左侧缩略图中选择“标题和内容”版式的幻灯片，然后在右侧主窗格中插入 LOGO 图标，并对图标的大小位置进行调整。单击“关闭母版视图”按钮回到普通视图后，我们能发现每张采用“标题和内容”版式的幻灯片都出现了插入的 LOGO 图标。

如果演示文稿中应用了某主题，则母版格式变成采用该主题后的母版格式。

如果演示文稿中包含了两种或多种不同的主题，则在幻灯片母版视图中可以看到两个或多个幻灯片母版，如图 4-23、图 4-24 所示。

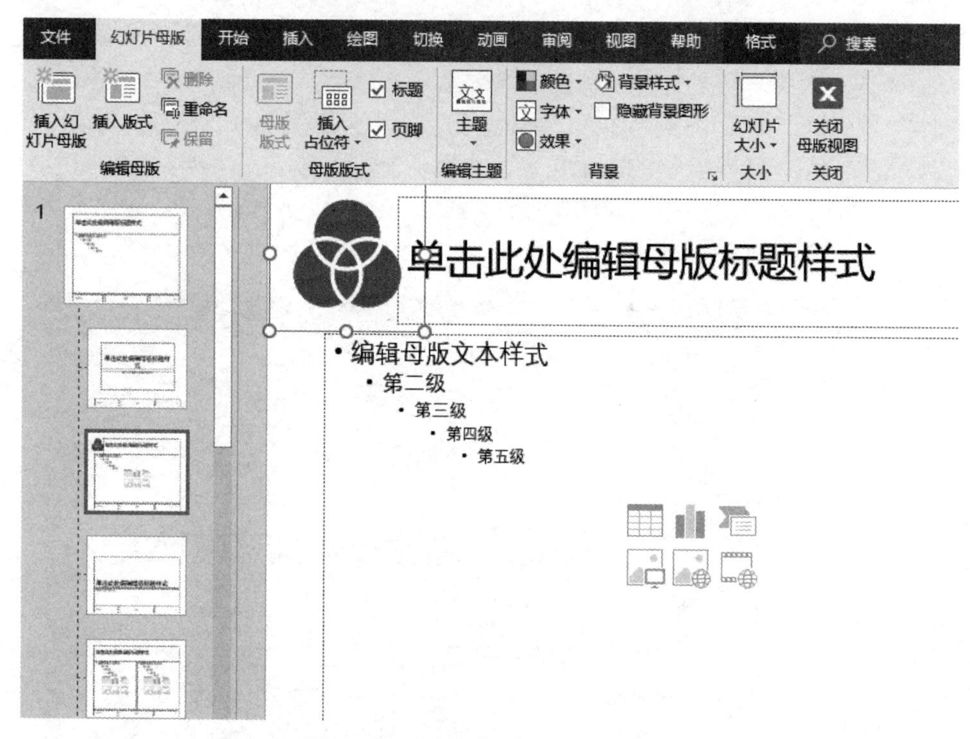

图 4-22　利用母版统一添加 LOGO

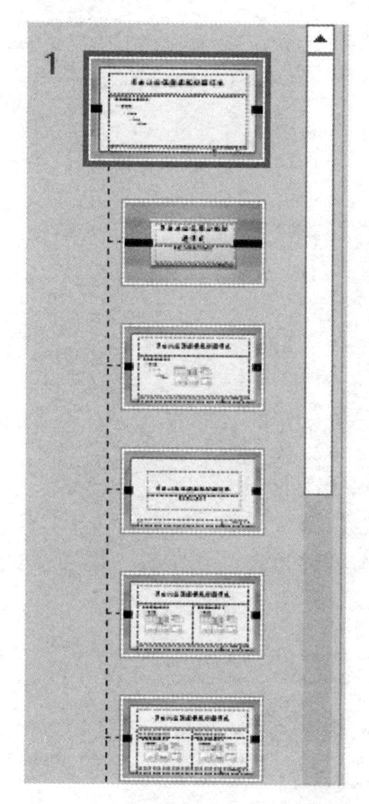

图 4-23 单主题的幻灯片母版图

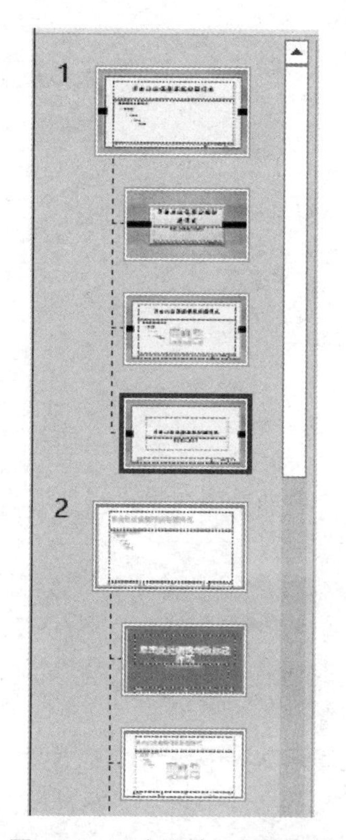

图 4-24　双主题的幻灯片母版

6. 页眉和页脚

PowerPoint 演示文稿的幻灯片，同 Word 文档和 Excel 工作表相似，也可以将日期、编号等内容添加到每张幻灯片的页眉或页脚中。

【操作】

切换到“插入”选项卡，单击“文本”组中的“页眉和页脚”（或“日期和时间”“幻灯片编号”）按钮，打开“页眉和页脚”对话框。

选中相应的选项，如勾选“日期和时间”等，设置其格式或输入文本（页脚文本），如果单击“应用”按钮，则所作设置只应用到当前幻灯片中；如果单击“全部应用”按钮，则所作设置会应用到所有幻灯片中，如图 4-25 所示。

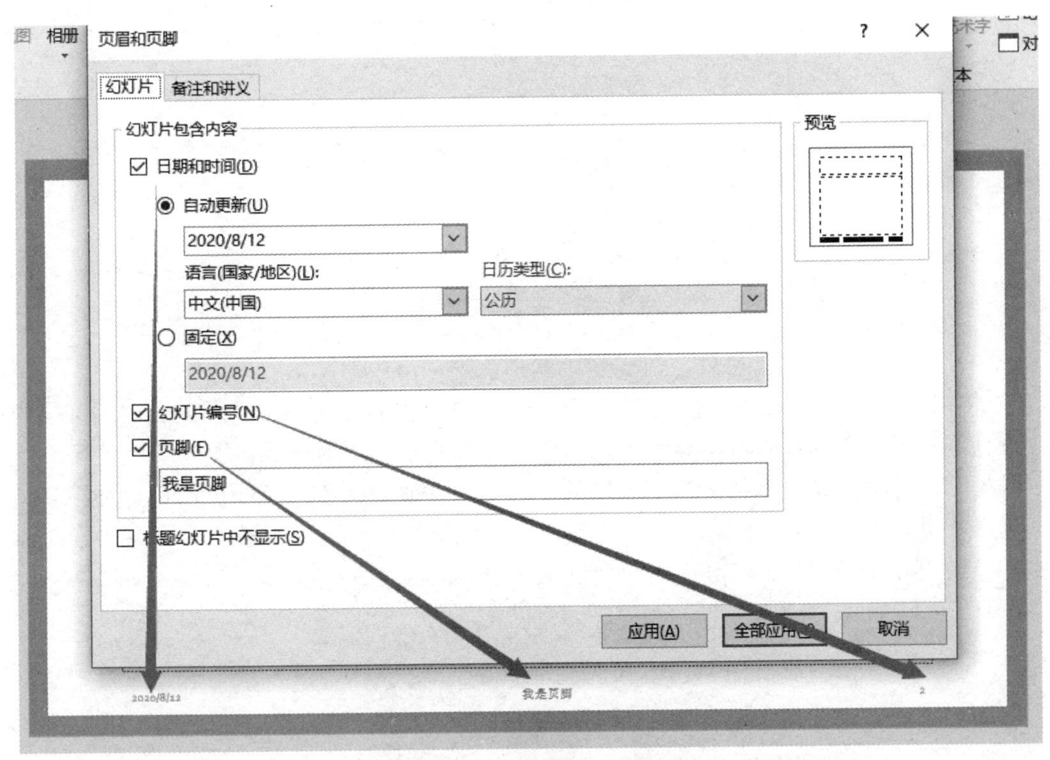

图 4-25　设置幻灯片页脚

默认插入的页脚位于幻灯片的底部，如果需要调整位置，可在幻灯片母版视图下对其像拖动文本框一样操作，同时也可以修改其字体格式。

7. 动画效果

动画效果指给文本或对象添加的特殊视觉或声音效果。例如，可以使文本逐字从左侧飞入，或在显示图片时播放拍掌声。使用动画效果可以使演示文稿更具动态效果，并有助于提高信息的生动性。PowerPoint 2019 提供了 4 种动画：进入、退出、强调、动作路径，如图 4-26 所示。

（1）设置进入动画。所谓“进入”动画，就是演示文稿在放映过程中，文本等对象进入播放画面中所设置的动画效果。

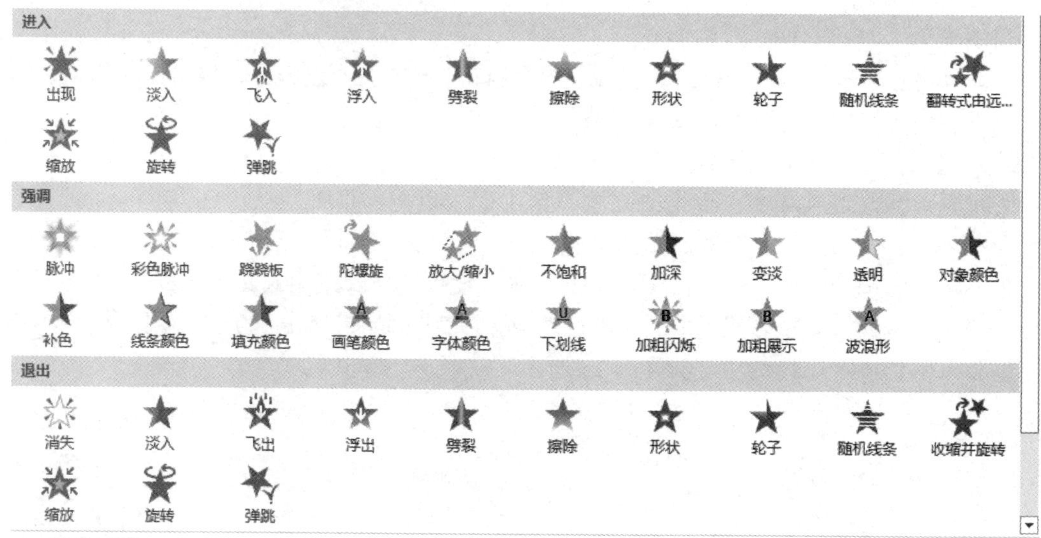

★ 更多进入效果(E)...
★ 更多强调效果(M)...
★ 更多退出效果(X)...
☆ 其他动作路径(P)...

图 4-26　各种动画效果

选中幻灯片中的文本或对象，切换到“动画”选项卡中，单击“动画样式”组右下角的“其他”按钮，在随后出现的“动画样式”下拉列表中，选择“进入”动画列表中的某一种动画效果（例如“飞入”），即可将该“进入”动画效果应用于所选择的文本框或者对象。

如果用户对上述“动画样式”列表中的“进入”动画效果不满意，可以在上述下拉列表中，选择“更多进入效果”命令，打开“更改进入效果”对话框，如图 4-27 所示。可以选择更多的“进入”动画效果，将其应用于所选文本框或对象上。

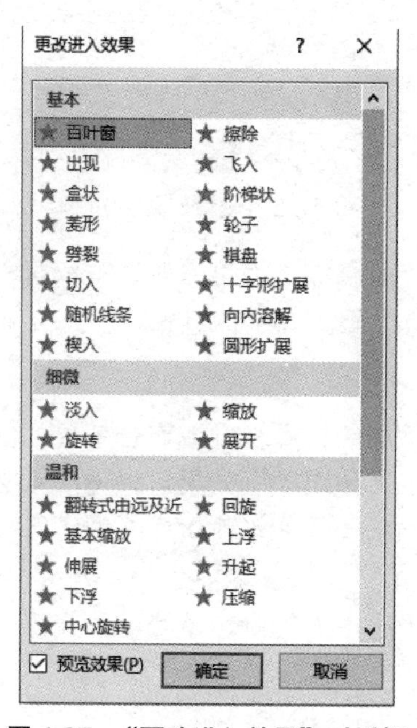

图 4-27　“更改进入效果”对话框

（2）设置“强调”动画。所谓“强调”动画，就是演文稿在放映过程中，为幻灯片中已经显示的文本或对象设置加强显示的动画效果。

设置“强调”动画，与上述设置“进入”动画效果操作方法完全一样。

（3）设置“退出”动画。所谓“退出”动画，就是演示文稿在放映过程中，幻灯片中已经显示的文本或对象离开画面时所设置的动画效果。设置方法和“进入”“强调”动画效果的操作方法完全一致。

（4）动作路径动画。PowerPoint 2019 内置了一些路径动画，供用户直接设置使用。其设置方法和“进入”“强调”等操作一致。

如果用户有特殊路径动画要求，也可以通过绘制路径动画来解决。

例如，进行多种动画效果展示，图 4-28 中的 4 个对象：

- 图形“PPT 动画举例”使用了“淡入”的“退出”动画效果；
- 文字“秋”使用了“缩放”的“进入”动画效果；
- 文字“一叶落而天下知秋”使用了“波浪形”的“强调”动画效果；
- 图形叶子使用了自定义的动作路径动画。

动画窗格可以很好地展示及编辑幻灯片中对象的动画，它可以单击“动画”选项卡中的“动画窗格”按钮调出。

图 4-28　动画效果

图 4-29　动画刷

（5）动画的复制。在 PowerPoint 2019 中，可以通过“动画刷”功能，将某个文本框或对象的动画效果快速复制给其他文本框或对象，如图 4-29 所示。

选中一个已经设置了某种动画效果的文本框或对象，切换到“动画”选项卡中，单击“高级动画”组中的“动画刷”按钮，此时，光标变成刷子形状，在其他文本框或对象上单击，即可快速实现复制。

如果源文本框或对象设置了多个动画效果，采取动画刷进行动画效果复制时，多个动画效果被同时复制。

和格式刷一样，如果双击“动画刷”按钮，则可将动画效果复制给多个对象。复制完成后，再次单击“动画刷”按钮或者按 Esc 键退出动画刷功能即可。

（6）删除动画效果。切换到“动画”选项卡中，单击“高级动画”组中的“动画窗格”按钮，展开动画窗格，右击需要删除的动画选项，在随后出现的快捷菜单中选择“删除”命令就可删除动画。也可以在动画窗格中选中需要删除的动画效果选项，按 Delete 键实现动画效果删除。

（7）设置动画属性。为某对象添加了动画效果后，如果用户对默认的相关动画属性不满意，可以重新调整设置，如图 4-30 所示。

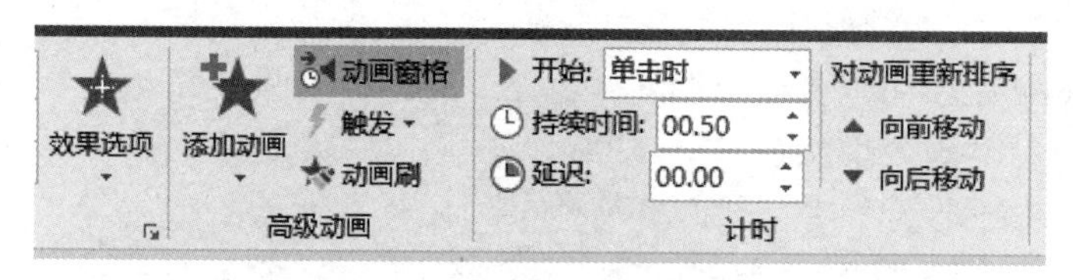

图 4-30　动画属性设置

① 效果选项，用于设置动画的运动方向和形式。对于不同的动画效果，其效果选项可能是不一样的。其操作为：选中设置了动画的对象，单击“动画”选项卡下“动画”组左侧的“效果选项”按钮，在弹出的下拉列表中选择合适的效果选项即可。

② 设置动画开始方式。默认情况下，为对象设置的动画，在幻灯片放映过程中，是通过“单击”鼠标来播放动画效果的。我们可以更改一开始播放的方式，即在“开始”右侧的下拉框中进行选择：

- 单击时——单击鼠标时播放效果。
- 与上一动画同时——在播放前面一个动画的同时，播放此动画效果。
- 上一动画之后——前面一个动画效果播放后，自动播放此动画效果。

③ 设置动画持续时间。动画持续时间是在幻灯片放映过程中，从开始播放动画到动画播放完的整个过程的时间，默认情况下，不同的动画效果其持续时间是不一样的。

数值设置法：展开“动画窗格”，选中需要调整的某个动画效果选项，切换到“动画”选项卡中，单击“计时”组中的“持续时间”右侧的调整按钮，调整至合适值即可。

拖拉调整法：展开“动画窗格”，将其调整得宽一些，选中需要调整的某个动画效果选项，将光标移至颜色块右侧边缘处，待光标呈双向拖拉箭头时，按住鼠标左键向右（左）拖拉至合适位置，松开鼠标即可，如图 4-31 所示。

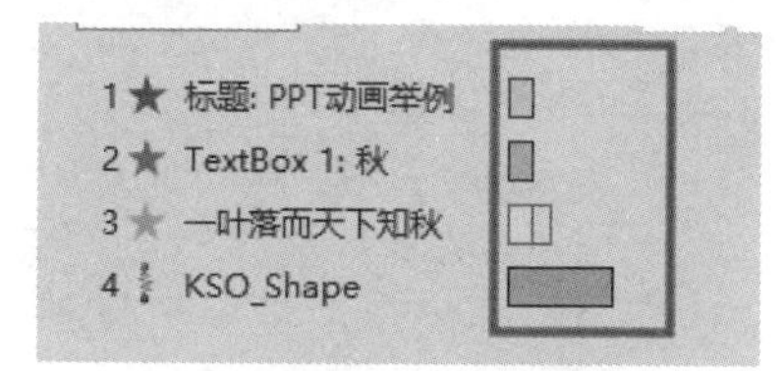

图 4-31　时间拖拉调整法

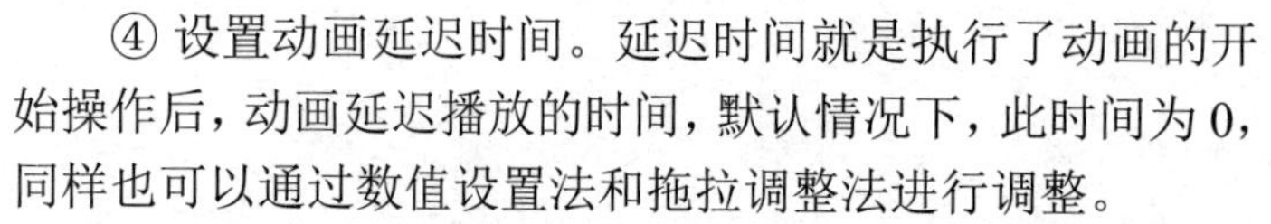

④ 设置动画延迟时间。延迟时间就是执行了动画的开始操作后，动画延迟播放的时间，默认情况下，此时间为 0，同样也可以通过数值设置法和拖拉调整法进行调整。

⑤ 调整动画播放顺序。默认情况下，动画的播放顺序同动画的添加顺序是一致的。如果动画播放顺序有问题，我们可以通过单击动画窗格中“重新排序”上下箭头即可调整顺序。

⑥ 重复播放动画效果。一般添加的动画效果只播放一次，如果需要重复播放，需要在展开的动画窗格中，右击某个动画选项，在随后出现的快捷菜单中选择“计时”命令，打开相应的动画属性设置对话框，切换到“计时”选项卡，单击“重复”右侧的下拉按钮，选择要重复的次数再确定即可。例如，波浪形动画选项设置如图 4-32 所示。

图 4-32　波浪形动画选项设置

⑦ 为同一个对象添加多个动画。幻灯片中的对象可以设置多个动画效果，这时必须单击“添加动画”按钮来实现。如果还是单击“动画”组的“其他”按钮，则会将该对象的前一个动画效果替换掉。“添加动画”按钮如图 4-33 所示。

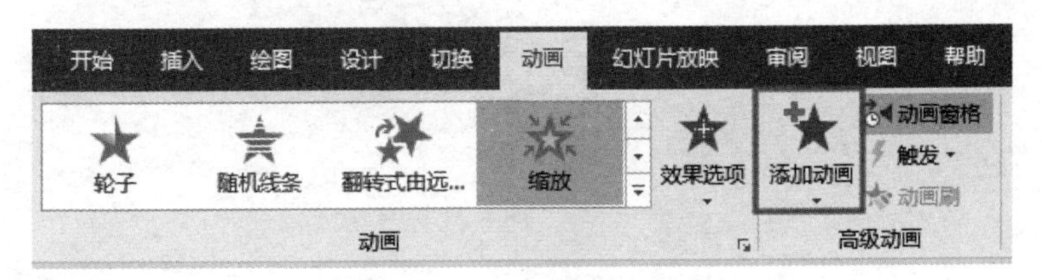

图 4-33　“添加动画”按钮

例如，对前面所述例子进行改进：为文字“一叶落而天下知秋”又添加了“淡入”进入动画，调整动画播放顺序为强调动画之前，并设置强调动画的开始状态为“上一动画之后”；为图形叶子又添加“淡入”退出动画，设置其开始状态为“上一动画之后”，如图 4-34 所示。

图 4-34　动画效果

⑧ 触发器的使用。触发器是 PowerPoint 中的一项功能，它相当于一个按钮，在 PowerPoint 中设置好触发器功能后，单击触发器就会触发一个操作。

其操作方法为：选择要被触发的对象，给其插入动画效果，在动画窗格中右击该动画，在弹出的快捷菜单中选择“计时”命令，在弹出的对话框中单击“触发器”按钮，再选中“单击下列对象时启动动画效果”选项，然后在右侧的下拉框中选择能触发该动画的对象，如图 4-35 所示。

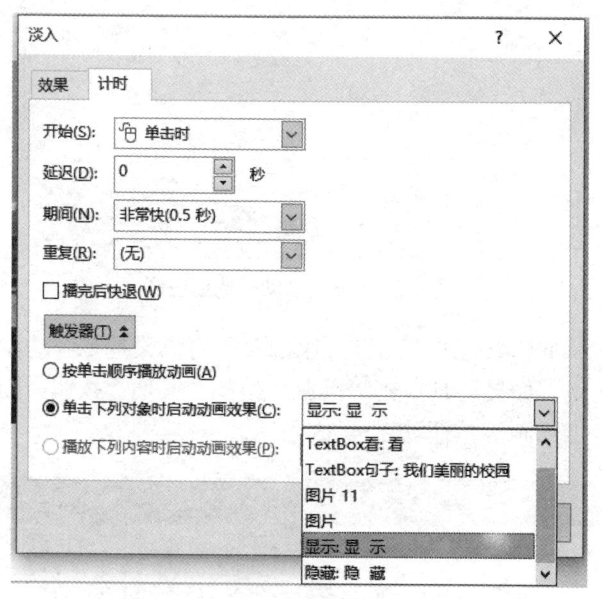

图 4-35　触发器使用

例如，如图 4-36 所示。

- 为图片设置了“淡入”进入动画效果，设置其触发器为当单击“显示”图形按钮时播放淡入动画。
- 再为图片添加“浮出”退出动画效果，并设置其触发器为当单击“隐藏”图形按钮时播放退出动画。

图 4-36　动画效果

8. 幻灯片切换

所谓的幻灯片切换指的是两张连续的幻灯片之间的过渡效果。PowerPoint 可以让幻灯片以不同的方式出现在屏幕上，并且可以在切换时发出声音。如图 4-37 所示，为幻灯片设置了“淡出”的切换效果。

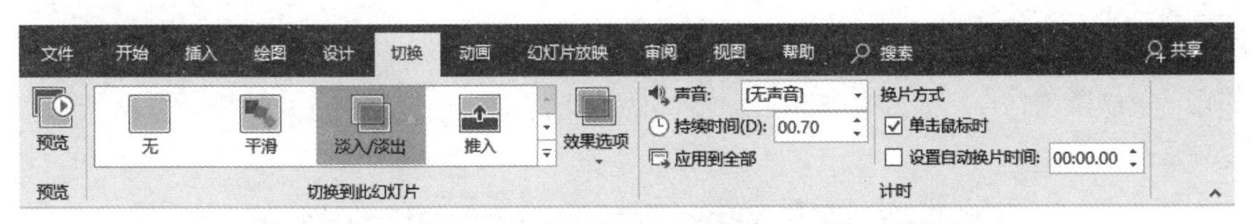

图 4-37 “切换”选项卡——为幻灯片设置了“淡出”的切换效果

（1）设置单张幻灯片的切换效果。定位到该幻灯片，切换到“切换”选项卡，单击“切换到此幻灯片”组右下角的“其他”按钮，在随后出现的切换样式列表中，选择一种合适的切换样式即可，如图 4-38 所示。

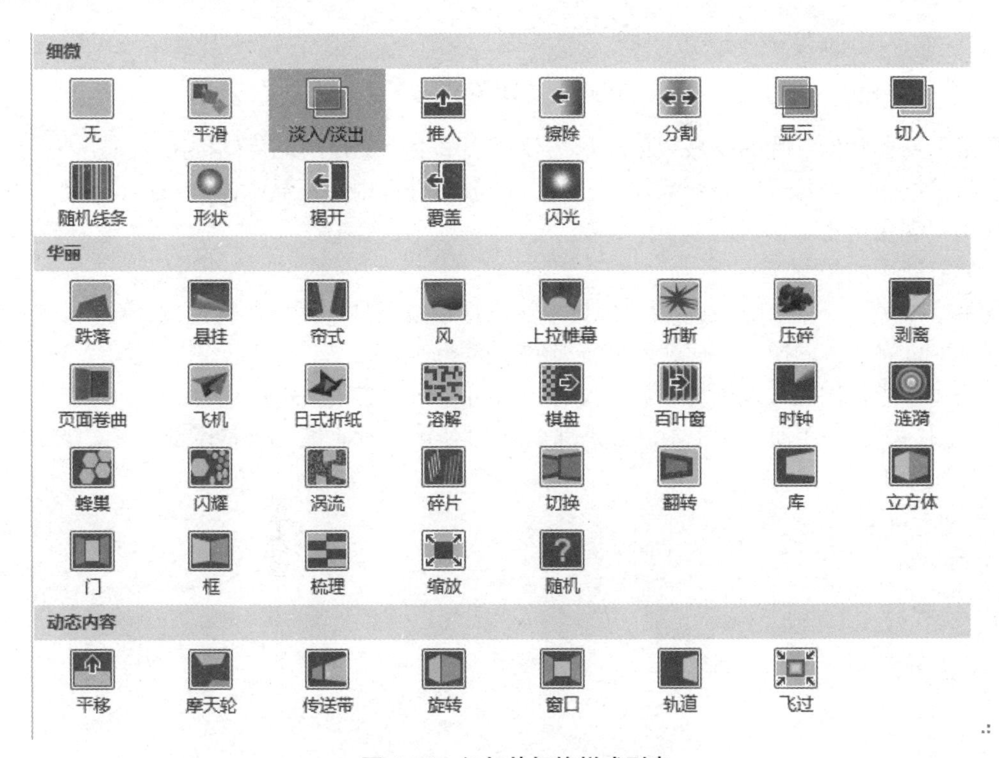

图 4-38 幻灯片切换样式列表

（2）设置多张幻灯片切换效果。在幻灯片缩略图中，使用 Shift 键或 Ctrl 键，可以一次性地选中多张连续的或多张不连续的幻灯片，然后仿照上面操作，即可为选中的多张幻灯片一次性地设置切换效果。

（3）设置所有幻灯片切换效果。定位到任意一张幻灯片，仿照上面操作设置一种切换效果，然后单击“计时”组中的“应用到全部”按钮，即可为整个演示文稿的所有幻灯片设置切换效果。

9. 幻灯片放映

演示文稿制作完成后，最后要向观众播放。可通过按 F5 键或单击“幻灯片放映”选项卡下的“从头开始”按钮即可开始放映演示文稿。

（1）隐藏幻灯片。在演示文稿中，有些不想播放的幻灯片，又不想将其删除，此时可以用隐藏幻灯片来解决。

如图 4-39 所示，选中需要隐藏的幻灯片，切换到“幻灯片放映”选项卡，单击“设置”组中的“隐藏幻灯片”按钮即可。在幻灯片浏览视图下，被隐藏的幻灯片编号上有一个斜杠，以便区分。

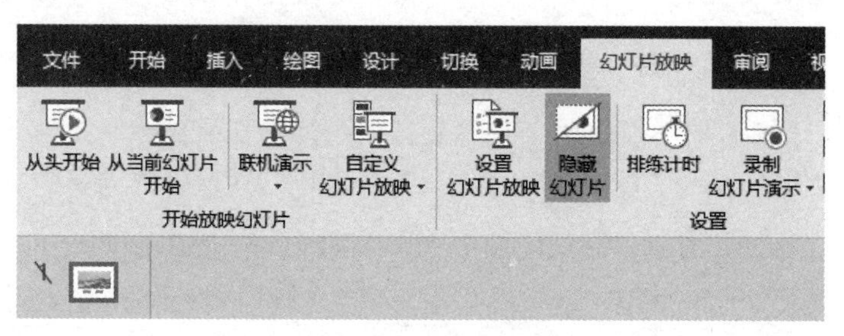

图 4-39　隐藏幻灯片

如果需要解除幻灯片的隐藏效果，只需要再次单击“隐藏幻灯片”按钮即可。

默认情况下，幻灯片被隐藏后，在幻灯片的放映过程中是不显示的，我们可以用超链接的方式将其调用出来。

（2）放映中的控制。

① 切换幻灯片。在演示文稿放映过程中按顺序切换幻灯片，一般通过鼠标单击或按键盘上的“→”“↓”等方向键依次放映幻灯片及其中的动画。

放映过程中，同时按住鼠标左右键 2 秒，即可返回到第 1 张幻灯片中。

② 使用“笔”。在演示文稿放映过程中，可以使用多种“笔”来指示或表示幻灯片中的内容，如图 4-40 所示。

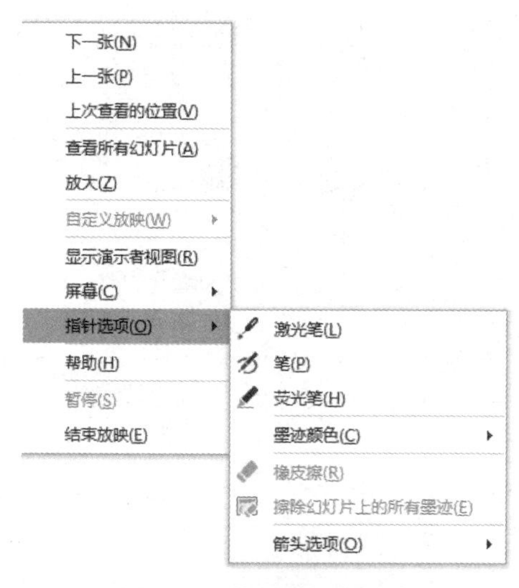

图 4-40　使用笔进行标注

（3）将演示文稿保存为放映格式。演示文稿制作完成后，可执行“文件”→“另存为”命令，打开“另存为”对话框。将“保存类型”设置为“PowerPoint 放映”或“启用宏的 PowerPoint 放映”格式，然后命名并保存（扩展名为“.ppsx”）。之后需要放映文件时，可直接双击该格式的文档，直接进入放映状态，放映结束后，直接关闭退出。

（4）演示者视图。在制作演示文稿时，常常会在某些幻灯片的备注框中添加一些说明性的文字，使得演示者在解说幻灯片时能如虎添翼。这就需要在放映时观看者计算机或投影仪中显示出正常的放映界面，而演示者的计算机中却能查看到备注中的内容，此时可以通过演示者视图功能来实现。

操作时需要事先将演示者计算机和投影设备连接，也就是需要双显示。然后分别对计算机的显示属性和 PowerPoint 的放映方式进行设置，使得全屏放映界面扩展显示到投影设备上。

【操作步骤】

1. 创建演示文稿

启动 PowerPoint 2019，单击“文件”选项卡→“新建”→“空白演示文稿”按钮，此时该文稿只有一张幻灯片。

现在我们使用 Word 导入文字（素材“行路难.docx”已经准备好）。

（1）在左侧幻灯片窗格中右击第一张幻灯片，在弹出的快捷菜单中选择“删除幻灯片”命令删除该幻灯片，如图 4-41 所示。

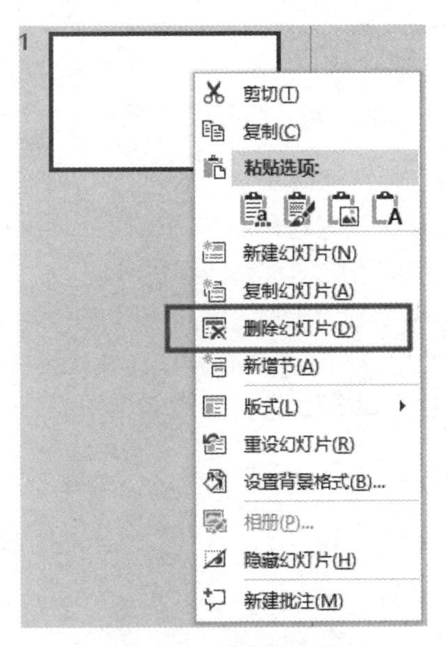

图 4-41　删除幻灯片

（2）单击“开始”选项卡下“幻灯片”组中的“新建幻灯片”按钮，在弹出的快捷菜单中选择“幻灯片（从大纲）”命令。在打开的“插入大纲”对话框中选择“行路难.docx”，单击“打开”按钮，此时可以发现 PowerPoint 2019 中插入了 3 张幻灯片。

（3）选择第 1 张幻灯片，单击“开始”选项卡下“幻灯片”组中的“版式”按钮，将该幻灯片的版式修改为“标题幻灯片”。最后效果如图 4-42 所示。

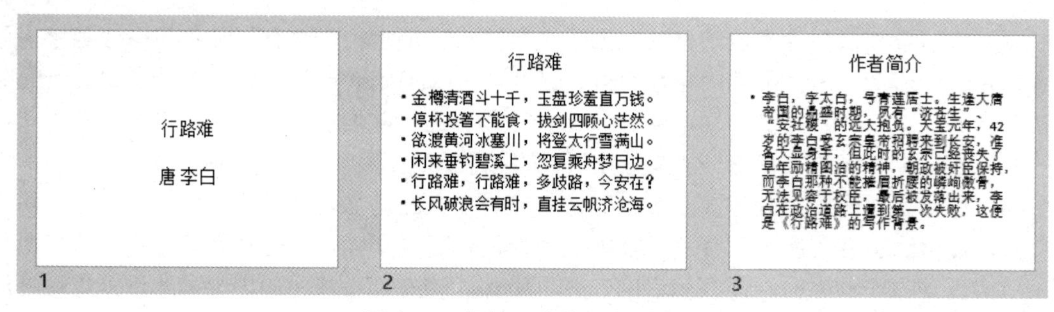

图 4-42　初始文字输入后的效果

2. 设置幻灯片格式

（1）设置幻灯片主题。任意选择 1 张幻灯片，单击“设计”选项卡，在“主题”组的列表中选择所需的“环保”主题样式，此时，所有幻灯片都应用了“环保”主题，如图 4-43 所示。

（2）修改幻灯片的主题颜色。切换到幻灯片浏览视图，同时选中第 2、3 张幻灯片，单击“设计”选项卡下“变体”组中的第三项。

图 4-43　“环保”主题效果

（3）使用“母版”修改幻灯片格式。单击“视图”选项卡→“幻灯片母版”按钮，进入母版视图，由于我们使用了“环保”主题，在左边的幻灯片缩略图中我们可以看到有两种主题的幻灯片缩略图，在实际操作过程中一定要注意区分。

① 修改标题幻灯片格式。单击左边幻灯片缩略图中的“标题幻灯片版式：由幻灯片 1 使用”幻灯片（注意：该幻灯片使用“环保”主题），选中标题占位符，再单击“开始”选项卡，修改字体为“隶书”，字号为 72，效果如图 4-44 所示。

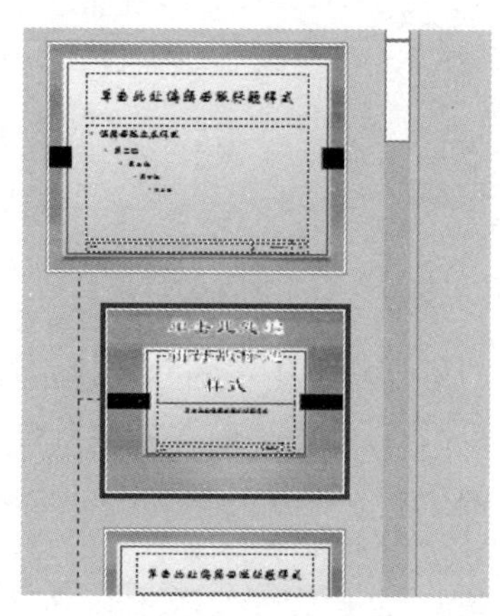

图 4-44　选择“环保”主题幻灯片母版中的“标题幻灯片”版式

注意：如果导入的文档自带文字格式，可能会影响文字显示效果。因此建议先单击“清除所有格式”按钮让文本回到默认状态，再进行设置字体等格式，如图 4-45 所示。

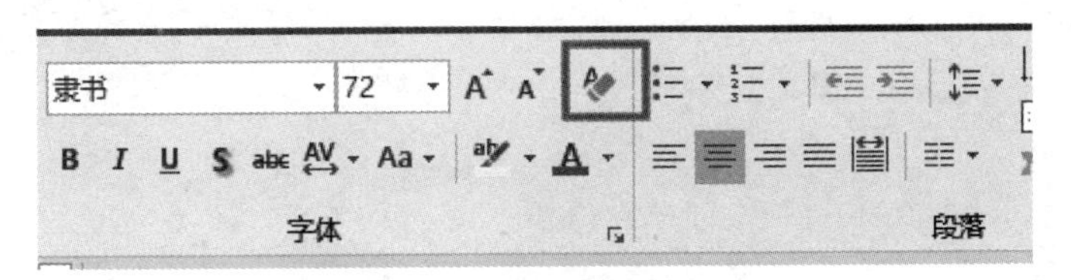

图 4-45　“清除所有格式”按钮

单击“绘图工具—格式”选项卡下“艺术字样式”组中的下拉箭头，在弹出的艺术字库中选择合适的样式，如图 4-46 所示。

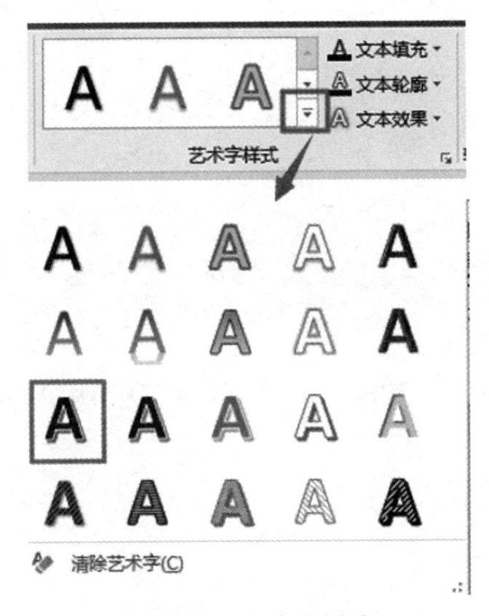

图 4-46　艺术字样式

② 修改正文幻灯片格式。在左边幻灯片缩略图中选择“环保”主题幻灯片母版，单击中间白底的图，降低它的高度，修改标题占位符和内容占位符的高度及位置。单击标题占位符，修改字体为“黑体”。单击内容占位符中的一级文本，修改字体为“楷体”，并删除一级文本的项目符号（方法为：选中一级文本，单击“开始”选项卡下“段落”组中的“项目符号”按钮，选择项目符号为“无”），如图 4-47 所示。

选择下方的“标题和内容”版式幻灯片，发现右边幻灯片中有一条分割线，将其位置拖放到标题占位符和内容占位符之间，以作分隔。

③ 设置幻灯片的页眉和页脚。仍然选中左边缩略图中的“环保”主题幻灯片母版（标题幻灯片不需要设置页脚），单击幻灯片右下角编号框，使光标定位于其中，如果框内无编号“<#>”，则单击“插入”选项卡下的“幻灯片编号”按钮，即可插入<#>。

此时，退出母版编辑状态，会发现编号仍然不显示，这时需要设置幻灯片的页眉和页脚。仍然保持母版编辑状态，单击“插入”选项卡下的“页眉和页脚”按钮，在打开的“页眉和页脚”对话框中勾选“幻灯片编号”复选框，单击“全部应用”按钮，如图 4-48 所示。

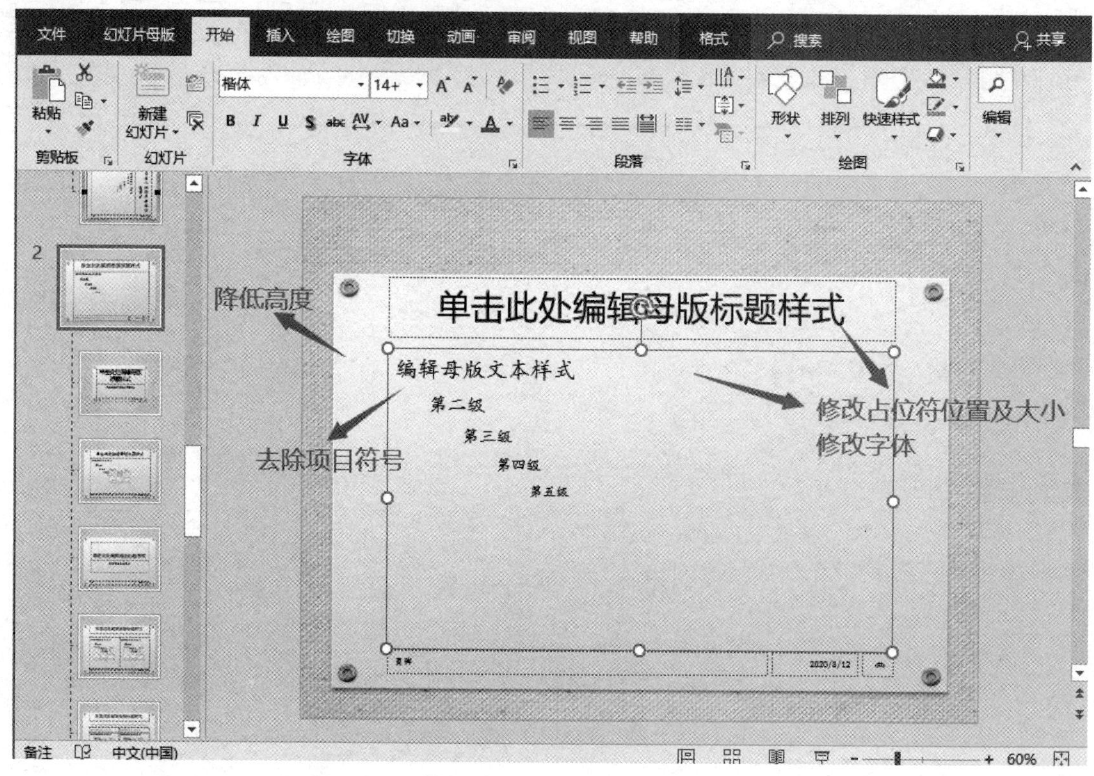

图 4-47　选择“环保”主题幻灯片母版并修改

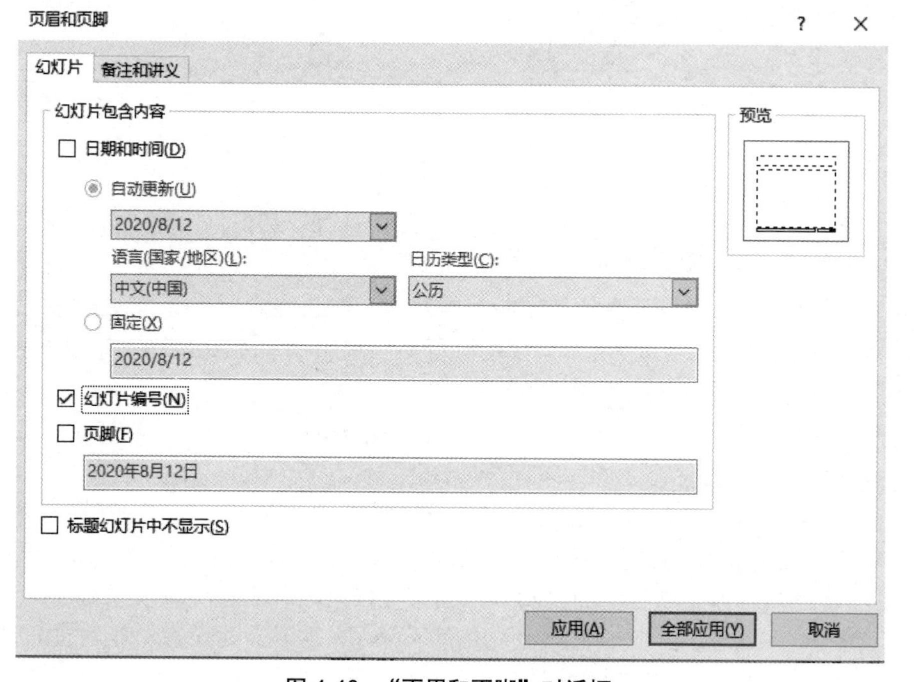

图 4-48　“页眉和页脚”对话框

3. 插入其他几张关于“逐句解析”的幻灯片

（1）切换到普通视图，单击左边幻灯片缩略图中的第 3 张幻灯片，再单击“开始”选项卡中的“新建幻灯片”按钮右下角的三角箭头，在弹出的版式列表中选择“1_环保”主题的“仅标题”版式，同时在母版视图中修改它的标题占位符高度和分隔线的位置，如图 4-49 所示。

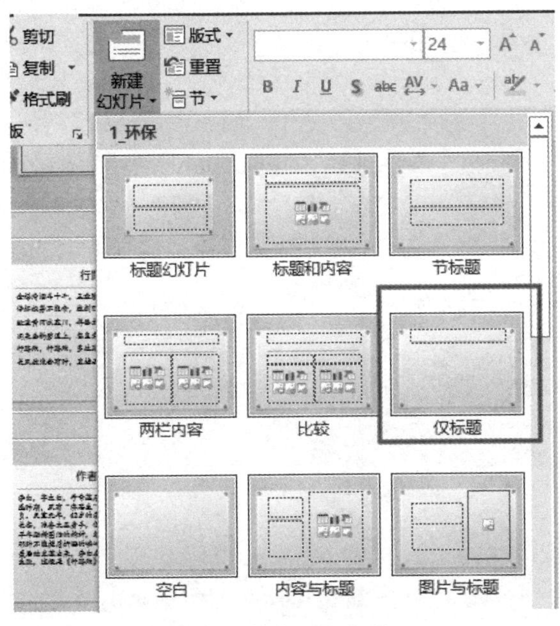

图 4-49 新建幻灯片

在插入的幻灯片中，单击标题占位符，输入标题“逐句解析”；再单击“开始”选项卡下“绘图”组中的“横排文本框”按钮，输入内容“金樽清酒斗十千，玉盘珍羞直万钱。”，设置字体为“楷体”，字号为 32。同样插入第二个文本框，可以用格式刷工具设置同样的格式。

同时选中两个文本框，单击“绘图工具—格式”选项卡下的“对齐”按钮，在下拉列表中选择“左对齐”命令，让两者左侧对齐，如图 4-50 所示。

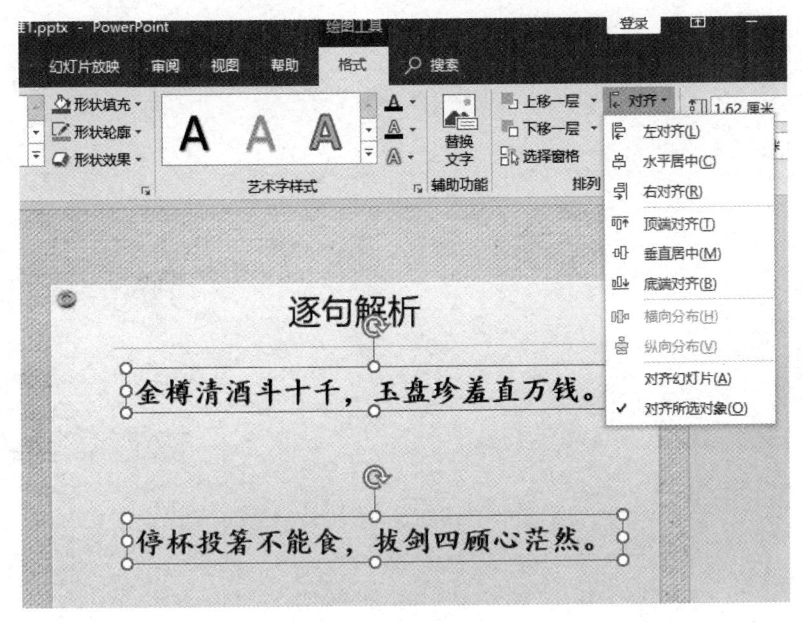

图 4-50 对象的对齐

单击“插入”选项卡下“插图”组中的“形状”按钮，在弹出的形状列表中选择“标注：线形”命令，此时光标变成实心十字形状，在幻灯片中拖动光标绘制形状，并修改图形的填充色为深灰色，在图形上右击，在弹出的快捷菜单中选择“编辑文本”命令，输入文字“美酒佳肴的铺陈”，设置字体格式。

用同样的方法插入幻灯片、文本框、形状，完成第 4 张、第 5 张和第 6 张幻灯片的制作，效果如图 4-51 所示。

图 4-51　新插入的 3 张幻灯片

4. 给幻灯片添加动画效果

（1）添加进入动画效果。在左侧的幻灯片缩略图中选中第 4 张幻灯片，选中文本框“金樽清酒斗十千，玉盘珍羞直万钱。”，在“动画”选项卡下“动画”组中选择进入动画效果“擦除”，单击“效果选项”按钮，在弹出的下拉列表中选择“自左侧”命令，如图 4-52 所示。

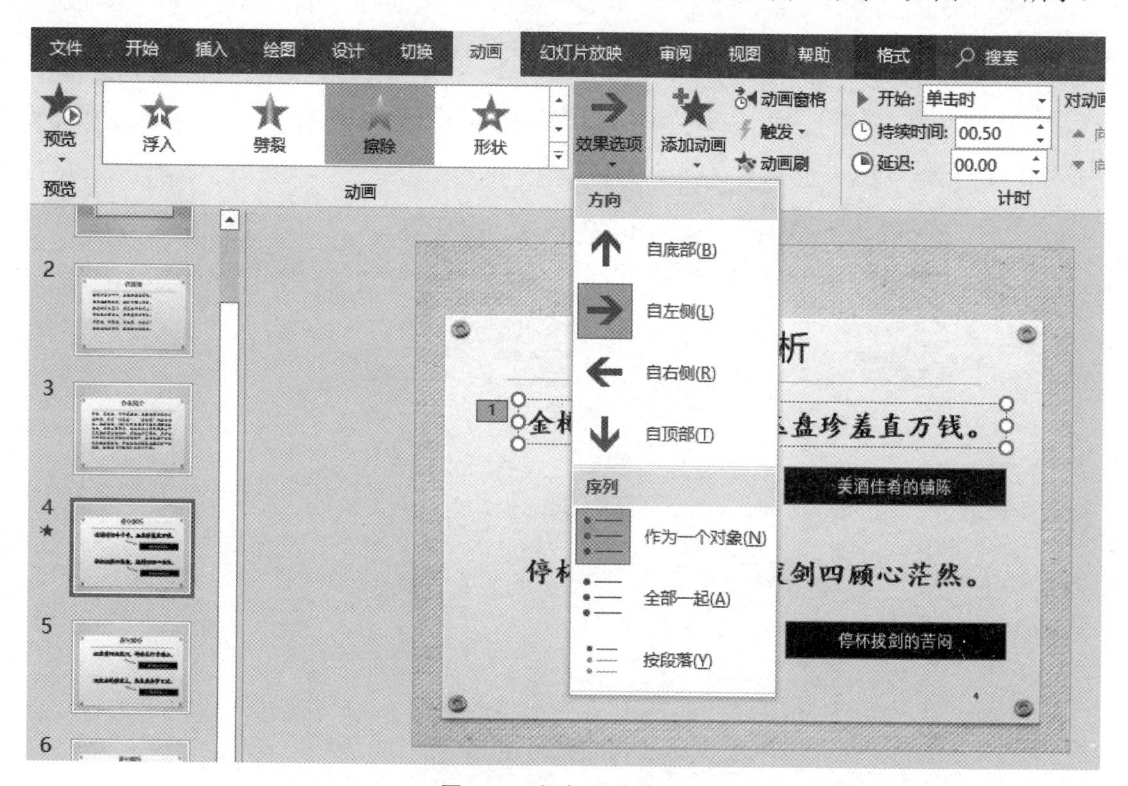

图 4-52　添加进入动画

（2）使用动画刷工具进行动画复制。保持选中文本框“金樽清酒斗十千，玉盘珍羞直万钱”，单击“动画”选项卡中的“动画刷”按钮，此时光标旁边出现一把小刷子，单击文本框“停杯投箸不能食，拔剑四顾心茫然。”，此时该文本框也应用了“擦除”的进入动画效果。

（3）添加“触发器”动画。选中线形标注“美酒佳肴的铺陈”，单击“动画”选项卡下的“添加动画”按钮，在弹出的动画效果列表中选择“浮入”进入动画。单击“动画窗格”按钮，在窗口右侧出现动画窗格，在其中单击动画 3 的向下箭头按钮，在弹出的快捷菜单中选择“计时…”命令，如图 4-53 所示，打开“上浮”动画对话框。

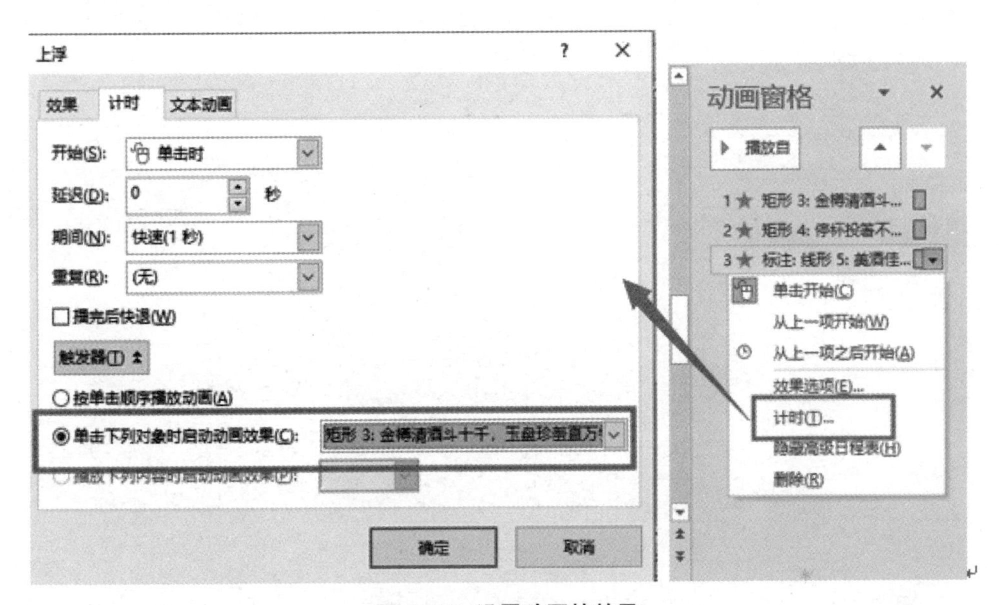

图 4-53　设置动画的效果

在该对话框的“计时”选项卡中，单击“触发器”按钮，在出现的选项按钮中选中“单击下列对象时启动动画效果”，在右边的下拉列表框中选择“矩形 3：金樽清酒斗十千，玉盘珍羞直万钱”，确定后退出。该动画放映效果为，当单击矩形 3 时，线形标注“美酒佳肴的铺陈”以“浮入”的动画效果出现。

同理，给线形标注“停杯拔剑的苦闷”添加“浮入”动画，并设置其触发器对象为矩形 4“停杯投箸不能食，拔剑四顾心茫然。”。设置好动画后该幻灯片的动画窗格如图 4-54 所示。

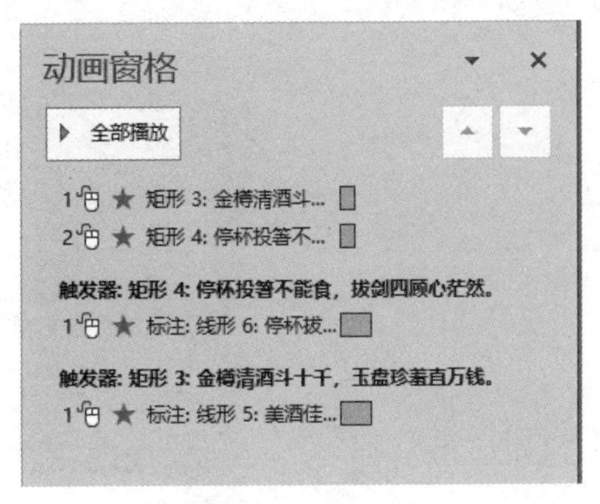

图 4-54　动画窗格

（4）设置“强调”动画效果。在幻灯片缩略图中选中第 6 张幻灯片，单击幻灯片窗格中的文本框“行路难，行路难，多歧路，今安在？”，再单击“动画”选项卡中的“添加动画”按钮，在弹出的动画列表中选择“强调”动画“放大/缩小”。在右侧的动画窗格中右击该动画，在弹出的快捷菜单中选择“效果选项”命令，打开“放大/缩小”对话框，如图 4-55 所示，在“计时”选项卡的“重复”下拉列表中选择 3 次；在“效果”选项卡下勾选“自动翻转”复选框，这样对象会先放大再缩小，重复 3 次。

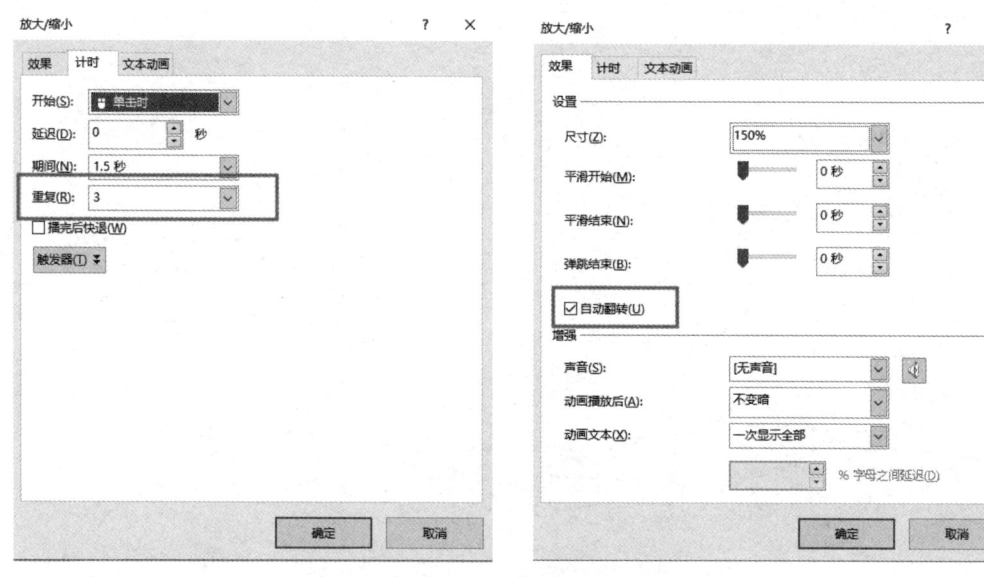

图 4-55　设置“放大/缩小”动画属性

（5）设置“退出”动画。选中第 6 张幻灯片中的线性标注“行路艰难的感慨”，单击“动画”选项卡下的“添加动画”按钮，选择“退出”动画效果“收缩并旋转”。

用户可以用以上的办法为其他幻灯片的元素添加动画，增添演示文稿的动态效果。

5. 为第 4、5、6 张幻灯片添加动作按钮

在幻灯片缩略图中单击第 4 张幻灯片，在“插入”选项卡的“插图”组中单击“形状”按钮，在弹出的形状列表中选择“动作按钮”中的“前进”按钮，如图 4-56 所示，使用默认的动作设置，再添加“后退”按钮，也采用默认的动作设置。这样可以利用“前进”和“后退”按钮进行上下幻灯片的切换，如图 4-57 所示。

图 4-56　动作按钮

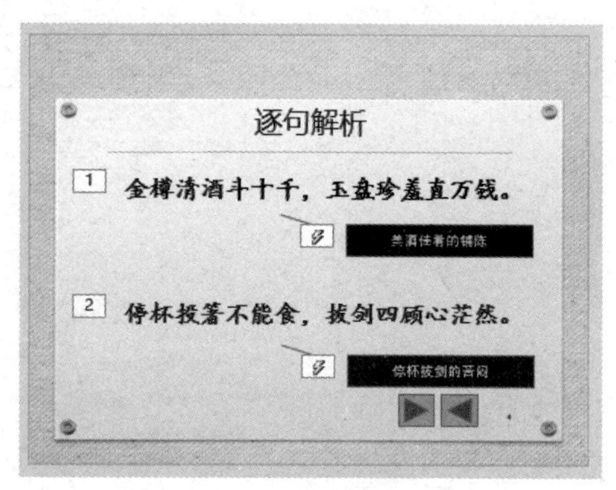

图 4-57　添加动作按钮效果图

给第 5、第 6 张幻灯片也添加“前进”和“后退”按钮。

6. 利用母版和 SmartArt 图形给幻灯片添加导航栏

（1）单击“视图”选项卡下“母版视图”组中的“幻灯片母版”按钮，切换到幻灯片母版视图。

（2）选择左侧幻灯片母版缩略图中的“1_环保”主题幻灯片母版，单击“插入”选项卡下“插图”组中的“SmartArt”按钮。在打开的“选择 SmartArt 图形”对话框中选择“流程”类中的“基本流程”图形，如图 4-58 所示，确定后退出。

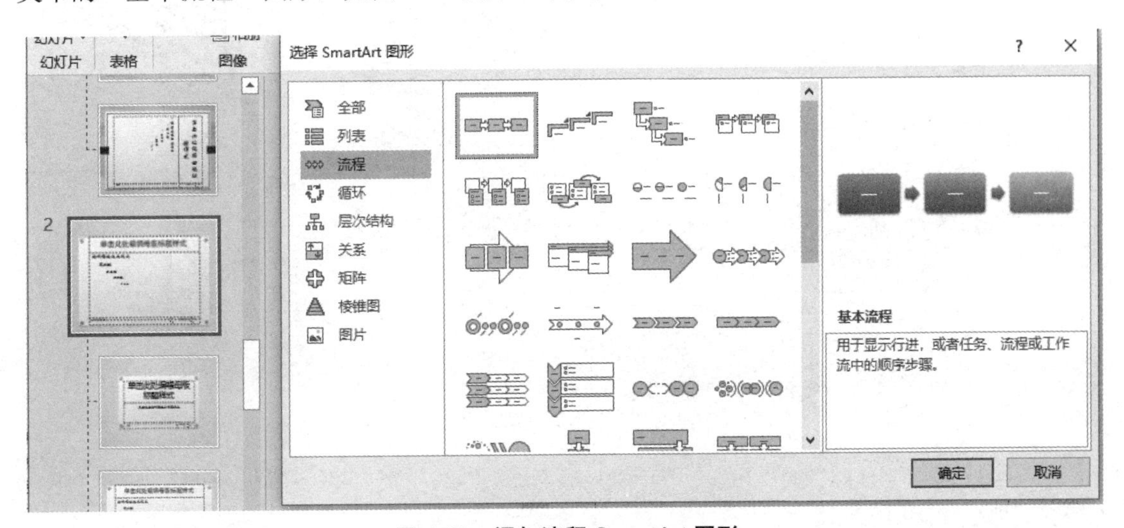

图 4-58　添加流程 SmartArt 图形

（3）在 SmartArt 图形中添加文字，并改变其大小，然后将其定位到幻灯片顶部合适的位置上。选中该图形，在“开始”选项卡的“字体”组中加粗文字，为文字加阴影效果。

选中添加的 SmartArt 图形，单击“SmartArt 工具—设计”选项卡中的“更改颜色”按钮，在弹出的颜色列表中选择合适的颜色，效果如图 4-59 所示。

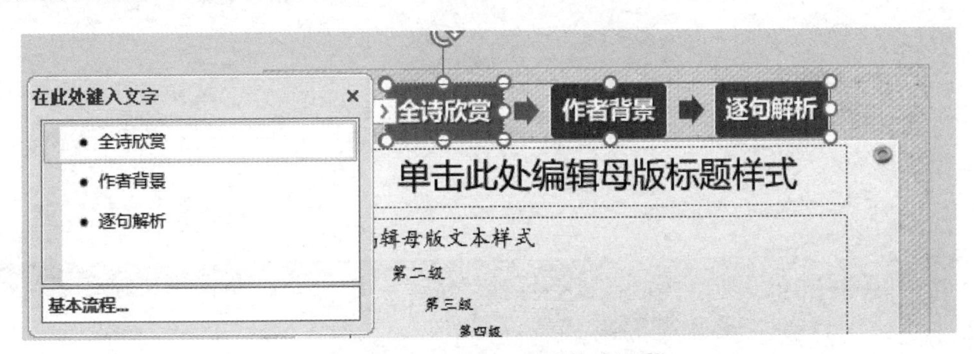

图 4-59　SmartArt 图形格式设置

（4）给 SmartArt 图形添加超链接。选中 SmartArt 图形中的流程部件“全诗欣赏”，右击，在弹出的快捷菜单中选择“超链接”命令，或者单击“插入”选项卡下的“链接”按钮，打开“插入超链接”对话框，如图 4-60 所示。

在左侧“链接到”的下面选中“本文档中的位置”选项，然后在右侧幻灯片列表中，选中“2.行路难”幻灯片，用同样的方法给其他图形流程部件添加相应的超链接。

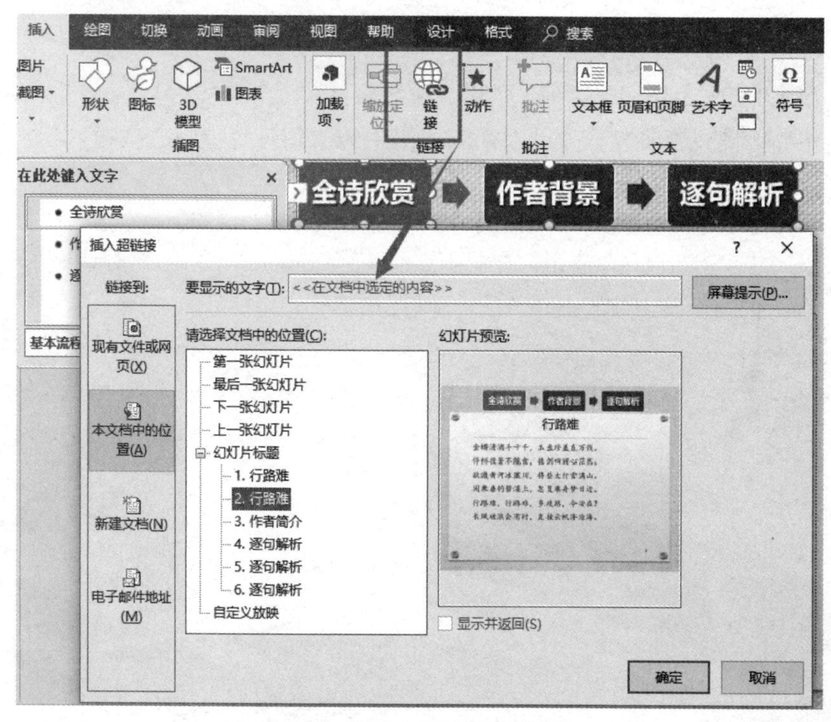

图 4-60 “插入超链接”对话框

（5）切换到“幻灯片母版”选项卡，单击“关闭”组中的“关闭母版视图”按钮，退出幻灯片母版的编辑状态。

以后，在放映过程中，在任何一张使用“1_环保”主题的幻灯片顶端都有一个导航菜单，单击导航菜单中的相应按钮，即可切换到链接的幻灯片中。

7. 设置幻灯片切换效果

“切换”选项卡如图 4-61 所示。

- 设置切换效果：选择标题幻灯片，在“切换”选项卡下“切换到此幻灯片”组的列表框中选择要使用的切换方案“擦除”。
- 设置切换选项：单击“切换到此幻灯片”组中的“效果选项”按钮，在弹出的下拉列表中选择切换效果方向为“自顶部”。在“持续时间”数值框中输入 0.5，表示切换动画持续时间为半秒钟。
- 为所有幻灯片应用一种切换方案：在选择方案后单击“应用到全部”按钮即可。

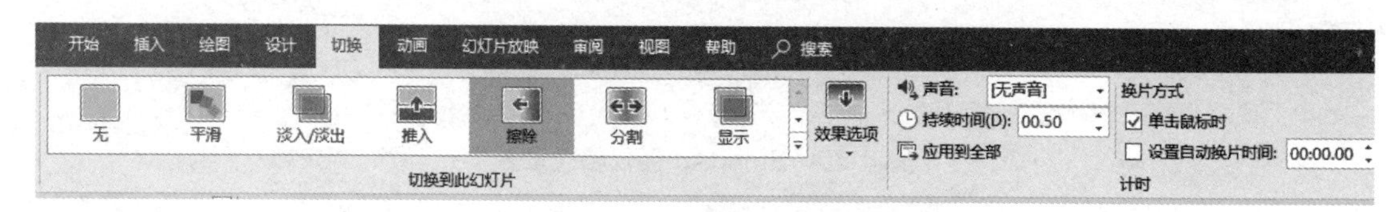

图 4-61 “切换”选项卡

8. 隐藏“作者简介”幻灯片

在左侧幻灯片缩略图中选中第 3 张幻灯片，切换到“幻灯片放映”选项卡，单击“设置”组中的“隐藏幻灯片”按钮，可以将该幻灯片设置为不播放。当单击导航栏上的“作者简介”

链接时，仍旧可以调出该幻灯片。

完成后，可看到第 3 张幻灯片的编号上有一个斜杠框，表示该幻灯片被隐藏了。

9. 编写备注并使用演示者视图

（1）编写幻灯片备注信息，如图 4-62 所示。

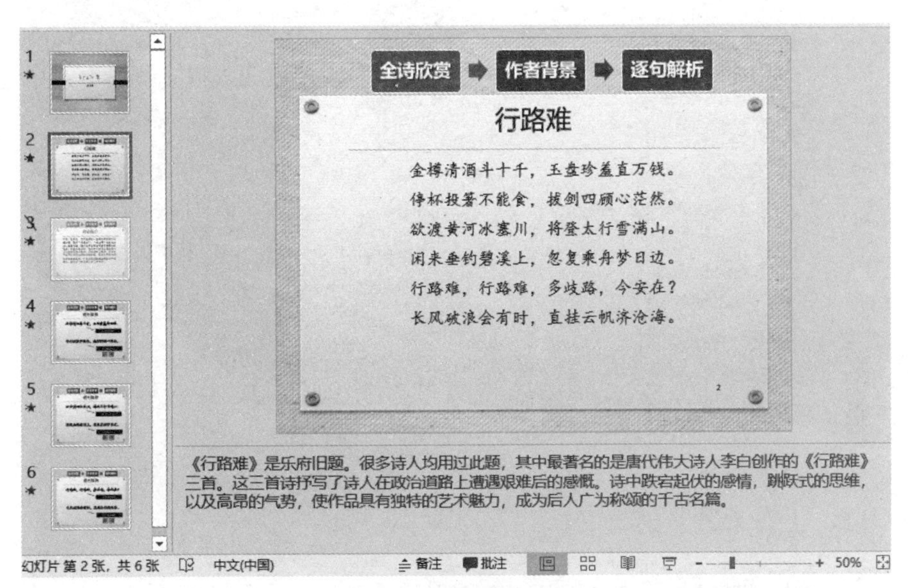

图 4-62　编写备注信息

在普通视图下，在下方的备注框中输入幻灯片的备注文字。例如，图 4-62 显示的是第 2 张幻灯片的备注信息。

（2）将投影设备或其他幻灯片输出设备连接到 PC 或笔记本电脑上。

（3）计算机显示属性设置：在 Windows 10 中按 Win 键+P 键，在打开的界面中选择“扩展”模式，如图 4-63 所示。

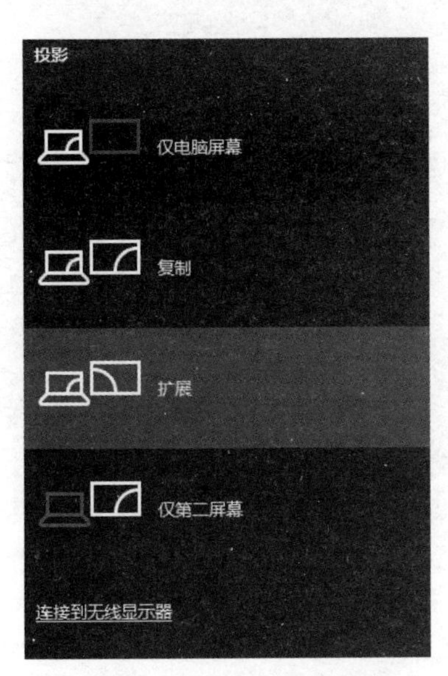

图 4-63　开启“扩展”模式

（4）PowerPoint 放映设置。切换到“幻灯片放映”选项卡，单击“设置幻灯片放映”按钮，打开“设置放映方式”对话框。在“多监视器”处的下拉列表中选择要将演示文稿在哪个监视器上进行放映，再勾选“使用演示者视图”选项，单击“确定”按钮，如图 4-64 所示。

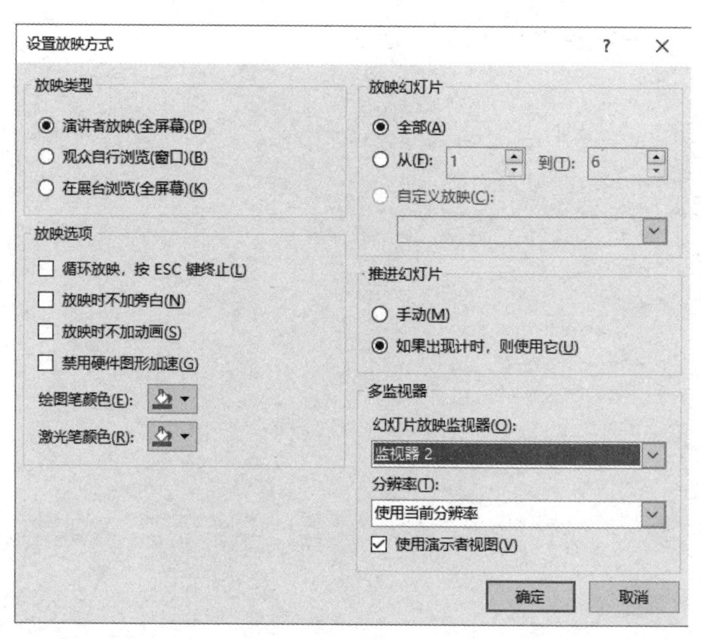

图 4-64　开启“扩展”桌面后的“设置放映方式”对话框

放映演示文稿，此时，投影仪上显示的是全屏放映界面，而演示者计算机上显示的是带有备注并含控制的界面，如图 4-65 所示。

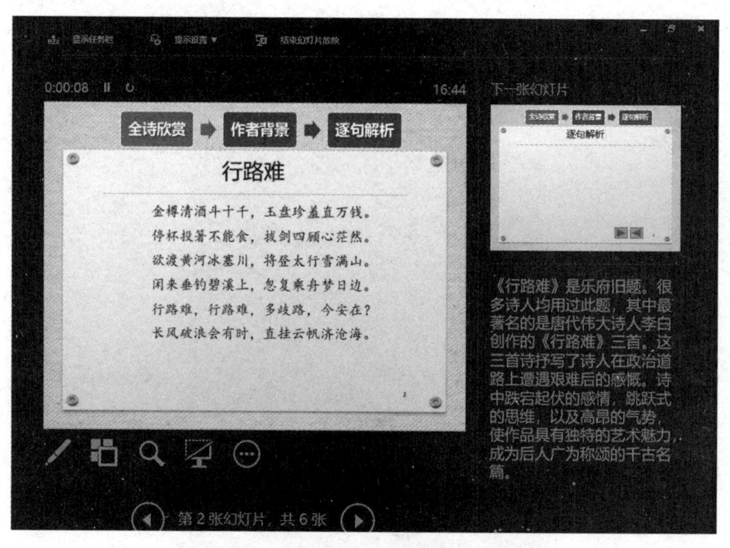

图 4-65　演示者计算机屏幕上的界面

【任务总结】

本应用场景主要讲解了演示文稿中如何应用多种主题，如何使用母版修改幻灯片的格式，并对设置对象的动画效果（进入、强调、推出、触发器等）做了详细介绍，最后设置幻灯片的切换效果、设置放映方式等，通过该应用场景的实践操作，可以对如何创建一个演示文稿的过程有一个清楚的认识。

应用场景 2　电子产品营销推广方案制作

赵雷在一家电子产品公司上班，这几天领导要他制作一个电子产品营销推广方案，并用幻灯片演示出来。赵雷想到了强大的 PowerPoint 2019，现在开始动手制作吧！

【场景分析】

在实际应用中，用自带的主题做出来的演示文稿过于普通，不具备个性化。因此我们会考虑自己设计演示文稿的排版布局。PPT 文稿一般包含封面、目录、过渡页、正文、结束页等页面，好的设计能使 PPT 文稿更加美观。封面、目录在文稿中只出现一次，我们可以直接在幻灯片上用图形、图片等进行规划布局，过渡页和正文则大多会采用相同的布局，因此我们可以在母版中设计出相关版式的布局，也就是自定义版式，然后在普通视图中只需要插入该版式的幻灯片，文字按需求做修改即可，这样就大大减轻了工作量，节约了时间。

【最终效果】

电子产品营销推广方案制作效果如图 4-66 所示。

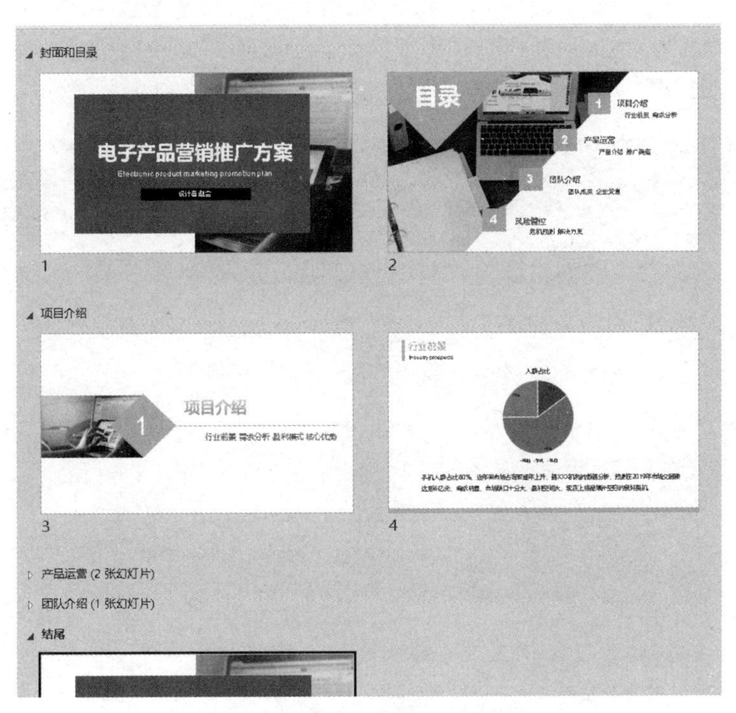

图 4-66　电子产品营销推广方案制作效果

【知识技能】

1. 形状

形状是一种常见的图形元素，在 PowerPoint 中使用非常广泛。它可以用来统一不规则的信息，也可以用来分割版面区域信息，或者用自带形状组合形成新的逻辑图形等。

（1）插入形状。在“插入”选项卡下的“插图”组中就可以找到“形状”按钮，单击即可弹出能创建的所有形状，例如，线条、矩形、基本形状、箭头、公式形状、流程图、星与旗帜、标注及动作按钮。我们可以根据需要添加形状，如图 4-67 所示。

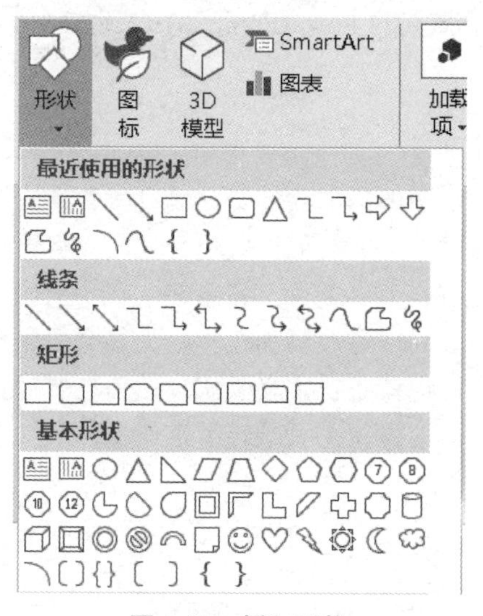

图 4-67　插入形状

（2）形状的设置。如图 4-68 所示，形状插入后，我们可以使用“绘图工具—格式”选项卡对它进行设置，主要功能包含：形状样式、艺术字样式、排列和大小等。

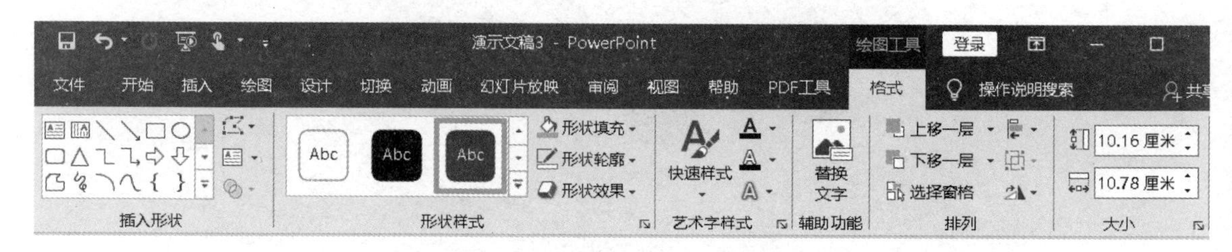

图 4-68　“绘图工具—格式”选项卡

① 形状更改。单击“编辑形状”按钮，即可将之前插入的形状替换为其他形状，也可以使用“编辑顶点”命令，对插入的形状进行更细微的修改，如图 4-69 所示。

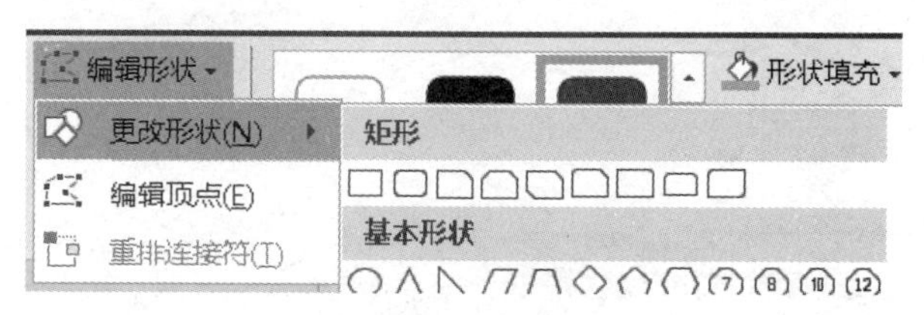

图 4-69　编辑形状

② 形状样式。形状样式中主要可以使用预设的形状样式，单击选择一种即能快速实现形状的填充色、轮廓线及效果的设置。

如果内置的样式无法满足需求，我们可以按如图 4-70 所示进行操作：

- 单击右边的“形状填充”按钮可以修改形状的填充效果。
- 单击“形状轮廓”按钮可以修改形状的轮廓线效果。
- 单击“形状效果”按钮可以为形状添加阴影、映像、发光的特效。

如果需要更精确的控制，我们可以单击右下角的扩展按钮，软件右侧就会出现“设置形状格式”窗格，在这里可以设置：

- 形状选项。对该形状的设置，它主要有三项，第一个是“填充和线条”，对应“形状样式”组中的“形状填充”和“形状轮廓”；第二个是“效果”，对应“形状样式”组中的“形状效果”，最后一个是“大小与属性”。单击每一项都能进行具体的设置。
- 文本选项。对该形状中添加的文本进行设置，分为“文本填充”“文本效果”“文本框”三种类型。

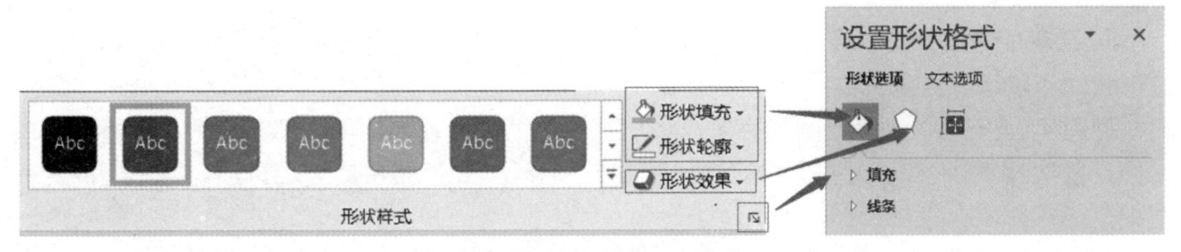

图 4-70　设置形状样式

（3）形状排列。形状排列中我们可以利用“上移一层”“下移一层”对形状进行叠放次序的设定；也可以实现形状旋转、对多个形状进行对齐设置等，如图 4-71 所示。

①“选择”窗格。单击“选择窗格”按钮，右侧会出现“选择”窗格，如图 4-72 所示。

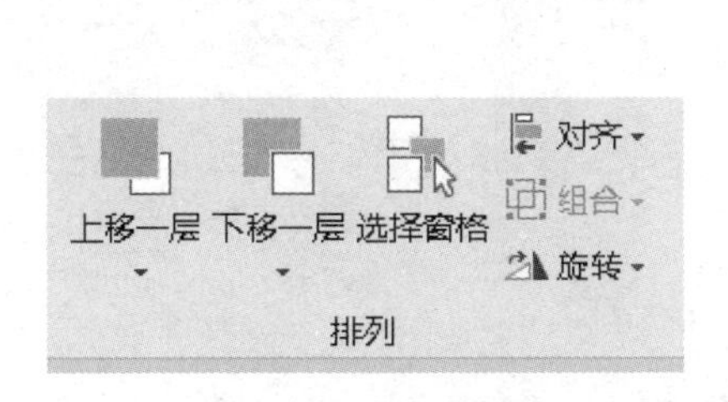

图 4-71　形状排列

图 4-72　“选择”窗格

在“选择”窗格中，我们可以设置哪些形状显示、哪些形状隐藏，还可以更改形状的名字，因为一个幻灯片中形状过多时，用数字标序命名无法直观地对应形状。

② 形状对齐。形状对齐一般用于多个形状排列时的对齐。例如，图 4-73 中，有 4 个矩形形状，排列不整齐，我们如果一起选中这 4 个形状，选择“对齐”下拉菜单中的“左对齐”和“纵向分布”两个命令，就能看到它们排列齐整，并分布间隔均匀了。

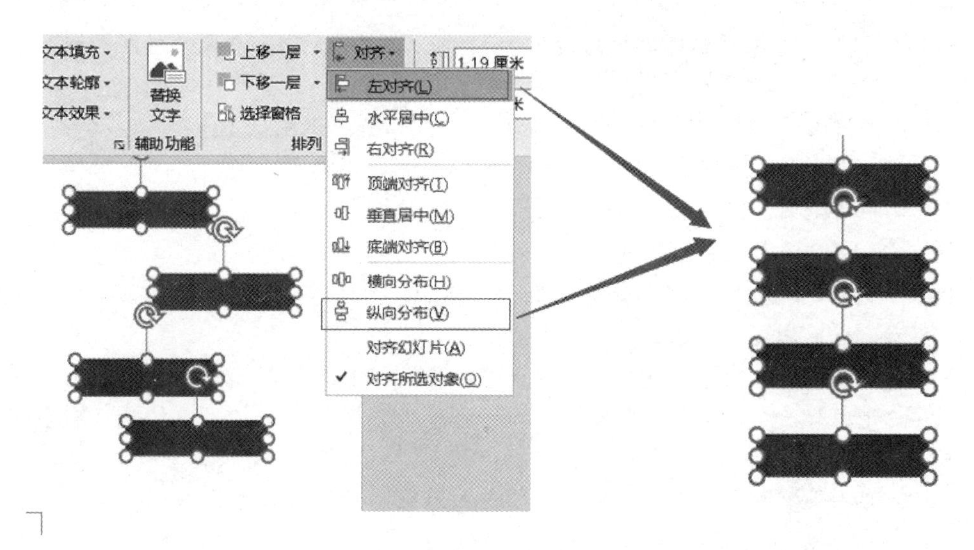

图 4-73　形状对齐

③ 形状的布尔计算。我们经常在网上看到一些非常美观的逻辑图表，事实上它们都是通过形状的布尔运算做出来的。

如图 4-74 所示，以两个圆形为例，我们把它们摆放位置，使其有部分交叠，然后再选中它们，依次做“结合”“组合”“拆分”“相交”“剪除”5 种布尔运算，可以看到不同的合并结果。

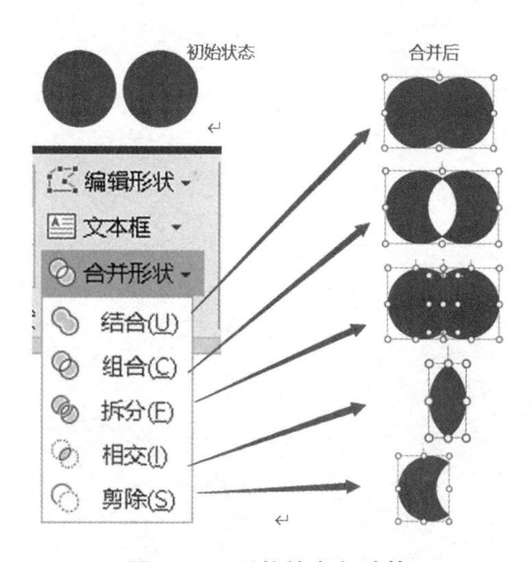

图 4-74　形状的布尔计算

2. 版式的自定义

幻灯片母版中已经设置了各种版式，如果我们对系统提供的母版版式不满意，可以在内置版式的基础上进行修改，也可以新建一个版式，使其更加符合设计需求。这其中包含占位符、页眉和页脚、主题及对象等的设置。

（1）首先需要进入幻灯片母版视图。单击“视图”选项卡下的“幻灯片母版”按钮，如图 4-75 所示。进入幻灯片母版视图后，工具栏自动出现“幻灯片母版”选项卡，在这里我们可以编辑母版、设置母版版式、编辑主题、编辑背景等，如图 4-76 所示。

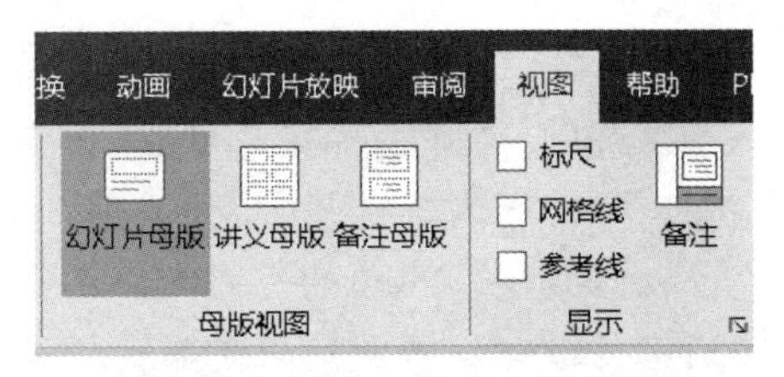

图 4-75　进入幻灯片母版视图

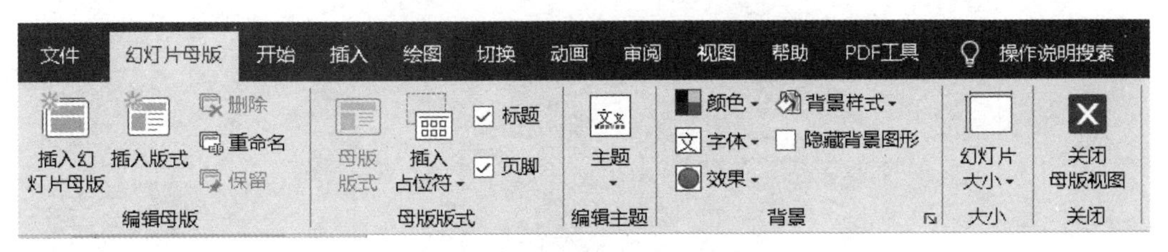

图 4-76　“幻灯片母版”选项卡

（2）插入版式。在“编辑母版”组中单击“插入版式”按钮，插入一个自定义版式。可以在“母版版式”组中选择是否要显示“标题”占位符、“页脚”占位符等。

（3）插入占位符。占位符就是先占住一个固定的位置，等着你再往里面添加内容的符号。占位符用于幻灯片上，表现为一个虚框，虚框内部往往有“单击此处添加标题”之类的提示语，一旦单击之后，提示语会自动消失。当我们要创建自己的模板时，占位符就显得非常重要，它能起到规划幻灯片结构的作用。

占位符主要有“内容”“文本”“图片”“图表”“表格”“SmartArt”“媒体”等占位符，如图 4-77 所示。

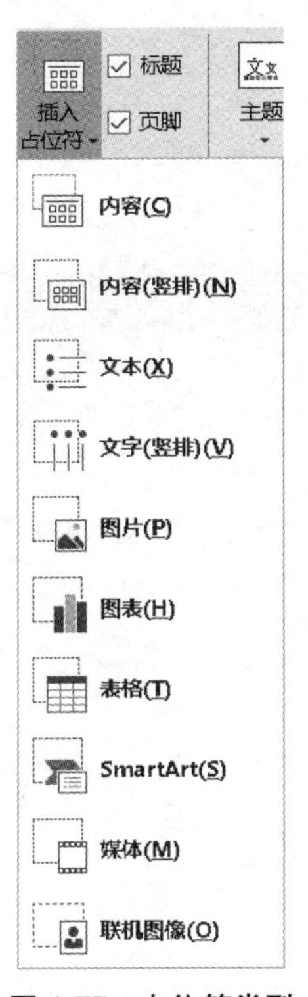

图 4-77　占位符类型

选择其中的一种占位符，光标就变成细十字形，在幻灯片中我们可以用鼠标拖拉占位符以改变其大小、位置等。退出幻灯片母版版式后，我们就能在普通视图下直接单击占位符插入对象了。

（4）编辑主题和背景。如果需要使用内置主题或者以前保存的自定义主题，我们可以单击“主题”按钮进行选择，也可以修改主题的颜色、字体、效果等。如果需要更改版式的背景，可以单击“背景样式”按钮进行设置。所做的修改都能在退出幻灯片母版版式后，在自定义版式中看到效果。

例如，图 4-78 所示的是添加了图片占位符，并添加了浅蓝色渐变色背景后的自定义版式。

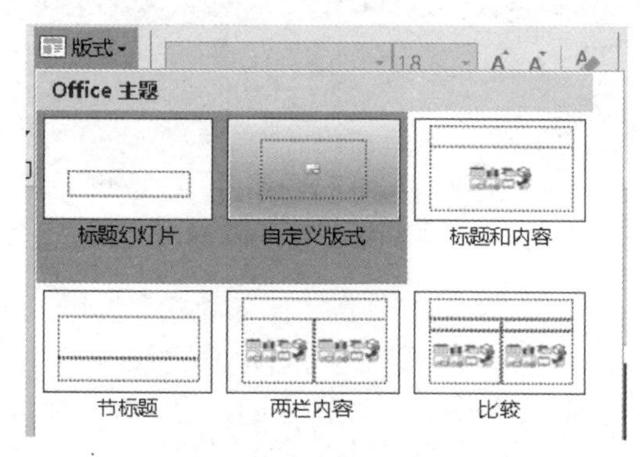

图 4-78　自定义版式

3. 图表

日常制作 PPT 文档过程中，各式各样的演示场合，都避免不了数据图表的使用，比如柱形图、条形图、折线图、饼图及面积图等。

本质上，在 Office 各个应用组件中插入图表，都等同于嵌入了一个 Excel 图表，因此操作也是一致的。

（1）图表的插入。图表的插入有三种：第一，通过单击“插入”选项卡的“图表”按钮插入，如图 4-79 所示；第二，通过图表占位符插入，如图 4-80 所示；第三，Excel 图表直接复制粘贴。

图 4-79　单击“图表”按钮插入图表

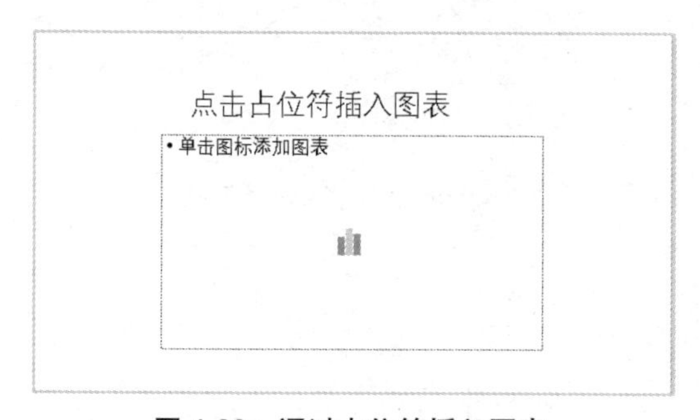

图 4-80　通过占位符插入图表

现在，我们采用第一种方法插入后，在幻灯片中插入图表默认状态之外，还会出现一个 Excel 文件，其中的初始数据是系统随机生成的，图表的系列和类别都可以随需要增减。

例如，插入一个旭日图，修改 Excel 表的数据，如图 4-81 所示。

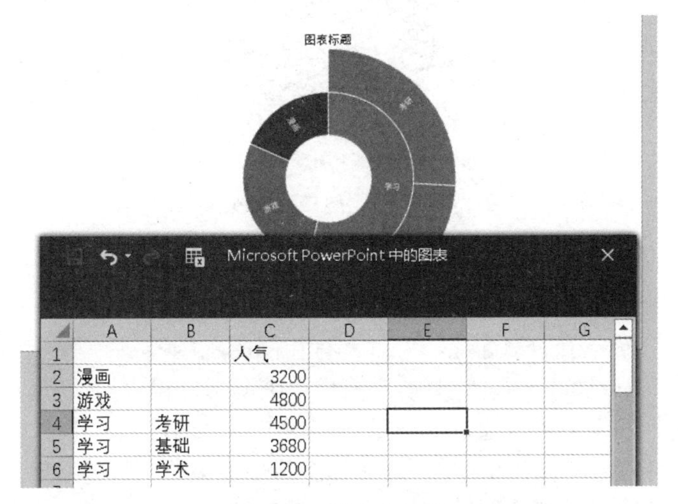

图 4-81　插入旭日图

（2）图表的修改。插入图表后，可以在“图表工具”的“设计”选项卡和“格式”选项卡中对图表进行修改。

“设计”选项卡中，可以修改图表的类型、图表布局、图表样式、图表颜色，还可以重新选择数据源等，如图 4-82 所示。

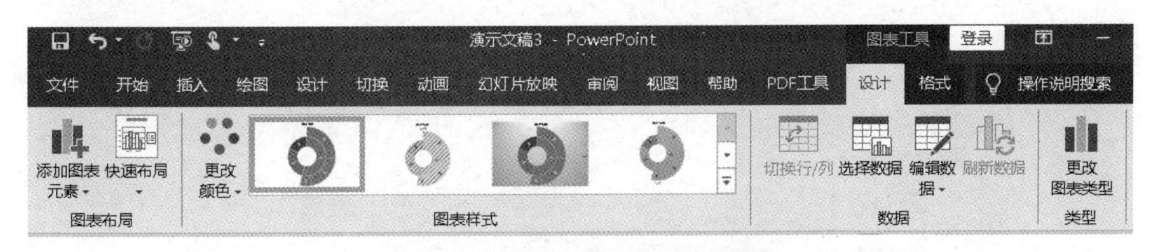

图 4-82　“图表工具—设计”选项卡

“格式”选项卡中，主要对图表的几个区域分别更改，可以修改形状样式、排列、颜色等；图表区域有：绘图区、数据标签、图表标题、图表区、系列，如图 4-83 所示。

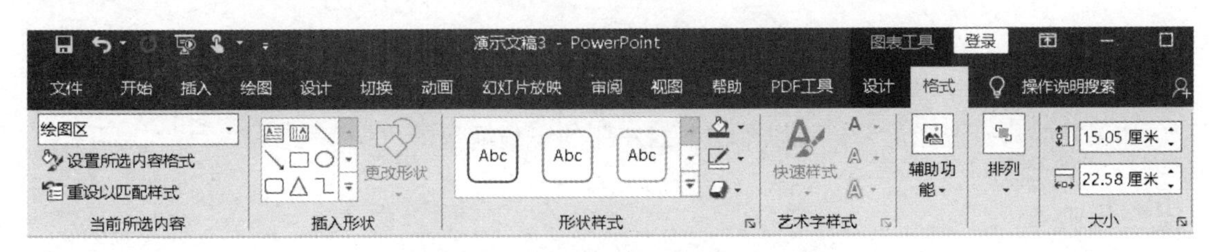

图 4-83　“图表工具—格式”选项卡

例如，对上面的旭日图修改颜色、标题和数据格式后，效果如图 4-84 所示。

图 4-84　旭日图修改

4. 幻灯片分节

PowerPoint 可以通过分节的方式组织幻灯片。与 Word 文档的“节”一样，演示文稿的“节”类似于文章的章节。同一节的幻灯片，可以具有相同的主题样式；不同节的幻灯片，可以具有不同的主题样式，用户可以通过分节设置，让一个演示文稿更加具有条理性，更加鲜明。

（1）节的新增。插入节可以通过“开始”选项卡下“幻灯片”组中的“节”命令实现，也可以在左侧的幻灯片缩略图窗格中右击，在弹出的快捷菜单中选择“新增节”命令，如图 4-85 所示。然后在弹出的“重命名节”对话框中输入节名即可。

（2）节的右键菜单。在节名上右击，可以弹出右键菜单，如图 4-86 所示。

- “删除节”：如果觉得节的位置不合适，或者不需要这个节了，可以删除该节。这个命令只是删除该节，节内的幻灯片还在，会自动并入上一节。
- “删除节和幻灯片”：该命令把当前节的幻灯片和节一起删除。
- “删除所有节”：删除所有的分节，幻灯片还在。

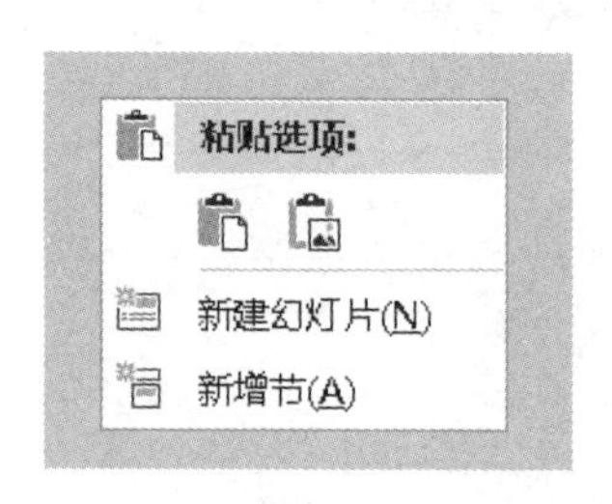

图 4-85　“新增节”命令

图 4-86　节的右键菜单

- “全部折叠”：将全文稿所有的节都折叠。
- “全部展开”：全文稿所有的节都展开。

如果需要只折叠当前节，可以单击节名左侧的三角箭头即可切换该节的折叠和展开。

【操作步骤】

新建演示文稿，并命名为“电子产品营销推广方案.pptx”。

1. 设计首页幻灯片

（1）单击“设计”选项卡下“变体”组右侧的“其他”按钮，在弹出的下拉菜单中选择

“字体”命令，再单击出现的列表最下方的“自定义字体”，弹出“新建主题字体”对话框，设置如图 4-87 所示。

新建主题字体　？　×
西文
标题字体(西文)(H):　Arial Black
正文字体(西文)(B):　Arial
示例　Heading　Body text body text body text. Body t
中文
标题字体(中文)(A):　微软雅黑
正文字体(中文)(O):　微软雅黑
示例　标题　正文文本正文文本。正文文本正文
名称(N):　我的主题字体
保存(S)　取消

图 4-87　“新建主题字体”对话框

（2）依次单击“插入”选项卡→“图片”→“此设备”按钮，在弹出的“插入图片”对话框中选择准备好的图片素材，插入。将此图片移动到最左边，单击“图片工具—格式”选项卡下的“裁剪”按钮，将图片裁剪至幻灯片大小的一半，如图 4-88 所示。

图 4-88　图片的裁剪

（3）依次单击“插入”选项卡→“形状”→“矩形”按钮，在幻灯片中拖拉出一个大的

矩形框，在“绘图工具—格式”选项卡的“形状填充”按钮下选择“其他填充颜色”命令，弹出“颜色”对话框，设置填充色为红色 72，绿色 131，蓝色 238，并设置其透明度为 15%，如图 4-89 所示。

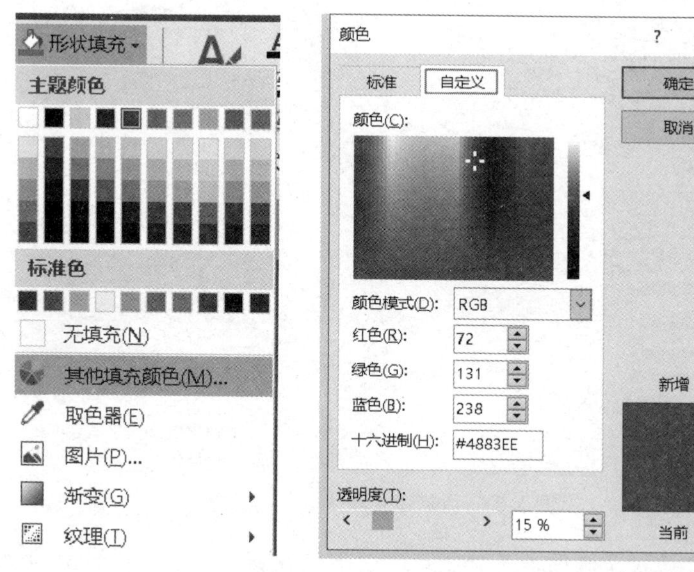

图 4-89　形状填充设置

右击该矩形形状，在弹出的快捷菜单中选择“设置形状格式”命令，软件右侧出现“设置形状格式”窗格。在其中的“形状选项”下单击“效果”图标，展开“阴影”效果，如图 4-90 所示。设置“预设”为“偏移中”，“透明度”为“60%”，“大小”为“103%”，“模糊”为“50 磅”，其他默认。

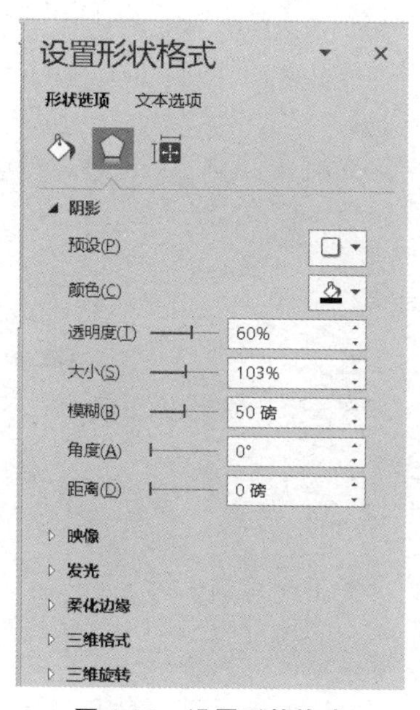

图 4-90　设置形状格式

（4）单击“标题”占位符，输入标题“电子产品营销推广方案”，设置字体颜色为白色，加粗，加阴影。

单击副标题占位符，输入副标题“Electronic product marketing promotion plan”，字体颜色设为白色。

（5）再次插入形状“矩形”，填充色为黑色，在矩形上单击右键，在弹出的快捷菜单中选择“编辑文字”命令，输入文字“设计者　赵雷”。

最终首页幻灯片效果如图 4-91 所示。

图 4-91　首页幻灯片效果图

2. 设计目录页

（1）单击“开始”选项卡下的“新建幻灯片”按钮，然后选择“空白”版式。

（2）在新插入的幻灯片上添加矩形形状，大小占据幻灯片左边大半，设置为无轮廓。选中矩形，在“绘图工具—格式”选项卡下选择“编辑形状”按钮下的“编辑顶点”命令，如图 4-92 所示，此时矩形 4 个顶点变成黑色小方块，用鼠标拖拉右下角的黑色小方块，将矩形变成倒置的体形，如图 4-93 所示。

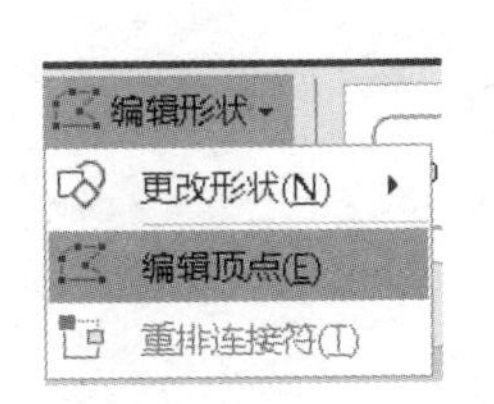

图 4-92　“编辑顶点”命令

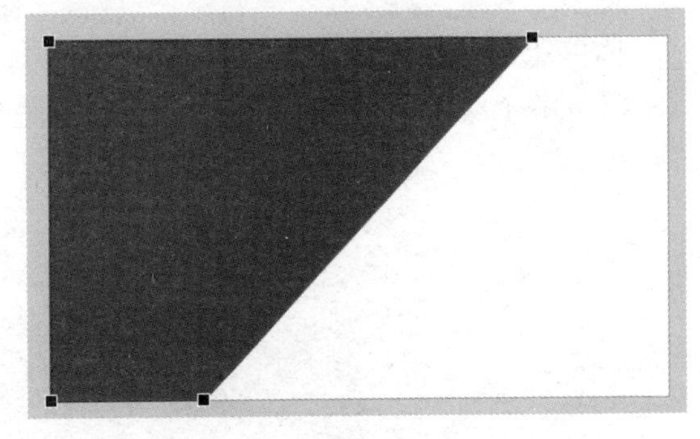

图 4-93　编辑顶点后效果

选中该形状，在右侧的“设置形状格式”窗格的“填充与线条”栏目下设置填充效果：选中“图片或纹理填充”，单击“插入”按钮插入已备好的图片 02.jpg，插入后该窗格也变成了“设置图片格式”窗格。拖动设置图片格式右侧的滚动条，下方设置线条为“无线条”。最终效果如图 4-94 所示。

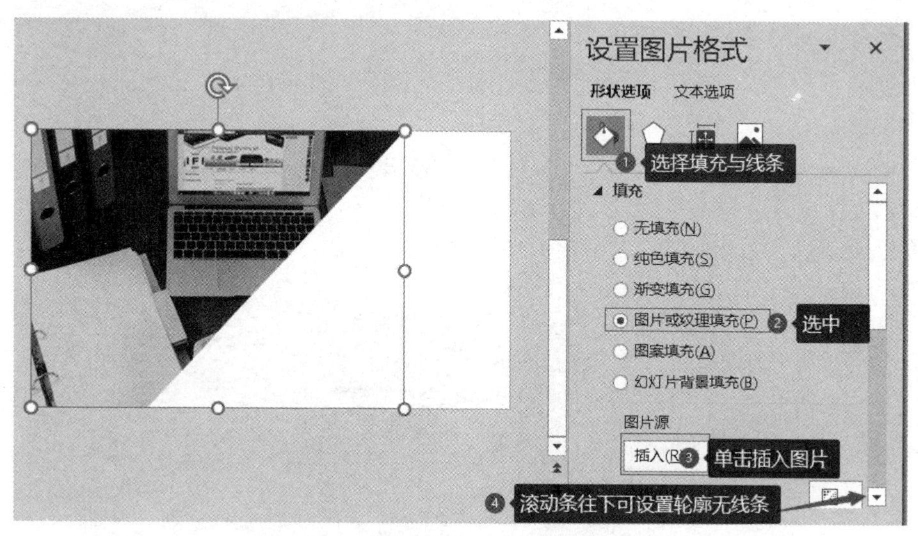

图 4-94　形状用图片填充

（3）再插入一个矩形，填充色为“金色　个性 1”，无轮廓线，选中形状后，在其上方的圆环状箭头处拖动鼠标，旋转其角度，如图 4-95 所示。

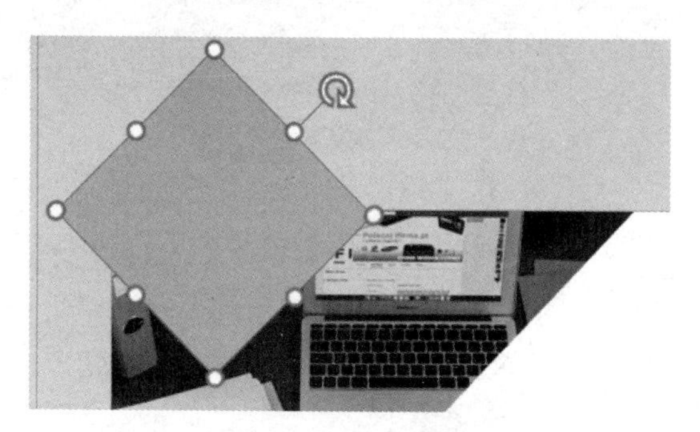

图 4-95　形状旋转

插入文本框，输入文字“目录”，设置字体颜色为白色，加粗，并拖放到合适位置。

同样插入 4 个金色小正方形，输入文字 1、2、3、4，并拖放到合适位置。

插入各个文本框，输入各级目录，最终效果如图 4-96 所示。

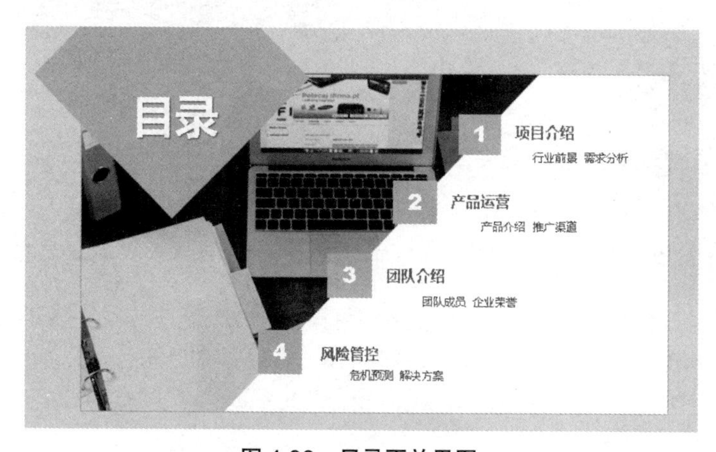

图 4-96　目录页效果图

3. 设计节标题版式

（1）单击“视图”选项卡下的“幻灯片母版”按钮，进入幻灯片母版视图，在左侧缩略图中选择节标题版式，如图 4-97 所示。

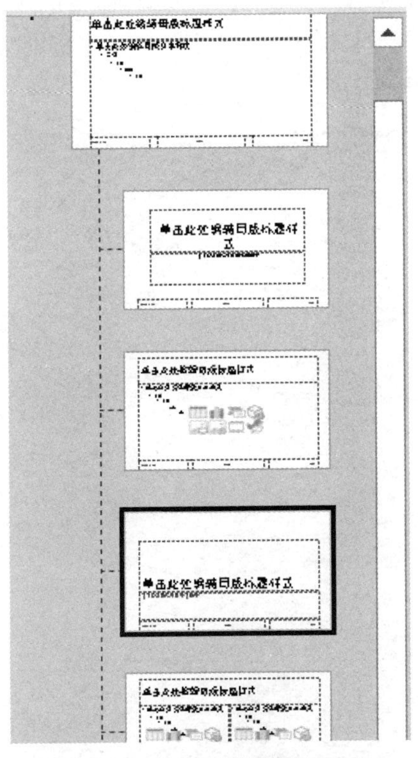

图 4-97　选择“节标题”版式

（2）插入图片 01.jpg，缩小并放在幻灯片的左边；插入图形“矩形”，通过图形的圆箭头旋转 90 度，设置填充颜色为金色，无轮廓，放在插入图片 01.jpg 的右侧。插入形状“直线”，在“绘图工具—格式”选项卡中修改其形状轮廓颜色为“金色　个性 1”，并放置在图形的右侧，效果如图 4-98 所示。

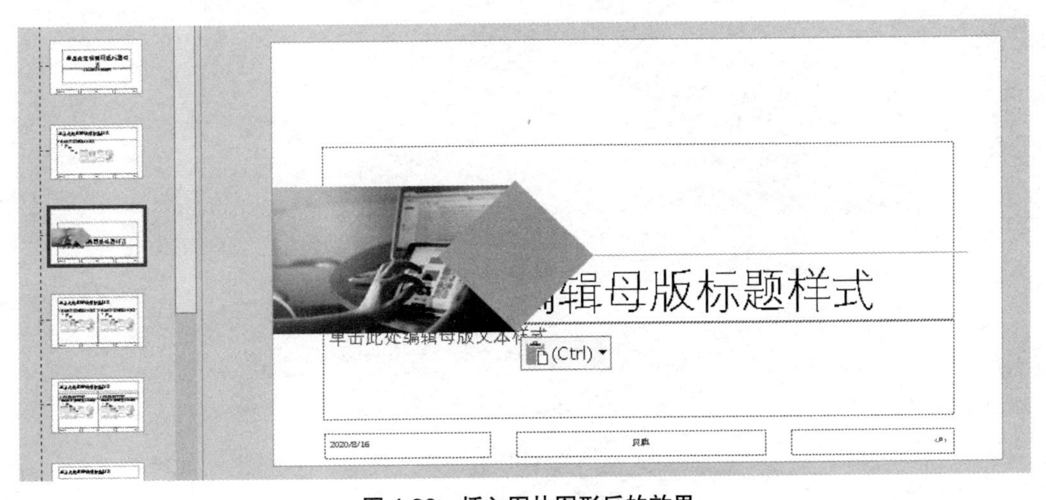

图 4-98　插入图片图形后的效果

（3）将标题占位符和文本占位符用鼠标拖放到右侧，修改大小，更改标题字体颜色为金色，大小为48。

依次单击“幻灯片母版”选项卡→“母版版式”组→“插入占位符”按钮，在下拉列表中选择“文本”命令，如图4-99所示。将其放在金色矩形的中间，删除其他级别文字，只留下一级文本，单击“开始”选项卡下的“项目符号”图标删除项目符号，并设置字体颜色为白色，48号，加粗，结果如图4-100所示。

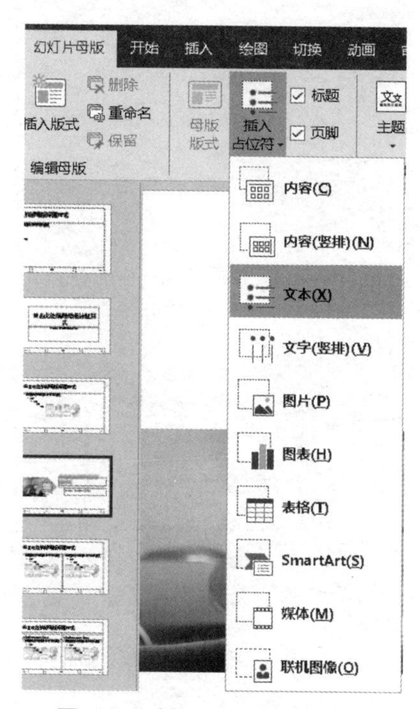

图4-99 插入“文本”占位符

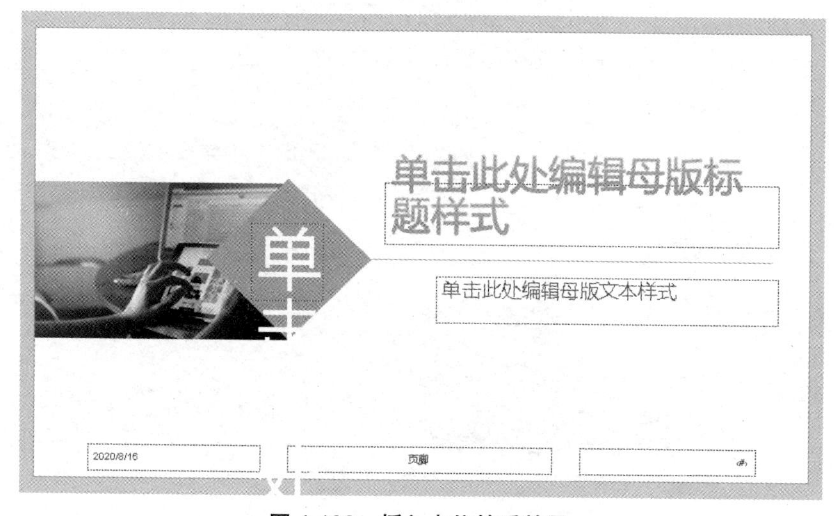

图4-100 插入占位符后效果

（4）单击“幻灯片母版”选项卡下的“关闭母版视图”按钮，回到普通视图下，如图4-101所示。

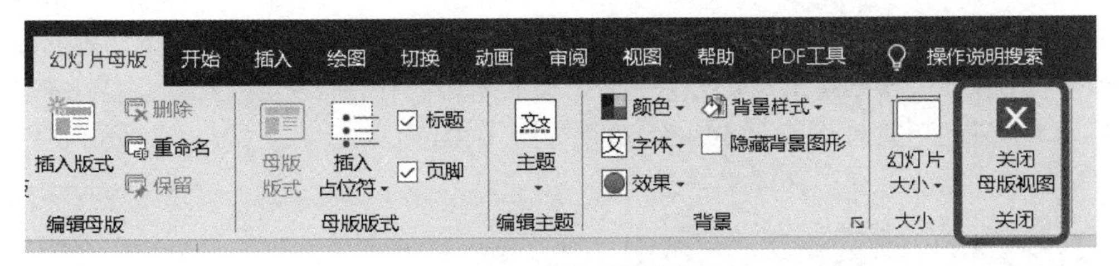

图 4-101　关闭母版视图

单击“新建幻灯片”的向下箭头，就可以看到修改过的“节标题版式”，选中它插入，可以在标题占位符中输入“项目介绍”，下面的文本占位符输入“行业前景”等文字，在金色矩形框上的文本占位符中输入“1”，居中。第 3 张幻灯片效果，如图 4-102 所示。之后其他节的幻灯片就可以直接插入修改好的“节标题”版式幻灯片，然后直接输入占位符文字即可。

图 4-102　第 3 张幻灯片效果图

4. 新建“内容”版式

单击“视图”选项卡下的“幻灯片母版”按钮，进入幻灯片母版视图。单击“幻灯片母版”选项卡下的“插入版式”按钮，可以见到在左侧窗格中新增一张版式幻灯片，在它上面右击，在弹出的快捷菜单中选择“重命名版式”命令，在打开的对话框中输入“版式名称”为“内容”，单击“重命名”按钮即可，如图 4-103 所示。

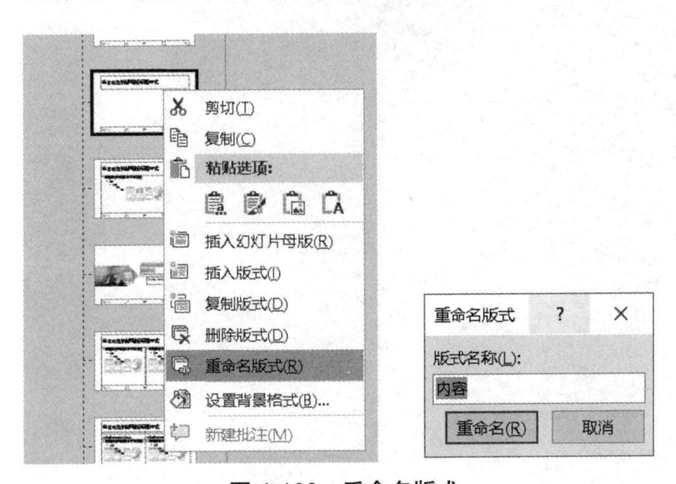

图 4-103　重命名版式

通过插入形状，修改形状和标题占位符的字体、位置和大小，再插入一个文本占位符，和前面一样删除其他级别文本，只保留一级文本并删除项目符号，修改字体大小为 16 号，字体颜色为“浅灰色　背景 2 深色 50%”。效果如图 4-104 所示。

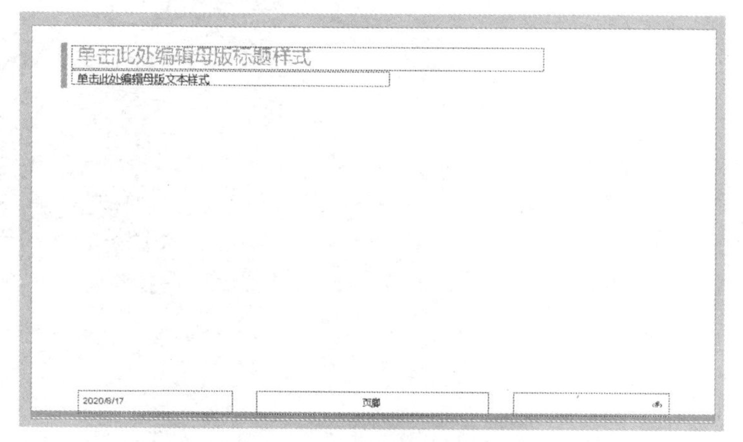

图 4-104　新建的内容版式效果

5. 设计第 4 张幻灯片

关闭幻灯片母版视图，单击“插入幻灯片”按钮，选择新建的“内容”版式，输入标题文字“行业前景”及标题下方的文本“Industry prospects”。

单击“插入”选项卡下的“图表”按钮，在弹出的“插入图表”对话框中选择“饼图”，单击“确定”按钮，如图 4-105 所示。

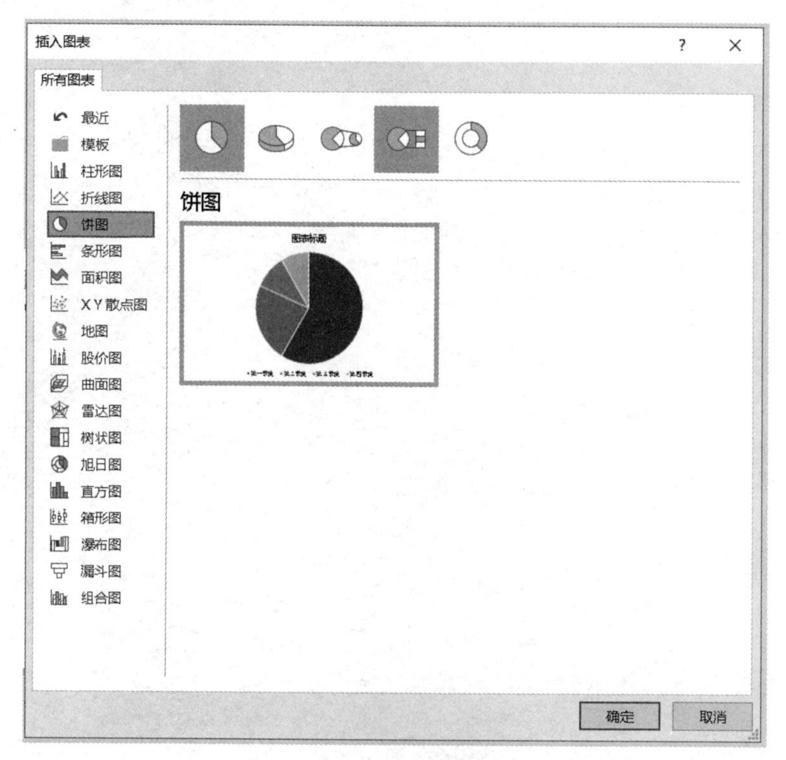

图 4-105　插入图表

此时幻灯片中插入一个饼图，并出现一个 Excel 数据源文件用来表示图表的数据源。编辑 Excel 表中的数据，饼图会做相应的改变。修改饼图的大小、位置，效果如图 4-106 所示。

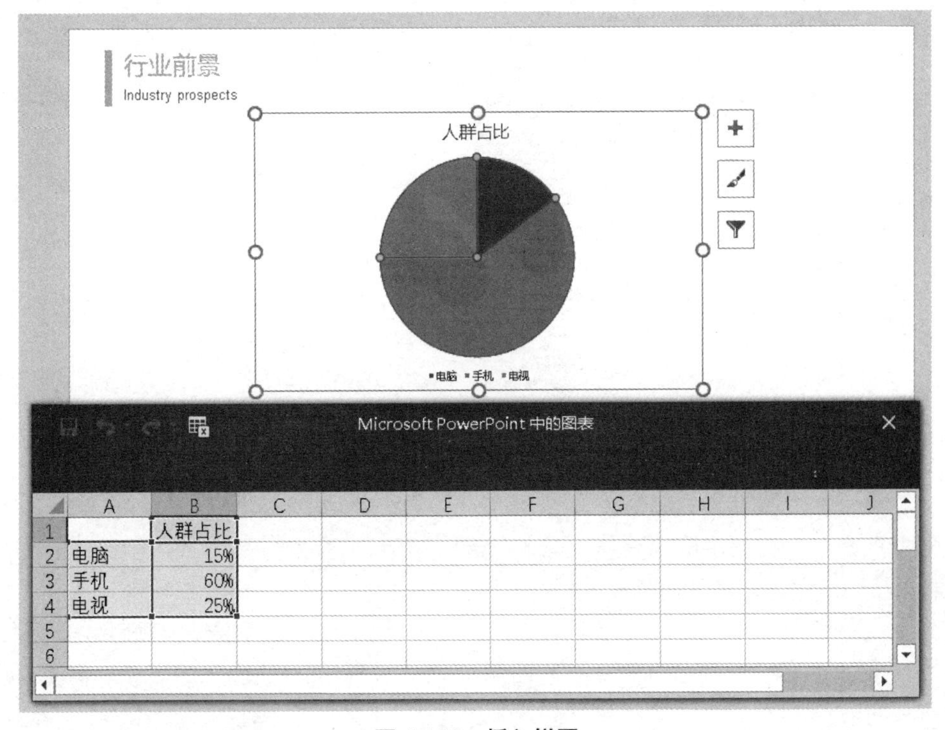

图 4-106　插入饼图

关闭 Excel 数据源文件，单击饼图右侧的 + 按钮，在打开的图表元素的第二个选项“数据标签”右侧的箭头按钮中选择“数据标签内”命令。

最后插入文本框，输入文本，效果如图 4-107 所示。

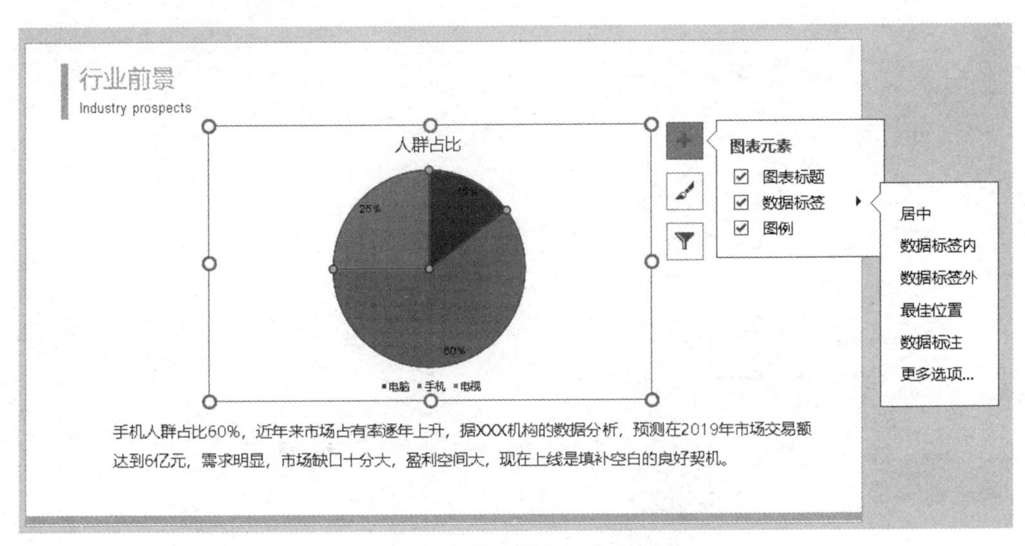

图 4-107　第 4 张幻灯片效果图

其他幻灯片也可以采用同样的方法插入自建的内容版式再添加相应元素得到。

6. 添加节

单击第 3 张幻灯片，单击“开始”选项卡下的“节”按钮，在下拉列表中选择“新增节”命令，或者直接在第 3 张幻灯片上右击，然后在弹出的快捷菜单中选择“新增节”命令，在打开的“重命名节”对话框中设置“节名称”为“项目介绍”，如图 4-108 所示。

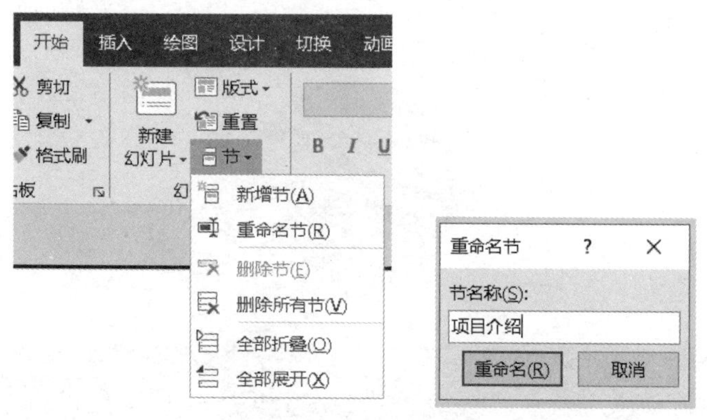

图 4-108　新增节

单击“重命名”按钮，即可在左侧窗格中看到在第 3 张幻灯片前插入了节，该节包含第 3 张、第 4 张幻灯片，如图 4-109 所示。

将光标放置在左侧幻灯片缩略图窗格的“项目介绍”节的最后一张幻灯片的后面，插入“节”，用它来包含第二块内容的 PPT，后面的节也采用一样的操作，效果如图 4-110 所示。

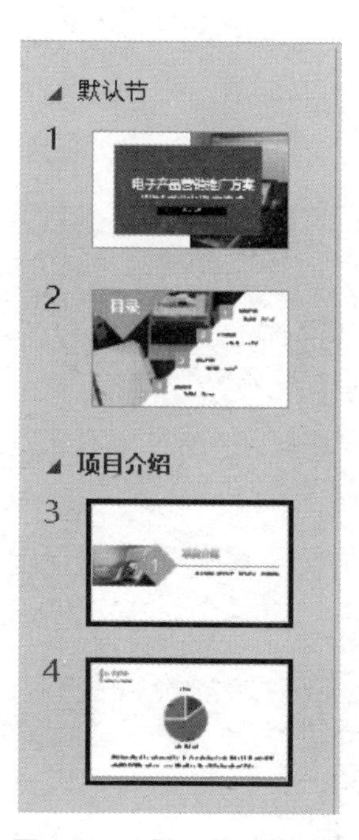

图 4-109　插入节后的效果

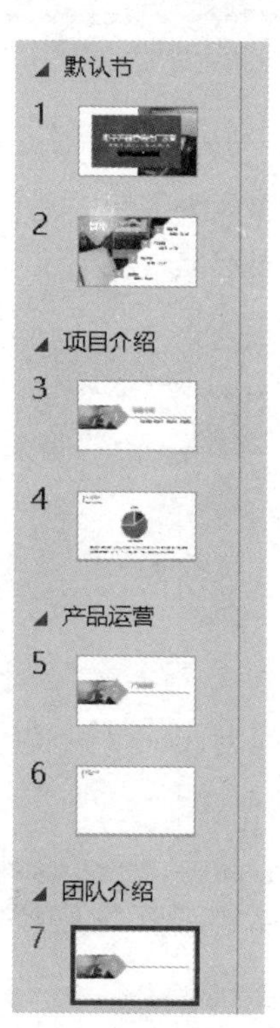

图 4-110　插入节的效果

7. 设计结尾页

在幻灯片缩略图窗格中右击首页幻灯片，在弹出的快捷菜单中选择“复制幻灯片”命令，立即出现一张和首页幻灯片一模一样的幻灯片。用鼠标将其拖拉至末尾。在中间幻灯片的编辑区修改标题为“谢谢您的观看”，副标题改为“Thank you for your appreciation”，即可得到结尾页幻灯片。

8. 保存主题

单击“设计”选项卡“主题”组右侧的向下箭头按钮，此时会显示所有内置主题，选择最下方的“保存当前主题”命令，即可将本次设计的版式保存为一个 thmx 文件，便于下次通过“浏览主题”命令打开继续使用编辑，如图 4-111 所示。

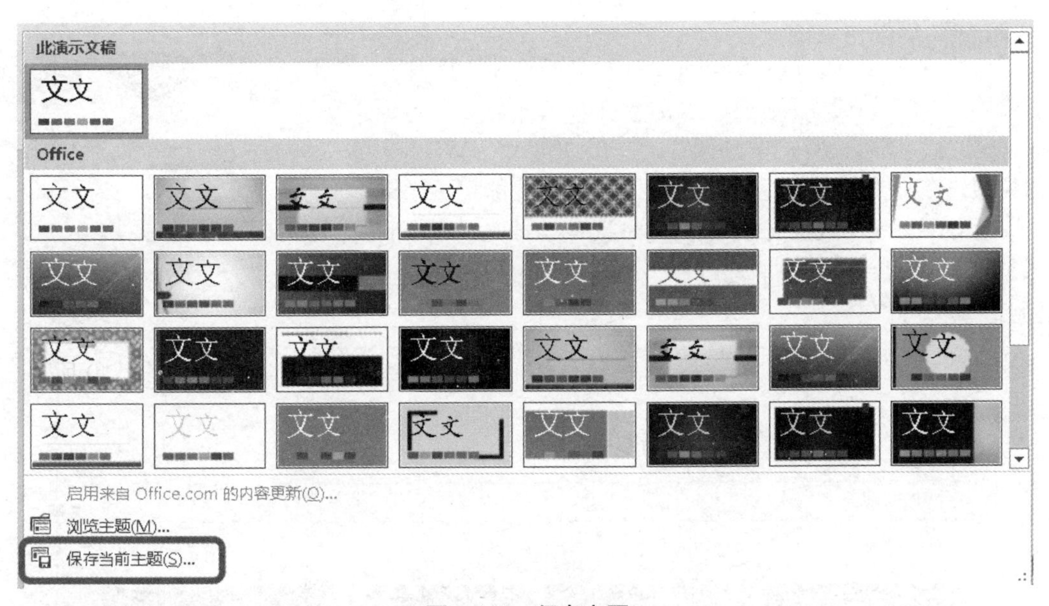

图 4-111 保存主题

【应用小结】

本应用场景主要通过图片、图形等元素自己设计主题、版式及母版，并用节对各个幻灯片进行分组，便于之后的管理和编辑。当然，这里只是初步进行了设计，后续还需继续设计和编辑，合理利用各种元素，对幻灯片进行个性化的排版和布局，这样做出来的幻灯片才能更整齐，让观者有阅读的欲望。

应用场景 3 《风吹麦浪》MTV 制作

小徐同学刚刚学习了 PowerPoint 2019，他想我是不是可以用它来做一个 MTV 呢？于是，小徐准备好了音频“风吹麦浪.mp3”，准备好了一些背景图及歌词，就开始制作了。

【场景分析】

用 PowerPoint 2019 制作 MTV，需要插入音频、背景图片并为每张幻灯片插入歌词文本框，对歌词文本框进行各种动画设置，最后可以用“计时”选项或者用“排练计时”来使歌词与音频保持同步。

【知识技能】

1. 插入图像

在幻灯片中使用图片不仅可以使幻灯片更加美观，同时好的图片可以帮助读者更好地理解幻灯片的内容。

（1）图片的插入。PowerPoint 2019 中可以插入图片、联机图片、屏幕截图和相册 4 种类型，如图 4-112 所示。

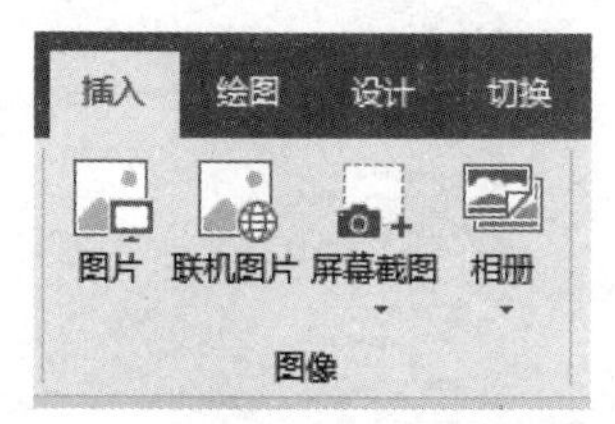

图 4-112　插入图像的类型

① 图片。插入计算机中的图片，单击“插入”选项卡下的“图片”按钮，在弹出的对话框中选择要插入的图片即可。如果一次要插入多张图片，可以按住 Ctrl 键的同时选择要插入的所有图片。也可以插入带有图片占位符的幻灯片，单击图片占位符也可打开“插入图片”对话框。

② 联机图片。插入来自 Web 的图片，需要联网，如图 4-113 所示。

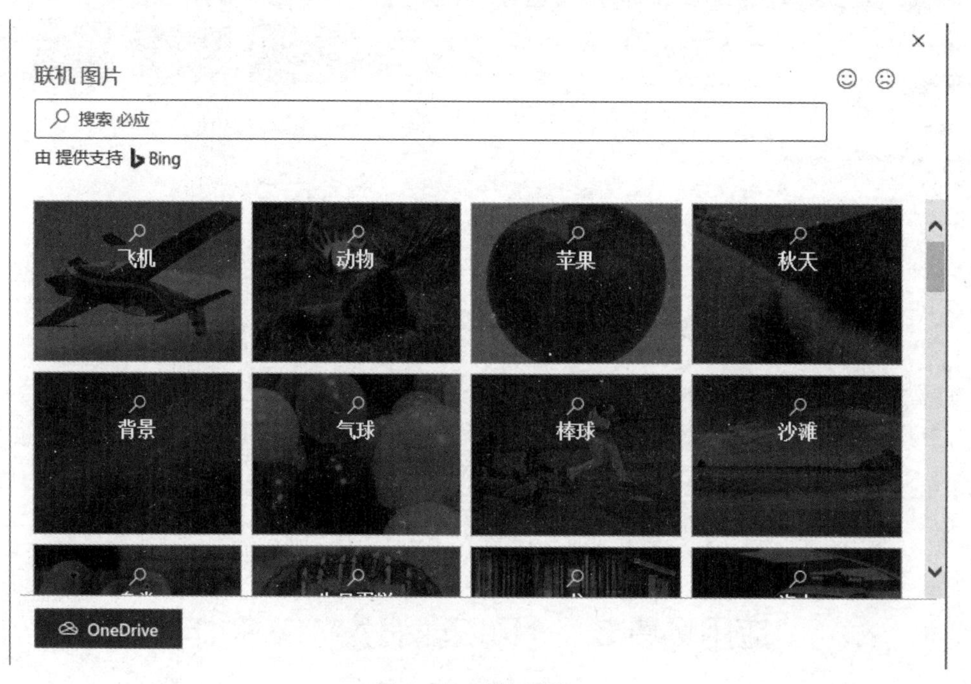

图 4-113　联机图片

③ 屏幕截图。它会列出当前打开的所有窗口和工具，供你进行选择插入，如图 4-114 中的“可用的视窗”。而当选择下方的“屏幕剪辑”命令时，PowerPoint 会自动最小化，呈现灰白画面，鼠标单击拖曳即可截取想要的画面。

图 4-114　插入屏幕截图

④ 相册。单击“插入”选项卡下的“相册”按钮，可以进行简单相册的创建，如图 4-115 所示。

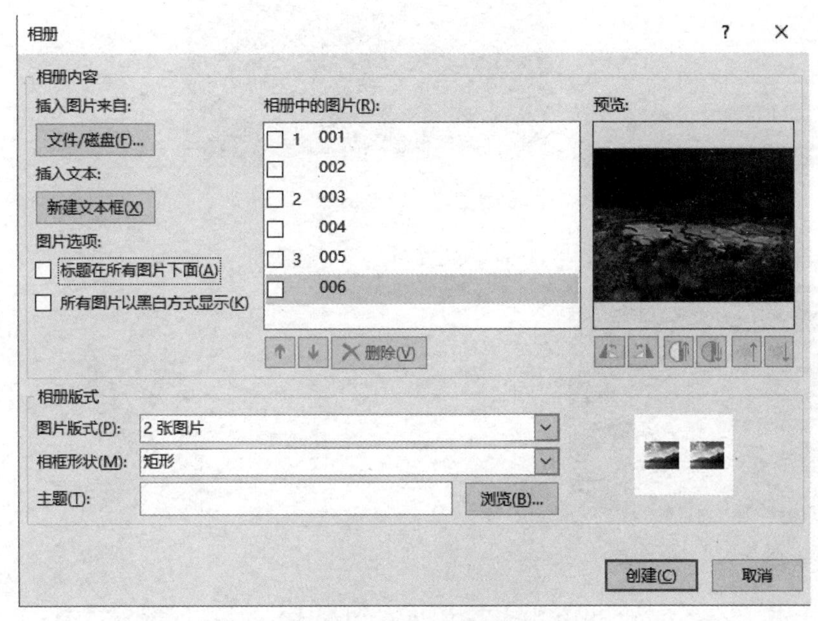

图 4-115　新建相册

（2）“图片工具—格式”选项卡。插入图片后，选中幻灯片中的图片，即可展开“图片工具—格式”选项卡，可利用其中的工具对图片进行各种处理，如图 4-116 所示，如图片裁剪、套用图片样式、图片的艺术效果调整、颜色设置、删除背景等。

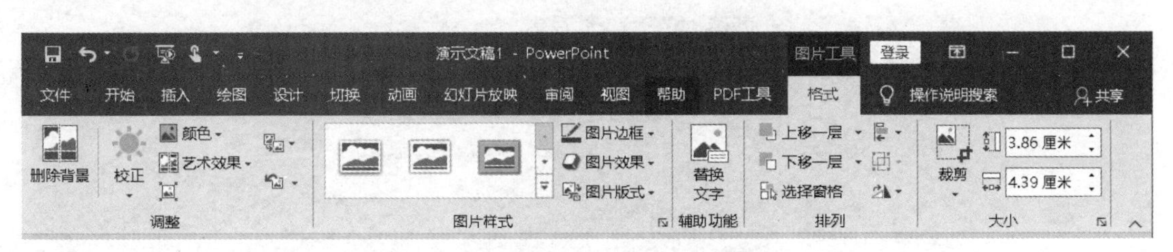

图 4-116　“图片工具—格式”选项卡

① 删除背景。单击“删除背景”按钮，可以打开“背景消除”选项卡，进行简单的抠图。如图 4-117 所示，紫色部分是系统默认要删除的部分，如果仍有需要删除的部分，可以单击“标记要删除的区域”按钮，此时光标变成一支笔的形状，鼠标拖拉要删除的区域，即可删除图 4-117 中的绿色部分。

图 4-117　背景消除

图 4-118 和图 4-119，是该图抠图前后的对比。

图 4-118　抠图前

图 4-119　抠图后

② 图片样式。PowerPoint 2019 中内置了 28 种图片样式，可以根据需要选择，如图 4-120 所示。

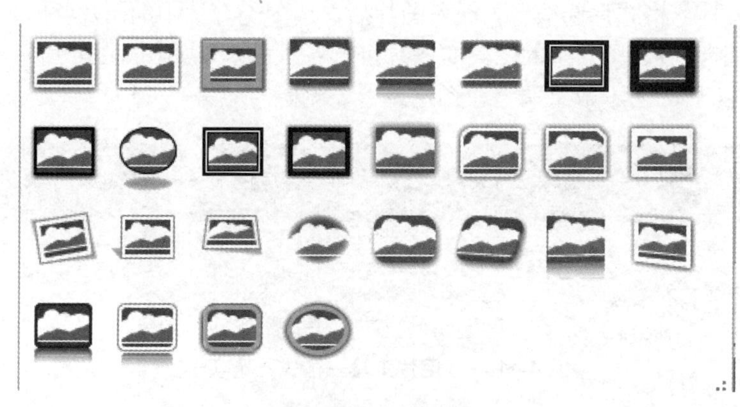

图 4-120　图片样式

（3）“设置图片格式”窗格。对于图片格式的设置，还可以在图片上右击，在弹出的快捷菜单中选择“设置图片格式”命令，这时就会在右边出现“设置图片格式”窗格，可以对图片进行更为精确的格式设置，如图 4-121 所示。

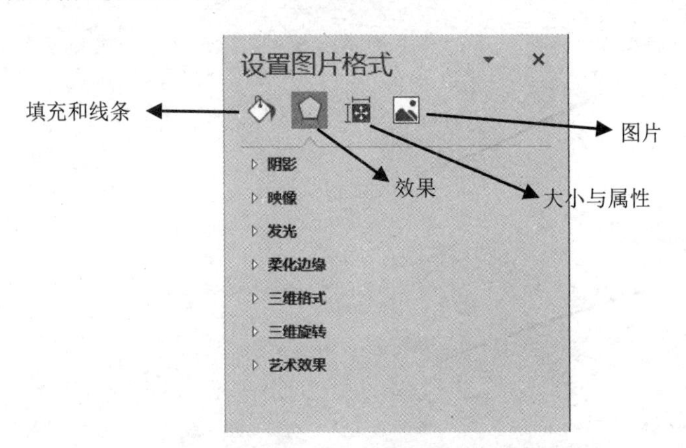

图 4-121　“设置图片格式”窗格

2. 插入各种媒体

在 PowerPoint 2019 中，除了利用动画效果来提高幻灯片的放映感染力外，还可以利用音频、视频、第三方动画等效果文件来装饰演示文稿，制作出更有震撼力的演示文稿来。

（1）插入音频。根据演示文稿不同场景的实际需要，可以将外部音频文件轻松地添加到指定的幻灯片中。操作步骤为：依次单击“插入”选项卡→“媒体”→“音频”按钮（见图 4-122），在打开的“插入音频”对话框中选择相应的音频文件即可。

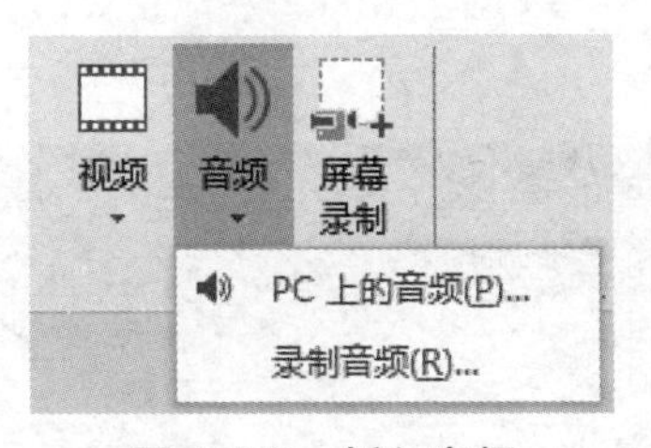

图 4-122　插入音频

PowerPoint 2019 中支持 MP3、MID、WAV、WMA 等格式的音频文件。在幻灯片中添加了音频文件后，将出现一个小喇叭的声音图标，将光标指向图标时，会出现一个播放控制条。单击“播放”按钮，即可播放相应的音频文件；单击“暂停”按钮，暂停播放。可以在“幻灯片放映”选项卡的“设置”组中取消选中“显示媒体控件”复选框来设置不显示该播放控制条。

插入音频后，可以修改其播放属性。另外 PowerPoint 2019 中添加了对音频进行剪裁的新功能。可以单击图 4-123 中的“剪裁音频”按钮，打开“剪裁音频”对话框，确定“开始时间”和“结束时间”后，单击“确定”按钮返回即可完成对音频文件的剪裁工作。

（2）插入视频。根据演示文稿不同场景的实际需要，可以将外部视频文件轻松地添加到指定的幻灯片中。操作步骤为：依次单击“插入”选项卡→“媒体”→“视频”按钮，在打开的“插入视频”对话框中选择相应的视频文件即可。

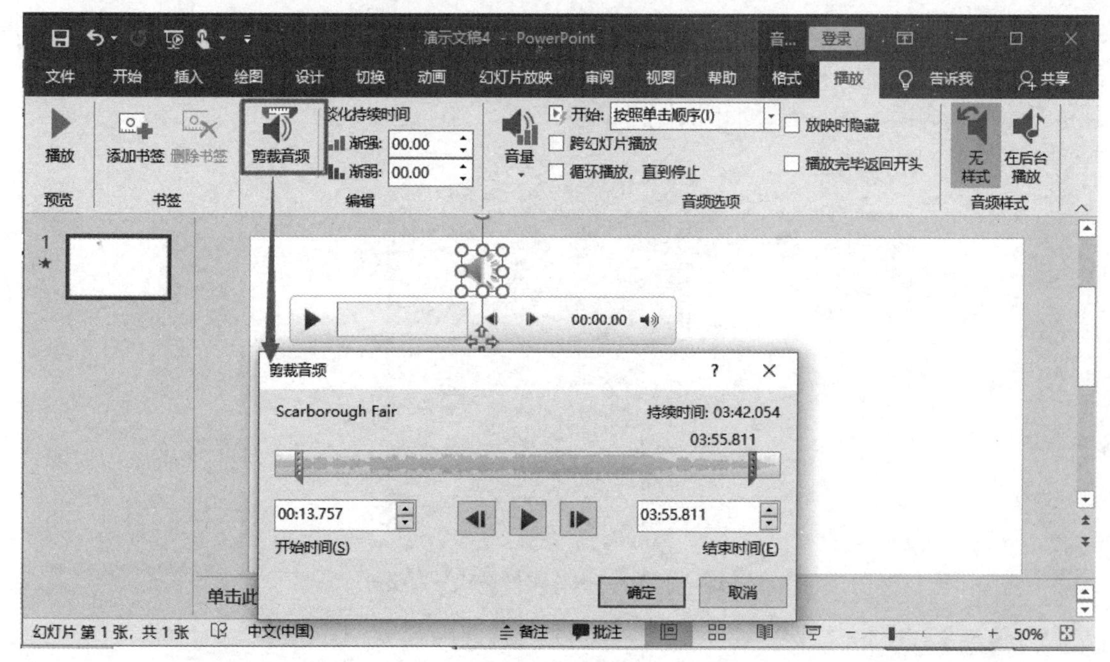

图 4-123　剪裁音频

在 PowerPoint 2019 中，当在幻灯片中添加了视频文件后，幻灯片中将出现一个视频播放窗口，将光标指向窗口时，会出现一个播放控制条，可用其来控制视频播放及暂停等。

选中幻灯片中的视频播放窗口，展开“视频工具”选项卡，切换到其“播放”选项卡，利用“视频选项”组中的相关按钮来设置视频文件的相关播放属性，如图 4-124 所示。

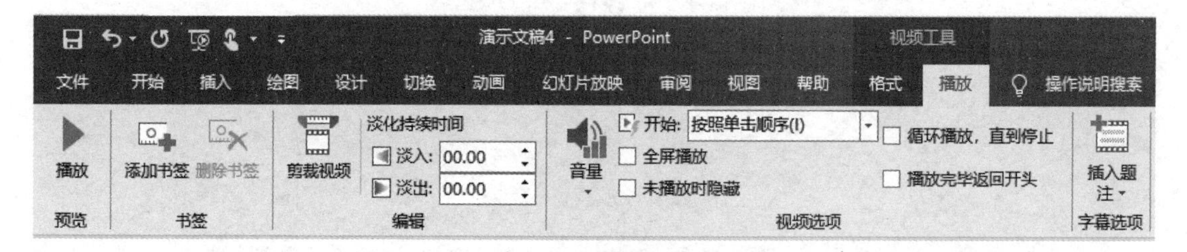

图 4-124　视频播放属性设置

同时，PowerPoint 2019 中可以通过“视频工具—格式”选项卡来选择视频播放窗口的起始画面、改变播放窗口的外形；可以在“视频工具—播放”选项卡中剪裁视频、为视频添加书签等。

（3）插入 Flash 动画。

① 在计算机上安装 Flash Player。上网时，一般会在后台自动安装 Flash Player 等相关插件，所以此步骤可省略。

② 展开“开发工具”选项卡。在功能区上右击，在弹出的快捷菜单中选择“自定义功能区”命令，打开“PowerPoint 选项”对话框。在其“自定义功能区”列表中勾选“主选项卡”下的“开发工具”选项，使其出现在功能区中，如图 4-125 所示。

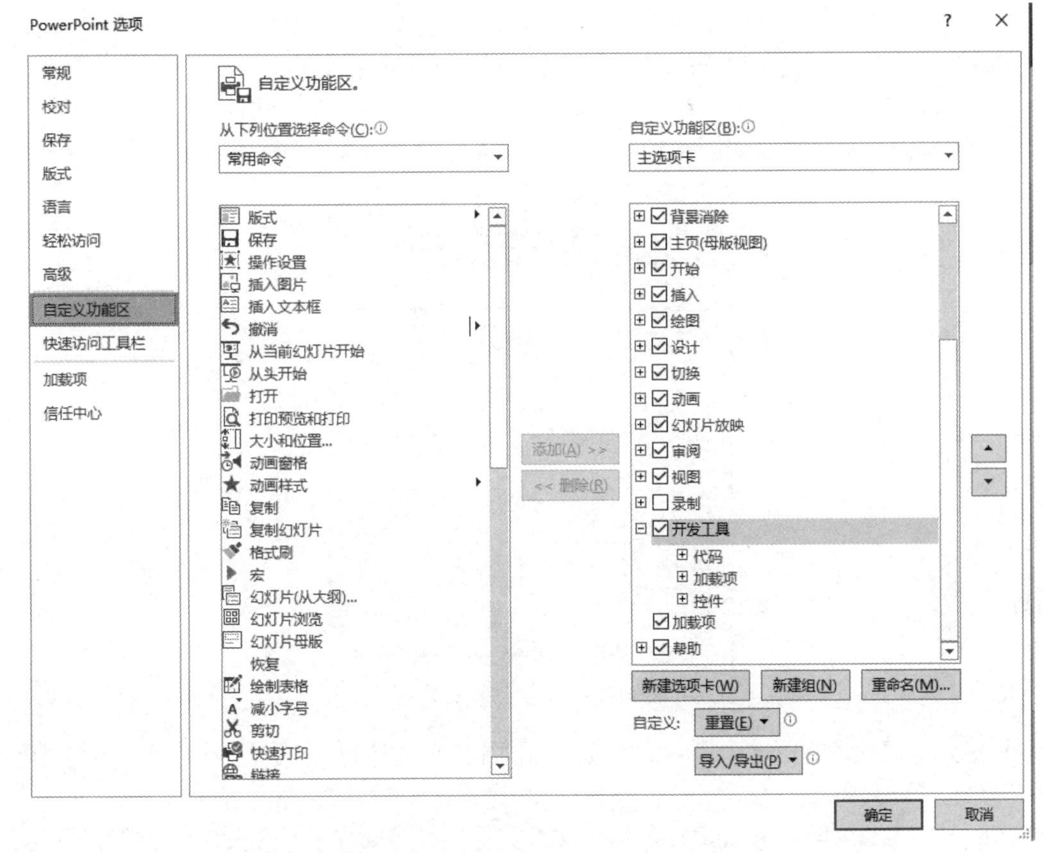

图 4-125　“PowerPoint 选项”对话框

③ 添加 Flash 动画。

④ 定位于需要添加 Flash 动画的幻灯片中，切换到“开发工具”选项卡，单击“控件”组中的“其他控件”按钮，打开“其他控件”对话框，如图 4-126 所示。

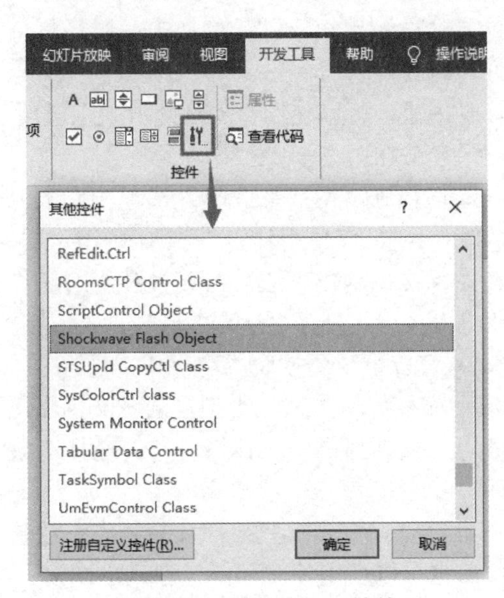

图 4-126　选择 Flash 控件

在控件列表中，选中“Shockwave Flash Object”选项，单击“确定”按钮返回。此时光标变成细十字形状，按住左键在幻灯片中拖拉，绘制 Flash 播放窗口，并调整其大小和位置。

选中上述 Flash 播放窗口，切换到“开发工具”选项卡，单击“控件”组中的“属性”按钮，打开“属性”对话框，如图 4-127 所示。

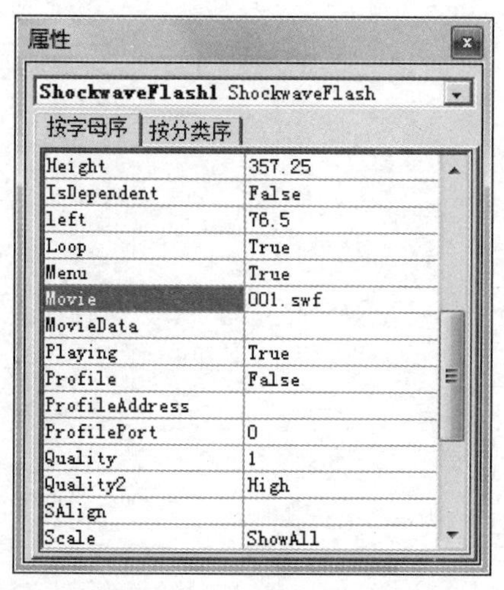

图 4-127 “属性”对话框

在 Movie 属性项右侧文本框中输入要播放的 Flash 文件的完整路径和名称（包括扩展名“.swf”）。

说明：将 Flash 动画文件和对应的演示文稿文件保存在同一个文件夹中，这样就只需要输入文件名就可以了。插入的 Flash 动画文件，并没有被嵌入到幻灯片中，因此建议将其与演示文稿同时移动。

添加了 Flash 动画的演示文稿，需要将其保存为“启用宏的 PowerPoint 演示文稿”格式。

3. 演示文稿的放映

（1）所谓排练计时，就是通过预览演示文稿的放映效果，将每张幻灯片放映的时间记录下来，供以后自动放映幻灯片时使用。

要实现幻灯片的放映计时效果，可以使用“幻灯片放映”选项卡中的“排练计时”按钮，也可以使用“录制幻灯片演示”按钮。

无论使用何种计时功能，切换到“幻灯片放映”选项卡，选中“使用计时”选项，则演示文稿使用计时功能进行放映，不选中“使用计时”选项，则演示文稿只能通过手动进行放映。

（2）设置放映类型。在演示文稿制作完成后，切换到“幻灯片放映”选项卡，单击“设置”组中的“设置幻灯片放映”按钮，打开“设置放映方式”对话框，选择相应的放映类型。

在 PowerPoint 2019 中，共有以下 3 种放映类型供用户选择。

① 演讲者放映。这是演示文稿放映的默认类型，演示文稿由演讲者自己控制放映，这种放映类型非常灵活，演讲者可以根据演讲的具体情况，有选择地放映相应幻灯片，并能控制任何一张幻灯片的放映时间。

② 观众自行浏览。选择此类型，演示文稿将在窗口状态下放映，观众可以利用鼠标、键盘等控制幻灯片的放映过程，也可以使用计时功能，自动放映演示文稿。

③ 在展台浏览。选择此类型，演示文稿将自动、循环放映。要注意的是，在选择此类型前，一般要对演示文稿进行计时功能。

（2）放映部分幻灯片。一份演示文稿，根据观众的不同，可能需要放映其中部分不同的幻灯片，这可以分成两种情况。

① 放映部分连续的幻灯片。这也可以在“设置放映方式”对话框中来完成。选中“从 X 到 Y”选项，并调整幻灯片编号，设置完成后，单击“确定”按钮返回即可。

③ 放映部分不连续的幻灯片。在“幻灯片放映”选项卡中，单击“开始放映幻灯片”组中的“自定义幻灯片放映”按钮，在随后出现的下拉菜单中选择“自定义放映”命令，打开“自定义放映”对话框，如图 4-128 所示。

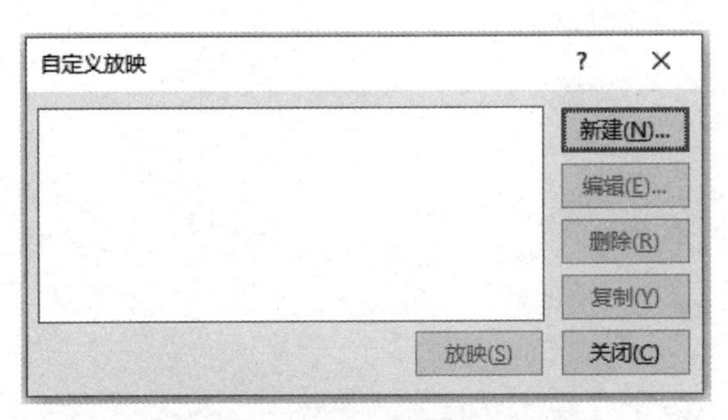

图 4-128　“自定义放映”对话框

单击“新建”按钮，打开“定义自定义放映”对话框。在“幻灯片放映名称”右侧的文本框中输入一个自定义放映方案名称（如“学生”）；在“在演示文稿中的幻灯片”列表中，利用 Shift 键或 Ctrl 键，根据放映对象的需要选中多张幻灯片，然后单击“添加”按钮，将它们添加到“在自定义放映中的幻灯片”列表中，如图 4-129 所示。

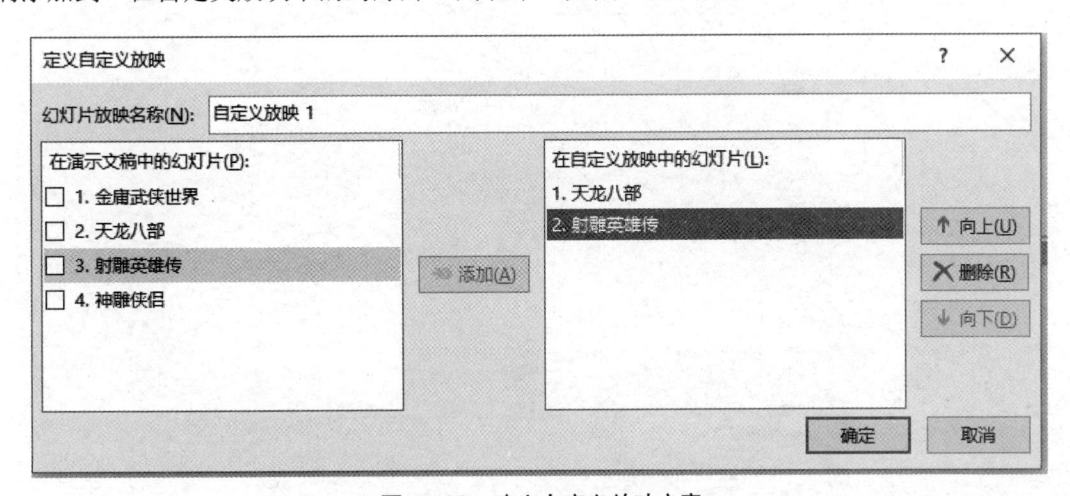

图 4-129　建立自定义放映方案

4. 演示文稿的保存与发送

演示文稿制作完成后，通常需要到其他计算机上演示放映或者和他人共享，这时我们可以根据情况对演示文稿进行各种保存输出。

（1）将演示文稿打包成 CD。在“文件”选项卡中选择“导出”命令，在展开的列表中选择“将演示文稿打包成 CD”命令，然后在展开的“将演示文稿打包成 CD”界面中单击“打包成 CD”按钮，如图 4-130 所示。

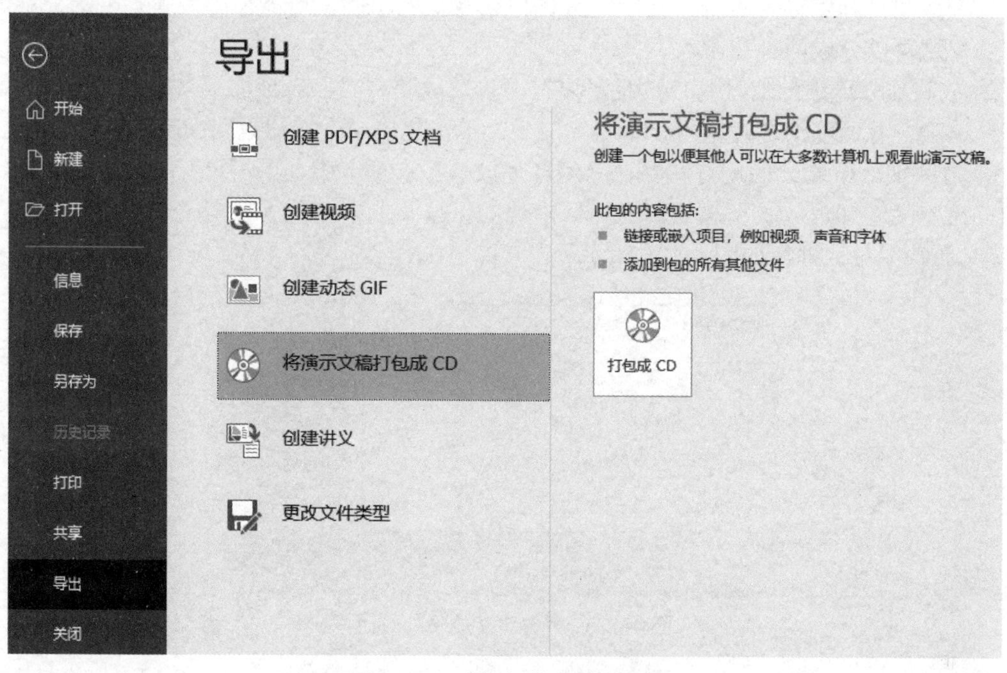

图 4-130 “打包成 CD”按钮

在打开的“打包成 CD”对话框中单击“复制到文件夹”按钮，打开“复制到文件夹”对话框。输入文件夹名称，设置位置，单击“确定”按钮，如图 4-131 所示。

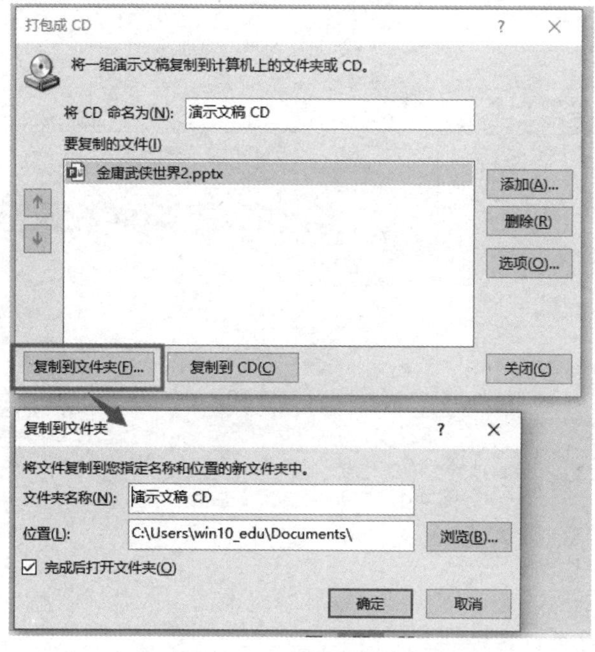

图 4-131 复制到文件夹

在打开的提示框中单击“是”按钮，即开始打包演示文稿，打包完毕后，会自动打开文件夹。

（2）保存为视频。在 PowerPoint 2019 中，可以将演示文稿保存为视频。选择“文件”选项卡→“导出”→“创建视频”命令，确定保存位置和文件名，保存后将演示文稿转换成 WMV 格式的视频文件，可以直接用 Windows Media Player 打开播放。

【任务实施】

1. 创建演示文稿，进行页面设置，插入各幻灯片及底图并对图片做处理

（1）打开 PowerPoint 2019，创建一个新的空白演示文稿。

（2）单击“插入”选项卡下“图像”组中的“相册”按钮，打开“相册”对话框。在该对话框中进行如下设置；

① 首先单击“文件/磁盘”按钮插入所有准备好的素材图片。

③ 在“相册中的图片”列表中勾选相关图片，再利用下面的上下箭头调整次序。

④ 设置“图片版式”为“适应幻灯片尺寸”。

最后单击“创建”按钮，如图 4-132 所示。

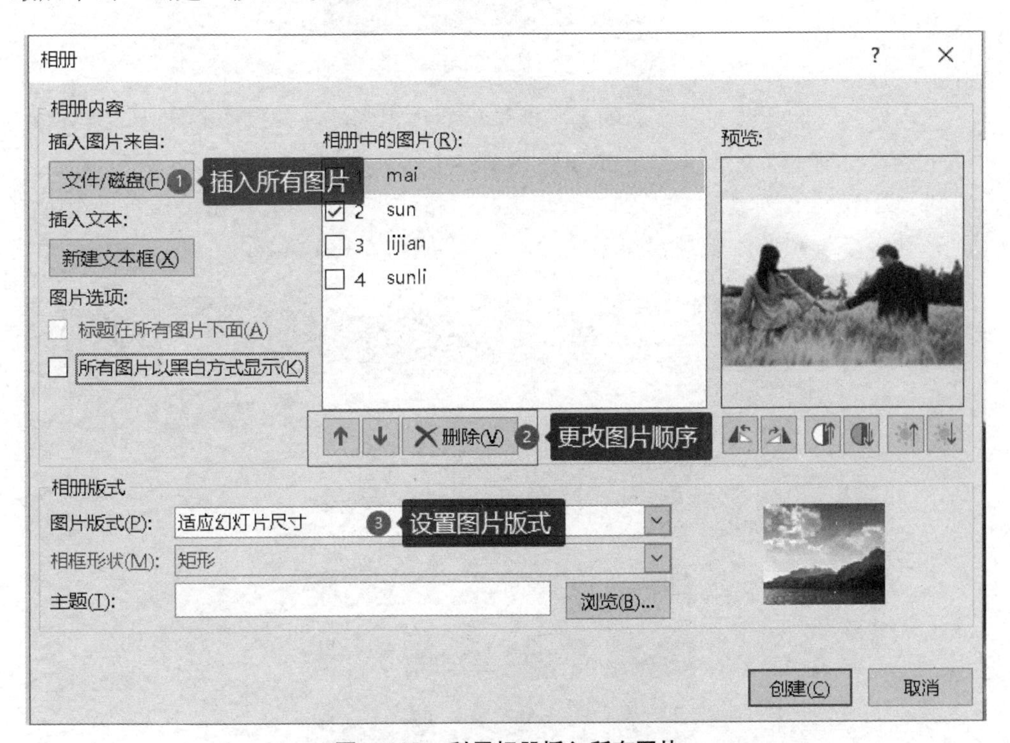

图 4-132　利用相册插入所有图片

（3）此时，PowerPoint 2019 又为我们创建了一个新的演示文稿，里面有 5 张幻灯片，后 4 张分别放置刚才插入的 4 张图片。将该文件保存为“MTV.pptx”。在左侧的幻灯片窗格中右击第 1 张幻灯片，在弹出的快捷菜单中选择“删除幻灯片”命令，如图 4-133 所示。

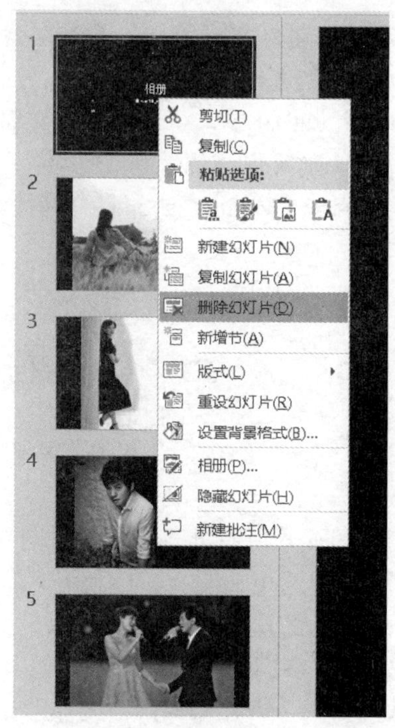

图 4-133 “删除幻灯片”命令

（4）选中图片，图片四周会有小圆圈，用鼠标拖拉小圆圈就可以改变图片的大小和位置，用此种方法修改 4 张图片的大小，使其刚好充满整个幻灯片页面。

（5）选中第 1 张幻灯片，切换到“图片工具—格式”选项卡，单击“调整”组中的“艺术效果”按钮，在弹出的效果列表中选择“标记”，如图 4-134 所示。

图 4-134 设置图片效果

最后效果如图 4-135 所示。

图 4-135　“插入图片”后的效果图

2. 添加风吹麦浪.mp3

在左侧幻灯片缩略图中选中第一张幻灯片，单击“插入”选项卡下“媒体”组中的“音频”按钮，在弹出的下拉列表中选择“PC 上的音频”命令。在打开的“插入音频”对话框中选择准备好的“风吹麦浪.mp3”。此时在幻灯片中出现一个“喇叭”图标，表示音频已经成功插入。

选中插入的音频，在“音频工具—播放”选项卡中，设置音频选项，将“开始”下拉列表设置为“自动”，勾选“跨幻灯片播放”和“放映时隐藏”复选框，如图 4-136 所示。

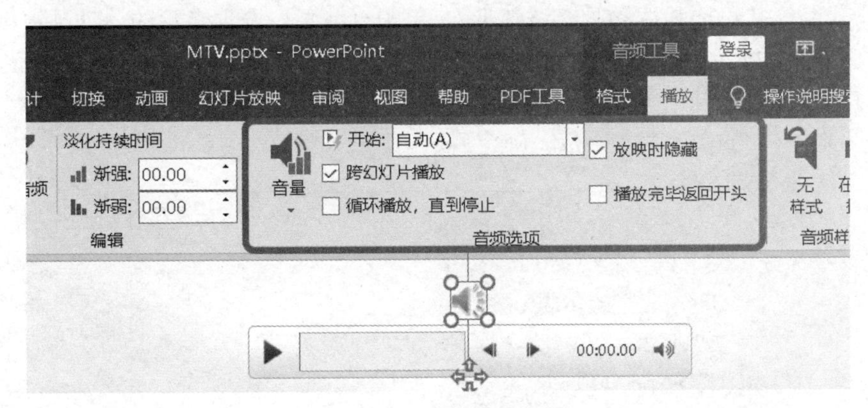

图 4-136　音频选项设置

3. 给演示文稿添加动画效果

（1）第 1 张幻灯片。在第 1 张幻灯片中，单击“开始”选项卡下“绘图”组中的“文本框”按钮。插入一个水平文本框，并输入文字“风吹麦浪”，设置字体为“华文行楷”，60 号。在“绘图工具”选项卡中设置“艺术字样式”为“渐变填充，黑色”。再插入一个文本框，输入文字“孙俪　李健”，设置字体格式。

选中文本框“风吹麦浪”，切换到“动画”选项卡。单击“添加动画”按钮，给文本框添加进入动画“淡出”，设置动画的“持续时间”为 3.00。依旧选中文本框“风吹麦浪”，给其添加动作路径动画“向上”，在“动画”选项卡的“计时”组中设置“持续时间”为1.00，“开始”设置为“上一动画之后”。

用同样的方法给文本框“孙俪　李健”添加进入动画“飞入”，单击“效果选项”按钮，设置“效果选项”为“从左侧”。

第1张幻灯片动画效果最终如图4-137的动画窗格所示。

图4-137　第1张幻灯片动画效果

（2）第2张幻灯片。在幻灯片缩略图中选中第2张幻灯片，添加文本框“风吹麦浪……”，设置字体格式，给其添加强调动画“波浪形”。单击“动画”选项卡下的“动画窗格”按钮，此时窗口左侧出现“动画窗格”。在其中选中刚添加的强调动画，右击，在弹出的快捷菜单中选择“计时”命令，打开“波浪形”对话框。设置“开始”为“上一动画之后”，“重复”为“直到幻灯片末尾”，如图4-138所示，确定后退出。

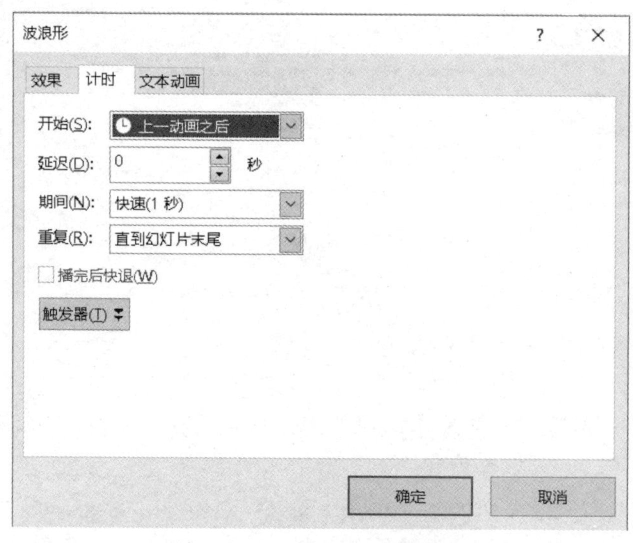

图4-138　“波浪形”动画设置

添加文本框“远处蔚蓝天空下　涌动着金色的麦浪”，设置字体，添加进入动画“擦除”，设置“效果选项”为“自左侧”，“持续时间”为 4.00，再对其添加退出动画“浮出”，设置“效果选项”为“上浮”，“持续时间”为 1.00。

同理添加其他文本框“就在那里曾是你和我　爱过的地方”等，使用动画刷，复制前文本框的动画效果（方法：选中文本框“远处蔚蓝天空下　涌动着金色的麦浪”，单击“动画”选项卡下的“动画刷”按钮，再单击要复制动画的文本框即可）。可以根据歌词时间调整“持续时间”和“延迟”选项。

用鼠标调整这几个文本框的位置，使其重叠在一起，如图 4-139 所示。

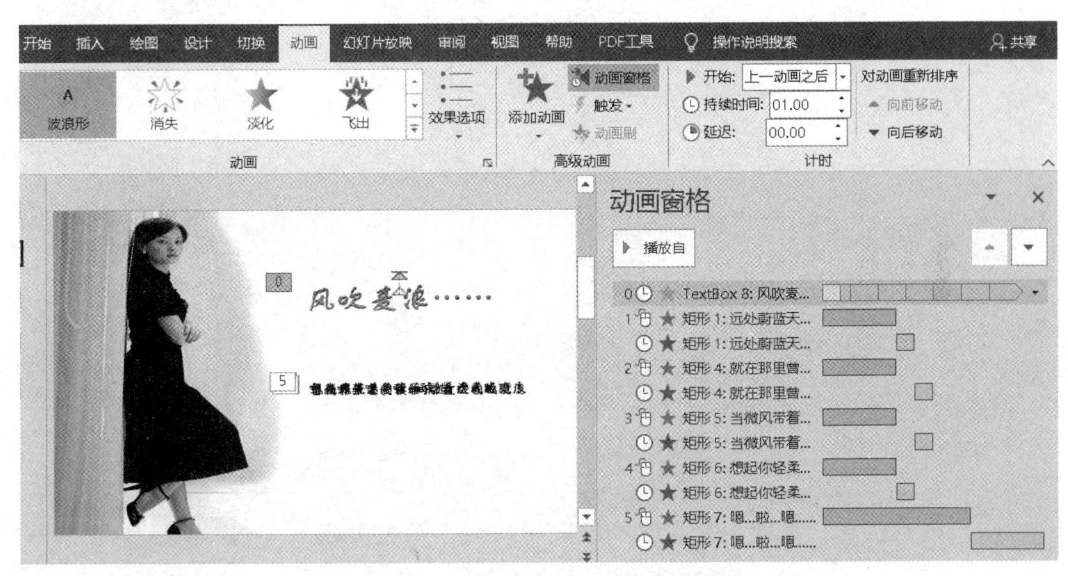

图 4-139　第 2 张幻灯片动画效果图

（3）第 3 张幻灯片。添加文本框，设置进入动画“挥鞭式”，设置“效果选项”为“按段落”，根据每句的歌词时间调整动画的“持续时间”或“延迟”选项，如图 4-140 所示。

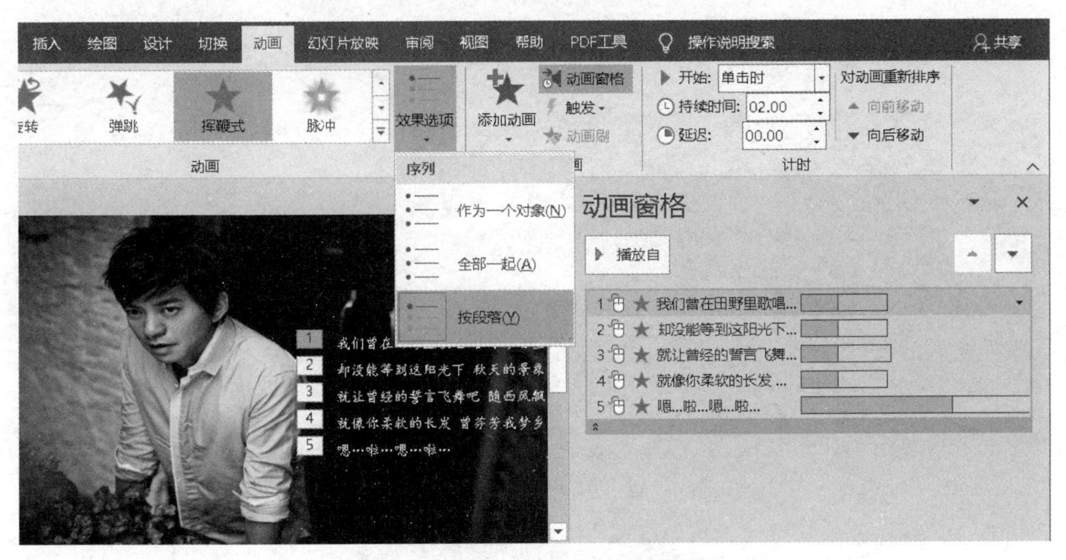

图 4-140　第 3 张幻灯片动画效果图

（4）第 4 张幻灯片。添加文本框，设置强调动画为“字体颜色”，在打开的“字体颜色”对话框中设置“动画文本”为“按词顺序”，根据歌词调整动画的持续时间和延迟，如图 4-141 所示。

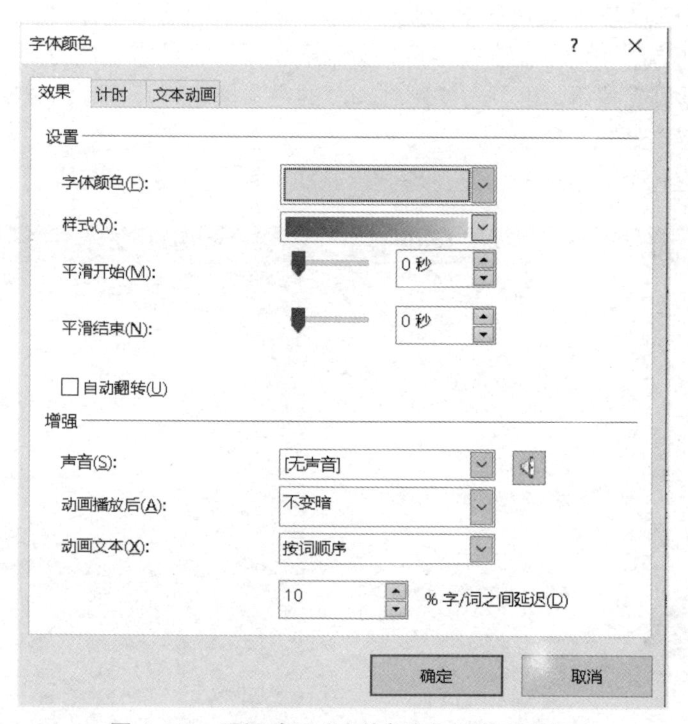

图 4-141　强调动画“字体颜色”的选项设置

最终，本幻灯片的最终动画效果如图 4-142 所示。

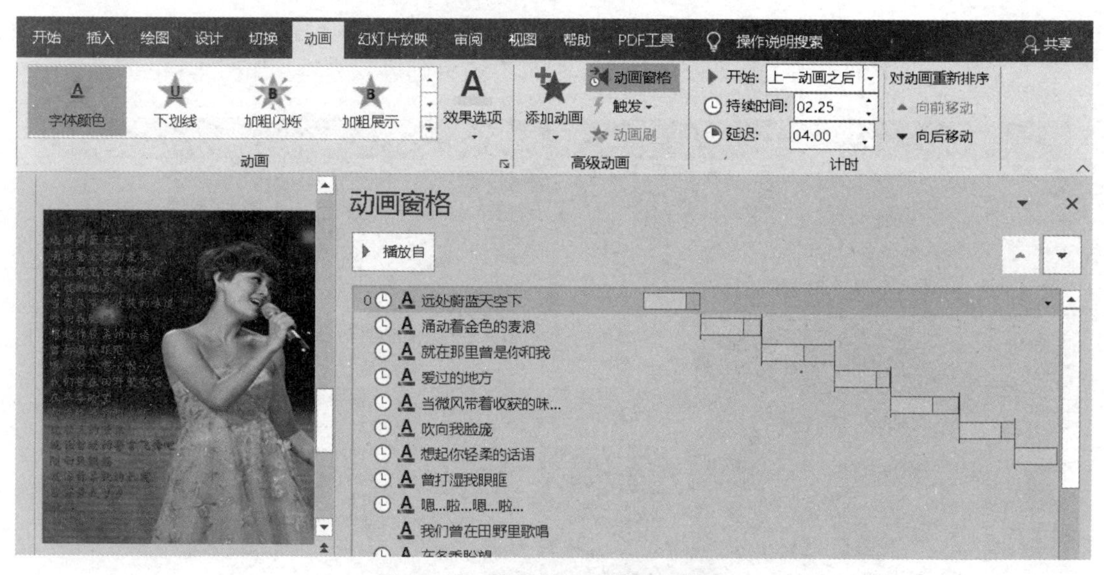

图 4-142　第 4 张幻灯片动画效果

（5）插入结束幻灯片。在第 4 张幻灯片后插入一张“标题幻灯片”，单击标题占位符，输入文字“The End”，设置进入动画为“缩放”，设置“开始”为“上一动画之后”。

单击副标题占位符，输入文字“Thank You!”，设置进入动画“下拉”，设置“开始”为“上一动画之后”。

单击“设计”选项卡中的“设计背景格式”按钮，软件右侧出现“设置背景格式”窗格，如图 4-143 所示，选中“渐变填充”，设置“类型”为“射线”，“方向”为“从右下角”，“渐变光圈”为由淡黄到黄色。

因为此背景只需用于本张幻灯片，因此无须单击下方的“应用到全部”按钮。

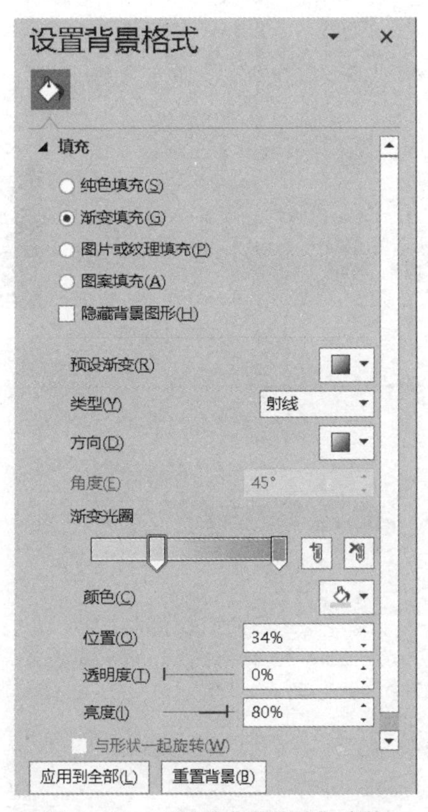

图 4-143　“设置背景格式”窗格

4. 添加小麦视频

在幻灯片缩略图中选择最后一张幻灯片，切换到“插入”选项卡，在“媒体”组中单击“视频”按钮。在出现的下拉列表中选择“PC 上的视频”命令，在打开的“插入视频”对话框中找到“麦浪.wmv”，并将其插入。

此时在幻灯片中出现了视频播放窗口（黑色），用鼠标拖拉改变其大小和位置，在“视频工具—格式”选项卡中，单击“视频样式”右下角的“其他”按钮，在弹出的样式列表中选择“柔化边缘椭圆”，如图 4-144 所示。

在“动画”选项卡中单击“动画窗格”按钮，展开动画窗格，在其中的“麦浪.wmv”动画上右击，在弹出的快捷菜单中选择“计时”命令，打开“播放视频”对话框。设置“开始”为“与上一动画同时”，如图 4-145 所示。

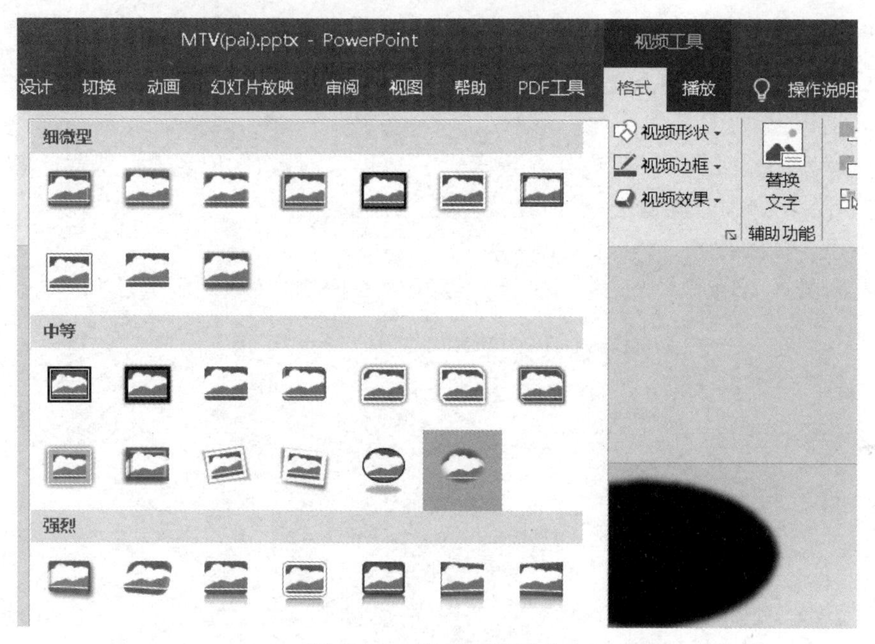

图 4-144　设置视频样式

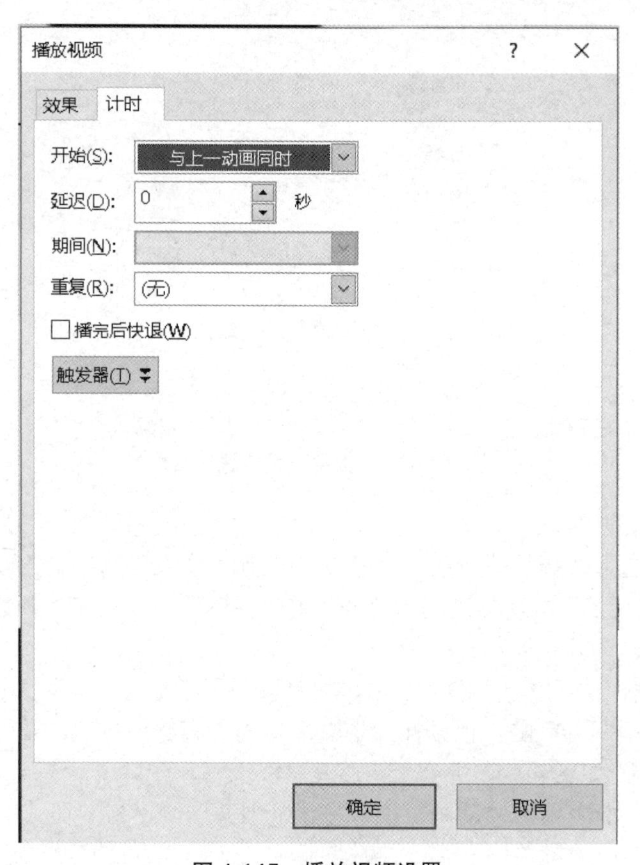

图 4-145　播放视频设置

最后该幻灯片界面如图 4-146 所示。

图 4-146　最末幻灯片界面效果

5. 设置幻灯片切换效果

切换到“切换”选项卡，设置幻灯片的切换效果为“棋盘”，单击“应用到全部”按钮。

6. 排练计时

为能精确地控制歌词文字和音频同步，可以进行排练计时。切换到“幻灯片放映”选项卡，单击“排练计时”按钮，PowerPoint 会从头开始播放幻灯片，但在屏幕左上角有一个“录制”对话框，如图 4-147 所示，可以根据音频的播放来设置是否进行下一个动画或者是否切换幻灯片。例如，当音乐播放到某句歌词时，手动单击“下一项”按钮，使该句歌词动画开始播放，依此类推。

图 4-147　“录制”对话框

按照相同的方法，为每张幻灯片设置放映时间，当最后一张幻灯片放映完毕后，会弹出一个提示框显示总放映时间，并询问是否保存排练时间，确认后单击“是”按钮，保存计时信息，如图 4-148 所示。

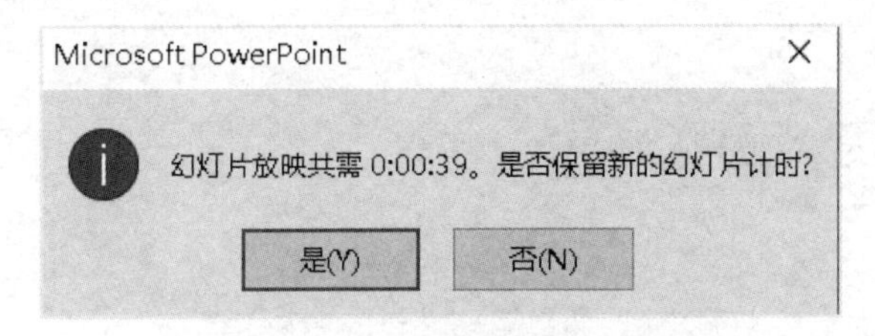

图 4-148　排练计时结束确认提示框

提示：要查看每张幻灯片的放映时间，可以在应用排练计时后，自动切换到幻灯片浏览视图，其中每张幻灯片缩略图左下角显示的时间就是幻灯片的放映时间。

采用排练计时，无须考虑歌词的间隔时间，给 MTV 的制作带来了便利。排练结束后，在幻灯片浏览视图下，我们可以看到每张幻灯片的下方都给出了本幻灯片的播放时间，如图 4-149 所示。下次进行幻灯片放映时，会自动根据保存下来的排练计时来播放幻灯片。

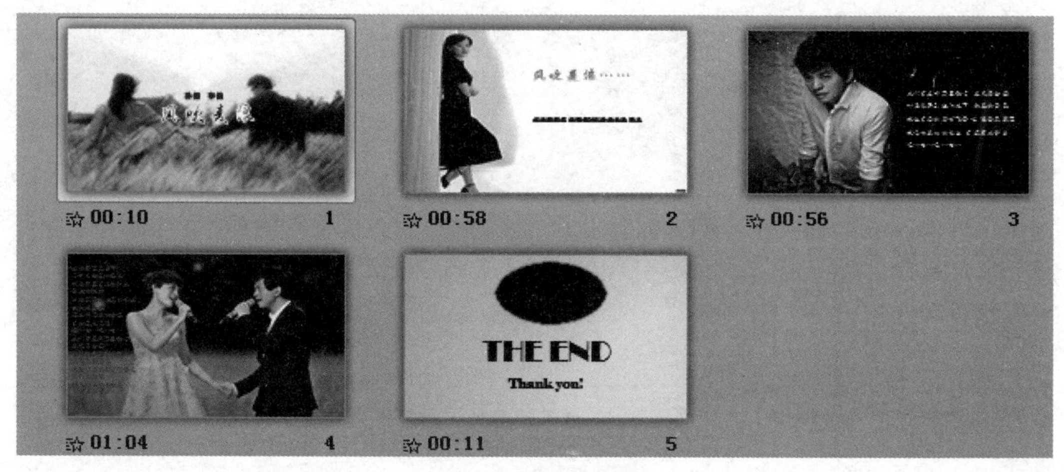

图 4-149　最终效果图

7. 演示文稿输出

选择“文件”选项卡→“导出”命令，在中间的导出类型中选择“创建视频”命令，右侧就会出现关于创建视频的一些设置，例如，“全高清（1080p）”还是“标准”，要不要“使用录制的计时和旁白”等，如图 4-150 所示，单击右下角的“创建视频”按钮，即可打开“另存为”对话框，设置好存放的路径和文件名后，就可以开始进行视频制作了。

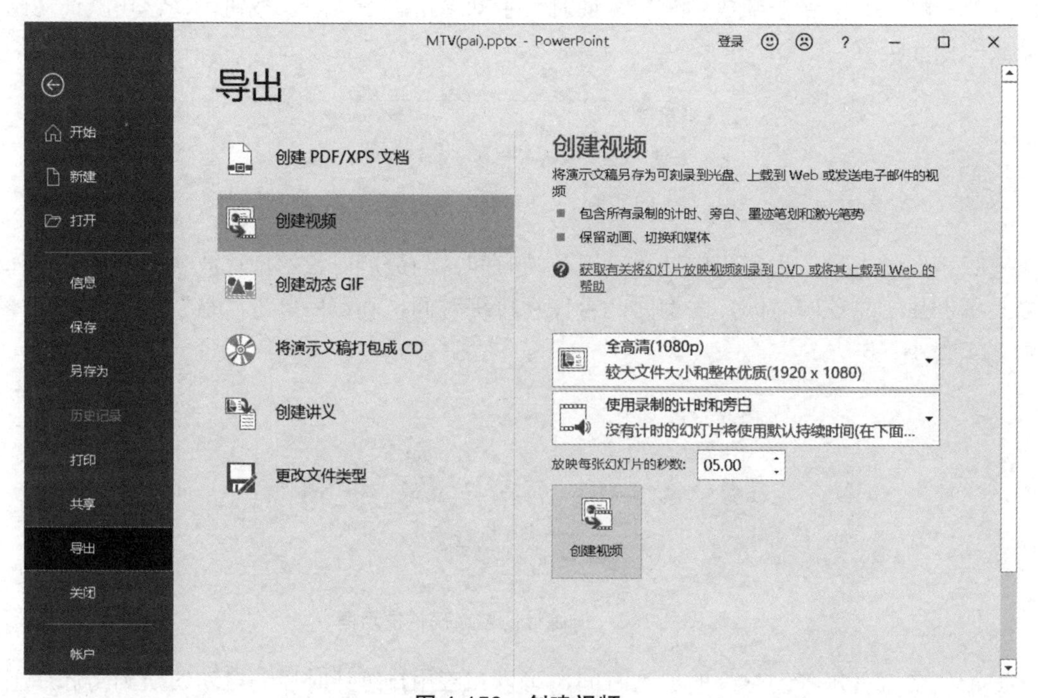

图 4-150　创建视频

在视频制作过程中，状态栏中会给出制作的进度条，如图 4-151 所示。

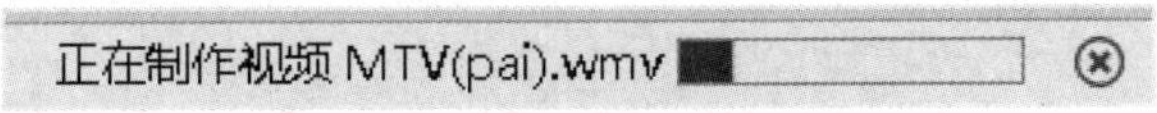

正在制作视频 MTV(pai).wmv

图 4-151　视频制作进度条

视频制作完成后，就可以用视频播放器打开播放了。

【任务总结】

该应用场景中使用了一些媒体对象及动画效果的设置，并用排练计时来使歌词同步，操作上要求细致认真、反复比对。通过该应用场景的实践，可以对 PowerPoint 的动态演示有一个更明确的认识。

第5单元 Office 2019宏与组件公共技能

随着 Office 应用的不断发展，各行业对 Office 的特定需求也不断增加，用户希望能按自身需求定制相关的应用，更符合办公自动化、智能化的需求。

Office 宏与 VBA（Visual Basic for Applications）可以实现 Office 用户定制的需求，既实现了对一系列操作自动化地重复执行（宏的应用），又能通过易学的 VBA 语言快速修改宏代码、加入用操作方式难以实现的逻辑控制功能。

本单元主要介绍宏的相关概念、Microsoft Office 2019 的内置编程语言 VBA 及其基于宏代码的基本功能与应用，主要包括：录制宏，实现宏的基本应用；VBA 的基本应用；Office 2019 组件公共技能。

本单元包含的学习目标具体如下：

1. 会使用 Office 2019 记录宏，并将宏添加到快速访问工具栏上，能创建宏的快捷键，实现宏在文档中的应用
2. 了解 VBA 语言的基本特点，熟悉 Office 软件的 VBA 编辑器
3. 掌握 VBA 对宏的基本编辑和修改，实现宏的功能提升
4. 熟悉 Office 2019 组件常用技能，实现对各类文档的基本安全保护功能

应用场景 1　宏的基本应用

宏可以为 Office 文档提供自动化功能。宏可以由用户在 Office 文档中录制，并可为其指定快捷键，也可以将宏指定给按钮等对象。

分别在 Word、Excel 等 Office 2019 文档中，录制基本的宏，并为宏创建快捷键和按钮，实现宏的基本应用。

【场景分析】

Microsoft Office 支持用户将一些操作进行组合、录制为宏，通过一次单击或快捷键就可以实现自动重复操作。根据 Office 文档的需要，创建适当的宏，可以提高文档的操作效率，减少操作失误。

【知识技能】

1. 什么是宏

宏是一组定制的操作，它可以是一段程序代码，也可以是一连串的指令集合。宏可以使频繁执行的动作自动化，既节省了时间，提高了工作效率，又能减少失误。

宏可自动执行经常使用的任务，从而节省键盘操作和鼠标操作的时间。但是，某些宏可能会引发潜在的安全风险。具有恶意企图的人员可以在文件中引入破坏性的宏，从而在计算机或网络中传播病毒。该类恶意代码也称为宏病毒。

在 Office 软件中，可以由用户指定是否允许运行宏，以确定当前计算机 Office 文档的安全级别。

2. 录制宏

对于需要经常重复执行的一系列任务，可以把执行这些任务的步骤录制在指定的宏里，单击对应的宏（按钮或快捷方式）即可执行相应的任务。下面，以 Word 2019 软件为例，说明录制宏的基本方法。

在 Word 2019 功能区中，依次单击“视图”选项卡→“宏”→“录制宏”按钮，打开“录制宏”对话框，按需要进行宏的录制，如图 5-1 所示。

图 5-1　录制宏的向导

（1）设置“宏名”。如图 5-1 所示，为即将录制的宏指定宏名，便于后期的使用和管理。默认的第一个宏名为“宏 1”，请先不要单击“确定”按钮，参照下面的描述继续操作。

（2）将宏指定到按钮。

① 如图 5-1 所示，保持“将宏保存在‘所有文档（Normal.dotm）’”不变，单击“按钮”图标，则将宏指定为按钮；Word 对应打开“Word 选项”界面，由用户自定义“快速访问工具栏”，如图 5-2 所示。

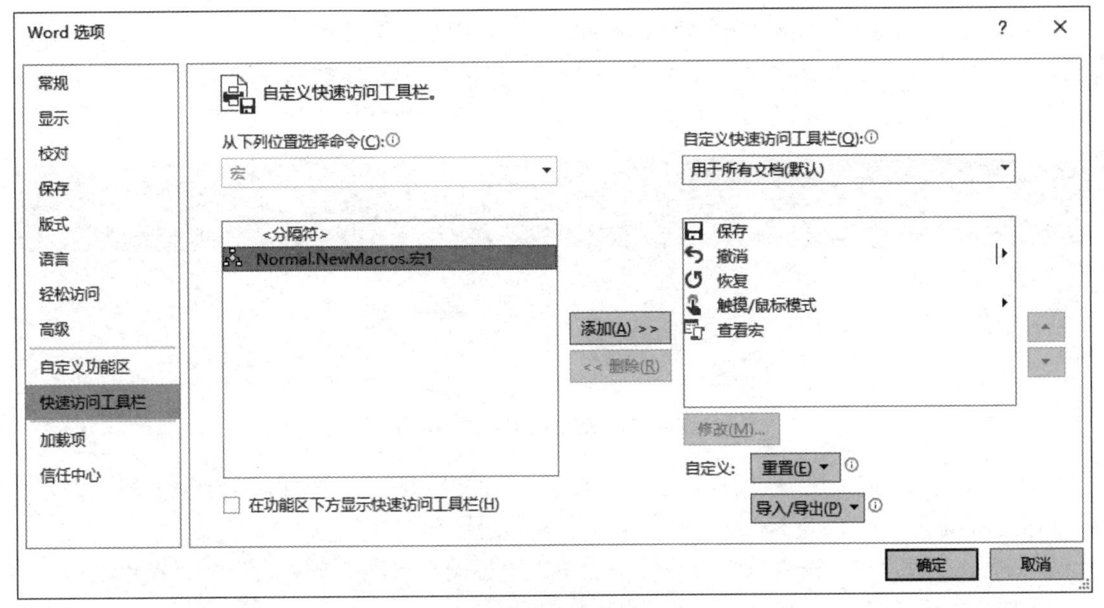

图 5-2　在快速访问工具栏中添加宏按钮

● 设置宏按钮的应用范围：在“自定义快速访问工具栏”的下拉框中，可以选择“用于所有文档（默认）”选项，表示把当前宏用于该计算机的所有文档；或“用于文档 1”选项（假设当前录制宏的文档为“文档 1”），表示该宏仅在当前文档有效。

② 添加宏按钮：在“Word 选项”界面中，选择“Normal.NewMacros.宏 1”，单击“添加”按钮，当前的宏按钮被添加到“自定义快速访问工具栏”中。

③ 设置宏按钮的图标：在“Word 选项”界面右侧的列表中，选择刚才添加的“Normal.NewMacros.宏 1”按钮，并单击“修改”按钮，在打开的“修改按钮”对话框中可以为该宏按钮设置一个适合的图标，以便于使用。如图 5-3 所示，图例中选择“笑脸”为本宏按钮的图标，并指定“显示名称”为“测试宏 1”，单击“确定”按钮完成。

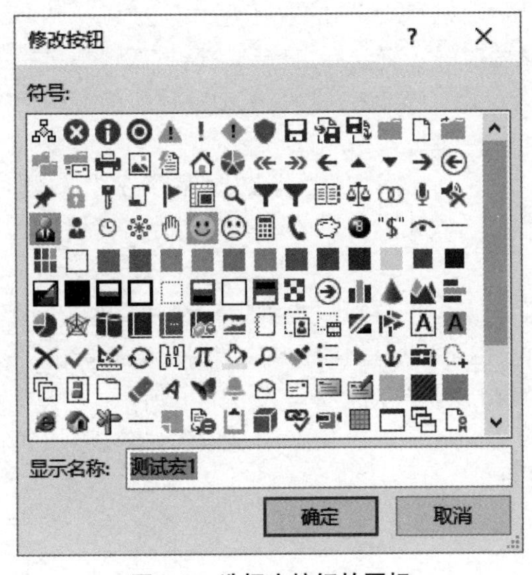

图 5-3　选择宏按钮的图标

完成后，“宏 1”按钮被添加到 Word 的“快速访问工具栏”中，与常见的保存、撤销等按钮排列在一起，如图 5-4 所示，图中 Word 快速访问工具栏的笑脸图标即为“宏 1”按钮。

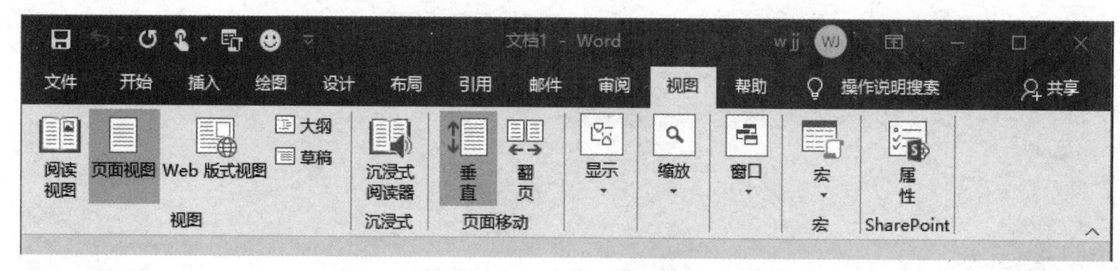

图 5-4　完成宏按钮添加后的快速访问工具栏

④ 录制宏：完成上述设置后，Word 自动进入宏的录制状态。比如，在当前文档中输入文字“这是测试宏 1 的文字。”，并设置字号大小为“四号”。

⑤ 停止宏的录制：完成录制宏后，依次单击“视图”选项卡→“宏”→“停止录制”按钮，关闭当前宏的录制。

⑥ 应用宏：上述过程中，“宏 1”的保存设置是“将宏保存在‘所有文档（Normal.dotm）’”，表示当前计算机的 Word 软件新建的文档中将包含该宏；同时，在“自定义快速访问工具栏”的下拉框中，已选择“用于所有文档（默认）”选项，表示把当前“宏 1”的快速访问按钮已添加到本机 Word 软件的快速访问工具栏区域，各文档均可调用。

创建一个新文档，单击 Word 软件的快速访问工具栏的“宏 1”按钮，即可在文档中添加“四号”大小的文字内容“这是测试宏 1 的文字。”，可以无限次重复，自动化操作。若宏由更多的操作和内容组成，则能实现更丰富的自动化操作。

（3）将宏指定到键盘。

① 将宏指定到键盘，即相当于为当前的宏指定快捷键，以快捷键的方式调用该宏。在图 5-1 所示的录制宏的向导中，单击“键盘”图标，打开为宏指定快捷键的设定界面，即“自定义键盘”对话框，如图 5-5 所示。假设当前的宏名为“宏 2”。

② 设置宏快捷键的键盘按键：将光标定位到“请按新快捷键”文本框中，同时按下键盘上的“Ctrl”和“M”键；在该文本框中显示“Ctrl+M”；单击“指定”按钮，将该快捷键指定为“宏 2”的快捷键。

③ 设置宏快捷键的应用范围：在“将更改保存在”右侧的下拉框中，可以选择“Normal.dotm”，或“文档 1”（假设当前录制宏的文档为“文档 1”）。这样，就指定了“宏 2”的应用范围。

注意：“指定到键盘”的宏，同样可以设置指定到“快速访问工具栏”，它既可以工具栏中的按钮形式显示并使用，也可以通过快捷方式调用。依次单击“文件”→“选项”→“快速访问工具栏”，打开“Word 选项”对话框，如图 5-6 所示；“从下列位置选择命令”中选择命令类型为“宏”，再选择“Normal.NewMacros.宏 2”，将它添加到右侧列表中，按上面介绍的方法将其修改为“测试宏 2”。

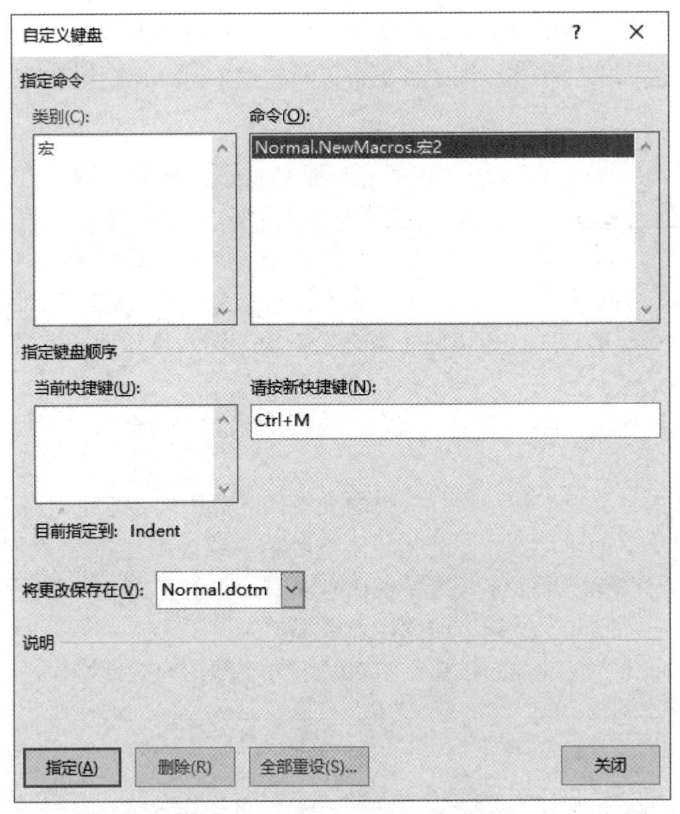

图 5-5　“自定义键盘”对话框

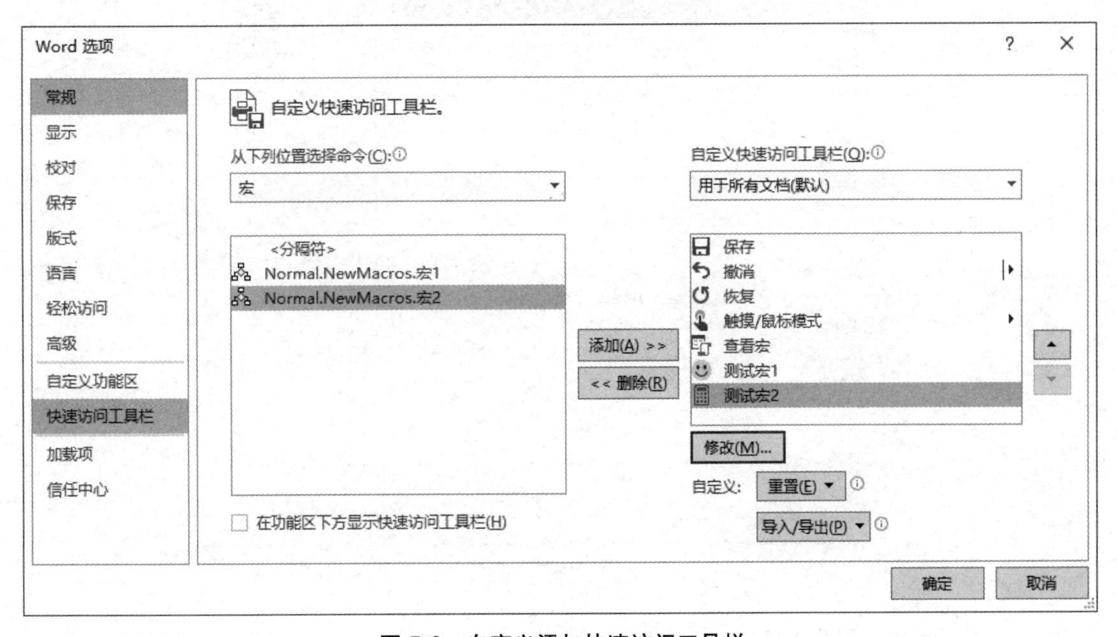

图 5-6　自定义添加快速访问工具栏

④ 录制宏、停止宏的录制、应用宏：与之前“将宏指定到按钮”相同，完成上述设置后，Word 也自动进入宏的录制状态。同样，参照相关的方法，可以使用“宏 2”来完成相关操作。

需要特别指出的是，由于“宏 2”设置了键盘快捷方式“Ctrl+M”，故其不仅可以通过单击“快速访问工具栏”中的按钮应用宏，也可以按键盘 Ctrl+M 快捷键来应用。

3. 宏的管理

在 Word 2019 与 Excel 2019 中，宏的管理是相似的。选择“视图”选项卡→“宏”→“查看宏”命令，打开“宏”对话框，如图 5-7 所示，按需要对已添加的宏进行各项操作管理。

（1）运行。单击“运行”按钮，运行一遍当前选择的宏（已录制），即执行已录制在该宏中的一系列操作。它与单击“快速访问工具栏”中相关的宏按钮或在键盘上按下相关宏的快捷键，效果相同。

（2）单步执行。单击“单步执行”按钮，将在编辑宏的调试器中单步执行，此内容在后面进行具体介绍。

（3）编辑。单击“编辑”按钮，打开宏的编辑器，此内容在后面进行具体介绍。

（4）创建。单击“创建”按钮，若指定了宏的新名称，则打开宏编辑器，用编辑器创建新宏；若是已有的宏名称，则提示是否替换已有的宏，再打开宏编辑器进行编辑。

（5）删除。单击“删除”按钮，删除当前选择的宏。

（6）管理器。单击“管理器”按钮，将对“宏方案项的有效范围”进行设置。

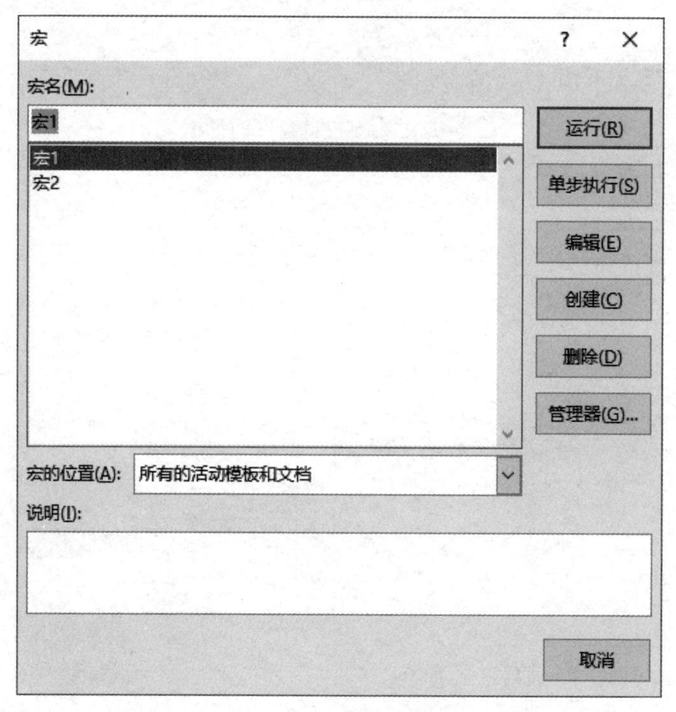

图 5-7 “宏”对话框

【操作步骤】

某校学生进行了一次暑期社会调查，每位学生使用 Word、Excel 软件进行调查报告的撰写。完成撰写后，将文档集中到相关社团，对每个文档的页眉统一指定。

- 页眉内容：暑期社会调查报告。
- 页眉字体：楷体，蓝色，小四号。

1. Word 与宏

根据任务要求，在 Word 2019 软件中，将页眉操作录制为宏，名称为“社会调查页眉宏”，并将其添加到“快速访问工具栏”中，并为其设置快捷键“Ctrl+M”。

（1）录制宏。

① 新建宏：选择“视图”选项卡→“宏”→“录制宏”命令，打开“录制宏”对话框，创建新宏，设置“宏名”为“社会调查页眉宏”，如图 5-8 所示。设置“将宏保存在”为“所有文档（Normal.dotm）”，确保在当前计算机所有 Word 文档中都能使用该宏。

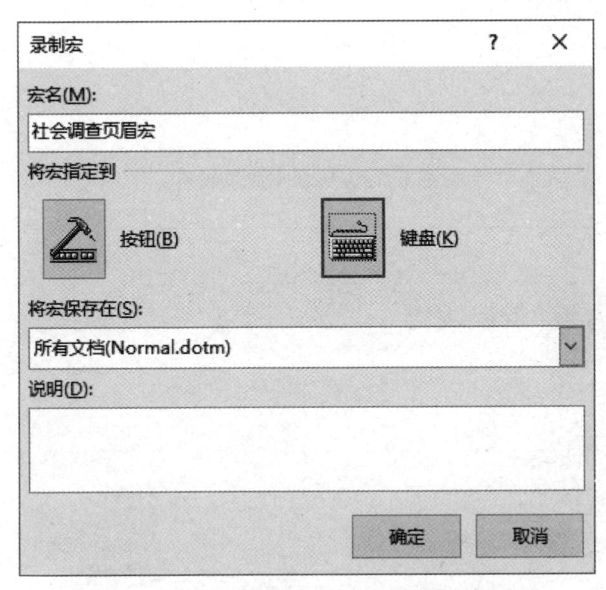

图 5-8　Word 中录制“社会调查页眉宏”

② 自定义快捷键：在图 5-8 中，单击“键盘”图标按钮，打开“自定义键盘”对话框，为宏设置快捷键，设置快捷键为“Ctrl+M”。

③ 录制宏：完成快捷键指定后，开始录制整个操作过程。

首先，单击“插入”选项卡中的“页眉”按钮，进行页眉编辑，输入页眉文字“暑期社会调查报告”。

然后，按住键盘 Shift 键，配合方向键，选中整行页眉文字“暑期社会调查报告”，然后在“开始”选项卡的“字体”选项组中，设置字体为：楷体、蓝色、小四。

最后，单击“页眉和页脚工具—设计”选项卡中的“关闭页眉和页脚”按钮，再选择“视图”选项卡→“宏”→“停止录制”命令，完成页眉宏的录制，如图 5-9 所示。

（2）将宏添加至快速访问工具栏。单击“文件”选项卡下的“选项”，打开“Word 选项”对话框，如图 5-10 所示。将左侧宏命令列表中的“Normal.NewMacros.社会调查页眉宏”添加到右侧的“自定义快速访问工具栏”列表中，并单击“修改”按钮，将本按钮的图标设置为感叹号形状“!”。

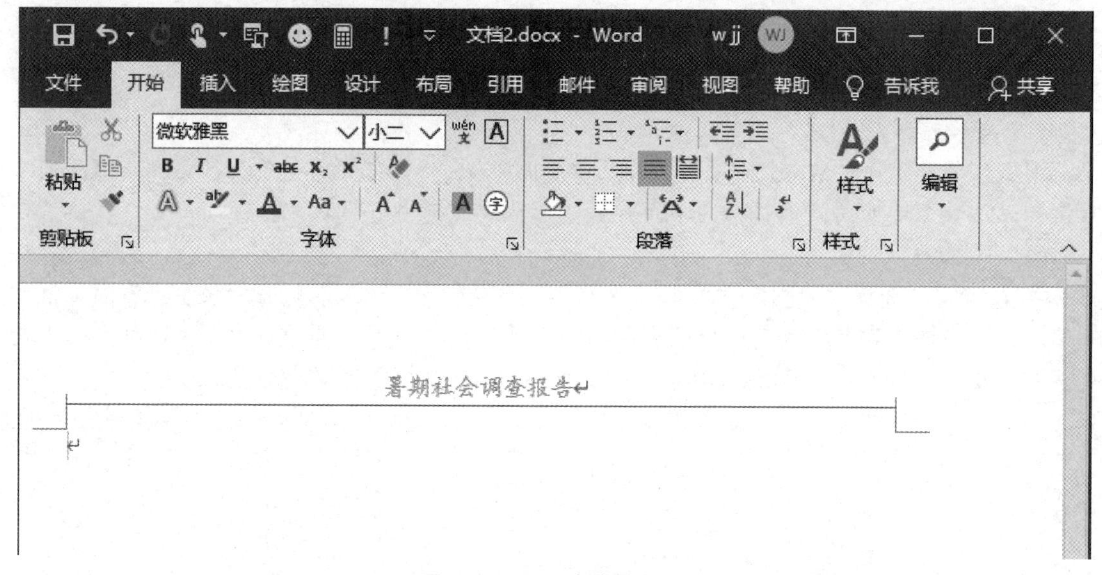

图 5-9　Word 完成录制宏

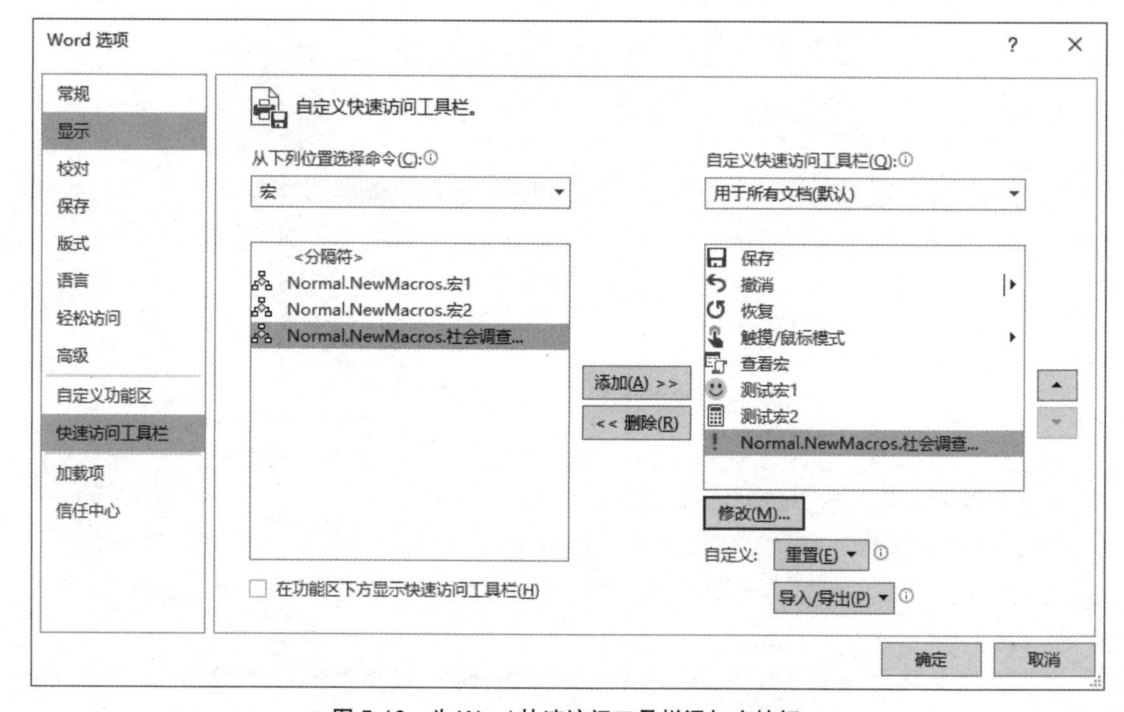

图 5-10　为 Word 快速访问工具栏添加宏按钮

单击“确定”按钮后，完成宏在“快速访问工具栏”中的设置，如图 5-11 所示。在 Word 功能区上方的快速访问工具栏中，可以查看到本次设置的宏按钮“!”。

（3）应用宏。打开社会调查报告的 Word 文档，只要单击快速访问工具栏中的“!”按钮，或按 Ctrl+M 快捷键，即可将文档的页眉设置为统一要求的格式，如图 5-12 所示。每篇文档，只需要打开后单击一个按钮，就完成了一系列操作，提高了效率，降低了错误。

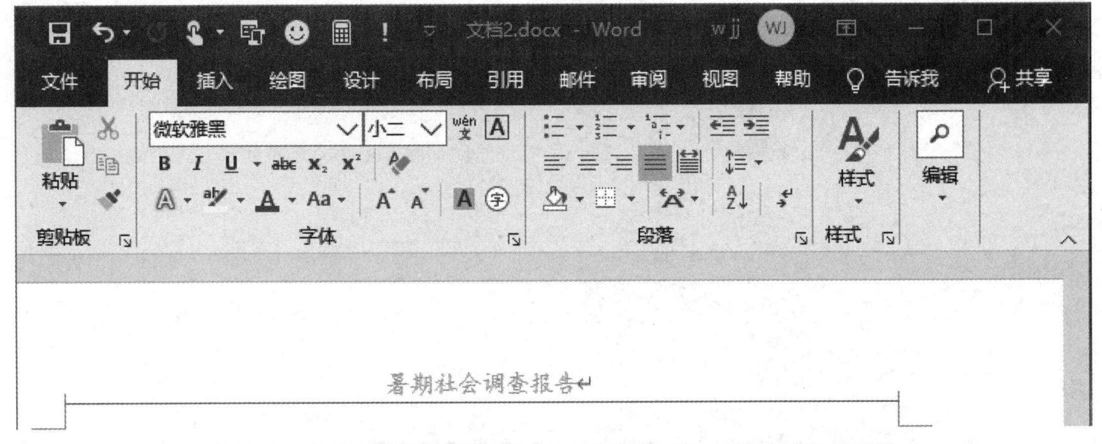

图 5-11　添加“社会调查页眉宏”按钮后的 Word 快速访问工具栏

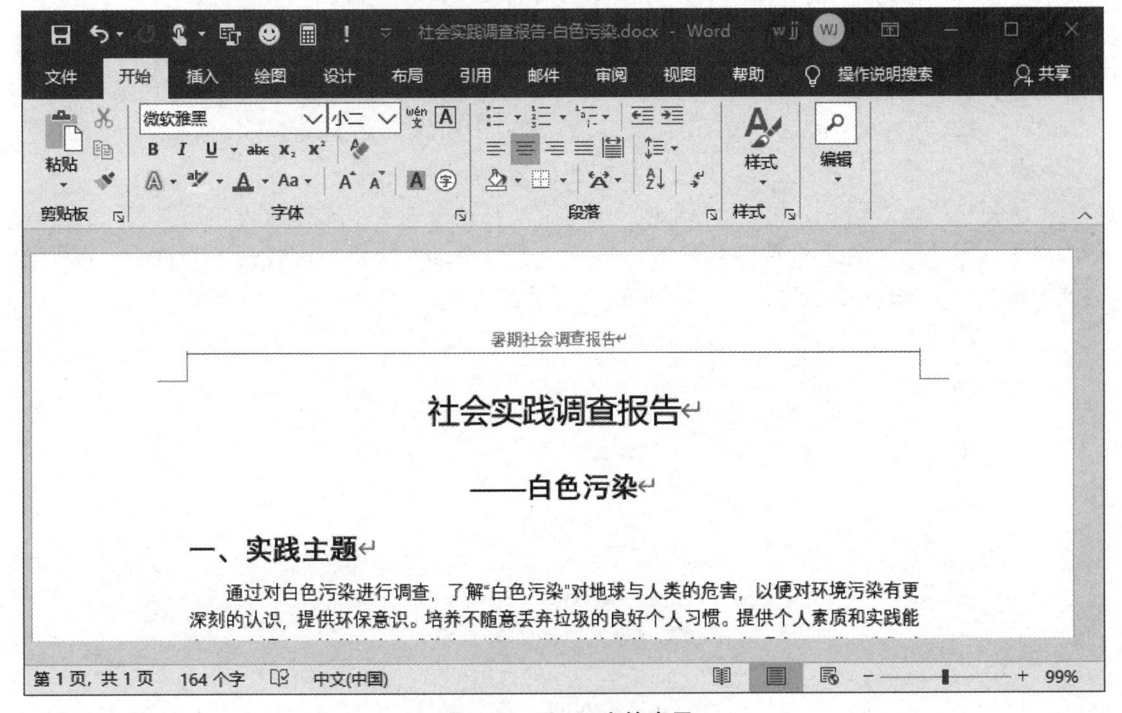

图 5-12　Word 宏的应用

2. Excel 与宏

根据任务实施要求，为了比较实际运用效果，在 Excel 2019 软件中，也将页眉内容设置为：暑期社会调查报告；字体为楷体，蓝色，12 号。将页眉操作录制为宏，名称为“社会调查页眉宏”，并为其设置快捷键和添加到快速访问工具栏中。

（1）录制宏。

● 新建宏：打开 Excel 2019，新建工作簿；选择“视图”选项卡→“宏”→“录制宏”命令，在打开的“录制宏”对话框中创建新宏，“宏名”设置为“社会调查页眉宏”，如图 5-13 所示。设置“保存在”为“个人宏工作簿”，确保在当前计算机所有 Excel 工作簿中都能使用该宏。

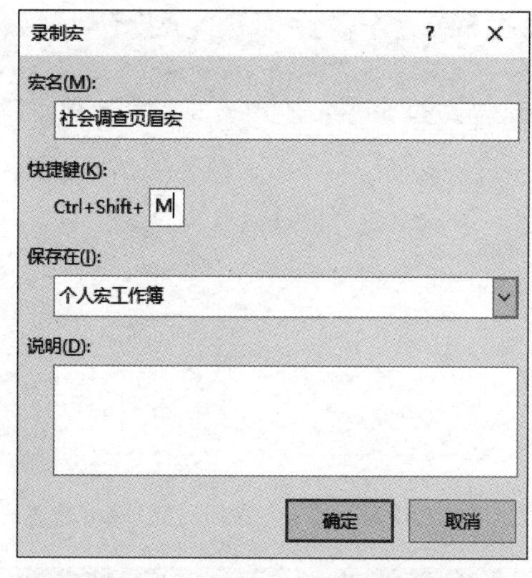

图 5-13 Excel 中录制“社会调查页眉宏”

提示：可以选择将宏保存在不同的位置（个人宏工作簿，新工作簿，当前工作簿），只有保存在“个人宏工作簿”中，才能确保在当前计算机中打开所有的 Excel 工作簿都能使用该宏。

- 自定义快捷键：在图 5-13 中，设置快捷键为“Ctrl+Shift+M”。
- 录制宏：单击图 5-13 中的“确定”按钮后，开始录制整个操作过程。

首先，单击“文件”选项卡→“打印”→“页面设置”按钮，在打开的“页面设置”对话框中选择“页眉/页脚”选项卡，如图 5-14 所示。

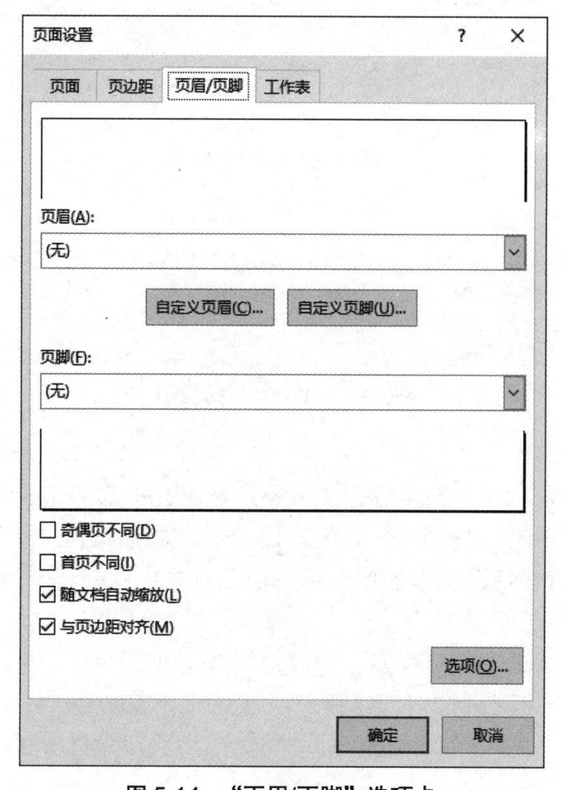

图 5-14 “页眉/页脚”选项卡

单击“自定义页眉”按钮，打开“页眉”对话框，如图 5-15 所示。选择中部文本框，输入页眉文字“暑期社会调查报告”；然后在“开始”选项卡下“字体”选项组中，设置字体为：楷体、蓝色、12 号。最后，选择“视图”选项卡→“宏”→“停止录制”命令，完成页眉宏的录制，如图 5-16 所示。

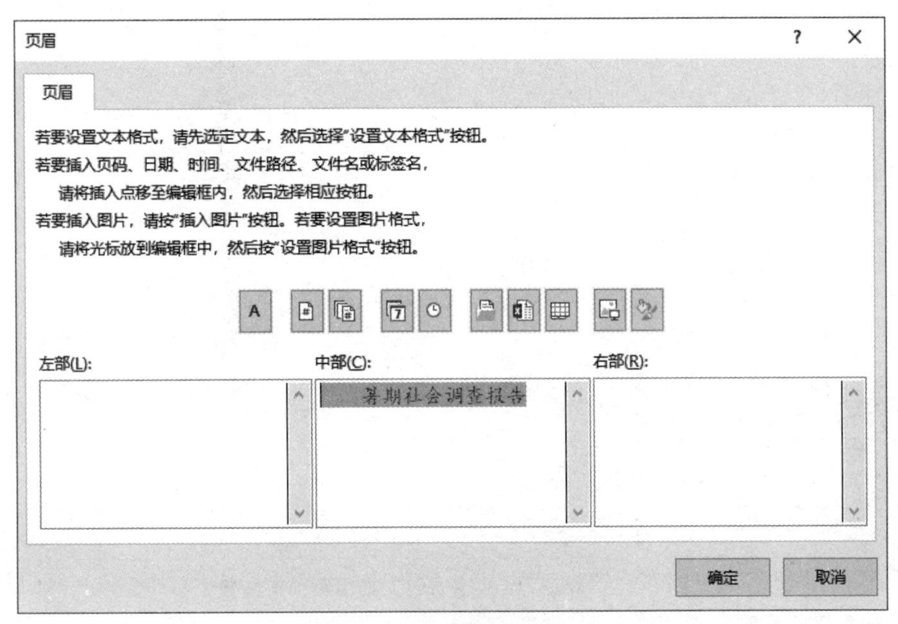

图 5-15　设置页眉中部文字

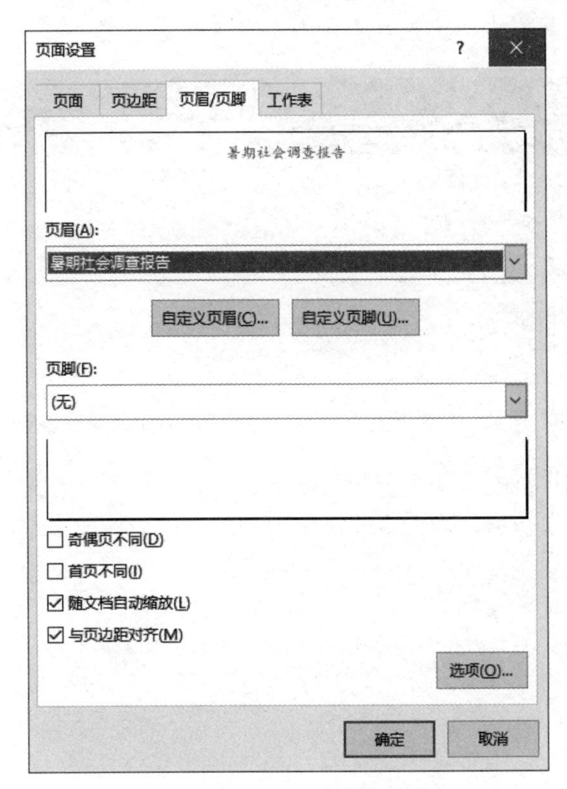

图 5-16　Excel 完成录制宏

（2）将宏添加至快速访问工具栏中。选择“文件”选项卡→“选项”，打开“Excel 选项”对话框，如图 5-17 所示。将左侧宏命令列表中的“PERSONAL.XLSB!社会调查页眉宏”添加到右侧的“自定义快速访问工具栏”列表中，并单击“修改”按钮，将本按钮的图标设置为感叹号形状“!”。

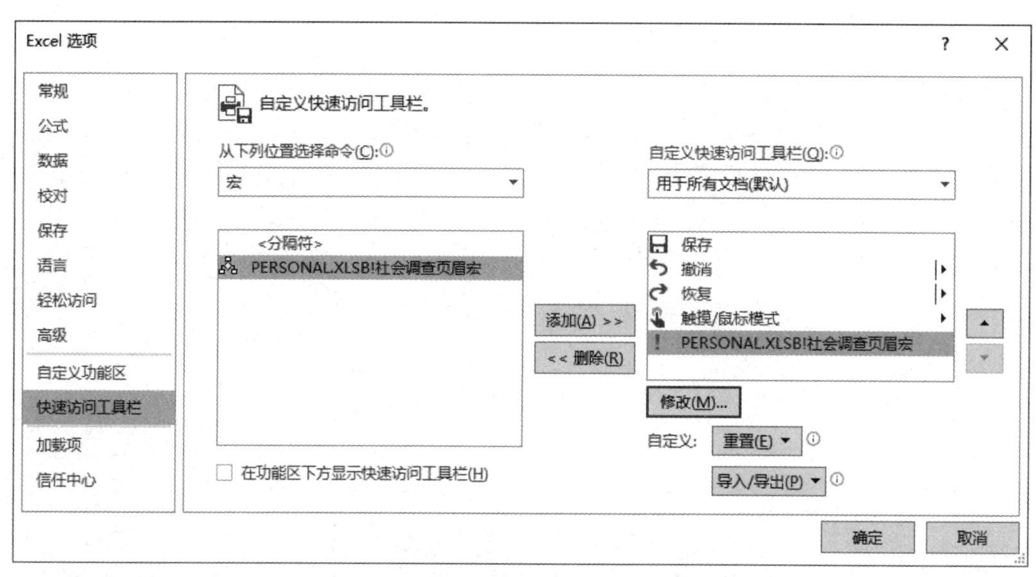

图 5-17　为 Excel 快速访问工具栏添加宏按钮

单击“确定”按钮后，完成宏在快速访问工具栏中的设置，如图 5-18 所示。在 Excel 功能区上方的快速访问工具栏中，可以查看到本次设置的宏按钮“!”。

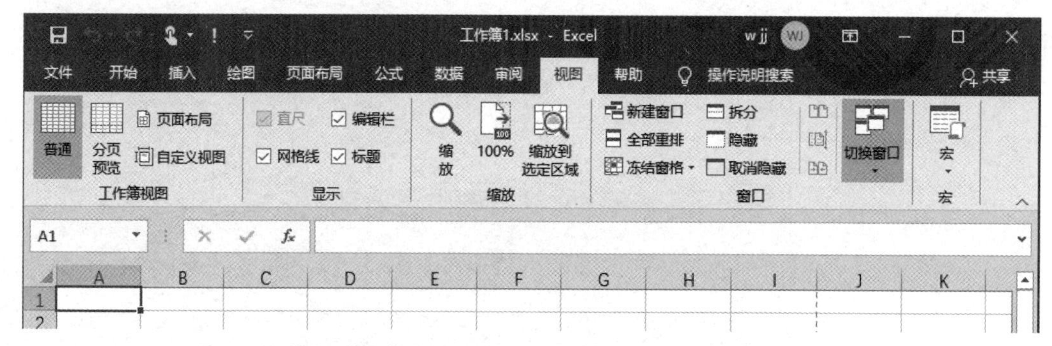

图 5-18　添加“社会调查页眉宏”按钮后的 Excel 快速访问工具栏

注意：在完成宏的设置后，如果关闭当前 Excel 软件时，会出现如图 5-19 所示的提示信息，此时应单击“保存”按钮，确保将宏进行保存，以便后续能正常使用。

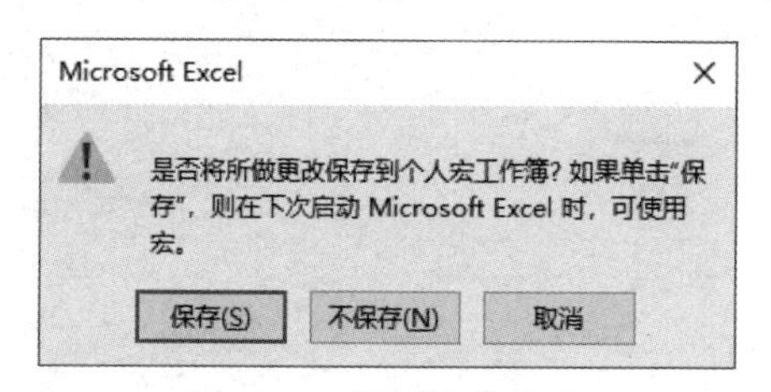

图 5-19　录制宏的保存

（3）应用宏。打开社会调查报告的 Excel 工作簿，选择工作表，只要单击快速访问工具栏中的“!”按钮，或按 Ctrl+Shift+M 快捷键，即可将所选工作表的页眉设置为统一要求的格式。若未能直接显示页眉效果，请单击“视图”选项卡下的“页面布局”按钮，如图 5-20 所示。每篇 Excel 工作簿，只需要打开后单击这个按钮，就完成了一系列操作，实现了既定效果，提高了效率，降低了出错的可能。

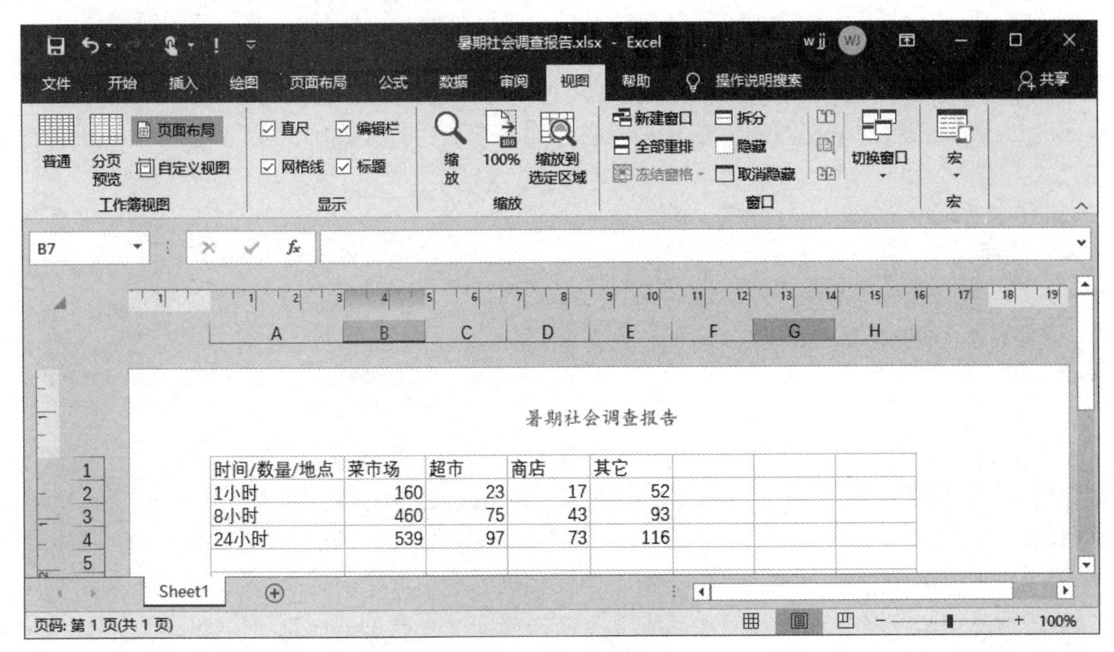

图 5-20　Excel 宏的应用

【应用小结】

Microsoft Office 提供了功能强大的“宏”。通过宏的使用，可以提高操作效率、降低操作错误。Word、Excel 等软件都可以使用录制宏的方法，让用户方便地掌握宏的应用。本任务中，通过分别在 Word 和 Excel 中录制两个编辑要求基本相同的宏，可以有助于掌握录制宏的相关方法及注意事项。

应用场景 2　使用 VBA 语言实现 VBA 编辑宏

【场景分析】

Office 宏的应用，实现了对一系列操作的自动执行。对于已录制的宏，当需要修改其中的个别操作时，若进行宏的重新录制是比较麻烦的，而且，原本就是一系列操作的集合，重复录制容易出现偏差。

Microsoft Office 软件套件自带了 VBA（Visual Basic for Application）语言编辑器，可以对宏进行编辑修改。VBA 是 Visual Basic 语言的一个分支，是编辑宏的常用方法。

以应用场景 1 为基础，将其已创建的宏，使用 VBA 编辑器进行修改编辑，实现相关的改进需求。

【任务分析】

VBA 是基于 Visual Basic 发展而来的，它们具有相似的语言结构，适合初学者掌握。

相对于用 VBA 编写一个新的宏，基于已录制的宏进行编辑宏的方式显得更为简单、直观，且容易实现，又不显得编程的枯燥。根据应用场景 1 中已录制的宏，在 Office 软件中打开 Microsoft Visual Basic for Applications 编程器，通过模仿、修改代码，实现 VBA 编程的快速入门。

【知识技能】

VBA 是 Microsoft Office 系列的内置编程语言，是 Office 软件的一个重要的组件，可共享 Microsoft 各种相关的重要软件。它功能强大，面向对象程序设计（Object Oriented Programming，OOP），非常适合入门级学习。

当录制的宏需要修改，或不能满足用户需要或宏无法记录命令时，可以使用 VBA 语言来编辑宏，以实现各项操作。Microsoft Visual Basic for Applications 编辑器是 Office 自带的 VBA 编辑器。

VB 与 VBA 的主要区别有：VB 用于创建标准的应用程序，VBA 是使已有的应用程序（Office）自动化；VB 具有自己的开发环境，VBA 寄生于已有的应用程序（Office）；VB 开发出的应用程序可以是执行文件（*.EXE），VBA 开发的程序必须依赖于它的“父”应用程序（Office）。

1. 变量和常量

（1）变量。变量用于临时保存数据。程序运行时，变量的数据可以改变。在 VBA 代码中可声明和使用变量来临时存储数据或对象。

● 数据类型：变量的数据类型用于控制变量允许保存何种类型的数据，常见的基本数据类型如表 5-1 所示。

表 5-1　基本数据类型

数据类型	存储空间	取值范围
Boolean	取决于实现平台	True 或 False
Byte	1 个字节	0 到 255（无符号）
Char（单个字符）	2 个字节	0 到 65535（无符号）
DateTime	8 个字节	0001 年 1 月 1 日午夜 0:00:00 到 9999 年 12 月 31 日晚上 11:59:59
Double（双精度浮点型）	8 个字节	对于负值，为−1.79769313486231570E+308 到 −4.94065645841246544E-324；对于正值，为 4.94065645841246544E-324 到 1.79769313486231570E+308
Int32	4 个字节	（有符号）−2,147,483,648 到 2,147,483,647
Int64（长整型）	8 个字节	（有符号）−9,223,372,036,854,775,808 到 9,223,372,036,854,775,807（9.2..E+18）
Object（对象）	4 个字节（32 位平台上） 8 个字节（64 位平台上）	任何类型都可以存储在 Object 类型的变量中

（续表）

数据类型	存储空间	取值范围
Single	4 个字节	对于负值，为-3.4028235E+38 到-1.401298E-45； 对于正值，为 1.401298E-45 到 3.4028235E+38
String（类）	取决于实现平台	0 到大约 20 亿个 Unicode 字符

- 变量名：变量名必须以字母开始，并且只能包含字母、数字和特定的字符，最大长度为 255 个字符，可以在一个语句中声明多个变量。
- 变量声明与赋值：变量声明后，就可以进行赋值。

```
Dim FileName As String   '声明一个名为 FileName 的字符串变量
Dim a As Integer, b As Integer   '声明两个整数型变量 a、b
FileName="调查报告.docx"    '给变量赋值
a=123     '给变量赋值
b=123     '给变量赋值
```

（2）常量，变量用来存储动态信息，静态信息可以用常量表示。声明常量并设置常量的值，可以使用 Const 语句。例如，声明常量：Const Pi As Single=3.1415926。

2. 运算符

VBA 中的运算符有 4 种：算术运算符、比较运算符、逻辑运算符和连接运算符。

（1）算术运算符。VBA 基本算术运算符有 7 个，它们用于构建数值表达式或返回数值运算结果，各运算符的作用如表 5-2 所示。

表 5-2　算术运算符

符　号	作　用	示　例
+	加法	2+3=5
-	减法	15-12=3
*	乘法	3*4=12
/	除法	15/10=1.5
\	整除	20\6=3
Mod	取余数	19 Mod 5=4
^	指数运算	2^10=1024

（2）比较运算符。VBA 比较运算符用于构建关系表达式，返回逻辑值 True、False 或 Null（空），如表 5-3 所示。

表 5-3　比较运算符

符　号	作　用	用　法
<	小于	〈表达式 1〉 < 〈表达式 2〉
<=	小于或等于	〈表达式 1〉 <= 〈表达式 2〉
>	大于	〈表达式 1〉 > 〈表达式 2〉
>=	大于或等于	〈表达式 1〉 >= 〈表达式 2〉
=	等于	〈表达式 1〉 = 〈表达式 2〉
<>	不等于	〈表达式 1〉 <> 〈表达式 2〉

（续表）

符号	作用	用法
Is	同引用	〈对象 1〉 Is 〈对象 2〉
Like	匹配于	〈字符串 1〉 Like 〈字符串 2〉

（3）逻辑运算符。VBA 逻辑运算符用于构建逻辑表达式，返回逻辑值 True、False 或 Null（空），如表 5-4 所示。

表 5-4　逻辑运算符

符　号	作　用	用　法
And	与	〈表达式 1〉 And 〈表达式 2〉
Or	或	〈表达式 1〉 Or 〈表达式 2〉
Not	非	Not 〈表达式〉
Xor	异或	〈表达式 1〉 Xor 〈表达式 2〉
Eqv	等价	〈表达式 1〉 Eqv 〈表达式 2〉
Imp	蕴含	〈表达式 1〉 Imp 〈表达式 2〉

（4）连接运算符。连接运算符有两个：“&”和“+”。其中“+”运算符既可用来计算数值的和，也可以用来做字符串的连接操作。不过，最好使用“&”运算符来做字符串的串接操作。因为“&”不仅能将字符串类型的数据进行连接，还能将数值类型的数据自动转换成字符串数据进行连接，避免因数据类型问题而导致的连接出错。

（5）运算符的优先级。按优先级由高到低的次序排列的运算符如下：括号→指数→一元减→乘法和除法→整除→取模→加法和减法→连接→比较→逻辑（And、Or、Not、Xor、Eqv、Imp）。

3. 流程控制语句

VBA 中的流程控制语句主要有 5 类：If 结构、Select Case 结构、For…Next 结构、Do…Loop 结构和 With 结构。

（1）If 结构。If 结构是我们最常用的一种分支语句。它符合人们通常的语言习惯和思维习惯。If 结构的基本语法如下。

- If 语句：If <条件> Then <语句 1> [Else <语句 2>]
- If 块：

```
If <条件> Then
      <语句组 1>
[Else
      <语句组 2>]
End If
```

<条件>是一个关系表达式或逻辑表达式。若表达式的值为真，则执行紧接在关键字 Then 后面的语句组 1。若值为假，则执行 Else 关键字后面的语句组 2，然后继续执行下一个语句。If 语句可以进行嵌套。

提示：“[]”之间的语句是可以根据需要而省略的，“<>”之间的语句则是必需的，不能省略。

（2）Select Case 结构。如果条件复杂，程序需要多个分支，用 If 结构就会显得相当累赘，而且程序变得不易阅读。这时，我们可以使用 Select Case 语句来写出结构清晰的程序。

Select Case 语法如下：

```
Select Case <检验表达式>
[Case <比较列表>
[<语句组 1>]]
…
[Case Else
[<语句组 n>]]
End Select
```

其中，<检验表达式>是任何数值或字符串表达式。

<比较列表>元素可以是下列几种形式之一：表达式；表达式 To 表达式；Is <比较操作符>表达式。

列表说明：如果<检验表达式>与 Case 子句中的一个<比较列表>元素相匹配，则执行该子句后面的语句组。若<比较列表>元素中含有 To 关键字，则第一个表达式的值必须小于第二个表达式的值，<检验表达式>值介于两个表达式之间为匹配。若<比较列表>元素含有 Is 关键字，Is 代表<检验表达式>构成的关系表达式的值为真则匹配。

（3）For…Next 结构。For…Next 是一个循环语句。

For…Next 语法形式如下：

```
For 循环变量=初值 To 终值 [Step 步长]
[<语句组>]
[Exit For
<语句组>]
Next [循环变量]
```

说明：该循环语句执行时，首先把循环变量的值设为初值，如果循环变量的值没有超过终值，则执行循环体，遇到 Next，把步长加到循环变量上，若循环变量的值没有超过终值，再循环，直至循环变量的值超过终值时，才结束循环，继续执行后面的语句。

步长可正可负，为 1 时可以省略。遇到 Exit For 时，退出循环。

（4）Do…Loop 结构。Do…Loop 结构可以循环执行语句组。Do…Loop 结构有以下两种格式。

- 格式 1：

```
Do[{While|Until}<条件>]
[<过程语句>]
[Exit Do]
[<过程语句>]
Loop
```

- 格式 2：

```
Do
[<过程语句>]
[Exit Do]
[<过程语句>]
Loop{While|Until}<条件>
```

说明：上面格式中，While 和 Until 的作用正好相反。使用 While，则当<条件>为真时继续循环。使用 Until，则当<条件>为真时，结束循环。

把 While 或 Until 放在 Do 子句中，则先判断后执行。把一个 While 或 Until 放在 Loop 子句中，则先执行后判断。

（5）With 结构。With 结构是 VBA 中最常见的一种结构。

在引用对象时，用 With 结构可以简化代码中对复杂对象的引用。可以用 With 语句建立一个“基本”对象，然后进一步引用这个对象上的对象、属性或方法，直至终止 With 语句。其语法形式如下：

```
With<对象引用>
[<语句组>]
End With
```

4. VBA 代码示例

在应用场景 1 中，通过录制宏的方法，在 Word 2019 中创建了宏——“社会调查页眉宏”。在 Word 2019 中，参考应用场景 1 的相关操作界面，选择“视图”选项卡→“宏”→“查看宏”命令，在打开的“宏”对话框中，选中“社会调查页眉宏”，单击“编辑”按钮，打开 Microsoft Visual Basic for Applications 编辑器，即可查阅与编辑宏的代码。“社会调查页眉宏”的全部代码如下所示：

```
Sub 社会调查页眉宏()
'
' 社会调查页眉宏 宏
'
'
    If ActiveWindow.View.SplitSpecial <> wdPaneNone Then
        ActiveWindow.Panes(2).Close
    End If
    If ActiveWindow.ActivePane.View.Type = wdNormalView Or ActiveWindow. _
        ActivePane.View.Type = wdOutlineView Then
        ActiveWindow.ActivePane.View.Type = wdPrintView
    End If
    ActiveWindow.ActivePane.View.SeekView = wdSeekCurrentPageHeader
    Selection.TypeText Text:="暑期社会调查报告"
    Selection.HomeKey Unit:=wdLine, Extend:=wdExtend
    Selection.Font.Size = 12
    Selection.Font.Name = "楷体"
    Selection.Font.ColorIndex = wdBlue
    ActiveWindow.ActivePane.View.SeekView = wdSeekMainDocument
End Sub
```

上述整个代码，都是由录制宏自动生成的。代码中，Selection 表示当前选择的页眉对象。通过 With 结构，对 Selection 对象字体的字体（Font.Name）、字号（Font.Size）、颜色（Font.ColorIndex）等特征进行了详细设置。

如图 5-21 所示，若需要修改当前的宏，将页眉字体的颜色设置为红色，则只需将

原代码：Selection.Font.ColorIndex = wdBlue

修改为：Selection.Font.ColorIndex = wdRed

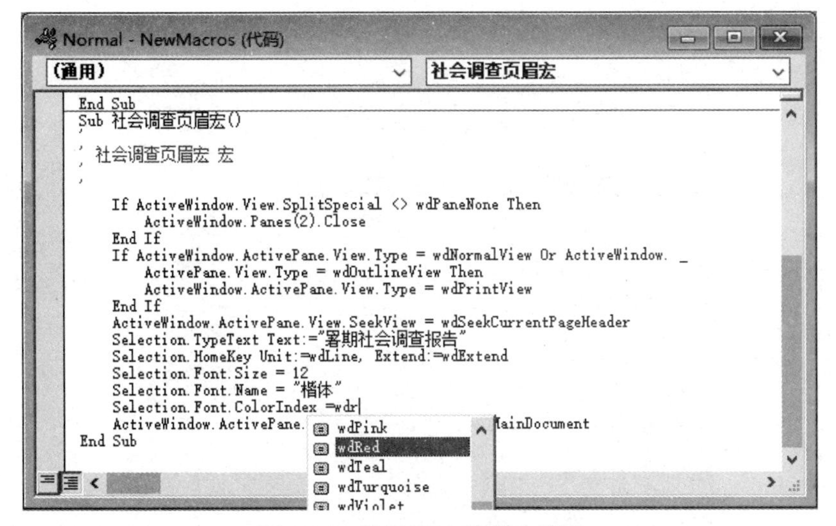

图 5-21　使用 VBA 编辑宏代码

可见，VBA 编辑器可以与宏进行完整的配合，通过编辑宏，可以更快捷、高效、准确地实现宏的应用。

提示：注释代码是什么意思？在 VBA 中，在程序行起始内容的左侧增加一个符号“'”（也就是一个英文的单引号），即可注释该行代码。代码被注释后，就不会被执行。一些解释程序的说明文字也常用注释的方式进行编写，否则程序执行时会出错。

【操作步骤】

在应用场景 1 中，要求对暑期社会调查报告进行统一的页眉设置要求，使用录制宏的方法来实现。页眉内容为：暑期社会调查报告；字体为：楷体，蓝色，小四号。

在当前应用场景中，对上述宏进行修改，要求为

- 页眉内容修改为：“****暑期社会调查报告”，其中的“****”表示当前的年份；根据当前年份，奇数年份加单下画线，偶数年份加双下画线。
- 页面设置：指定文档的纸张为“B5”。
- 字体：字体加粗；其他不变。
- 要求对 Word 文档和 Excel 工作簿的宏都进行相应的修改。

1. VBA 实现 Word 宏编辑

根据应用场景的要求，在 Word 2019 软件中，选择“视图”选项卡→“宏”→“查看宏”命令，打开“宏”对话框，如图 5-22 所示。单击“编辑”按钮，打开 Microsoft Visual Basic for Applications（VBA）编辑器，进行宏的编辑。

打开 VBA 编辑器，选择“Sub 社会调查页眉宏()”进行程序编辑，如图 5-23 所示。在编辑调试过程中，单击“运行”按钮或按下 F5 键，即可运行当前宏代码，查看调试效果。

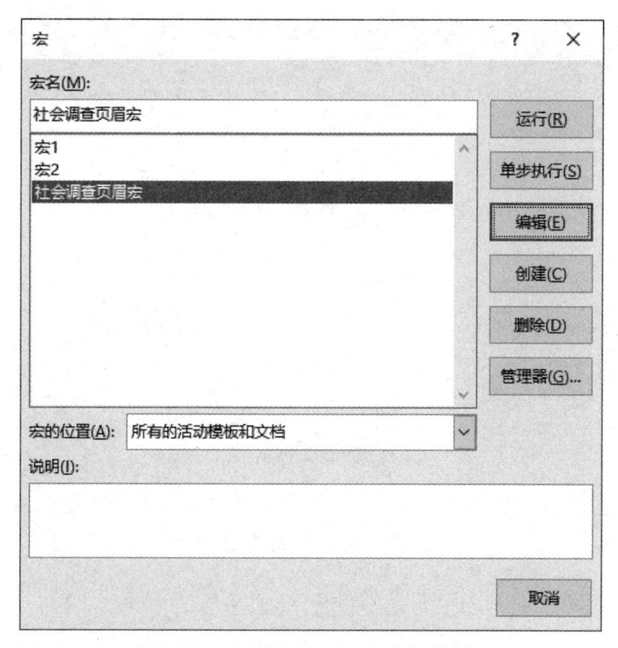

图 5-22　选择 Word 宏进行编辑

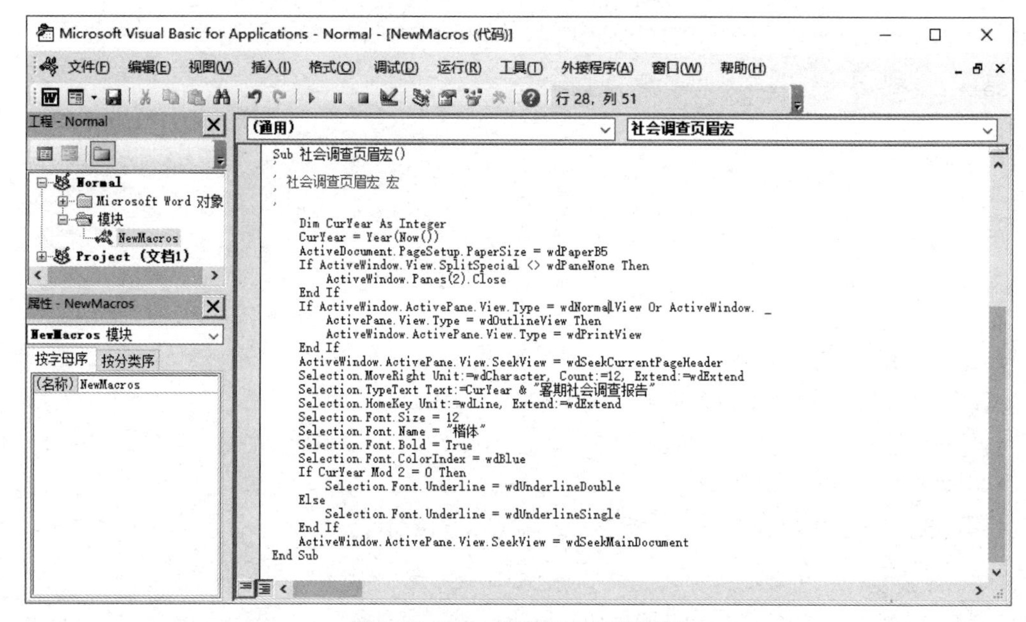

图 5-23　Word 宏的 VBA 编辑器

（1）编辑页眉的年份内容。在 VBA 编辑器中，获取当前时间的年份，并添加到页眉中，代码如下：

```
Dim CurYear As Integer
CurYear = Year(Now())
Selection.MoveLeft Unit:=wdCharacter, Count:=1, Extend:=wdExtend
Selection.MoveRight Unit:=wdCharacter, Count:=12, Extend:=wdExtend
Selection.TypeText Text:=CurYear & "暑期社会调查报告"
```

变量 CurYear 用于获取当前时间的 4 位数年份，Unit 表示选择的页眉文字区域，运行上述代码后，将 Selection 对象的文字内容设置为“****”（4 位年份）和“暑期社会调查报告”的连接字符串，长度为 12。

（2）根据年份，设置页眉文字的下画线。按应用场景的要求，奇数年份对页眉文字加单下画线，偶数年份对页眉文字加双下画线。可以采用 If 结构对年份是否为偶数进行判断，对页眉文字的下画线属性进行相应的赋值。其代码如下：

```
If CurYear Mod 2 = 0 Then
     Selection.Font.Underline = wdUnderlineDouble
Else
     Selection.Font.Underline = wdUnderlineSingle
End If
```

条件“CurYear Mod 2 = 0”表示当前年份是否能被 2 整除，作为是否是偶数年份的判断。若条件为“True”时，将当前选择的页眉对象的下画线类型“Underline”设置为“wdUnderlineDouble”，即为双下画线；否则，设置为“wdUnderlineSingle”，表示单下画线。

（3）指定文档的页面纸张。指定文档的页面纸张为 B5，代码只需一行：

```
ActiveDocument.PageSetup.PaperSize = wdPaperB5
```

ActiveDocument 表示当前的活动文档，设置其页面设置的纸张（PageSetup.PaperSize 属性）为“wdPaperB5”，即 B5 纸张。

（4）设置字体加粗。设置字体加粗，代码只需一行：

```
Selection.Font.Bold = True
```

当使用 With 结构时，可以在“Selection.Font”的 With 结构中，改写代码为：

```
.Bold = True
```

当需要对“Selection”对象的字体属性进行大量设置时，用 With 结构可减小书写量，并便于阅读。

（5）完成宏代码的修改编辑。完成上述代码编辑后，实现了当前任务的各项修改要求。完整的代码如下（修改或新增的代码字体采用“加粗、倾斜”表示）：

```
Sub 社会调查页眉宏()
'
' 社会调查页眉宏 宏
'
'
    Dim CurYear As Integer
    CurYear = Year(Now())
    ActiveDocument.PageSetup.PaperSize = wdPaperB5
    If ActiveWindow.View.SplitSpecial <> wdPaneNone Then
        ActiveWindow.Panes(2).Close
    End If
    If ActiveWindow.ActivePane.View.Type = wdNormalView Or ActiveWindow. _
        ActivePane.View.Type = wdOutlineView Then
        ActiveWindow.ActivePane.View.Type = wdPrintView
    End If
    ActiveWindow.ActivePane.View.SeekView = wdSeekCurrentPageHeader
    Selection.MoveRight Unit:=wdCharacter, Count:=12, Extend:=wdExtend
    Selection.TypeText Text:=CurYear & "暑期社会调查报告"
    Selection.HomeKey Unit:=wdLine, Extend:=wdExtend
    Selection.Font.Size = 12
```

```
        Selection.Font.Name = "楷体"
        Selection.Font.Bold = True
        Selection.Font.ColorIndex = wdBlue
       If CurYear Mod 2 = 0 Then
            Selection.Font.Underline = wdUnderlineDouble
        Else
            Selection.Font.Underline = wdUnderlineSingle
        End If
        ActiveWindow.ActivePane.View.SeekView = wdSeekMainDocument
    End Sub
```

从上述过程可见，由于“录制宏”的过程已经自动生成了主要的VBA代码，我们仅需要适当模仿、修改或添加少量的代码，即可实现更全面的操作。完成上述的修改编辑后，“社会调查页眉宏”实现了新功能，但操作快捷方式和按钮均未改变。

2. VBA 实现 Excel 宏编辑

根据应用场景的要求，在Excel 2019软件中，选择“视图”选项卡→“宏”→“查看宏”命令，打开“宏”对话框，如图5-24所示。单击“编辑”按钮，打开Microsoft Visual Basic for Applications编辑器，进行宏的编辑。

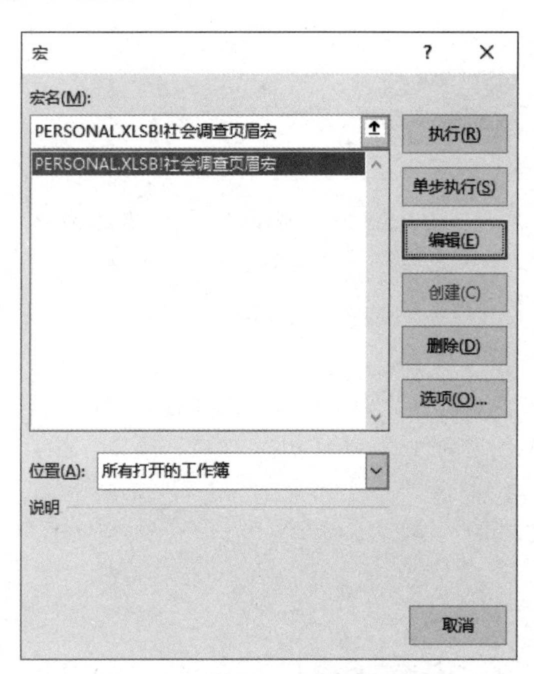

图5-24　选择Excel宏进行编辑

但是，在单击“编辑”按钮，企图打开VBA编辑器时，默认状况下会弹出如图5-25所示的提示信息。

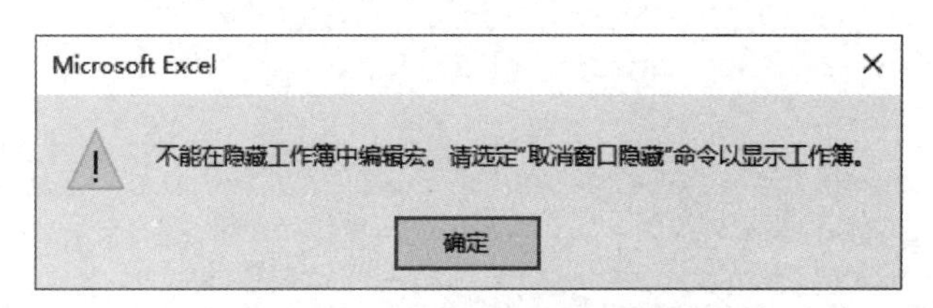

图5-25　工作簿的隐藏提示信息

为此，需切换至 Excel 功能区的“视图”选项卡，单击“取消隐藏”按钮，打开“取消隐藏”对话框，如图 5-26 所示，单击“确定”按钮。再重新执行上述过程，打开 VBA 编辑器进行编辑。

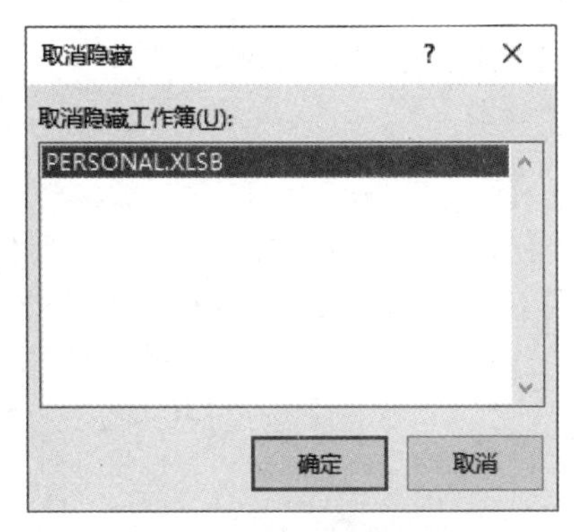

图 5-26　取消隐藏

提示：PERSONAL.XLSB 称为个人宏工作簿，是一个自动启动的 Excel 文件。它用于保存经常使用的自定义函数或宏，每次打开当前计算机中的 Excel 工作簿时，就可以直接使用这些宏命令。如果不是保存在 PERSONAL.XLSB 中的宏，则无法在当前计算机的所有 Excel 工作簿中使用已录制的宏命令。

经过上述操作后，默认打开 Excel，可能会自动打开两个文件（其中包括这个 PERSONAL.XLSB），如图 5-27 所示。操作中，完成宏的 VBA 编辑后，单击“视图”选项卡下的“隐藏”按钮即可关闭该 XLSB 文件，按界面提示进行保存，如图 5-28 所示。

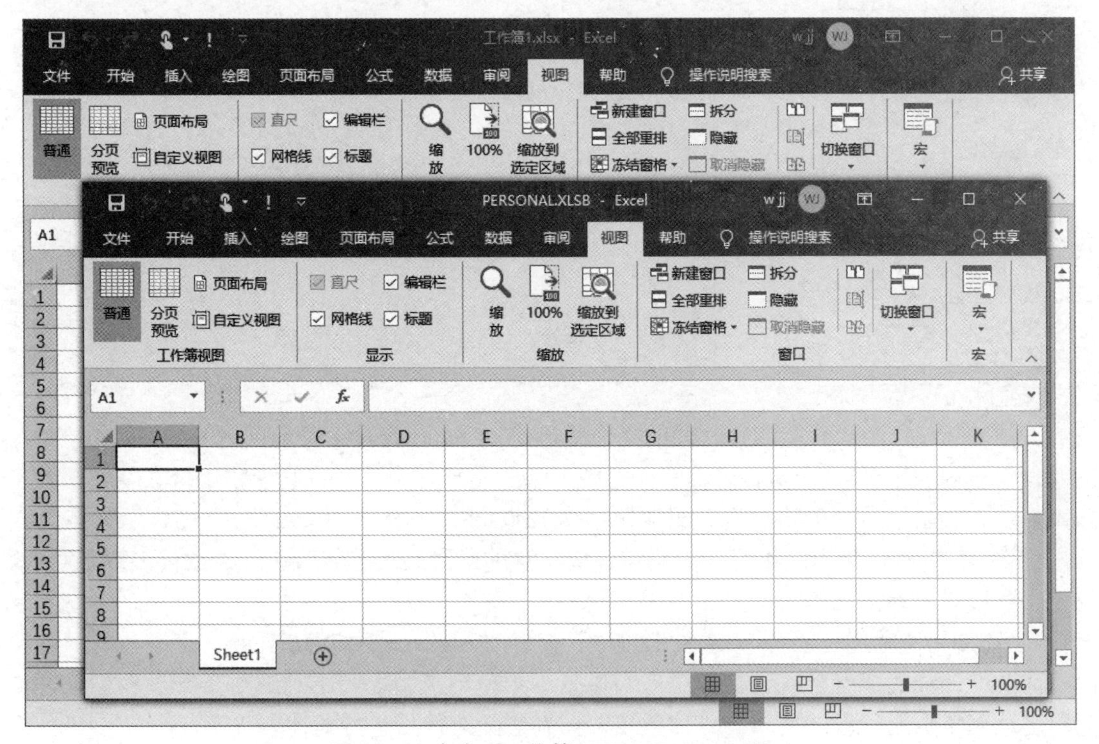

图 5-27　个人宏工作簿 PERSONAL.XLSB

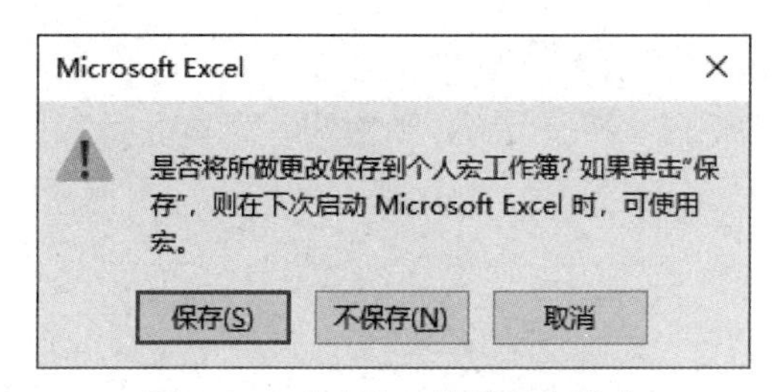

图 5-28　个人宏工作簿保存确定

（1）编辑页眉。与 Word 不同，Excel 对页眉内容、字体等的编辑，几乎是在同一行代码中实现的，故此处统一修改页眉内容的相关要求：“****暑期社会调查报告”，其中的“****”表示当前时间的年份；根据当前年份，奇数年份加单下画线，偶数年份加双下画线；字体加粗；其他不变。

- 原代码为：

```
ActiveSheet.PageSetup.CenterHeader = "&""楷体,常规""&12&K0070C0 暑期社会调查报告"
```

也可能为：

```
.CenterHeader = "&""楷体,常规""&12&K0070C0 暑期社会调查报告"
```

上述两行代码等价。

- 修改后的代码为：

```
    Dim CurYear As Integer
    CurYear = Year(Now())
    If CurYear Mod 2 = 0 Then
        ActiveSheet.PageSetup.CenterHeader = "&""楷体,加粗""&12&E&K0000FF" &
CurYear & "暑期社会调查报告"
    Else
        ActiveSheet.PageSetup.CenterHeader = "&""楷体,加粗""&12&U&K0000FF" &
CurYear & "暑期社会调查报告"
    End If
```

同时，注释原代码中的“LeftHeader”、“CenterHeader”和“RightHeader”的 3 行赋值语句。注释的代码（也可以删除）如下：

```
    '.LeftHeader = ""
    '.CenterHeader = "&""楷体,加粗""&12&U&K0000FF" & CurYear & "暑期社会调查报告
"
    '.RightHeader = ""
```

变量 CurYear 用于获取当前时间的 4 位数年份，CenterHeader 表示页眉的中部区域。增加的 4 位年份内容用“& CurYear &”进行连接，“&”是连接运算符，它能将年份数字转换为字符串后，与“暑期社会调查报告”相连接。“&K0000FF”表示字体颜色，此值表示为蓝色。

通过 If 结构判断当前年份，以决定页眉文字的下画线类型：“&E”参数代表双下画线，“&U”参数代表单下画线。

“字体加粗”是通过“"&""楷体，加粗""”参数实现的，楷体保持不变。

注意：注释的 3 行代码，修正了应用场景 1 中使用录制宏的不足。结合 If 结构的处理，完整地达到了页眉的设计要求。具体效果请读者实际操作后进行对比！

（2）指定工作表的页面纸张。指定文档的页面纸张为 B5，代码只需一行：

```
    ActiveSheet.PageSetup.PaperSize = xlPaperB5
```

ActiveSheet 表示当前选择的工作表，即活动工作表，通过设置其页面设置的纸张（PageSetup.PaperSize 属性）为“xlPaperB5”，即 B5 纸张。

注意：当修改页面纸张后，如果执行宏出现异常，则对上述代码恢复默认的 xlPaperA4，其原因是当前计算机的 Excel 打印未能支持 B5 纸张。

（3）完成宏代码的修改编辑。完成上述代码编辑后，实现了当前任务的各项修改要求。完整的代码如下（修改或新增的代码字体采用“加粗、倾斜”表示）：

```
    Sub 社会调查页眉宏()
    '
    ' 社会调查页眉宏 宏
    '
        Application.PrintCommunication = False
        With ActiveSheet.PageSetup
            .PrintTitleRows = ""
            .PrintTitleColumns = ""
        End With
        Application.PrintCommunication = True
        ActiveSheet.PageSetup.PrintArea = ""
        Application.PrintCommunication = False
        Dim CurYear As Integer
        CurYear = Year(Now())
        If CurYear Mod 2 = 0 Then
            ActiveSheet.PageSetup.CenterHeader = "&""楷体,加粗""&12&E&K0000FF" &
CurYear & "暑期社会调查报告"
        Else
            ActiveSheet.PageSetup.CenterHeader = "&""楷体,加粗""&12&U&K0000FF" &
CurYear & "暑期社会调查报告"
        End If
        With ActiveSheet.PageSetup
            '.LeftHeader = ""
            '.CenterHeader = "&""楷体,常规""&12&K0070C0 暑期社会调查报告"
            '.RightHeader = ""
            .LeftFooter = ""
            .CenterFooter = ""
            .RightFooter = ""
            .LeftMargin = Application.InchesToPoints(0.708661417322835)
            .RightMargin = Application.InchesToPoints(0.708661417322835)
            .TopMargin = Application.InchesToPoints(0.748031496062992)
            .BottomMargin = Application.InchesToPoints(0.748031496062992)
            .HeaderMargin = Application.InchesToPoints(0.31496062992126)
            .FooterMargin = Application.InchesToPoints(0.31496062992126)
            .PrintHeadings = False
            .PrintGridlines = False
            .PrintComments = xlPrintNoComments
            .PrintQuality = 300
            .CenterHorizontally = False
            .CenterVertically = False
            .Orientation = xlPortrait
            .Draft = False
            .PaperSize = xlPaperB5
            .FirstPageNumber = xlAutomatic
            .Order = xlDownThenOver
            .BlackAndWhite = False
            .Zoom = 100
            .PrintErrors = xlPrintErrorsDisplayed
```

```
        .OddAndEvenPagesHeaderFooter = False
        .DifferentFirstPageHeaderFooter = False
        .ScaleWithDocHeaderFooter = True
        .AlignMarginsHeaderFooter = True
        .EvenPage.LeftHeader.Text = ""
        .EvenPage.CenterHeader.Text = ""
        .EvenPage.RightHeader.Text = ""
        .EvenPage.LeftFooter.Text = ""
        .EvenPage.CenterFooter.Text = ""
        .EvenPage.RightFooter.Text = ""
        .FirstPage.LeftHeader.Text = ""
        .FirstPage.CenterHeader.Text = ""
        .FirstPage.RightHeader.Text = ""
        .FirstPage.LeftFooter.Text = ""
        .FirstPage.CenterFooter.Text = ""
        .FirstPage.RightFooter.Text = ""
    End With
    Application.PrintCommunication = True
End Sub
```

完成上述的修改编辑后，“社会调查页眉宏”实现了新功能，但操作快捷方式和按钮均未改变。宏仍保存在个人宏工作簿 PERSONAL.XLSB 中。为了便于操作，建议在 PERSONAL.XLSB 工作簿的功能区单击“视图”选项卡下的“隐藏”按钮，以确保该工作簿不会在平时使用 Excel 软件时打开。

注意：在使用 VBA 编辑宏命令后，默认的个人宏工作簿 PERSONAL.XLSB 处于激活状态。若不进行隐藏，在当前计算机中打开任何的 Excel 文件，都会附带打开 PERSONAL.XLSB 文件，带来操作上的不便。所以，在完成 VBA 编辑后，务必将 PERSONAL.XLSB 设置为隐藏！

【应用小结】

VBA 是 Microsoft Office 内置的编辑器，它是 Visual Basic 的一个分支，提供了为宏进行编辑的平台，便于初学者掌握。通过录制宏操作的方法可以简单地掌握，但需要修改其部分内容时，则可以使用 VBA 编辑器进行修改和调试。

对比在 Word 和 Excel 中使用 VBA，实现相同要求的页眉设置，可以比较不同的编程和使用特点。同时，采用 VBA 进行宏的编辑，可以修正、改进录制宏中的某些不足或缺陷。

应用场景 3　Office 组件的常用技能

【场景分析】

Office 2019 本身不支持在 Windows 10 之前的 Windows 操作系统上安装，为了配合 Office 新特性，Office 2019 + Windows 10 的应用环境是最适合的。Office 2019 组件主要包括：Word、Excel、PowerPoint、Outlook、OneNote、Access 等，使用最常见的仍是 Word、Excel、PowerPoint 三大组件。

随着网络与办公自动化的发展，人们日益关注文档及内容的保护和分享，Office 各大组件对此的相关应用理念是相似的，但在细节上有所差别。通过对组件常用功能的分析使用，可以更全面、深刻地理解 Office 相关安全设置和用户定制等，掌握相关应用技能。

文档的分享、文档内容的保护等相关的安全设置、功能选项设置等，是 Word、Excel、PowerPoint 三大组件在办公应用中的重要操作。通过相关安全设置，可以实现 Word 文档的格式与编辑限制、文档窗体保护，文件密码保护等；学会 Excel 工作簿密码保护、各级内容安全设置等安全操作。

【知识技能】

1. Office 文档共享

为了更好地配合协同办公，Office 2019 提供了邀请他人查看、编辑文档及利用电子邮件发送文档的功能，用户利用这些功能可以将自己的计算机中保存的文档与其他人共享。

作为 Office 的三大组件，Word、Excel、PowerPoint 的文档共享方式是相似的，下面以 Excel 工作簿文件为例进行介绍。

（1）保存到云、与人共享。使用 Excel 打开文件“暑期社会调查报告.xlsx”，按如下过程操作。

① 文档保存到云：依次单击“文件”选项卡→“共享”→“与人共享”→“保存到云”按钮，Excel 切换至“另存为”界面。

② 文档“另存为”到 OneDrive 云空间：在“另存为”界面中，选择“OneDrive”→“个人（账号名称）”，再单击“OneDrive-个人”文件夹，Excel 打开“另存为”对话框。可以选择云空间的文件夹，单击“保存”按钮，把当前文件“暑期社会调查报告.xlsx”上传至云空间保存，如图 5-29 所示。

注意：云空间“OneDrive-个人”，需要预先在微软 OneDrive 云空间创建账号后使用，OneDrive 也是 Office 组件之一。

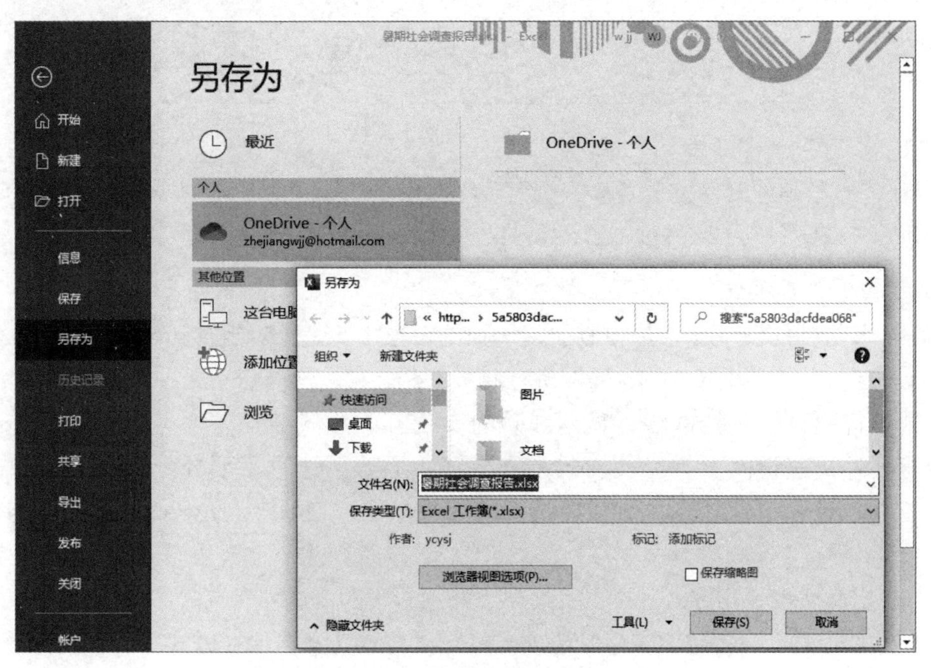

图 5-29　文档上传云空间

③ 邀请人员共享：在完成上一步骤，把文档另存到云空间后，Excel 自动打开邀请人员选择界面——“共享”窗格，如图 5-30 所示。同时，还可以通过底部的“获取共享链接”，获取该共享文档的在线链接（可编辑和仅供查看的两类链接）。

注意：因网络等客观原因的限制，上述云共享可能无法正常实现。

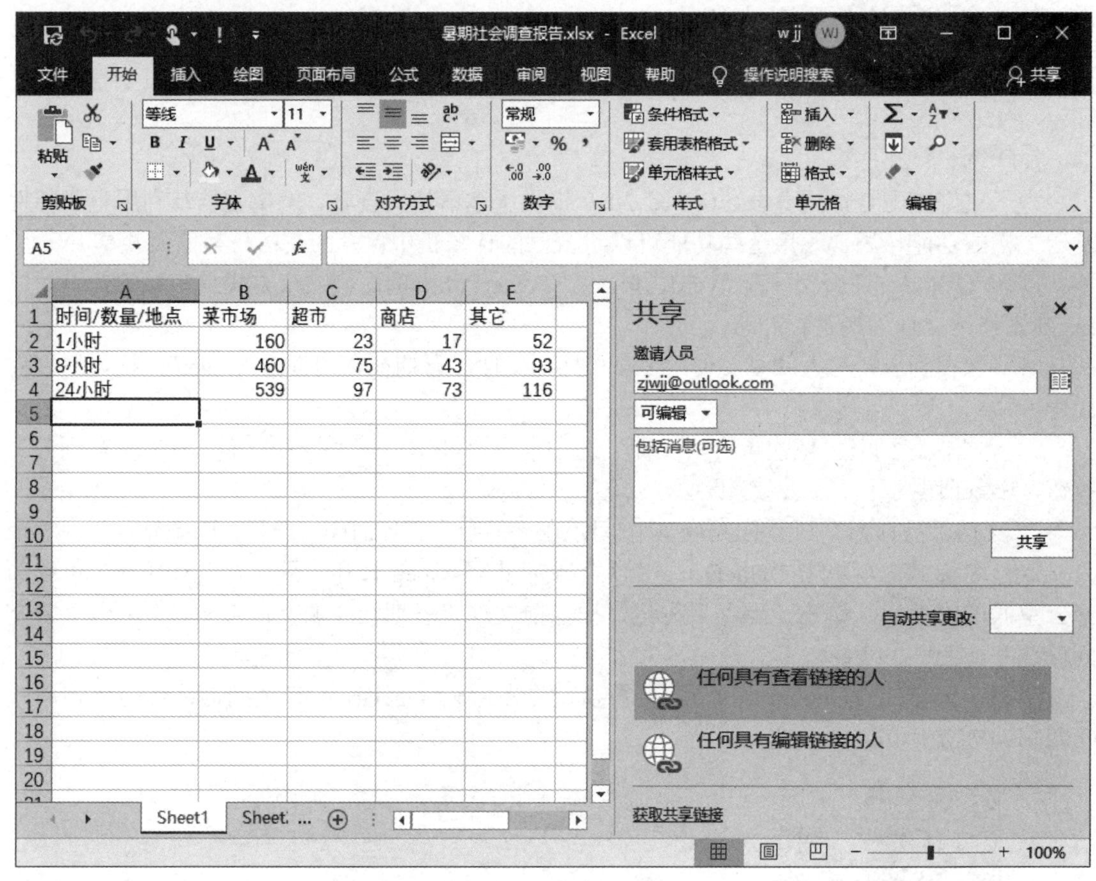

图 5-30 “共享”窗格

（2）作为电子邮件附件发送共享。可以配合使用 Outlook 2019 组件，把已共享至 OneDrive 云的 Office 文档使用电子邮件以“作为附件发送”，实现共享。请读者自行尝试。

2. Office 常用选项设置

Office 各组件的选项设置是相似的，选项的设置主要是针对组件级的，也就是设置后会对整个软件起效用。下面以 Word 为例进行相关介绍。

常见的选项设置包括常规、显示、校对、保存、版式、语言、轻松访问、高级、自定义功能区、快速访问工具栏、加载项和信任中心等，这里主要介绍保存、自定义功能区和信任中心等选项设置，其他功能请读者参照解决。下面以 PowerPoint 组件为例进行设置。

（1）自定义文档保存方式。单击“文件”选项卡下的“选项”，在打开的对话框的选项界面的左侧功能列表中，选择“保存”选项，打开“自定义文档保存方式”界面，进行设置，如图 5-31 所示。其中，以下 3 个选项值得注意使用。

图 5-31　PowerPoint 选项设置

① 保存自动恢复信息时间间隔：默认设置 10 分钟，可以根据实际需要，可以缩短间隔时间，确保文档的自动保存，防止意外中断等事件的发生。当然，若是已经实现了 OneDrive 云空间自动保存的情形，则可以打开 Office 组件在左上角快速启动工具栏的“自动保存→开”，确保文件能够及时自动备份（需要依赖网络）。

② 自动恢复文件位置：在某些情况下，计算机意外宕机或程序崩溃等情况，文件可能未能及时保存；在该文件路径下，能找到 Office 文档的最新自动备份文件。

③ 默认本地文件位置：该路径是 Office 文档在本地计算机的默认保存路径，为了更便捷地操作，可以把该路径指定到需要的位置。

（2）自定义功能区。打开“文件”选项卡下的“选项”，在打开的对话框的选项界面的左侧功能列表中，选择“自定义功能区”，打开“自定义功能区”界面，进行设置，如图 5-32 所示。单击“新建选项卡”按钮，可以新建“我的选项卡（自定义）”；单击“新建组”按钮，可以新建“我的功能组（自定义）”；可以从左侧命令列表中，选择相关的常用命令并添加到“我的功能组（自定义）”中。

完成上述自定义功能区设置后，单击“确定”按钮，进入程序的正式工作界面，如图 5-33 所示。“我的选项卡”中集中了个人所需的常用命令，便于用户提高工作效率。

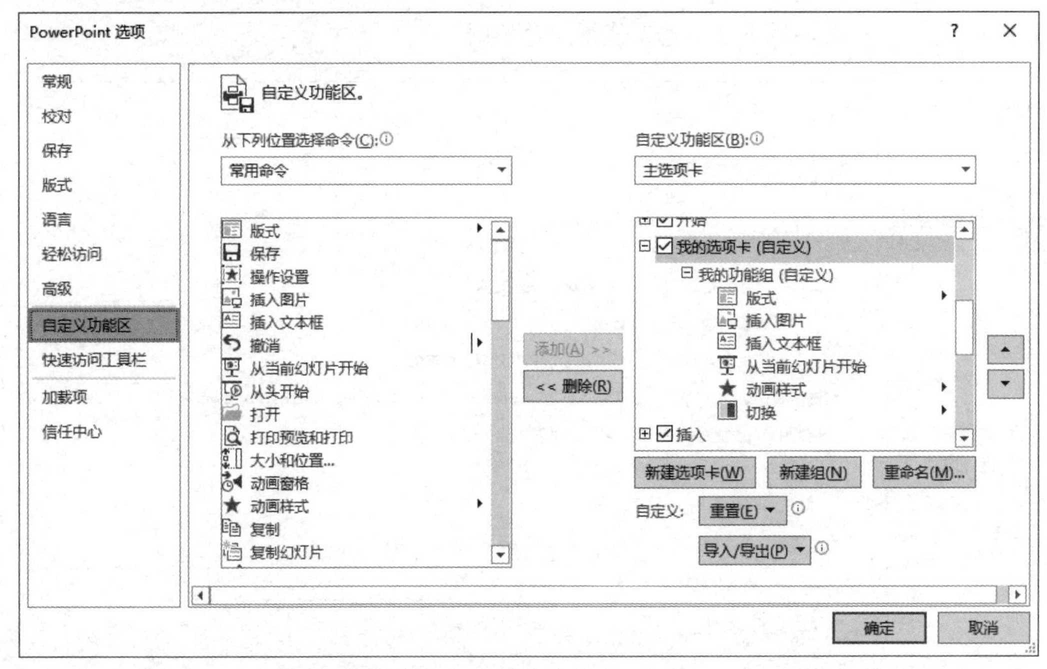

图 5-32　PowerPoint 自定义功能区

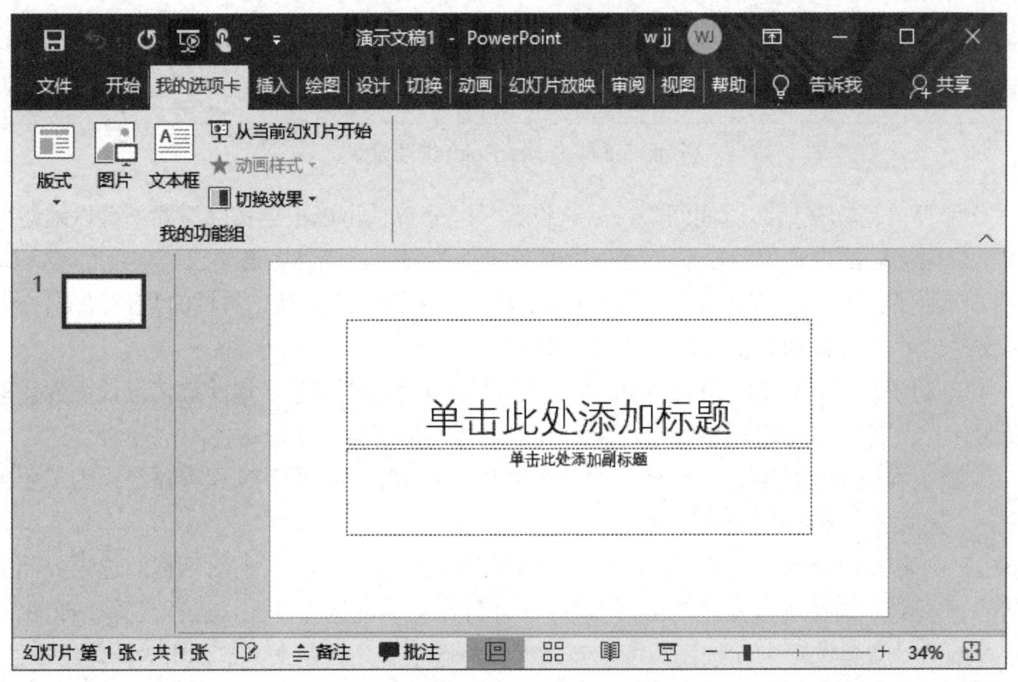

图 5-33　完成自定义的“我的选项卡”

（3）信任中心设置。单击“文件”选项卡下的“选项”，在打开的对话框的选项界面的左侧功能列表中，选择“信任中心”，打开“信任中心”对话框，如图 5-34 所示。比如，在“受保护的视图”中，默认选中“为来自 Internet 的文件启用受保护的视图”，此时对来自互联网下载的文档会启用“受保护的视图”，默认无法直接进行编辑，需要“启动编辑”；若取消该项设置的勾选，单击“确定”按钮后，再次打开来自互联网下载的文档就能直接打开编辑了。

当然，安全和便利是相互矛盾的，需要平衡它们的关系。

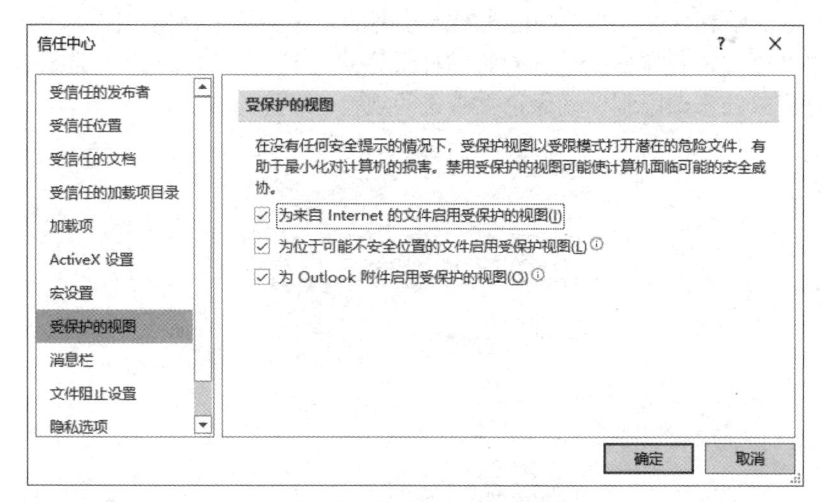

图 5-34　“信任中心”对话框

3. Office 文档编辑保护

此处的 Office 文档编辑保护，主要介绍两个方面的内容：一是 Word 文档保护机制及其窗体保护，二是 Excel 工作簿内容保护。

（1）Word 文档编辑保护。

① 限制编辑：单击“审阅”选项卡下的“限制编辑”按钮或者单击依次“文件”选项卡→“信息”→“保护文档”→“限制编辑”按钮，当前文档界面激活“限制编辑”窗格，如图 5-35 所示。

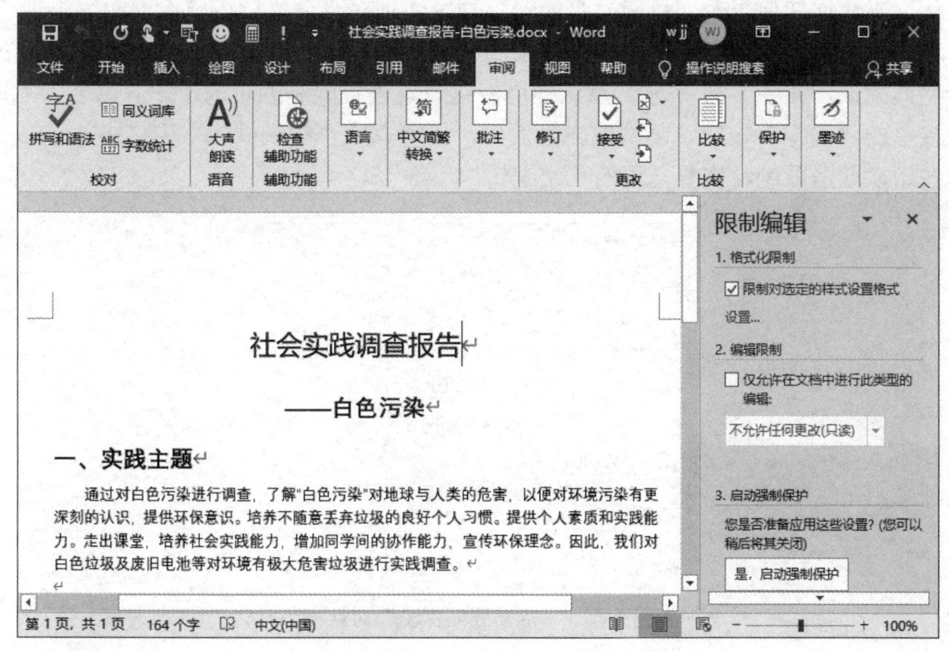

图 5-35　“限制编辑”窗格

● 格式化限制：勾选“限制对选定的样式设置格式”选项，然后单击下面的“设置”链接，打开“格式化限制”对话框。选择指定的样式，对当前文档进行格式化限制，如图 5-36 所示。样式修改的限制，可以在一些格式要求较高的复杂文档中使用。比如，毕业论文文档，可以按论文格式规定，设置好文档各要素的样式格式，对无关的样式进行隐藏或清除，再使用本功能进行样式的修改限制，确保论文格式的规范。

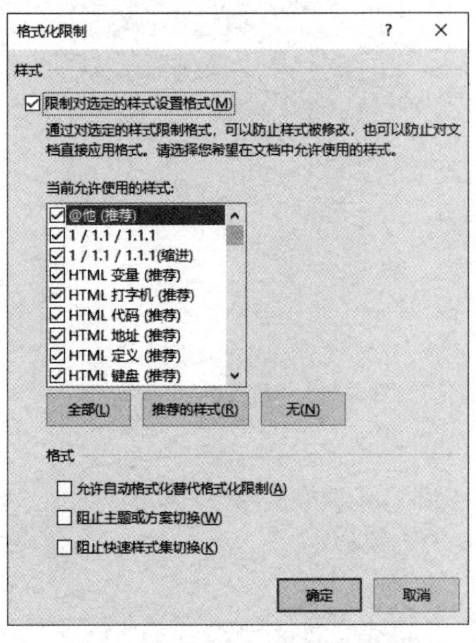

图 5-36 “格式化限制”对话框

● 编辑限制：勾选“仅允许在文档中进行此类型的编辑”选项，可以选择修订、批注、填写窗体、不允许任何更改（只读）等编辑限制，实现对当前文档指定内容的编辑保护。

● 启动强制保护：完成上述的格式化限制、编辑限制后，单击“是，启动强制保护”按钮进行生效确认，如图 5-37 所示。默认使用密码设置进行限制编辑的保护，也可以不设置密码，直接单击“确定”按钮。限制编辑生效后，仍可以在“限制编辑”窗格中，单击“停止保护”按钮，取消限制、恢复文档的正常编辑。

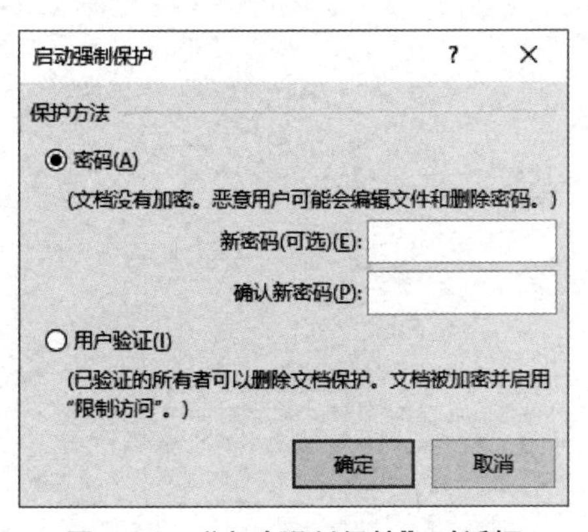

图 5-37 “启动强制保护”对话框

② 始终以只读方式打开：依次单击“文件”选项卡→“信息”→“保护文档”→“始终以只读方式打开”，文档只能“以只读方式打开”；重新打开时，Word 提醒是否以只读方式打

开，如图 5-38 所示。

只读方式打开后，文档仍然是可以编辑的，但在保存时，不能保存在原文档中，Word 提示“另存为”其他文档。

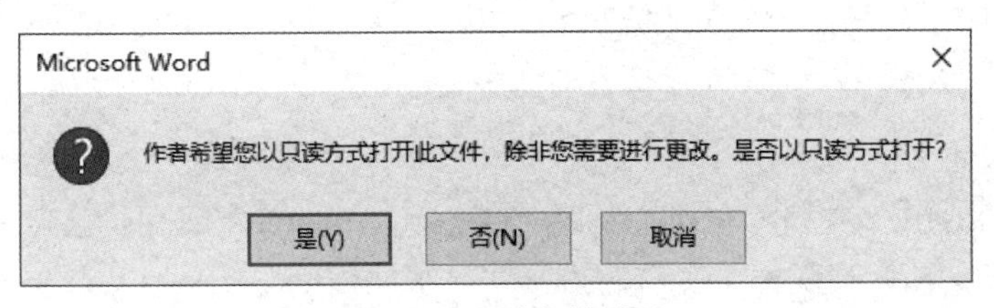

图 5-38 只读保护确认

③ 其他保护功能：依次单击“文件”选项卡→“信息”→“保护文档”→“添加数字签名”，通过添加不可见的数字签名来确保工作簿的完整性，当然，被公认的数字签名一般要通过企业向权威认证机构购买数字签名获得；依次单击“文件”选项卡→“信息”→“保护文档”→“标记为最终”，在打开的对话框中单击“确定”按钮保存后生效，表示该文档已完成编辑，禁止用户输入、编辑和校对等。

（2）Excel 文档编辑保护。

① 保护工作簿结构：单击“审阅”选项卡下的“保护工作簿”按钮或者依次单击“文件”选项卡→“信息”→“保护工作簿”→“保护工作簿结构”，打开“保护结构和窗口”对话框，勾选“结构”复选框，单击“确定”按钮即可实现，如图 5-39 所示。可以按需要设置密码（与文件打开时的保护密码不同），被保护后的工作簿，不能删除、移动、隐藏、取消隐藏、重命名工作表，并且不可插入新的工作表等，但不影响工作表的内容编辑。

③ 保护工作表内容：单击“审阅”选项卡下的“保护工作表”按钮或者依次单击“文件”选项卡→“信息”→“保护工作簿”→“保护当前工作表”，打开“保护工作表”对话框。默认已勾选“选定锁定单元格”“选定解除锁定的单元格”复选框，单击“确定”按钮即可实现，如图 5-40 所示。可以按需要设置密码（与文件打开时的保护密码不同），被保护的工作表，不能进行内容编辑或公式及函数的输入等。

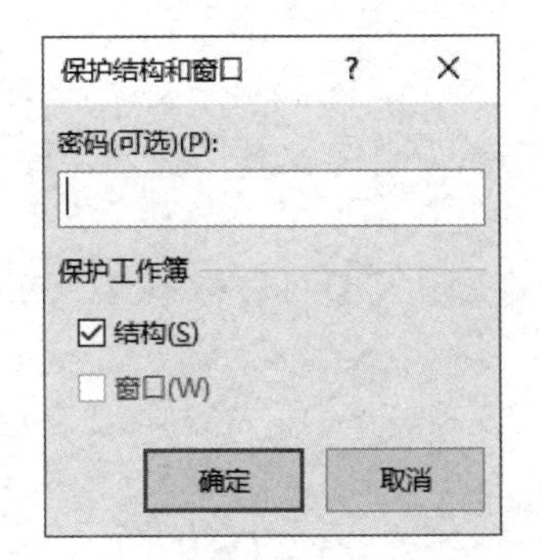

图 5-39 “保护结构和窗口”对话框

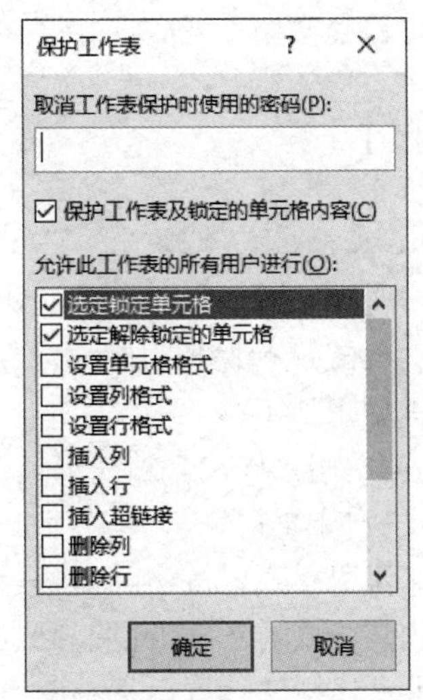

图 5-40 “保护工作表”对话框

③ 其他保护功能：依次单击“文件”选项卡→“信息”→“保护工作簿”→“添加数字签名”，可以通过添加不可见的数字签名来确保工作簿的完整性；依次单击“文件”选项卡→“信息”→“保护工作簿”→“标记为最终”，在打开的对话框中单击“确定”按钮后，表示该文档已完成编辑，禁止用户输入、编辑和校对等；“始终以只读方式打开”，则可以防止意外更改，把该文件设置为以只读方式打开。

4. Office 文档的加密码保存

与上面介绍的 Office 文档编辑保护不同，Office 文档的加密码保护直接通过密码的方式限制非授权用户打开文档，实现整个文件的机密性。下面以 PowerPoint 演示文稿为例进行描述。

首先，打开 PowerPoint 文档，依次单击“文件”选项卡→“信息”→“保护演示文稿”→“用密码进行加密”，打开“加密文档”对话框，如图 5-41 所示。

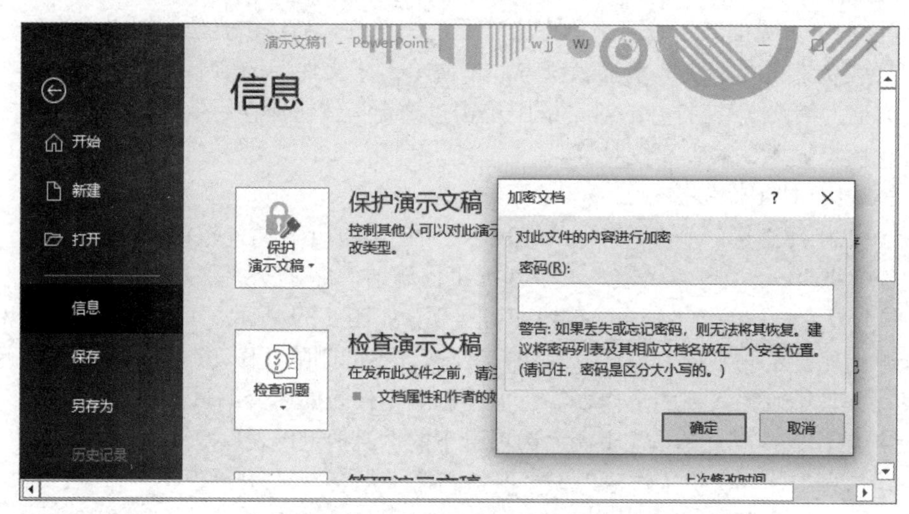

图 5-41 “加密文档”对话框

然后，输入预设的密码，单击“确定”按钮，并进行确定密码。

最后，保存文档，下次打开该文档时，即会提示密码确认，实现对文件打开的安全验证。

【操作步骤】

1. Word 文档样式保护

Word 文档默认的样式繁多，小明为了让班级作业文档便于老师批阅，设计、修改了常用样式，并对样式进行保护限制。同学们按小明设定的文档样式操作，格式统一、规范，使用简单。相关要求如下。

- Word 文档“样式”功能组仅保留显示如下样式：标题、标题 1、标题 2、列表段落、正文、正文-自定义。
- 上述保留样式，按实际需要，对原样式进行修改，其中，“正文-自定义”样式为新建样式，在内置样式“正文”的基础上进行创建。
- 实现上述样式设置后，小明设置保护密码，其他同学无法修改样式，只能按文档中的样式进行文档编制。

（1）修改、新建自定义样式。

① 修改样式：在“开始”选项卡→“样式”功能组中，按任务需求，选择标题、标题 1、标题 2、列表段落、正文等样式，右击相关样式名，在弹出的快捷菜单中选择“修改”命令，如图 5-42 所示。在打开的“修改样式”对话框中，按实际需要对样式进行适当修改，确定即可。

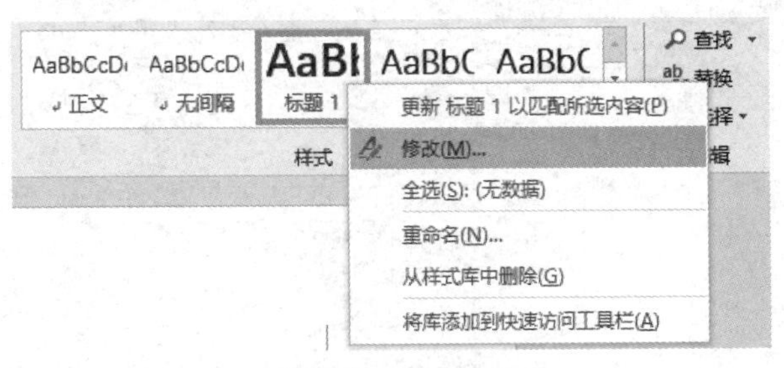

图 5-42　样式修改

② 新建样式：打开“样式”窗格，单击“新建样式”按钮，在打开的“根据格式化创建新样式”对话框中创建、设置新样式，如图 5-43 所示。按任务要求，创建新样式“正文-自定义”，设置该“样式基准”为“正文”，其他格式按需要适当修改。

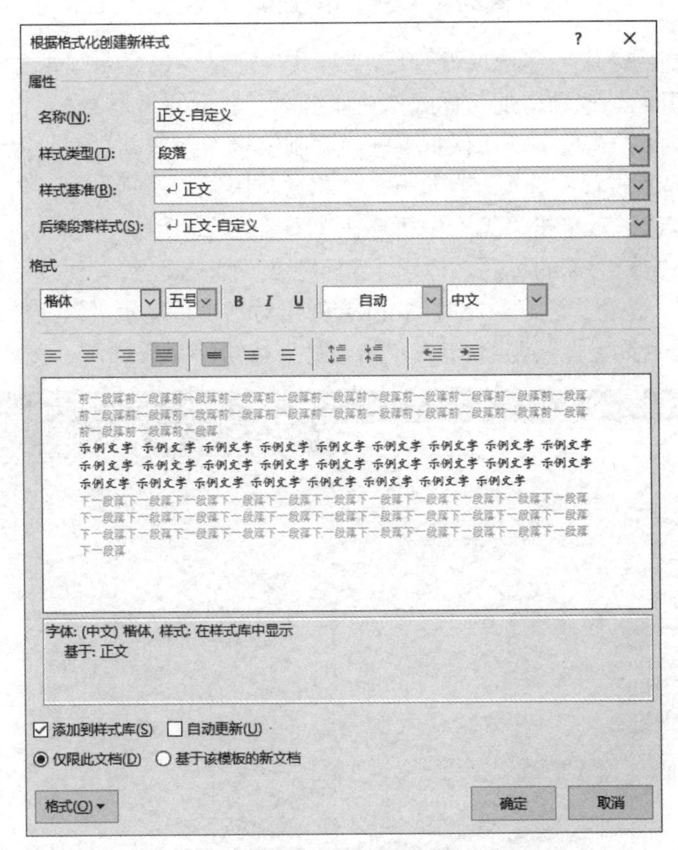

图 5-43　“根据格式化创建新样式”对话框

④ 选择要显示的样式：完成上述各项样式的新建和修改后，单击“样式”窗格中的“选项”按钮，打开“样式窗格选项”对话框，如图 5-44 所示。在“选择要显示的样式”的下列

列表中选择“正在使用的格式”选项，单击“确定”按钮；此时，“样式”窗格中仅显示当前文档已使用的样式。

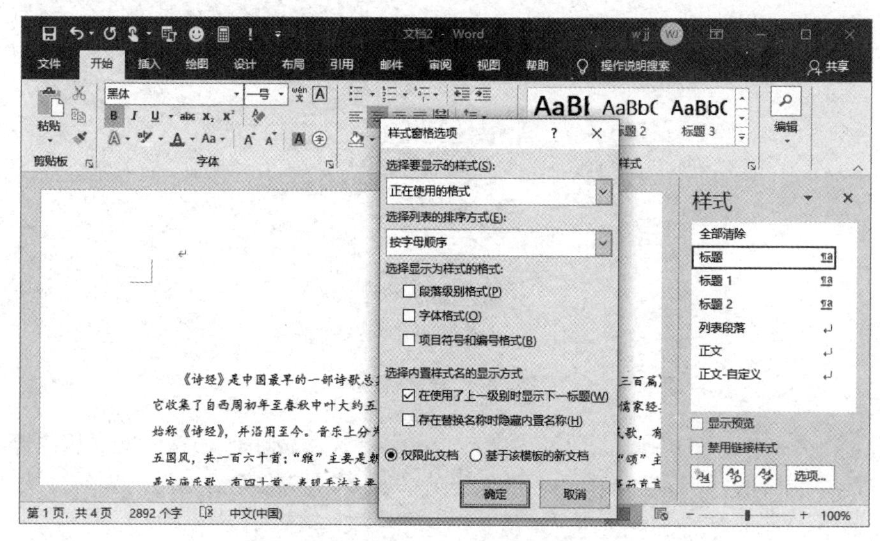

图 5-44 “样式窗格选项”对话框

⑤ 格式化限制：完成上述选项设置后，“样式”窗格中仅显示了本文档所需要的样式，但是，在 Word“开始”选项卡的“样式”功能组中，显示的仍是 Word 自带的推荐样式。此时，依次单击“审阅”选项卡→“保护”→“限制编辑”按钮，打开“限制编辑”窗格，如图 5-45 所示。单击“设置”选项，在打开的“格式化限制”对话框中，勾选“限制对选定的样式设置格式”复选框，单击“无”按钮，在“当前允许使用的样式”列表框中重新勾选相关样式，也就是本文档所需的标题、标题 1、标题 2、列表段落、正文、正文-自定义等 6 个样式，单击“确定”按钮。注意，此时 Word 会弹出对话框，提示“该文档可能包含不允许的格式或样式。您是否希望将其删除？”，单击“是”按钮，完成操作。

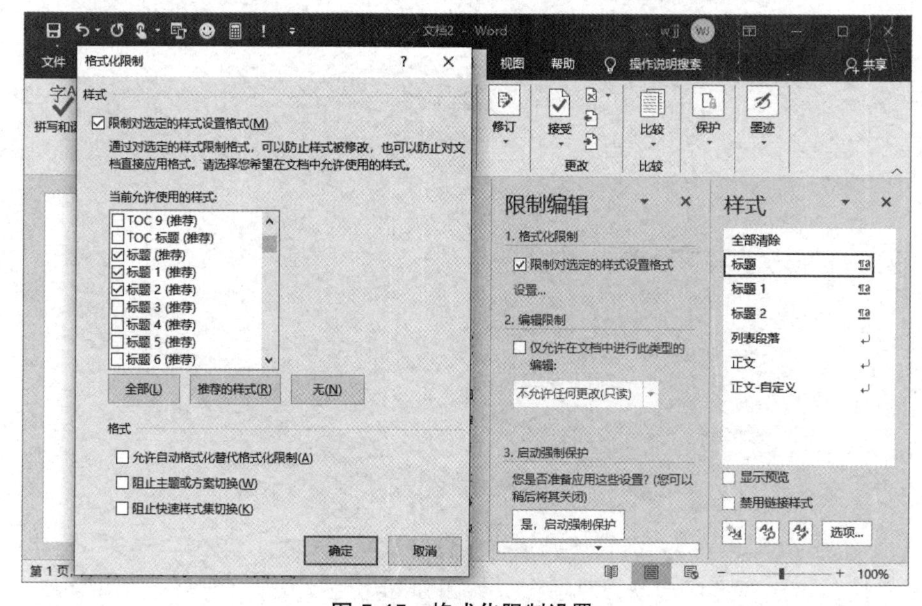

图 5-45 格式化限制设置

⑥ 启动强制保护（设置密码）：完成步骤④的设置后，读者会发现 Word 的“开始”选项卡下“样式”功能组中的样式显示并未改变，本文档未使用的样式仍在其中，下面，需要通过“启动强制保护”来实现。

在“限制编辑”窗格中，单击“是，启动强制保护”按钮，打开“启动强制保护”对话框，如图 5-46 所示。输入保护密码，单击“确定”按钮即可。

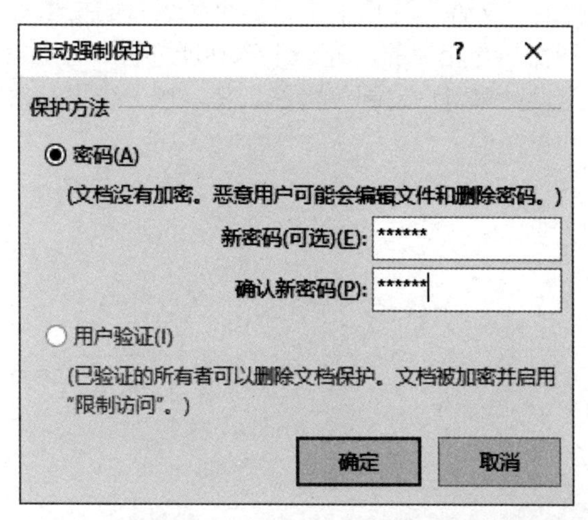

图 5-46 “启动强制保护”对话框样式编辑限制的密码保护

完成上述设置后，“样式”功能组和“样式”窗格相同，都只显示当前文档指定的相关样式，如图 5-47 所示。小明可以删除文档中的全部内容，把该空文档进行保存，作为同学们编写作业的样板文档，实现了应用场景的相关需求。

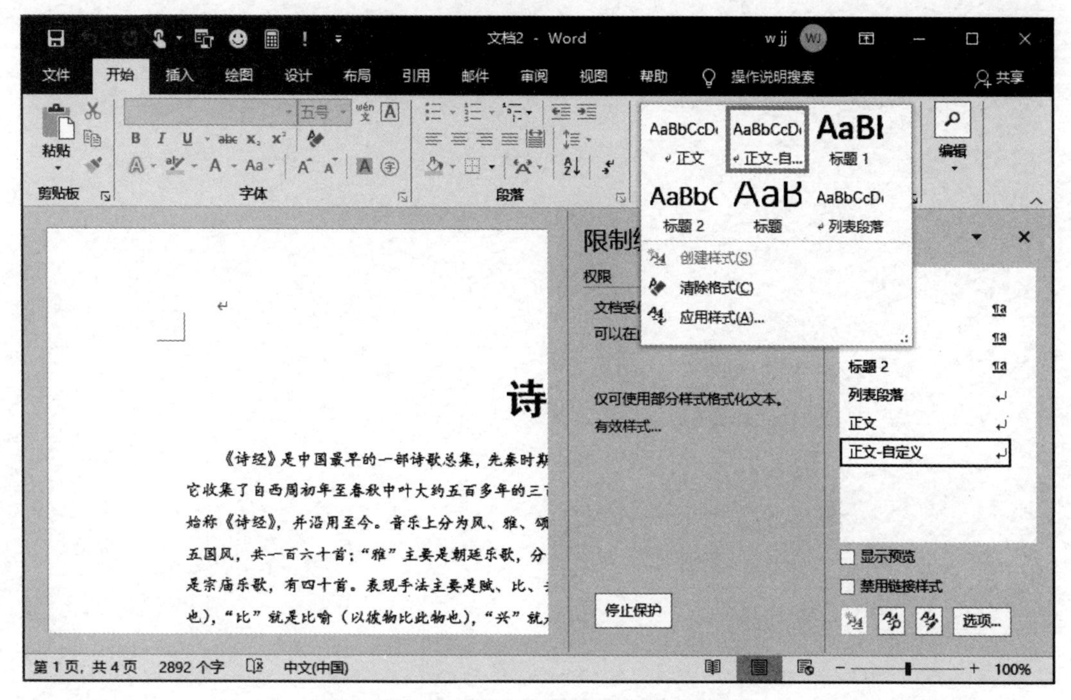

图 5-47 实现样式格式限制管理后的界面

2. Office 组件的常用保护

Office 各组件的常用保护操作过程是相似的，请参照上面的【知识技能】相关内容。

【应用总结】

Microsoft Office 组件的“文件”选项卡中，提供了大量的文档管理功能，Word、Excel、PowerPoint 的相关功能和操作是相似的。通过上述功能分析和任务案例的讲解，可以比较全面地了解 Office 相关安全设置和用户定制等操作过程，进一步提升 Office 的应用技能。

第6单元 AOAx测评软件（Office 2019）

AOAx 测评软件（Office 2019）是本教材的配套软件。按照等级考试大纲要求，本软件的典型应用环境为 Windows 10 + Office 2019。考虑到读者计算机的不同情况，软件兼容当前各类常见 Windows 操作系统（如 Windows 7、Windows 8 等），也兼容 Microsoft Office 2007、2010、2013、2016 和 Office 365 等。

AOAx 测评软件下载安装后，需要输入软件注册码、激活软件后才能正常使用，软件的使用时长为 2000 分钟，能满足学习需求，主要包括：单选题和判断题，Excel 高级应用、PowerPoint 高级应用、Word 高级应用单项操作、Word 高级应用综合操作等，软件的“个人中心”记录了用户的操作题练习评分结果，便于调整改进学习。

本单元包含的具体任务如下：

1. 学会 AOAx 测评软件的下载、安装和激活使用。
2. 客观题的练习操作，软件个人中心。
3. 掌握 Excel 高级应用的软件使用和操作技能。
4. 掌握 PowerPoint 高级应用的软件使用和操作技能。
5. 掌握 Word 高级应用的软件使用和操作技能。

任务 1　AOAx 测评软件的下载、安装和激活使用

【任务提出】

本教材提供了 AOAx 测评软件（Office 2019）的在线下载，同时，还提供了教材相关的数字资源，读者可以按本任务的讲述完成相关的下载、安装和使用。

按照浙江省高校计算机等级考试大纲要求，Office 办公软件应用的典型环境是 Windows 10+Office 2019；本教材软件及相关资源也兼容其他 Windows 和不同版本的 Office 环境。

【操作步骤】

软件及相关资源的下载地址如下：

http：//aoa.aoabc.com.cn/

http：//office2019.ijsj.net/

1．下载

① 按上述网址，使用计算机浏览器打开网址，显示如图 6-1 所示。单击网站首页右下角的“《Office 2019 办公软件高级应用》教材资源”链接，打开本教材提供的相关资源。

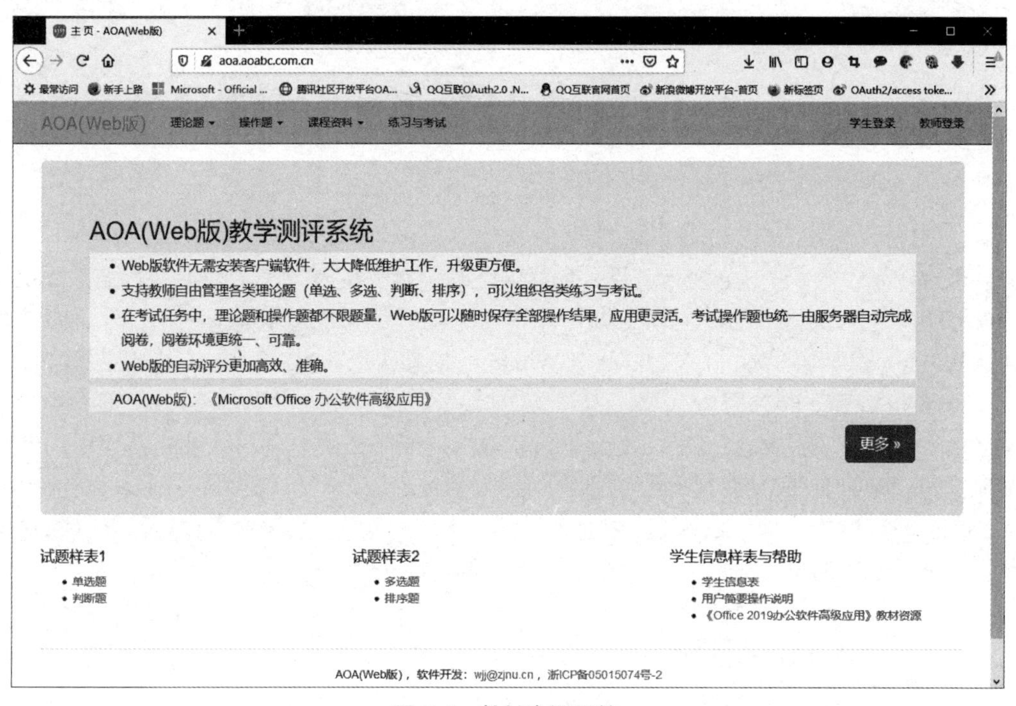

图 6-1　教材资源导航

② 打开资源页面后，选择“Office 2019 办公软件高级应用→AOAx 测评软件（Office 2019)”，如图 6-2 所示。单击页面资源“AOAx 测评软件（Office 2019）.zip”右侧的“下载”按钮，浏览器开始下载，按不同类型的浏览器，完成资源的下载。

图 6-2　AOAx 测评软件下载

2. 安装

完成“AOAx 测评软件（Office 2019）.zip”的下载后，将其解压缩为文件夹，或直接双击打开 zip 压缩文件，运行其中的安装程序“setup.exe”，开始进入安装过程，如图 6-3 所示。

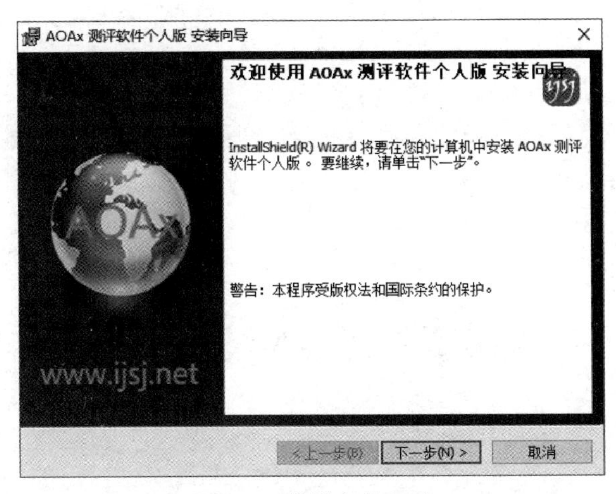

图 6-3　软件安装向导

建议按软件的默认设置进行安装，直至安装向导完成，最后单击“完成”按钮结束安装。在计算机桌面上会自动添加快捷方式“AOAx 测评软件个人版”，同时在 Windows“开始”菜单中，也创建了“AOA”→“AOAx 测评软件个人版”快捷方式，可以按需要选择访问运行。

3. 激活使用

启动 AOAx 测评软件，首次使用前，需要软件激活，如图 6-4 所示。输入软件注册号，保持当前计算机的互联网接通状态，单击“激活软件”按钮，即可完成激活操作。激活成功后，即可正常使用软件的各项功能了。

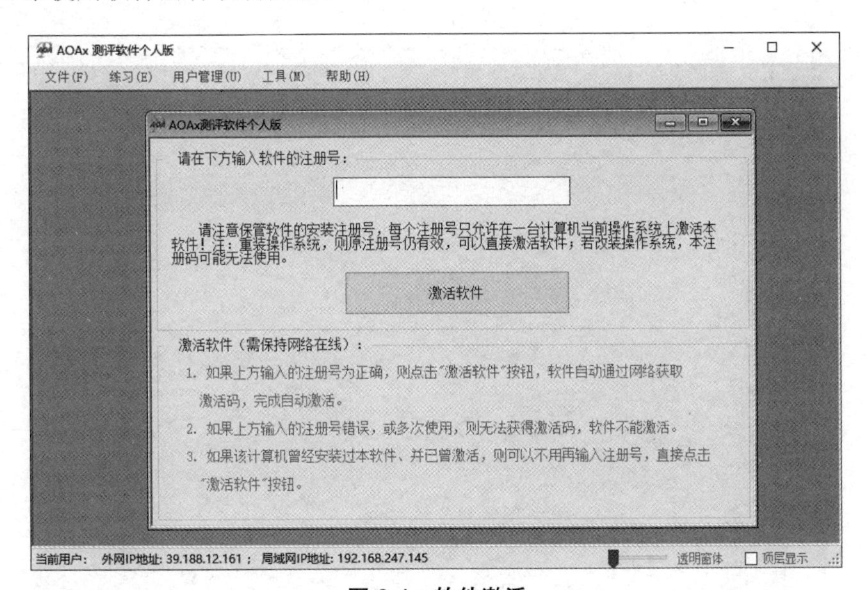

图 6-4　软件激活

提示：激活后的软件，在界面下方的任务栏上，会显示软件使用的剩余时间。软件的使用时长为2000分钟，能满足正常的学习需要。在不使用软件学习的情况下，务必及时关闭软件（停止计时）；否则，可能会因剩余时间不足而无法使用。超时使用的解决方法请访问如下地址：http：//www.ijsj.net/。

【应用小结】

通过互联网，本教材提供了配套的数字资源，通过访问下载，可以实现测评软件的安装，也可以学习其他的数字资源。本任务中介绍的两个网址可以选择访问，软件及相关内容都会及时更新，请注意访问识别。

任务2　客观题的练习操作，软件个人中心

【任务提出】

AOAx 测评软件的试题由客观题和主观题两部分组成，客观题分为单选题和判断题，主要考察对Office软件的基本概念的理解和常用技能的应用能力。

软件设计了“个人中心”，记录用户的学习时间、内容和成绩，有利于规划学习，提高学习效率。

【操作步骤】

完成下列任务，熟悉客观题操作，使用个人中心管理学习。

1. 客观题的练习操作

① 启动AOAx测评软件，选择“练习”→“单选题”命令，打开理论题操作界面，如图6-5所示。

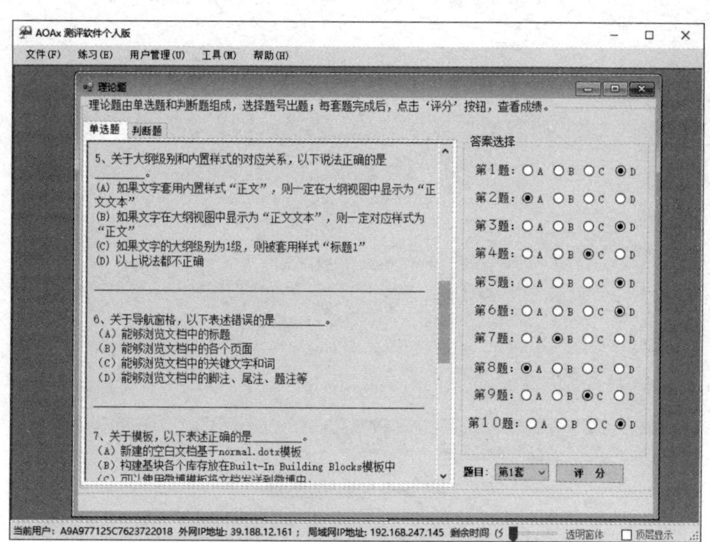

图6-5　理论题操作界面

② 选择理论题界面的题目套题编号，切换试题。选择理论题界面的“单选题/判断题”选项卡，切换当前套题的单选题或判断题。完成操作后，单击“评分”按钮，显示结果，如图 6-6 所示。对于未满分的情况，对照不得分的小题，可以返回重做再评分，直到完成。

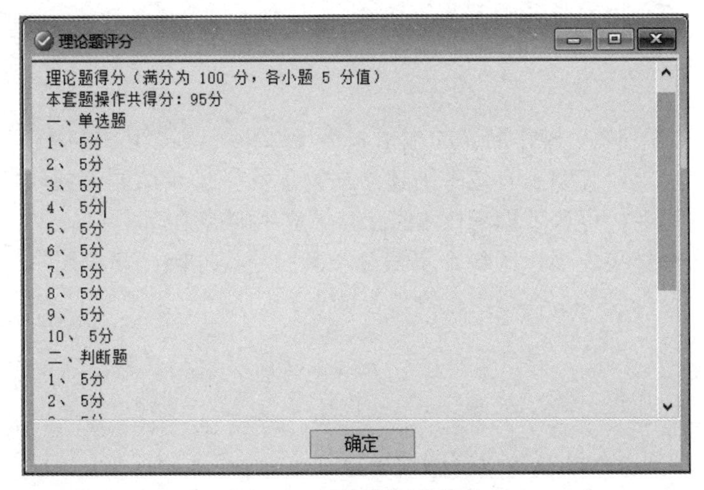

图 6-6　理论题评分结果

2. 软件个人中心

单击软件“用户管理”→“个人中心”，打开个人中心界面，如图 6-7 所示。以每次单击“评分”按钮为准，个人中心记录了每次练习的练习成绩、开始时间、结束时间和练习模块等内容。单击记录列表中的各列标题，可以对应排序，便于查看整个学习过程，改进学习。

个人中心

学习记录（须有【评分】操作才能记录）

累计自由学习时间：23 分钟　　刷 新

ID	学号	练习模块	练习成绩	开始时间	结束时间	本次自由学习时间
3	A9A977125C7623722018	自由练习——理论题-第1套	100	2020/8/11 ...	2020/8/11 ...	9
4	A9A977125C7623722018	自由练习——理论题-第1套	95	2020/8/11 ...	2020/8/11 ...	14

图 6-7　个人中心界面

【应用小结】

AOAx 测评软件以 Office 的 Word、Excel、PowerPoint 三大组件的基本概念和常用操作为主，结合公共组件功能，提供了相关理论题进行概念巩固，理解办公文档的设计思路和技能。个人中心提供了学习记录，有利于改进学习。

任务 3　Excel 高级应用测评

【任务提出】

Excel 是一套功能完整、操作简易的电子表格计算和统计软件，提供了丰富的函数及强大的图表、报表制作功能，有助于有效率地建立与管理资料。AOAx 测评软件通过综合型案例试题的操作和自动阅卷，可有效地考核 Excel 高级应用的能力。

测评软件的评分结果中显示了每个不得分小题的错误原因，便于用户查找错误原因。修改、保存文档后，还可以再次评分，直到修复错误。

【操作步骤】

AOAx 测评软件的 Excel 高级应用的使用过程。

1. Excel 高级应用

当前软件共有 21 套 Excel 高级应用操作试题，主要包括 Excel 数据输入技巧与格式设置、公式与函数的高级应用、数据处理、图表设计制作等重要技能的综合应用，如图 6-8 所示。

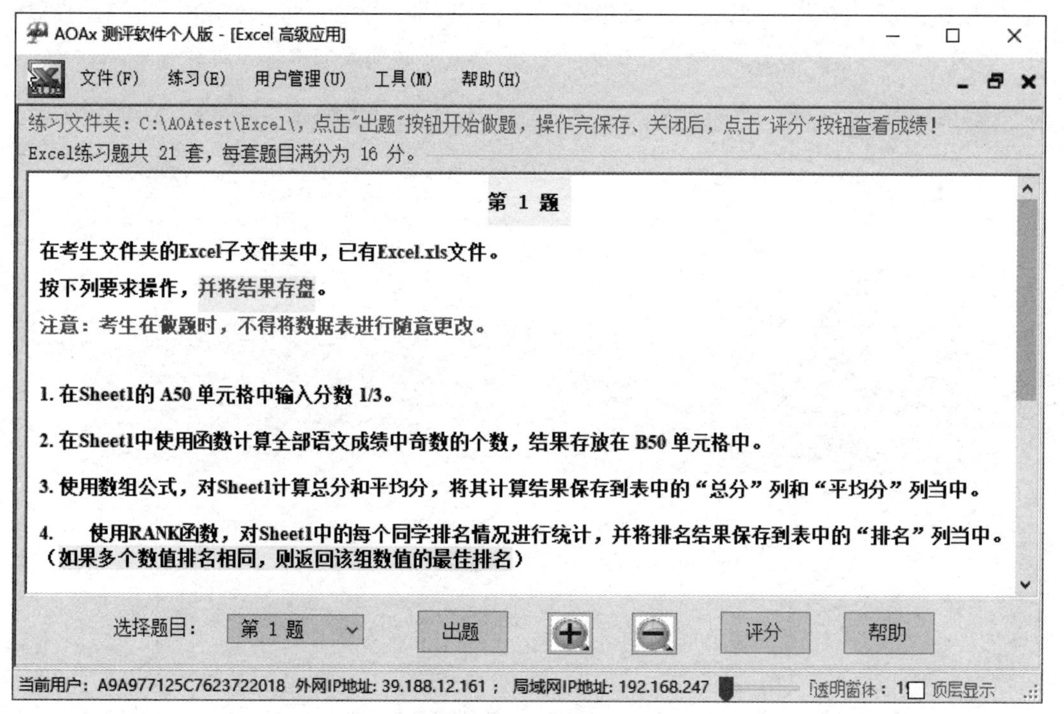

图 6-8　Excel 高级应用

（1）出题。在 Excel 高级应用界面，选择所需的套题号，单击“出题”按钮，软件自动打开本题的 Excel 考题文档。

（2）做题与保存。

① 考生文件夹：按照 Excel 试题题干的要求，对 Excel 考题文档进行指定操作。Excel 考题文档的默认位置为“C:\AOAtest\Excel\”，文件名为“Excel.xlsx”。

② 辅助功能。在测评软件界面底部的任务栏，提供了“透明窗体”和“顶层显示”功能。适当地调节透明度，可以显示测评软件后遮挡住的其他内容；顶层显示，可以确保让测评软件在计算机工作界面的顶层显示，有利于做题过程中阅读题干要求。

试题界面的底部，提供了“+/−”按钮，单击该按钮可以实现题干内容的放大和缩小功能，便于阅读试题。

③ 保存和关闭：完成试题操作后，直接保存（不修改文件路径和名称）Excel 文件，并关闭。

（3）评分与改进。

① 评分：完成做题和保存后，单击 Excel 高级应用界面的“评分”按钮，测评软件进行自动评分，如图 6-9 所示。每套试题共有 8 小题，每小题 2 分，16 分表示正确率为 100%。

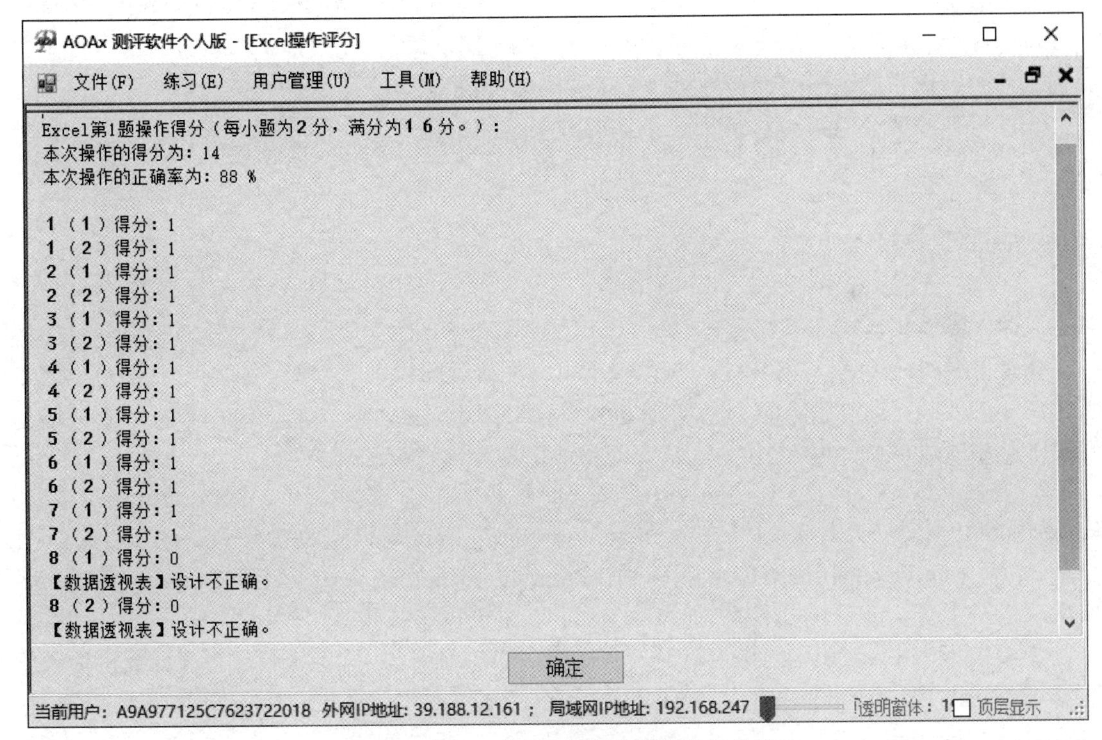

图 6-9　Excel 高级应用操作题评分与分析

② 改进：若当前评分未达满分，则可以重新打开试题文档，按当前评分结果的相应描述进行改进。例如，评分结果中显示第 8 小题“【数据透视图】设计不正确”，则可以按上面描述的考生文件夹路径重新打开考题文件，修改或删除 Excel 文件中错误的数据透视表；然后，重新创建数据透视表，保存并关闭 Excel 文件；最后，再单击“评分”按钮，检查改进效果。

提示：由于 Office 版本较多，本软件对旧版 Office 的支持比较复杂，故对使用不同版本

Office 操作的文档，不建议直接复制到当前计算机的测评软件中评分，而是在当前计算机环境下，重新完成做题并评分。

【应用小结】

Office Excel 是一个强大的电子表格软件，基于 AOAx 测评软件的案例试题操作评分，可以在较短时间内，较全面地掌握 Excel 常用的高级应用技能，并理解 Excel 电子表格的常用设计思路，在案例解题操作中，提升 Excel 高级应用能力。

任务 4　PowerPoint 高级应用测评

【任务提出】

PowerPoint 是人们在各种场合经常使用的一种演示文稿。一个优秀的 PPT 作品，不仅需要精巧的创作思路和丰富的素材，还需要较为全面的操作技能。AOAx 测评软件通过综合型案例试题的操作和自动阅卷，可有效地提升 PowerPoint 高级应用的能力。

测评软件的评分结果中显示了每个不得分小题的错误原因，便于用户查找错误原因；修改、保存文档后，可以再次评分，直到修复错误。

【知识技能】

1. PowerPoint 设计主题的添加

在不同版本的 Office 软件中，PowerPoint 组件自带的设计主题是不同的。我们可以通过自主添加的方式，把不同版本的 PowerPoint 设计主题进行添加使用。下面在 PowerPoint 2019 软件中，添加原本在 PowerPoint 2010 中的设计主题——暗香扑面。

① 备好 PowerPoint 2010 中的设计主题“暗香扑面”。一般情况下，32 位 Office 2010 的 PowerPoint 幻灯片主题路径为“C:\Program Files (x86)\Microsoft Office\Document Themes 14\”；若是 64 位的 Office 2010，对应路径为“C:\Program Files\Microsoft Office\Document Themes 14\”。“暗香扑面”主题的文件名为“Fan.thmx”，复制出来备用。

② 复制到 Office 2019 的指定路径。在 Office 2019 所在的计算机中，打开计算机资源管理器，定位到“C:\Program Files (x86)\Microsoft Office\root\Document Themes 16\”，然后，把主题文件“Fan.thmx”粘贴到该路径下。

注意：粘贴文件时，目标计算机可能会提示“目标文件夹访问被拒绝，你需要提供管理员权限才能复制到此文件夹”等内容，此时单击“继续”按钮，一般情况下能顺利完成文件的复制。

③ 完成 PowerPoint 2019 对“暗香扑面”主题的应用。重新打开 PowerPoint 2019 软件，切换到“设计”选项卡，“暗香扑面”主题已经在列，操作完成，如图 6-10 所示。

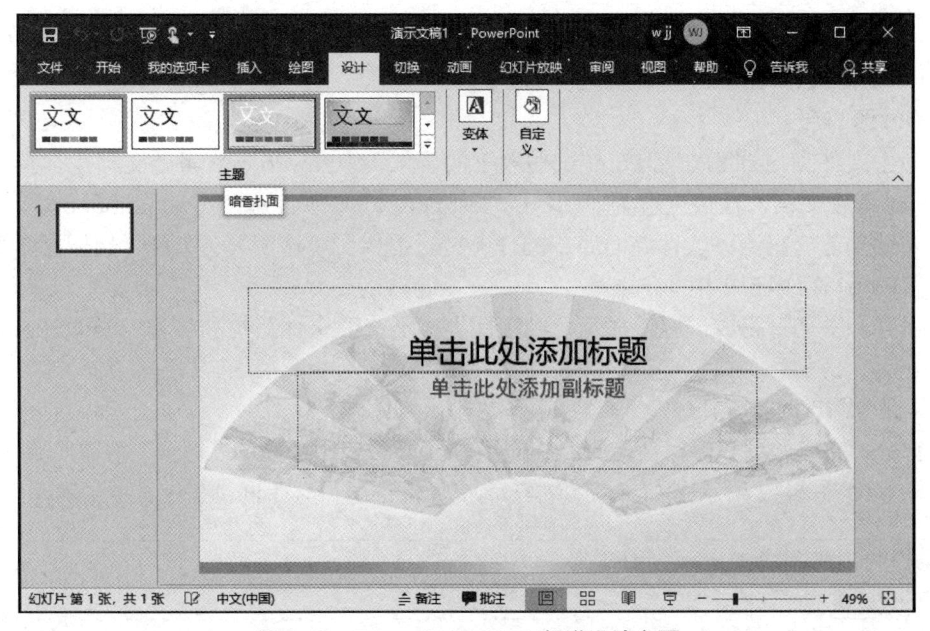

图 6-10　PowerPoint 2019 新增设计主题

【操作步骤】

AOAx 测评软件的 PowerPoint 高级应用的使用过程。

1. PowerPoint 高级应用

当前软件共有 19 套 PowerPoint 高级应用操作试题，主要包括 PowerPoint 常见内容输入、幻灯片设计、基本动画设计、综合动画设计、幻灯片切换、演示文稿放映与输出等，以及 PowerPoint 的其他高级应用技能。PowerPoint 高级应用界面如图 6-11 所示。

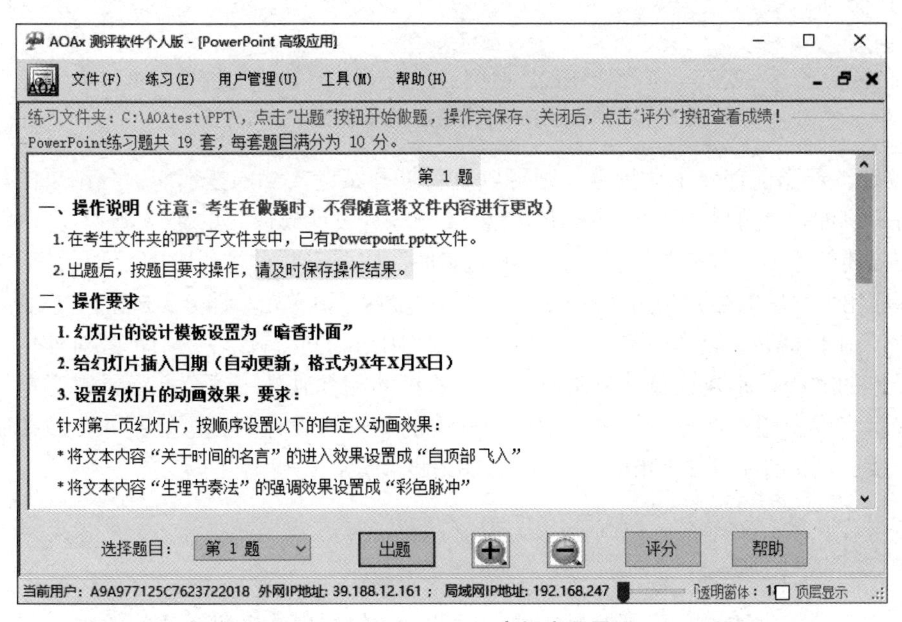

图 6-11　PowerPoint 高级应用界面

（1）出题。在 PowerPoint 高级应用界面，选择所需的套题号，单击“出题”按钮，软件自动打开本题的 PowerPoint 考题文档。

（2）做题与保存。

① 考生文件夹：按照 PowerPoint 试题题干的要求，对 PowerPoint 考题文档进行指定操作；PowerPoint 考题文档的默认位置为“C:\AOAtest\ppt\”，文件名为“Powerpoint.pptx”。

② 辅助功能。在测评软件界面底部的任务栏，提供了“透明窗体”和“顶层显示”功能。该功能与 Excel 高级应用中的一样。

③ 保存和关闭：完成试题操作后，直接保存（不修改文件路径和名称）PowerPoint 文件，并关闭。

（3）评分与改进。

① 评分：完成做题和保存后，单击 PowerPoint 高级应用界面的“评分”按钮，测评软件进行自动评分，如图 6-12 所示。每套试题共有 5 小题，每小题得分不同，10 分表示正确率为 100%。

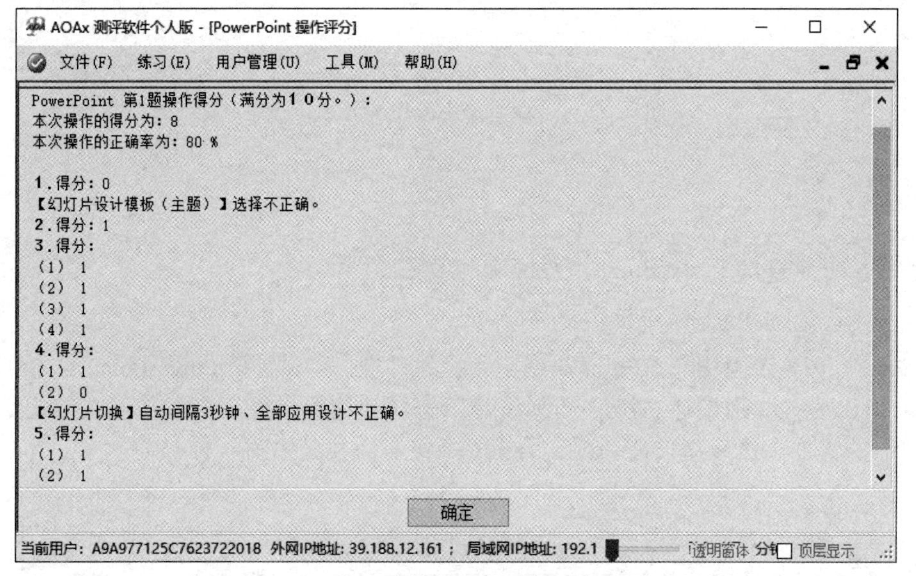

图 6-12 PowerPoint 高级应用操作题评分与分析

② 改进：若当前评分未达满分，则可以重新打开试题文档，按当前评分结果的相应描述进行改进。例如，评分结果中显示第 1 小题“【幻灯片设计模板（主题）】选择不正确”，则可以按上面描述的考生文件夹路径重新打开考题文件，按题干要求重新选择正确的幻灯片设计主题并全部应用；然后保存并关闭 PowerPoint 文件；最后，再单击“评分”按钮，检查改进效果。

提示：由于 Office 版本较多，本软件对旧版 Office 的支持比较复杂，故对使用不同版本 Office 操作的文档，不建议直接复制到当前计算机的测评软件中评分，而是在当前计算机环境下，重新完成做题并评分。同时，不同版本中的幻灯片设计主题可能不同，故在必要的情况下，需要在当前计算机的 Office 环境中添加考题指定的幻灯片主题。

【应用小结】

PowerPoint 作为演示文稿，如何巧妙体现设计者的构思、吸引观众的关注，必要的 PPT

设计技能是非常关键的。测试软件解决了幻灯片设计常用技能应用的掌握问题，其余就是通过用户的设计实践来提升了。

任务 5　Word 高级应用测评

【任务提出】

Word 是 Office 办公软件中应用最广的组件，结合 Word 的素材插入、样式应用、主题设计、域的应用、页面布局、审阅和保护等丰富的应用技能，在各个领域得到了全面的应用。AOAx 测评软件对 Word 高级应用分别设计了单项操作和综合操作，通过综合型案例试题的操作和自动阅卷，可有效地提升 Word 高级应用的能力。

测评软件的评分结果中显示了每个不得分小题的错误原因，便于用户查找错误原因；修改、保存文档后，可以再次评分，直到修复错误。

【操作步骤】

AOAx 测评软件的 Word 高级应用的使用过程。

1. Word 高级应用单项操作

当前软件共有 20 套 Word 高级应用单项操作试题，如图 6-13 所示。Word 单项操作的特点是单独抽选典型的应用功能，如邮件合并，通过多个典型应用案例试题，掌握 Word 软件的重要操作技能。

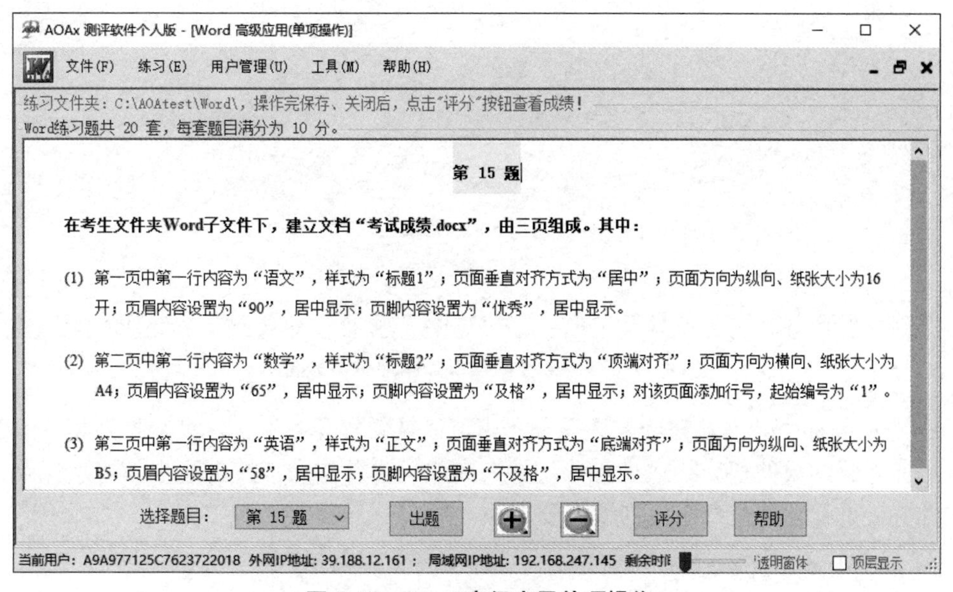

图 6-13　Word 高级应用单项操作

（1）出题。在 Word 高级应用（单项操作）界面，选择所需的套题号，单击“出题”按钮，软件自动打开 Word 单项操作文件夹。与其他模块试题不同的是，此处仅打开考生文件夹，试题要求的相关文档必须由用户新建完成。为了确保出题正常，考生文件夹路径不要被其他程序占用。

（2）做题与保存。

① 考生文件夹：按照 Word 试题题干的要求，新建相关文档，并进行指定操作；如题干描述中需要创建多个文档，务必相应完成；Word 单项操作的默认位置为“C:\AOAtest\Word\”，完成后务必关闭考生文件夹，防止自动评分时发生访问冲突。

② 辅助功能。在测评软件界面底部任务栏，提供了“透明窗体”和“顶层显示”功能。该功能与 Excel 高级应用中一致。

③ 保存和关闭：完成试题操作后，保存并关闭相关文件，关闭整个考生文件夹。

（3）评分与改进。

① 评分：单击 Word 高级应用（单项操作）界面的“评分”按钮，测评软件进行自动评分，如图 6-14 所示。Word 单项操作的每套试题各设计 10 个得分点，但因每套试题的要求差别较大，故分值安排不具有明显规律，10 分表示正确率为 100%。

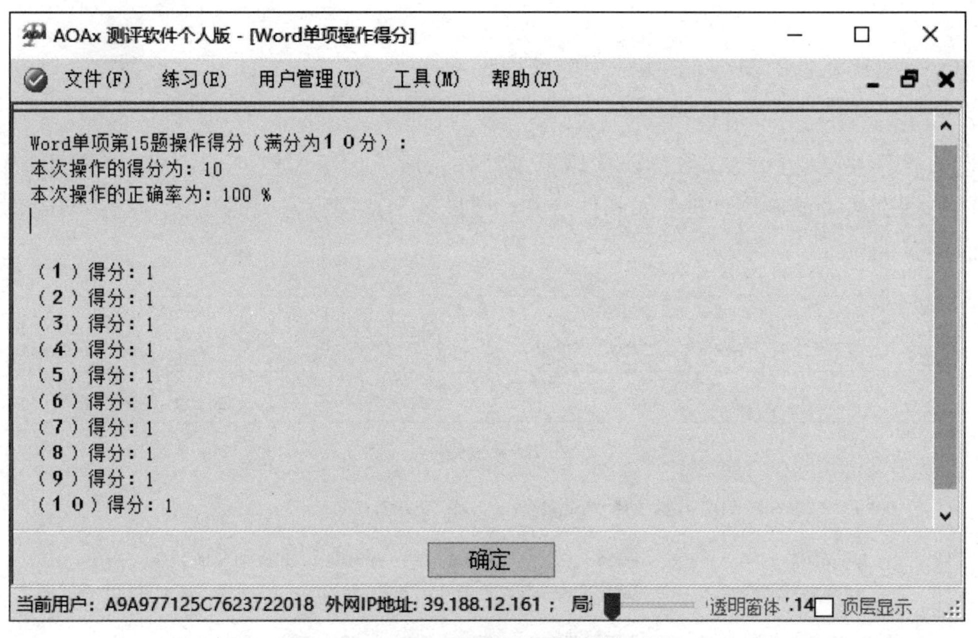

图 6-14　Word 单项操作题评分与分析

② 改进：同样，若当前评分未达满分，则可以重新打开考生文件夹，打开相关的试题文档，按当前评分结果的相应描述进行改进。在完成改进操作后，按上述步骤再次保存，关闭考生文件夹，进行评分，直至达到考核要求。

2. Word 高级应用综合操作

当前软件共有 24 套 Word 高级应用综合操作试题，如图 6-15 所示。Word 综合操作的总体要求类似于毕业论文的长文档排版，除了基本的正文自动格式化排版外，结合布局、设计、引用、视图、审阅等多种综合设计功能的应用，掌握 Word 在办公自动化领域的典型操作技能。

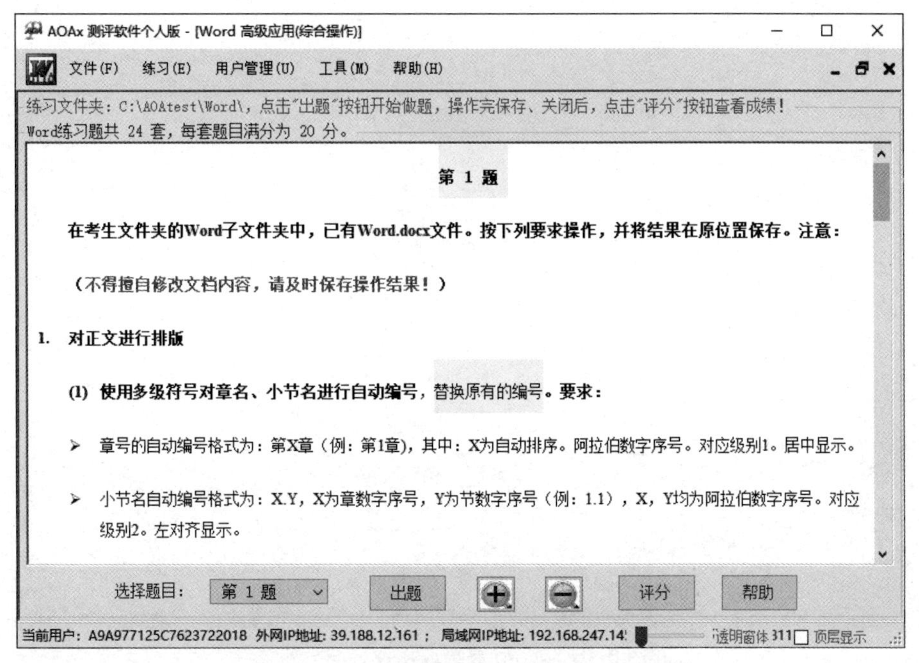

图 6-15　Word 高级应用（综合操作）界面

（1）出题。在 Word 高级应用（综合操作）界面，选择所需的套题号，单击“出题”按钮，软件自动打开本题的 Word 考题文档。

（2）做题与保存。

① 考生文件夹：按照 Word 试题题干的要求，对 Word 考题文档进行指定操作；Word 考题文档的默认位置为“C:\AOAtest\Word\”，文件名为“Word.docx”。

② 辅助功能。在测评软件界面底部任务栏，提供了“透明窗体”和“顶层显示”功能。该功能与 Excel 高级应用中的一致。

③ 保存和关闭：完成试题操作后，直接保存（不修改文件路径和名称）Word 文件，并关闭。

（3）评分与改进。

① 评分：完成做题和保存后，单击 Word 高级应用（综合操作）界面的“评分”按钮，测评软件进行自动评分，如图 6-16 所示。每套试题包括正文排版、目录与图表索引、分节和页码、页眉和页脚的自动化设计等要求组成，设置 20 个分值项，20 分表示正确率为 100%。

② 改进：若当前评分未达满分，则可以重新打开试题文档，按当前评分结果的相应描述进行改进。由于 Word 综合操作的题干要求复杂，建议把整个试题分段完成、多次评分，直至完成。比如，在完成第 1 部分的操作后，进行评分，得到了第 1 部分的 10 分后，再按考题中描述的考生文件夹路径重新打开考题 Word 文件，按题干要求完成后续的操作；然后保存并关闭 Word 文件；最后，再单击“评分”按钮，检查改进效果。多次操作，直到完成整个 Word 综合案例的操作并达到规定的要求。

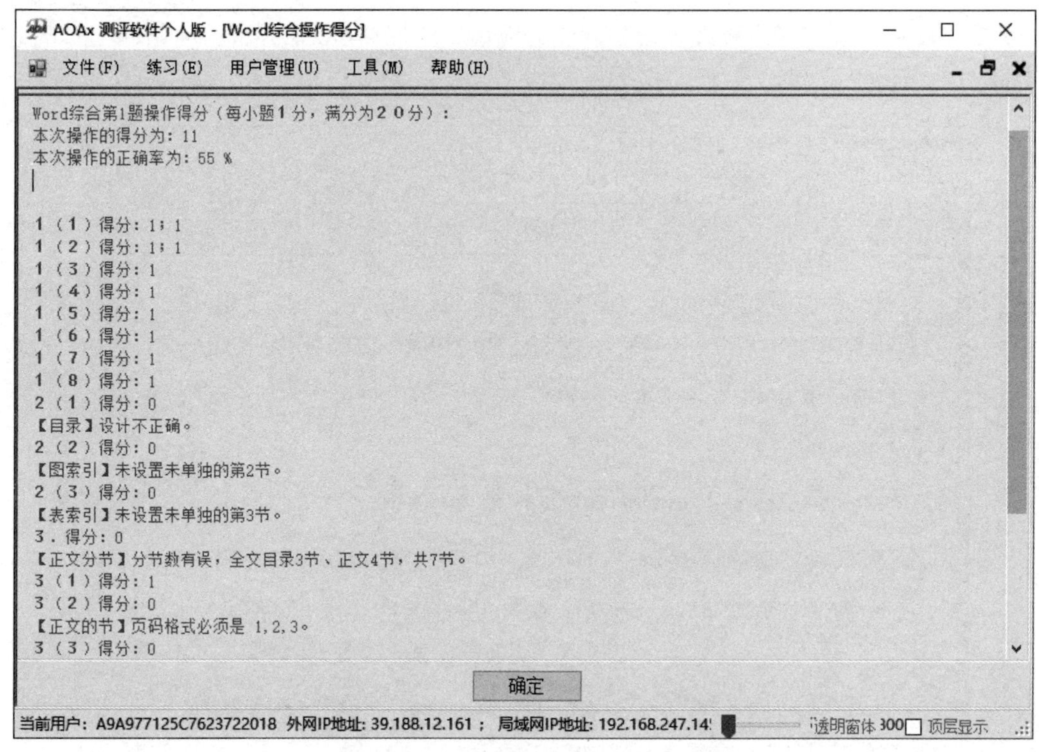

图 6-16 Word 高级应用评分与分析

【应用总结】

Word 高级应用是 Office 三个主要组件中涉及内容最多的。由于在高级应用中，题干的要求复杂，文档内容较长，故有一定的学习难度，需要认真、细致地操作演练。建议在学习中，先掌握 Word 单项的典型应用，然后再综合应用，逐步提升 Word 高级应用技能。

通过 AOAx 测评软件各个模块的练习与评分，在操作测试中不断总结和改进方法，理会办公文档设计和操作的主要理念，全面提高 Office 高级应用技能。

参考文献

[1] 徐立新，李庆亮，李吉彪．大学计算机基础[M]．北京：电子工业出版社，2013.

[2] 吴建军．大学计算机基础[M]．杭州：浙江大学出版社，2013.

[3] 吴卿．办公软件高级应用[M]．杭州：浙江大学出版社，2012.

[4] 吴华，兰星. Office 2010 办公软件应用标准教程[M]．北京：清华大学出版社，2012.

[5] 卞诚君．完全掌握 Office 2010 高效办公超级手册[M]．北京：机械工业出版社，2011.